实用试井简明手册

孙贺东 | 编著

石油工业出版社

内 容 提 要

本书从试井分析的基本概念出发，立足于手工分析，着眼于现场应用，以无限大储层中一口单相流体产出/注入井为例，全面系统地阐述了单对数分析方法和手工双对数分析方法，并对试井分析中经常遇到的诸如关井前变产量生产、边界影响、邻井干扰等多个实际问题及处理方法进行了讨论。

本书可供从事油气藏工程、采油采气工程、油气藏管理等方面的专业人员以及石油院校相关专业师生参考，也可作为试井专业技术人员的培训用书。

图书在版编目（CIP）数据

实用试井简明手册/孙贺东编著. -- 北京：石油工业出版社，2025.7. -- ISBN 978-7-5183-7758-9

Ⅰ.TE353-62

中国国家版本馆 CIP 数据核字第 2025DX3151 号

出版发行：石油工业出版社
　　　　　（北京安定门外安华里 2 区 1 号　100011）
　　　　　网　　址：www.petropub.com
　　　　　编辑部：（010）64523541　　图书营销中心：（010）64523633
经　　销：全国新华书店
印　　刷：北京中石油彩色印刷有限责任公司

2025 年 7 月第 1 版　2025 年 7 月第 1 次印刷
787×1092 毫米　开本：1/16　印张：19.75
字数：390 千字

定价：160.00 元
（如出现印装质量问题，我社图书营销中心负责调换）
版权所有，翻印必究

前言

PREFACE

2023—2024年，在中国石油天然气集团有限公司举办的中国石油第二届/第三届技术技能大赛上，连续将试井分析设为个人竞赛项目之一。笔者有幸作为培训教师参加了几个油田的赛前培训工作，赛后将课程教案以"科普试井40讲"的形式在微信公众号（油气藏工程）上陆续发布，反响热烈。本书的主要内容源于此短期课程教案，立足于手工分析，结合现场实例，简明扼要地说明单对数分析及手工双对数分析的原理、分析流程，以及分析过程中可能遇到的问题及处理方法。

本书的主要目的是向读者介绍实用的试井分析方法，研究对象是无限大单层储层中单相流体产出（注入）的单井测试这种最基本的试井情形。全书将公式推导降至最低程度，力求易读和实用，主要涉及试井分析基础（入门篇）、单对数分析方法（基础篇）、手工双对数分析方法（提高篇）、试井分析的一些实际问题（实战篇）等内容。

第一章 试井分析基础。开篇回顾了试井百年发展史，然后介绍了与试井相关的一些基本概念，诸如：试井本质、井筒储存效应、表皮效应、探测半径、探测体积、形状因子、叠加原理、流动形态等内容，同时对国内外著名试井专家、试井图书进行了简单介绍。

第二章 单对数分析方法。首先介绍均质储层中利用压降和压力恢复测试的无限作用径向流数据估算渗透率和表皮系数的单对数分析方法，接着介绍利用压力恢复单对数图估算平均压力、计算到断层距离及井间储能系数的方法，然后介绍试井软件"黑匣子"中叠加时间函数图的绘制方法以及注入井单对数分析方法，最后简单介绍了双重孔隙介质储层中一口直井的单对数分析方法。

第三章 手工双对数分析方法。主要介绍均质无限大储层中一口直井、无限导流垂直裂缝井、有限导流垂直裂缝井、部分射开井、水平井，双重孔隙介质无限大储层中一口直井，径向复合无限大储层中心一口直井等7种情形的双对数典型曲线特征、手工分析方法、分析流程和分析实例。

第四章 试井分析的一些实际问题。主要回答试井分析工作中经常遇到的一些实际问题，旨在向读者介绍商业试井软件中"黑匣子"问题。首先结合实例讨论双对数曲线的绘制方法，接着讨论储层边界、产量变化、边水、变井筒现象、应力敏感、邻井干扰等对压力恢复曲线形态的影响，然后讨论反褶积技术及其应用、气井弹性二相法及其应用，最后简单介绍试井解释和试井设计工作流程。

本书附录部分还提供了部分参数的SI单位与其他单位的系数换算关系、不同单位制下试井分析常用公式、单对数/双对数曲线特征对比图等内容。本书采用SI单位制，其中压力单位为MPa，产量单位为m^3/d，压缩系数单位为MPa^{-1}，井筒储存系数单位为m^3/MPa，温度单位为K，黏度单位为$mPa·s$，渗透率单位为mD；也有少量公式推导采用SI基本单位制，文中均已注明。本书配套学习材料详见微信公众号（油气藏工程）2025年7月1日文章——《实用试井简明手册》60讲。

本书是作者参加工作21年来从事试井分析工作的总结和提炼，体现了试井分析理论与现场实践的结合、提升和再发展，希望本书能对各类复杂油气藏的开发工作有所裨益。由于笔者水平有限，书中难免有不妥之处，敬请读者批评指正！

目 录

CONTENTS

第一章　试井分析基础 ········· 1

第一节　试井百年发展史 ········· 1
第二节　一些重要的基本概念 ········· 26

第二章　单对数分析方法 ········· 67

第一节　压降试井分析方法 ········· 67
第二节　压力恢复试井分析方法 ········· 73
第三节　压力恢复曲线的其他应用 ········· 78
第四节　叠加时间函数图 ········· 91
第五节　注入井试井分析方法 ········· 97
第六节　双重孔隙介质单对数分析方法 ········· 100
第七节　本章小结 ········· 104

第三章　手工双对数分析方法 ········· 108

第一节　均质无限大储层中一口直井 ········· 108
第二节　均质无限大储层中一口无限导流垂直裂缝井 ········· 120
第三节　均质无限大储层中一口有限导流垂直裂缝井 ········· 132
第四节　均质无限大储层中一口部分射开井 ········· 145
第五节　均质无限大储层中一口水平井 ········· 155
第六节　双重孔隙介质无限大储层中一口直井 ········· 164
第七节　径向复合无限大储层中一口直井 ········· 175

第四章　试井分析的一些实际问题 ········· 185

第一节　时间函数 ········· 185
第二节　双对数曲线绘制及展现 ········· 192

第三节	流量变化的影响	204
第四节	变井筒储存效应及 PPD 导数	212
第五节	邻井干扰对试井曲线的影响	215
第六节	如何计算井间干扰渗透率	224
第七节	应力敏感对试井曲线的影响	226
第八节	边水对气藏试井曲线的影响	227
第九节	反褶积方法及其应用	233
第十节	气井弹性二相法及其应用	242
第十一节	试井解释工作流程	251
第十二节	试井设计工作流程	255

参考文献 ······ 262

附录 1　SI 单位与其他单位的换算 ······ 278

附录 2　不同单位制下的试井解释常用公式 ······ 281

附录 3　单对数 / 双对数曲线特征对比图 ······ 304

第一章　试井分析基础

试井是以渗流力学为理论基础，以测试仪表为手段，通过测量油、气、水井的压力、温度等生产动态数据，结合地面记录的产量数据及物探成果，研究和确定测试井和测试层的生产能力、物性参数以及辨别井间或层间连通关系的技术或方法，其分析结果可用于生产井的产量预测、可采储量评估以及完井和增产措施的优化。本章重点介绍了试井百年发展史以及与该方法相关的一些基本概念。

第一节　试井百年发展史

试井是什么？简单说就是资料录取与分析。100年来，试井技术在资料录取方面，测试工具日新月异；在数据分析方面，解释方法与时俱进。

为了更好地理解试井，首先回顾一则《西游记》中孙悟空"悬丝诊脉"治病的故事吧。话说，师徒四人取经路过朱紫国。恰逢国王得了重病，四处张榜寻找名医。孙悟空揭了皇榜，来到宫里为国王看病。由于悟空相貌古怪，吓坏了病重的国王；于是悟空拔下三根毫毛，变作三根丝线缠绕在国王的手腕上，为国王把脉，最后治好了国王的病。如图1-1所示。

图1-1　悟空"悬丝诊脉"

"悬丝"只是一件神秘的彩色外衣，真正的医生在"悬丝诊脉"之前，通过"望、闻、问、切"收集有关疾病的所有信息，运用中医学理论进行分析，辨清疾病的原因、性质、部位及发展趋向，才能在"悬丝诊脉"之后做出胸有成竹的判断，不会仅凭"悬丝诊脉"就对病因做出明确的诊断；否则，就有"盲人摸象"之嫌，造成误诊！

试井与之有异曲同工之妙！

一、什么是试井

试井是什么？顾名思义，就是对油气水井进行测试，测试的内容包括测量产量、压力、温度及其变化，以及流体取样等，从而从动态角度对储层结构和油气井特征加以描述，如图1-2所示。

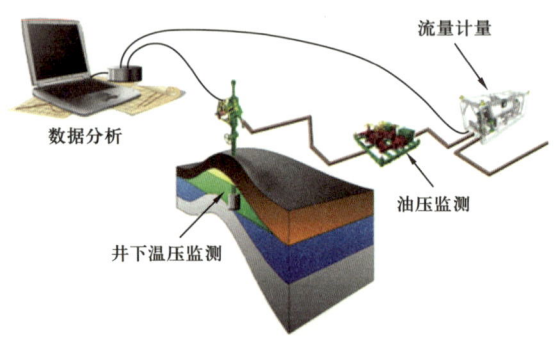

图1-2 试井测试流程示意图（Olivier，2024）

在进行测试之前，首先进行试井设计，就如同盖一栋楼房，事先必须有一套精心设计的图纸一样。没有图纸的建筑物是不可想象的，没有经过精心设计的试井施工，特别是针对特殊井的施工，不可能取得好的成果。试井设计又是一门学问，只有深入了解油气田地质情况，明确需要用试井方法解决的问题，并且对试井方法本身十分熟练，才能做好试井设计（庄惠农，2021）。井筒是联系油气藏的唯一通道，测试时通常通过钢丝将压力计下入井筒底部油气层附近，录取相关资料，如图1-3所示。

通常情况下，测试完毕后，将压力计取出井筒，将其数据回放，最后进行分析诊断；特殊情况下，压力计也有地面直读形式的，就是在井口可以实时观察到井下压力计数据。此正是"古有悬丝诊脉，今有钢丝试井"。

仅分析压力计录取的试井数据好似盲人摸象，这样的试井解释人员是不合格的，长此以往会成为一名"试井庸医"。运用试井分析理论，结合收集整理的各方面资料，通过"望、闻、问、切"，做出正确的判断，这样的试井解释人员才有可能逐渐成为一名"试井名医"。一名"试井名医"应该具有扎实的理论基础、丰富的现场经验、熟练的软件操作、宽广的知识面、和谐的人际关系。一名试井工作者的最高境界就是"上得厅

图1-3 试井测试工艺图（中国石油塔里木油田克拉油气管理区提供，2023）

堂，下得厨房"——既懂测试，又懂解释！

中国石油勘探开发研究院庄惠农教授是这方面的典型代表。他1962年从北京大学毕业后，在油田现场摸爬滚打20多年，调试井下压力计，装记录卡片、读卡片，样样亲自动手，进而改进井下压力计，并获得国家发明奖，之后他又投身到引进国外电子压力计工作中并组织现场应用（图1-4）。他不但亲自操作压力计，而且亲自爬井口、站井台、打绳帽、开绞车，操作试井软件（图1-5），是一位全能的试井人，试井的各个行当样样精通！

毕生所做的一件小事
2003年编著"气"书之时
看老照片回首往事

身着皮靴油工衣
不避骄阳风和雨
日日劳作在井场
试井测压并分析

接受任务一瞬间
一做就是四十年
看似区区一小事
尝遍酸甜苦辣咸

地层本来很复杂
静态难以说变化
毕生悟出一道理
动态描述能回答

图1-4 庄惠农早年测试现场照片（庄惠农提供，2023）

图 1-5 庄惠农早年试井解释照片（正对显示器前戴眼镜者）

试井是以渗流力学（中医学）为理论基础，以测试仪表（丝线）为手段，通过测量油、气、水井的压力、产量、温度等生产动态数据（脉象），结合地面记录的产量数据及物探成果（望、闻、问），研究和确定测试井和测试层的生产能力、物性参数以及辨别井间或层间的连通关系（切）的技术或方法，其分析结果可用于生产井的产量预测、可采储量评估以及完井和增产措施的优化（疗效）。试井涉及试井工艺和试井分析（解释）两部分，本书主要关心后者。

从目前的发展趋势看，广义的试井（Well testing）主要是指压力不稳定分析（PTA，Pressure transient analysis）和产量不稳定分析（RTA，Rate transient analysis），前者主要是压力恢复数据分析，后者主要是压降数据分析（生产数据）。两者都基于渗流理论，两者已成为对油气藏进行动态描述的两大工具（表 1-1）。

表 1-1 产量不稳定分析与试井分析异同

项目		试井分析（PTA）	产量不稳定分析（RTA）
理论基础		渗流理论	
时间范围	传统压力恢复	小时，天，周	月，年
	全生命周期	小时，天，周，月，年	
分析阶段	传统压力恢复	关井阶段	生产阶段
	全生命周期	全生命周期	
数据源		压力恢复试井、地层测试、永久式压力计	井口计量或永久式计量
探测范围		关井期间探测范围	井或井组泄油范围
发展阶段	早期手工拟合	MDH，Horner	Arps
	经典曲线拟合	Ramey	Fetkovich
	现代曲线拟合	Bourdet	Blasingame

续表

项目		试井分析（PTA）	产量不稳定分析（RTA）
数据诊断	要求	径向流	拟稳态、边界控制流
	能力	高	一般
分析结果	传统压力恢复	地层系数、表皮系数、边界等	井控储量、地层系数、表皮系数
	全生命周期	地层系数、表皮系数、边界等，还可计算井控储量	
结果可靠性	传统压力恢复	较高	较高
	全生命周期	高	

试井（压力不稳定）分析（PTA）是通过检查、分析由于产量变化引起的压力响应特征，进而获取有关油（气）藏信息的过程，这些信息可为制定油（气）藏管理决策提供支持，这些信息既有定性的认识，也有定量的参数，二者同等重要。最常用的不稳定试井方法是压力恢复试井和压降试井两种，由于测试目的或施工工艺过程各不相同，曲线的形态和解释方法略有差异。试井在油气井生命周期的许多阶段都起着重要的作用，包括勘探、评价、开发、储层描述及采油气工程等。试井（压力不稳定）分析（PTA）最简单的均质无限大情形的双对数分析图版如图 1-6 所示。

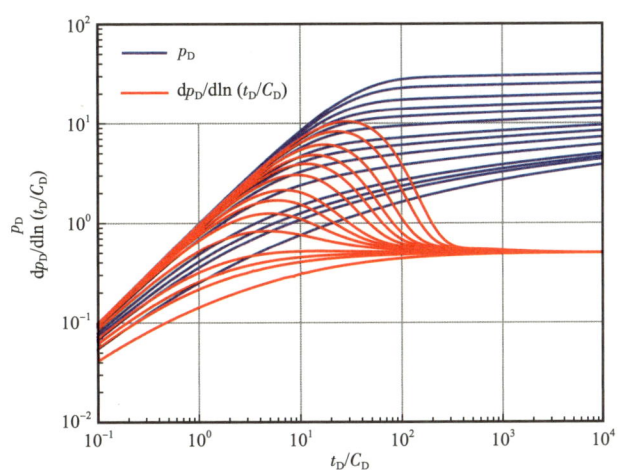

图 1-6　均质无限大油气藏中一口直井的双对数曲线示意图（孙贺东，2024）

产量不稳定分析（RTA）是指对生产井的产量和流动压力（通常是油压或套压折算）进行定量分析，以获取储层和/或裂缝属性（非常规储层多级压裂水平井）以及油气储量的过程，其分析结果可用于生产井的产量预测、可采储量估算、资本规划，以及完井和增产措施的优化。产量不稳定分析（RTA）常用的双对数分析图版如图 1-7 所示。

两种方法是基于经典的渗流理论，均采用图板拟合的方法获取参数，对于复杂边界、多相流、多井干扰等情况可以通过建立模型采用数值求解方法；但是两种方法分析

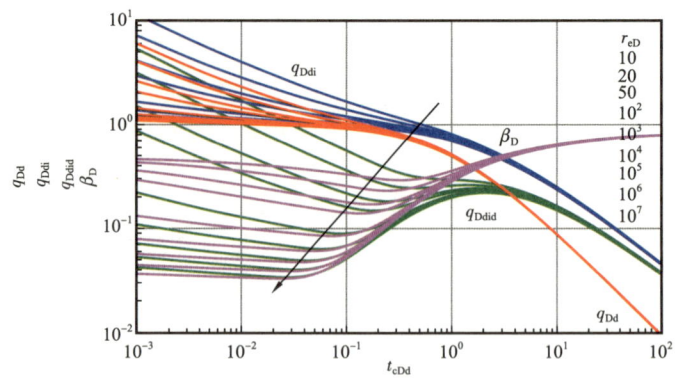

图1-7 产量不稳定分析 Blasingame 方法双对数曲线（孙贺东，2024）

过程中采用的评价数据精度不同，产量不稳定分析法只需采用每日计量的产量、压力数据即可进行分析，试井分析需要高精度的压力不稳定测试数据进行分析。不同质量的数据源决定了评价结果的可靠性情况，产量不稳定分析法采用的日测试产量、压力的数据量多但数据精度相对偏低，尤其井底流动压力数据多通过井口压力进行折算，会存在一定的误差；试井分析的不稳定压力测试数据精度高且数据量大，但精度较高。

二、试井发展历程

试井是在长期的油气田开发研究进程中不断发展完善的，在某种程度上依赖于井下压力计的研制和应用。众所周知，现代石油工业起源于19世纪中叶。早在20世纪20年代，美国已研制生产了测量井内最高压力的弹簧管压力计，用来研究井底压力和产能，如图1-8所示，开启了压力测试的先河！

Hurst（1934）、Theis（1935）、Muskat（1937）、Van Everdingen（1949）对流体在多孔介质中流动进行了奠基性研究。试井最早用于油田分析，是通过测量井底关井压力来了解油藏的压力，再应用物质平衡方法计算油藏的原始储量和采出程度，为了在有限时间内取得准确的地层静压，在20世纪40—50年代发展了不稳定试井测试和分析方法，掀起了不稳定试井研究的第一个热潮——单对数分析方法，出现了MDH方法和Horner（1951）方法，如图1-9所示，代表人物有Muskat、Miller、Dyes、Hutchinson和Horner。1935年Theis研究水井时，就发现了关井压力值与时间比值$(t+\Delta t)/\Delta t$的对数呈线性关系；1951年壳牌油藏工程师Horner在结合该公司一大批研究人员探索性工作的基础上，推荐了一种与Theis方法相同的压力恢复曲线，后被称为Horner单对数图，在石油工业中得到了广泛的应用。该方法不但可以用来确定地层压力，还可以用来计算储层的渗透率、表皮系数、静压等参数，从而奠定了试井分析常规方法的基础。该方法简单，但解释结果无法进行验证。

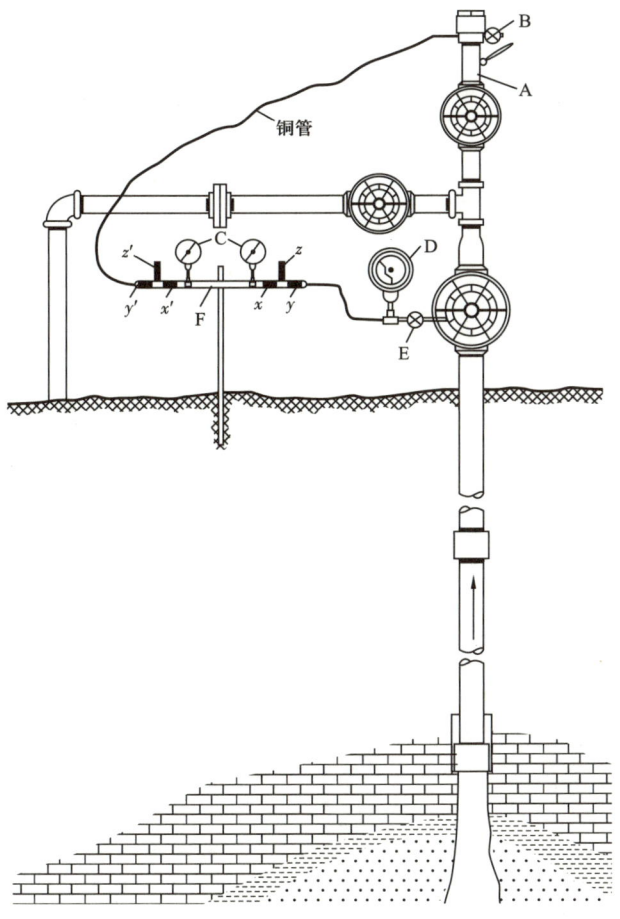

图 1-8 产能测试示意图（USBM，1935）

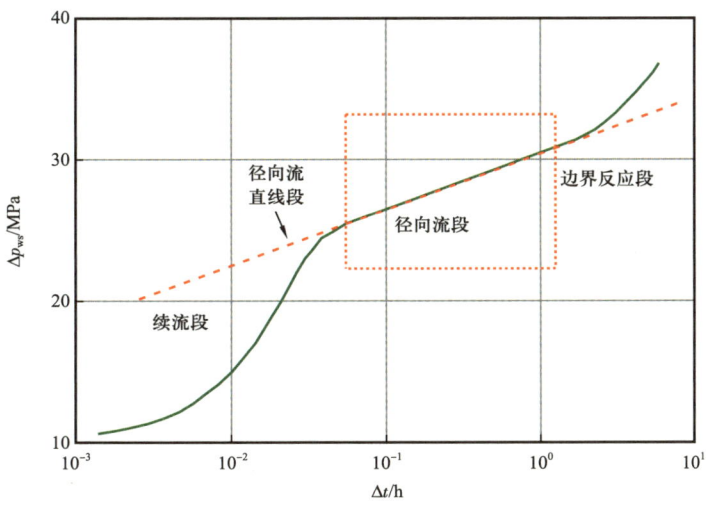

图 1-9 压力恢复曲线单对数分析图

图 1-10 William Hurst (1905—1996)

William Hurst 于 1905 年出生于波士顿，1924 年进入麻省理工学院，获得化学工程学士学位和硕士学位。1929 年担任 Humble Oil & Refining 油藏工程师；1942 年加入位于达拉斯的 Core Laboratories，1943 年加入壳牌石油公司；1949 年，他从壳牌公司辞职进入咨询领域，主要从事油藏和资产评估工作。他是 SPE 杰出会员，1964 年获 Anthony F. Lucas 奖。1990 年为表彰其在石油工程技术特别是在井筒不稳定流动和试井领域取得的开创性成就被授予 SPE 荣誉会员称号（图 1-10）。

图 1-11 Charles Vernon Theis (1900—1987)

Theis 1922 年毕业于辛辛那提大学土木工程专业，并留校任教，1929 年获博士学位，他的职业生涯几乎完全在美国地质调查局度过。1935 年，Theis 发表了一篇简短的文章，他认识到地下水流动和热传递之间的相似性，建立了地下水流向井筒的第一个不稳定解析解，该论文奠定了他地下水不稳定流动创始人的地位。该论文启发了其他人在 20 世纪 40 年代、20 世纪 50 年代和 20 世纪 60 年代进行的一系列含水层水力学研究。在大多数水文地质学教科书中，只有两个标题反映了其创始人的名字：Darcy 定律和 Theis 曲线。正如 John Bredehoeft 所说："看到基础理论的基本形式需要真正的天才——这是 Theis 的贡献。"Theis 的贡献不仅局限于不稳定分析理论，他也是最早强调地层各向异性重要性的科学家之一（图 1-11）。

图 1-12 Morris Muskat (1906—1998)

Morris Muskat 是现代石油工业伟大的先驱者之一，他将流体力学与流体相态研究相结合，奠定了油藏工程的分析基础。Muskat 于 1906 年出生于拉脱维亚，1911 年与家人移居美国，1929 年获得加州理工学院物理学博士学位，1983 年当选为美国国家工程院院士。从加州理工学院毕业后，Muskat 加入了海湾研究与开发公司，1961 年他晋升为海湾执行集团的技术顾问，一直担任该职位直至 1971 年退休。20 世纪 30 年代石油大规模生产过剩以及随之而来的低价（0.10 美元/bbl）导致美国石油工业几乎崩溃后，Muskat 出版了他的开创性著作《The Flow of Homogeneous Fluids Through Porous Media——均匀流体通过多孔介质的流动》（1937）和《Physical Principles of Oil Production——采油物理原理（1962 年根据俄译本出版了中文版）》（1949）奠定了现代油藏工程的基础。1972 年被授予 SPE 荣誉会员称号（图 1-12）。

Van Everdingen 于 1901 年出生于荷兰，1923 年毕业于 Delft 大学后成为一名采矿工程师。1924 年加入壳牌公司，主要从事估算储量、评估资产以及油气井定量分析工作，在壳牌公司的最后几年在壳牌的纽约和海牙办事处从事经济研究。在壳牌石油公司工作了 38 年后，于 1962 年担任 DeGolyer 和 MacNaughton 国际石油咨询公司的高级副总裁。1968 年获得 Anthony F. Lucas 奖。他的两篇经典论文《The Application of the Laplace Transformation to Flow Problems in Reservoirs》《The Skin Effect and Its Influence on the Productive Capacity of a Well》是石油工程方面的奠基性文献。1986 年被授予 SPE 荣誉会员称号（图 1-13）。

图 1-13　Antonius F. Van Everdingen（1901—1987）

现代试井分析方法的开端一般认为开始于 20 世纪 70 年代，伴随着高精度电子压力计录取的高质量压力资料而产生和发展，其核心是图版拟合分析方法，如图 1-14 所示，初期代表人物为斯坦福大学 Ramey，图版中使用的参数不是独立的，多解性较单对数分析方法略有改善，但依旧较强。Ramey 及其学生（1970）提出的图版拟合分析法是试井分析的一个重要里程碑！

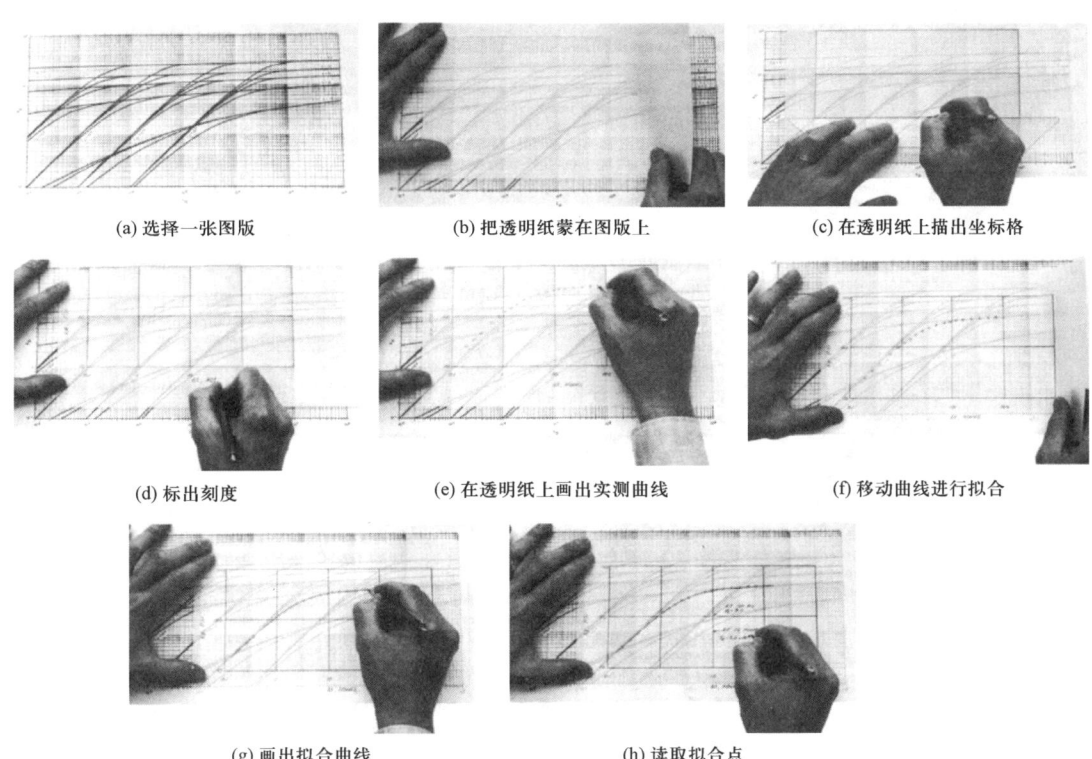

图 1-14　双对数拟合分析示意图（Earlougher，1977）

图 1-15　Henry Jackson Ramey（1925—1993）

在试井界，提起 Henry Jackson Ramey，几乎无人不知、无人不晓，他是第二次世界大战飞行员出身的试井专家，斯坦福大学 Keleen 和 Carlton Beal 石油工程教授，1981 年当选为美国国家工程院（NAE）院士。Ramey 是石油工程技术的伟大先行者，引领了三项技术的发展：稠油热采、地热开发和试井分析。第二次世界大战期间，他在南太平洋战场担任 B-29 导航员，战后在普渡大学获得了化学工程学士学位（1949）和博士学位（1952）。毕业后加入 Magnolia 石油公司（美孚石油公司的前身），开始了他的学术生涯。1963 年全职担任得克萨斯 A&M 大学石油工程教授；1966 年加盟斯坦福大学，1976—1986 年担任石油工程系主任。他和他的学生引领了现代试井理论和实践的发展，他们率先提出了使用双对数曲线进行试井分析。他指导的博士研究生中 R.A Wattenbarger（1967）、Alain Gringarten（1971）、Heber Cinco Ley（1974）、CA Ehlig - Economides（1979）后来都成为著名试井专家、美国工程院院士；此外，Earlougher（1966）、Raghavan（1970）、Kamal（1973）、Olivier（1987）等国际著名试井专家也先后毕业于此。1985 年被授予 SPE 荣誉会员称号（图 1-15）。

图 1-16　Alain Gringarten（1945—）

Gringarten 是试井分析领域公认的专家，做出了许多开创性的贡献，包括：格林函数的使用、Gringarten 典型曲线、反褶积试井分析方法、第一个商业试井解释软件等。他 1945 年生于法国，1968 年毕业于巴黎中央理工学院，1971 年毕业于斯坦福大学获博士学位。博士毕业后，他先后在美国加州大学伯克利分校（1970—1972）、法国地质调查局（1973—1977）、斯伦贝谢（1978—1982）、Scientific Software - Intercomp（1983—1997）工作 20 余年。1997—2015 年，他担任伦敦帝国理工学院石油工程系主任。曾获 SPE John Franklin Carll 奖、SPE 杰出讲师、SPE 杰出会员、SPE 荣誉会员等称号（图 1-16）。

图 1-17　Ram G. Agarwal（1946—）

Agarwal 获得了印度矿业学院石油工程学士学位、帝国理工学院油藏工程文凭以及得克萨斯 A&M 大学石油工程博士学位，毕业后在 BP Amoco 工作直至以高级技术顾问身份退休，1998 年成为 SPE 杰出会员、1999 年获 SPE 地层评价奖。1970 年，他与他的合著者发表了一篇关于井筒储存效应和表皮效应的文章，被业内认为是典型曲线试井分析方法的开端。1979 年和 1980 年，他提出了拟时间和等效时间的概念；他还提出了段塞流测试的概念并首次提出了评估大规模水力压裂低渗气井井筒储层和裂缝参数的方法，并因此获得 2010 度 SPE 荣誉会员称号（图 1-17）。

此后，Earlougher（1973）首次引入 $C_D e^{2S}$ 参数团，将 Ramey 曲线归一化，为 Gringarten 压力图版（1979）的问世奠定了基础。后期代表人物为 Tiab（1976）、Gringarten（1979）、Bourdet（1983），图版中使用的参数是独立的，尤其是 Bourdet 压力导数典型曲线分析方法奠定了现代试井分析方法的基础。利用压力导数，可以用早期的单位斜率线识别井筒储存段，压力导数的水平线识别无限作用径向流段，其他的流动阶段同样可以通过压力导数识别，该方法大大降低了试井解释的多解性，如图 1-18 所示。如果没有出现径向流或受相重新分布的影响，也可采用二阶压力导数进行试井分析（Tiab，2024）。

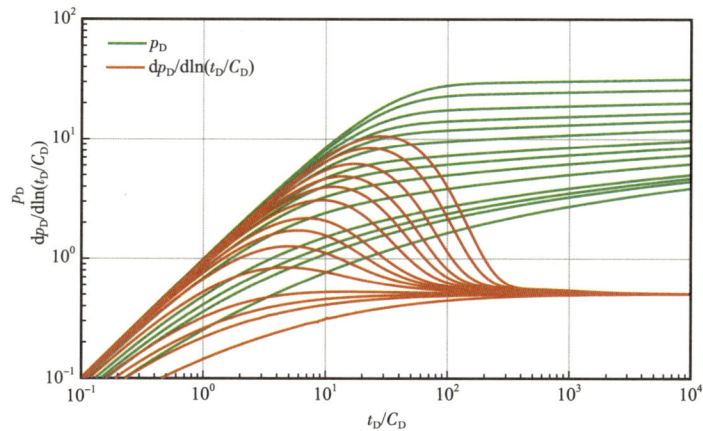

图 1-18　均质地层 Gringarten-Bourdet 复合图版（Bourdet，1983）

　　Bourdet 于 1983 年在 Tiab（1976）工作的基础上，发明了压力导数典型曲线拟合分析技术，开创了试井分析的新时代！1977 年，Bourdet 从法国国立高等航天航空学院（ISAE-SUPAERO）毕业后，加入隶属于 Schlumberger 集团的 Flopetrol-Johnston 公司，专门从事油气井测试工作。1979 年，在 Gringarten 的推动下，Flopetrol 成立了一个试井解释部门，Bourdet 有幸成为第一批学员，后被分配到法国 Melun 的试井解释研发部门。在发表了几篇具有里程碑意义的论文后，他被提升为试井解释研发部门的负责人，直到 1986 年离开 Flopetrol-Johnston 公司。1987 年，他和 Olivier Houzé 共同创立了 KAPPA 公司，推出了 Saphir 试井分析软件。1991 年，离开 KAPPA 后，他一直担任独立顾问，直到 2003 年去世。2002 年，专著《Well Test Analysis：The Use of Advanced Interpretation Models》由 Elsevier 出版。Bourdet 对油气藏工程研究的诸多贡献之中，有 3 项特别有影响力，分别是：使用 $C_D e^{2S}$ 参数团进行典型曲线拟合分析、建立了压力导数典型曲线试井分析方法、开发了多层试井的解析解（图 1-19）。

图 1-19　Dominique Bourdet（1951—2003）

图 1-20 Robert C. Earlougher JR (1941—2011)

Earlougher 在斯坦福大学先后获得了石油工程学士、硕士和博士学位，1966 年博士毕业后，他加入马拉松（Marathon）石油公司。他是试井分析领域公认的专家，撰写了许多关于试井、油藏模拟和提高石油采收率的重要论文。1977 年，他受邀撰写了 SPE 专著《Advances in Well Test Analysis》，截至 2013 年该书销售量已高达 40000 多册，至今仍被多所大学用作教科书。1979 年因其在石油工程技术方面的杰出成就而被授予 Lester C. Uren 奖，1990 年因其在石油开发方面的杰出贡献而被授予 John Franklin Carll 奖。1996 年，他当选为美国国家工程院院士。1985 年获得 SPE 荣誉会员称号。2009 年在新奥尔良举行的 SPE 年会上，他被评为"采油气工程传奇人物"（Legend of Production and Operations）（图 1-20）。

后来针对多相流动、复杂边界等情形，又发展了数值试井分析方法。该方法吸收了数值模拟中描述储层的内容，得到的结果与生产实际结合更紧密。在这一时期，商业试井解释软件如美国的 Interpret、法国的 Saphir、英国的 EPS、加拿大的 Fast 逐渐发展壮大，并逐步垄断世界市场，逐渐步入计算机辅助试井分析的新阶段（Gringarten，1986）。

图 1-21 Olivier Houzé (1959—)

Olivier 于 1959 年出生于科特迪瓦，曾在法国空军服役，1982 年毕业于法国巴黎综合理工学院获工程学学位，1983 年获斯坦福大学石油工程硕士学位，毕业后在 Flopetrol 公司任现场工程师。1987 年与 Dominique Bourdet（1951—2003）共同创立了 KAPPA 公司并兼总经理，开发了 Saphir1.0 软件。Saphir 软件推出后风靡全球，现已成为试井分析的行业标准软件。合著出版 SPE《Pressure Transient Testing》和 SPEE《Estimate Ultimate Recovery of Developed Wells in Low Permeability Reservoirs》两部著作。他是 2013 年度 SPE 杰出讲师、2019 年度 SPE Lester C. Uren 奖获得者，2022 年成为 SPE 荣誉会员，2025 年出任 SPE 总裁（图 1-21）。

20 世纪 90 年代末，Gringarten 提出了单井反褶积分析方法（Gringarten，2002）。反褶积并不是一种解释技术，其实质是一种数据处理算法，将变产量数据处理为一个定产量压降问题，然后对处理后的数据进行分析，单井反褶积方法基本完善。目前一些专家正在专注于多井反褶积的试井分析方法的研究（Gringarten，2014）。该方法相当于延长了测试时间,看到了一些短期压力恢复看不见的信息,如边界特征。虽然反褶积方法已经有了近 20 年的历史,在商业软件中出现已经 15 年,但该方法在试井分析中的应用并不理想,如图 1-22 所示。Tiab(1993)发展了基于流动形态识别的手工试井解释方法,后被称为 TDS 方法,即使没有试井软件,也可进行双对数曲线分析。

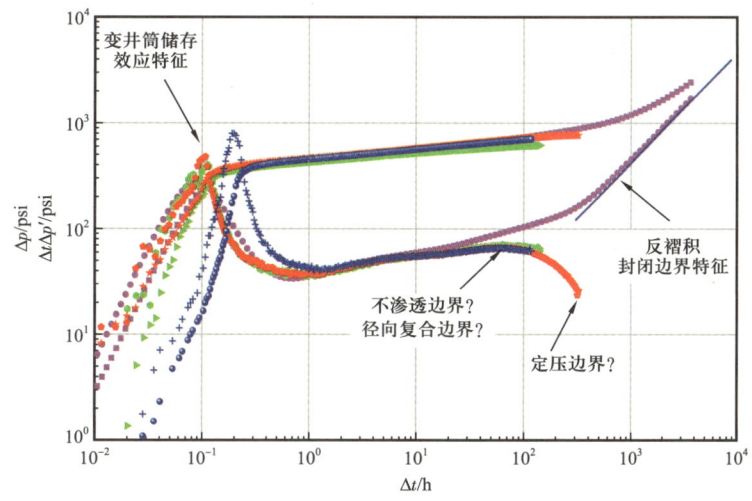

图 1-22　反褶积分析实例双对数图(Olivier,2024)

Djebbar Tiab 于 1976 年博士毕业于俄克拉何马大学,后留校任教,在加入俄克拉荷马大学之前,他是新墨西哥矿业与技术学院的研究助理和助理教授,一直从事试井分析和油层物理方面的研究工作,直至 2014 退休。他在 1976 年率先提出用"压力导数方法"分析干扰试井数据和确定河道型储层边界距离,1993 年提出了 TDS(Tiab direct synthesis)试井分析方法,通过识别流动形态特征,用手工方法解释参数,简单实用,并被商业软件采用;这些方法写入了他在 2024 年 10 月出版的新书《Pressure Transient Analysis——Pressure Derivative》。他因"在岩石物理学和油藏工程方面的杰出成就"获得 1995 年 SPE 石油工程杰出成就奖和 2003 年 SPE 地层评价奖(图 1-23)。

图 1-23　Djebbar Tiab

纵观试井分析近 70 年的发展,PTA 已经从仅能估计油井动态转变为一种非常强大的储层描述工具,解释精度越来越高,可靠性越来越高,见表 1-2。

表1-2 试井解释方法可靠程度（Gringarten，2022）

时间	解释方法		模型辨别	模型检验	可靠级别	数学工具	工艺	工具
20世纪50年代	常规方法（单对数曲线分析方法）		无	无	较差	拉氏变换	压裂	
20世纪70年代	压力图版拟合分析	手工拟合	较可靠	较可靠	差	格林函数		高精机械压力计（1970年）
		计算机拟合	较可靠	可靠	较可靠	数值反演		电子压力计（1975年）
20世纪80年代	压力导数图版拟合	手工拟合	可靠	较可靠	可靠		水平井	地面直读压力计（1980年）
		计算机拟合	很可靠	很可靠	很可靠			MDT，商业软件（1983年）
20世纪末	反褶积分析方法		更可靠	很可靠	很可靠		多级压裂	永久式压力计（1990年）

同PTA一样，RTA起源于20世纪20年代，但滞后PTA方法5~10年，20世纪40年代Arps经验法，20世纪70年代典型曲线分析法初显端倪，20世纪90年代双对数典型曲线分析方法获得突破（A&M大学Blasingame为代表），新世纪初商业软件（RTA & Topaze）开始出现，进入21世纪非常规RTA迅猛发展（卡尔加里大学Clarkson为代表），如图1-24所示。相关基础知识请参见《油气井现代产量递减分析方法及应用》《非常规油气藏产量不稳定分析方法及应用》等著作。

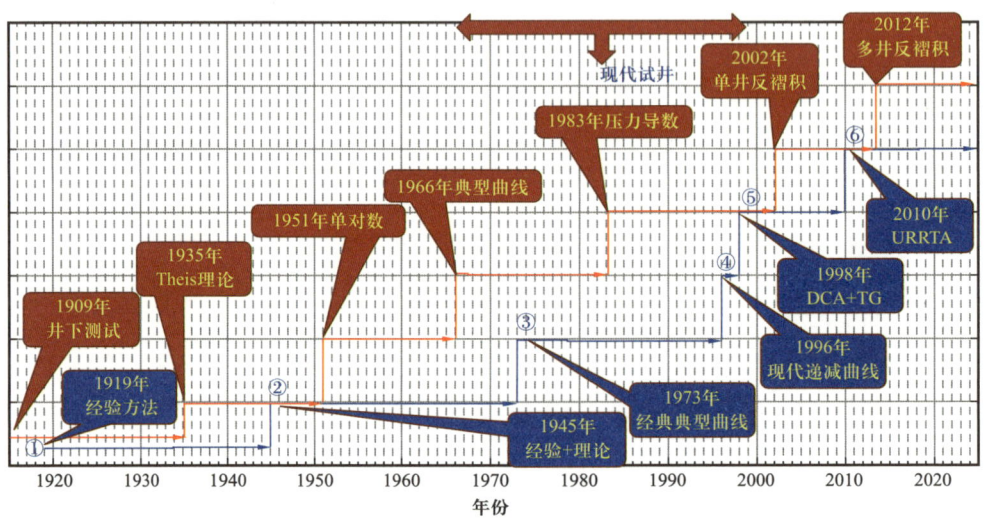

图1-24 试井百年发展史（孙贺东，2024）

第一章 试井分析基础

Thomas A. Blasingame 1962 年出生于美国洛杉矶，就读于得克萨斯 A&M 大学，获得了石油工程学士、硕士和博士学位，曾任 2021—2022 年度 SPE 总裁，现任得克萨斯 A&M 大学石油工程系主任，他在油层物理、油藏工程、油气井动态分析方面均做出了诸多贡献，尤其对常规油气藏的生产数据分析 RTA 做出了开创性的贡献，被业界命名为 Blasingame 方法。他是 SPE 荣誉会员和杰出会员，曾获 SPE 杰出服务奖、Anthony F. Lucas 和 Lester C. Uren 奖（图 1-25）。

图 1-25　Thomas A. Blasingame（1962—）

Christopher R. Clarkson 博士是国际知名的非常规油藏工程专家，拥有 30 多年的非常规油藏工作经验。他毕业于加拿大不列颠哥伦比亚大学，现任加拿大卡尔加里大学地球科学系教授、化学和石油工程系兼职教授、壳牌/Encana 非常规气和轻油研究主席、致密油联盟（TOC）和加拿大西部非常规油藏中心（URAWC）主任，其研究兴趣包括煤层气和页岩储层的气体储存和输运机制、非常规油气藏的储层描述、非常规油气藏产量不稳定分析方法以及数值模拟。Clarkson 获 2009—2010 年度 SPE 杰出讲师称号，2016 年获 SPE 加拿大地区油藏描述和动态分析奖，2017 年因在非常规 RTA 方面的工作获 SPE 应用技术和创新杰出成就 ASTech 奖，2018 年获 SPE 卡尔加里分部技术卓越和成就奖（图 1-26）。

图 1-26　Christopher R. Clarkson（1968—）

三、试井技术在中国

在新中国的油气田勘探开发过程中，试井得到了广泛的应用。1955 年，初步探明克拉玛依油田后，开始应用压力恢复试井方法，测得比较准确的地层压力和地层系数。20 世纪 60 年代初大庆油田开发初期，老一代试井专家童宪章带领一个工作组亲临油田现场，用 Horner 分析方法分析早期勘探井的测压资料，准确计算了储层的原始压力、渗透率、表皮系数等参数；1961 年大庆油田青年技术人员王德民提出了适合大庆实际情况的"松辽法"，用来推算油田开发后的地层压力（王福林，1979），开辟了中国油气田试井研究的先河。

在 20 世纪 70—80 年代，全国掀起了一股试井研究的热潮。各油田相继组建了地层测试（Drill stem testing）的专业队伍，如 1983 年底华北油田成立了一个以地层测试技术引进、科研、推广、培训和技术服务的专业性公司——油气井测试公司（现中国石油测井公司华北测试分公司），同期创办国内试油行业唯一公开发行的专业技术刊物《地层测试》（1987年更名：《油气井测试》），如图1-27所示。

1986年，测试公司举办石油部第四期地层测试培训班

图1-27 华北油田油气井测试公司（刘述忍提供，2023）

全国各油田涌现出了一批著名大学数学力学系和数学系毕业从事试井研究工作的专家，如庄惠农（毕业于北京大学，胜利油田）、朱亚东（毕业于北京大学，华北油田）、刘能强（毕业于中山大学，江汉油田，访问学者期间在Flopetrol公司从事试井作业和解释工作）、高承泰（毕业于北京大学，长庆油田，访问学者期间在Rice大学和Houston大学从事试井理论研究）。

图1-28 刘能强教授2008年在伊朗授课（刘能强提供，2023）

刘能强，男，1940年1月生，广东大埔县人，教授级高级工程师，毕业于中山大学数学力学系，先后在大庆油田、江汉油田、中国海洋石油南海西部公司和中国石油南方石油勘探开发公司从事试井及相关工作，1982—1984年作为访问学者在斯伦贝谢-佛洛彼托石油技术服务公司（Flopetrol-Schlumberger）进修现代试井技术。回国后，致力于传授现代试井解释方法，为该技术在全国推广、普及、试井资料录取和解释迅速赶上世界先进水平做出了重要的贡献，亲历了试井工艺和解释技术从落后走向成熟、赶上国际先进水平以及走出国门、为外国提供服务的全过程——凡有试井处，皆知刘能强（图1-28）。

高承泰（1937—2007），陕西绥德人，教授级高级工程师，享受国务院政府特殊津贴专家，毕业于北京大学数学力学系，先后在新疆油田、西南油气田、江汉油田、长庆油田、西安石油学院工作，长期从事油田开发方案的编制和油气田动态研究。1981—1983 年作为访问学者在美国 Rice 大学及 Houston 大学与 Deans 教授合作研究两年。在 SPEJ 杂志上发表了多层油藏的半透壁模型，被称为高氏半透壁模型，对多层油藏中的不稳定流动和试井理论进行了系统研究，在国内外发表论文 20 多篇，其中三篇收入 SPE 精选论文集，对层间越流这一复杂现象进行了深入研究，阐明了造成越流的不同物理原因及其特性。他是第一个在 SPE 年会宣读论文的中国人（1983），展现了中国学者在多层试井理论研究这一领域的原创性贡献（图 1-29）。

图 1-29 高承泰教授在长庆油田期间的工作照（高炜欣提供，2024）

在此期间，石油工业部非常重视试井工作，学术交流也非常活跃。1984 年 4 月 24 日至 29 日石油工业部在北京召开第一届试井工作会议，来自大庆、胜利、华北等 16 个油田、4 个高等石油院校、石油勘探开发科学研究院等 33 个单位的 95 名代表出席会议，会上总结了过去的试井工作，交流了科研成果和工作经验，提出了今后发展试井工作的意见。

1982—1995 年，中国石油学会与 SPE 共同举办了 5 次"国际石油工程会议"，庄惠农（SPE 10581，1982）、朱亚东（SPE 14867，1986）、刘慰宁（SPE 17817，1988）、刘能强（SPE 30003，1995）、刘曰武（SPE 30005，1995）等代表中国石油工业交流了各自在试井方面取得的某些成就，并被国际同行认可，如：庄惠农教授在 1982 年首届大会上宣读的《应用干扰和脉冲资料研究垦利油田碳酸盐岩油藏的地质特征》（SPE 10581）后被著名期刊 JPT 刊出。

20 世纪 80 年代起中国石油学会积极组织对外交流，中国石油科技工作者开始站在 SPE 年会的舞台上宣读论文，展现了中国学者的风采。SPE 网站 Onepetro 数据库所能查到最早的一篇试井相关的 SPE 年会论文是 1983 年长庆油田研究院高承泰有关多层试井的文章（SPE11966，《Pressure Transient and Crossflow Caused by Diffusivities in Multilayer Reservoirs》），后在 SPEFE 发表。

20 世纪 80 年代先后引进 Flopetrol、SSI 公司的试井解释软件；与此同时，国内石油高校和油田也开始研制试井软件，最具代表性的是 4 校 +3 油田开发的《不稳定试井分析软件系统》，该软件 1984 年底启动，1990 年获国家科技进步奖三等奖。

1991 年，根据中国石油天然气总公司领导指示，由总公司勘探局组织 10 余家油田、高校和研究单位，共同编写《中国油气井测试资料解释范例》（石油工业出版社，

1994）一书，旨在总结试井技术取得的成果，以便继续推广这项技术。该书筛选出112个能反映我国多种类型油气藏复杂测试情况的典型井范例，基本反映了当时的研究成果和研究水平。

20世纪90年代以来，试井技术在对我国中西部地区大中型气田的勘探开发研究中，对于气井的产气能力、储层内部结构、平面非均质性分布、岩性边界分布特征和单井动态储量评价等方面，发挥了重大作用，如克拉2气田试井评价、陕甘宁盆地中部气田（靖边气田）的修正等时试井、干扰试井、苏里格气田的压力恢复试井和试采评价等。

进入21世纪以来，试井技术在对西部深层、超深层大中型气田、缝洞型碳酸盐岩油藏的勘探开发研究中发挥了重大作用。如通过井下压力恢复测试，认识到克深气田群（井深超过7000m，油压超过100MPa）是一个渗透率极差高达5个数量级的裂缝性储层，这对于开发技术政策的制定、提高采收率措施等工作发挥了重大作用。

进入21世纪，RTA技术在国内迅速推广应用，尤其在强非均质油气藏的前期评价、方案编制中发挥了重要作用；近10年来，随着开发非常规油气藏技术的突破，在最终预测可采储量（EUR）评价方面RTA作用凸显。随着现代电子技术和计算机技术的进步，进一步推动了PTA/RTA研究水平的提高，使PTA/RTA研究提升到一个新的层次——油气藏动态描述，它不仅仅可以通过分析压力/产量变化资料，反算地层的部分参数，而且还可以通过长期生产过程压力历史拟合检验，确认储层的动态模型，并在此基础上，进一步预测油气井和油气藏的动态走势，从而为全面规划油气田生产提供理论依据。PTA/RTA可以弥补物探、测井静态描述的不足，已成为解读储层特征的三大技术之一，如图1-30所示。

实施项目	测试分析内容	了解储层含油气情况	测试储层地层压力	产能测试确认井的产气能力	不稳定试井解释储层渗透率	表皮系数评价钻井完井质量	压裂裂缝长度及导流能力	确定裂缝性储层双重介质参数	提供气井生产时的湍流系数	确定储层的不渗透边界分布	干扰试井测定储层的横向连通性	推测气藏气井控制的动储量	核实气藏的动储量
油气田勘探阶段	勘探井钻探过程中的DST测试	★	★	☆	★	★							
	勘探井完井试油气	★	★	★	★	★	☆						
	详探井的DST测试及完井试油气	★	★	★	★	★	☆	☆					
	含油气区块储量评价	■	■	■	■		□	□					
开发准备阶段	开发评价井的产能试井和其他不稳定试井	★	★	★	★	★	★	★	★	☆	☆	☆	
	酸化压裂措施改造		★	★	★	★	★	☆	★	☆			
	开发评价井的试采和延长试井	★	★	★	★	★	★	★	★	★	★	★	★
	油气田储量核实		■	■	■		□	■	■	■	■	■	
	油气田数值模拟制订开发方案		■	■	■		■	■	■	■	■	□	■
开发阶段	油气田动态监测		☆	★	★	☆	★	☆	★	☆	☆	☆	★
	调整井完井	★	★	★	★	★	★	★		☆			★

★—必须实施的项目；■—必须使用的参数；☆—可能实施的项目；□—可能使用的参数。

图1-30 试井测试在油气藏不同开发阶段的作用（庄惠农，2021）

四、试井相关图书

据不完全统计，新中国成立以来，截至 2025 年 8 月，石油工业出版社、中国石化出版社、中国石油大学出版社、地质出版社、科学出版社等出版的试油、试井类图书高达 80 余种，见表 1-3。

表 1-3　中国试井书籍出版 70 年

序号	出版年度	书名	作者	出版社
1	1956	试井及地层研究（译）	布·斯·切尔诺夫	石油工业出版社
2	1957	天然气开采试井实用计算	胡砺善	石油工业出版社
3	1959	试油	川南石油矿务局	石油工业出版社
4	1977	压力恢复曲线在油气田开发中的应用	童宪章	石油化学工业出版社
5	1978	油水井生产测试解释	赵人寿、张朝琛	石油工业出版社
6	1979	油气田的矿场试井方法	陈元千	石油工业出版社
7	1979	实用油田压力恢复曲线分析方法	王福林	石油工业出版社
8	1983	油层压力恢复和油气井测试（译）	Matthews, C. S.、Russell, D. G.	石油工业出版社
9	1985	试井分析理论基础	姜礼尚、陈钟祥	石油工业出版社
10	1985	试井分析方法（译）	Earlougher, R. C.	石油工业出版社
11	1985	现代试井解释图版（译）	Gringarten, A. C.	石油工业出版社
12	1986	试井（译）	Lee, W. J.	石油工业出版社
13	1987	实用现代试井解释方法	刘能强	石油工业出版社
14	1987	试油工艺技术	朱恩灵	石油工业出版社
15	1988	气井试井理论与实践（译）	加拿大国家能源保护委员会	石油工业出版社
16	1990	压力不稳定试井方法（译）	SPE	石油工业出版社
17	1991	试井分析	钟松定	石油大学出版社
18	1991	油气井测试	史乃光	中国地质大学出版社
19	1992	非均质地层试井（译）	Streltsova, T. D.	石油工业出版社
20	1991	试井手册（上、下）	试井手册编写组	石油工业出版社
21	1992	实用现代试井解释方法（第二版）	刘能强	石油工业出版社
22	1993	数理方法与试井数学模型	李笑萍	石油工业出版社
23	1993	污染引起的渗流异常机理与 SLUG 试井分析原理	冯文光	成都科技大学出版社
24	1993	现代试井解释方法	王承毅	中国科学技术出版社
25	1993	钻柱测试解释方法与油层评价	夏位荣	石油工业出版社
26	1993	DST 试井分析方法	虞绍永	人民中国出版社
27	1994	中国油气井测试资料解释范例	本书编写组	石油工业出版社
28	1995	裂缝油藏评价的试井分析（译）	Giovanni Da Prat	石油工业出版社

续表

序号	出版年度	书名	作者	出版社
29	1996	实用现代试井解释方法（第三版）	刘能强	石油工业出版社
30	1996	试井理论与实践	中国石油天然气总公司开发生产局	石油工业出版社
31	1996	实用试井分析方法	林加恩	石油工业出版社
32	1996	压力不稳定试井分析（译）	Stanislav, J. F.、Kabir, C. S.	石油工业出版社
33	1998	试井分析理论及方法	卢德唐、郭冀义、郑新权	石油工业出版社
34	1999	油气藏探边测试方法与应用	大港油田	石油工业出版社
35	2000	英汉试井技术词典	刘能强、庄惠农、王文起	石油工业出版社
36	2001	复杂油藏试井技术	巢华庆、王玉普	石油工业出版社
37	2002	拉普拉斯变换与试井分析	崔迪生、徐建平、赵平起、刘聪、蔡明俊、蒋华	石油工业出版社
38	2002	现代试井分析	廖新维、沈平平	石油工业出版社
39	2003	最优化试井分析方法及应用	尹洪军	石油工业出版社
40	2004	气藏动态描述和试井	庄惠农	石油工业出版社
41	2004	实用现代试井解释方法（第四版）	刘能强	石油工业出版社
42	2005	试井解释方法（译）	Gilles Bourdarot	石油工业出版社
43	2006	现代试井分析	付春权	石油工业出版社
44	2006	现代试井解释原理与方法	张艳玉、姚军	中国石油大学出版社
45	2006	油气井地层测试	马建国	石油工业出版社
46	2006	四维试井理论及应用	陈钦雷、吴洪彪、刘立明	石油工业出版社
47	2007	青西试井研究	刘文周	地质出版社
48	2007	现代试井解释模型及应用（译）	Dominique Bourdet	石油工业出版社
49	2007	缝洞型碳酸盐岩油藏试井解释理论与方法	姚军、王子胜	石油工业出版社
50	2008	油井试井手册（译）	Chaudhry, A. U	石油工业出版社
51	2008	气井试井手册（译）	Chaudhry, A. U	石油工业出版社
52	2008	实用现代试井解释方法（第五版）	刘能强	石油工业出版社
53	2008	天然气井流计算及试井理论分析	郭冀义、张同义、马水龙、韩玉堂	石油工业出版社
54	2009	试井分析方法	李晓平、张烈辉、刘启国	石油工业出版社
55	2009	气藏动态描述和试井（第二版）	庄惠农	石油工业出版社
56	2009	现代试井理论及应用	卢德唐	石油工业出版社
57	2010	多相流数值试井理论及方法	张烈辉、向祖平、刘启国	石油工业出版社
58	2011	流线数值试井解释理论与方法	姚军、吴明录	石油工业出版社
59	2012	利用压力恢复曲线计算地层压力	唐祖奎	石油工业出版社
60	2012	现代试井分析——一种计算机辅助方法（译）	Roland N. Horne	中国石油大学出版社

续表

序号	出版年度	书名	作者	出版社
61	2012	复杂气藏现代试井分析与产能评价	孙贺东	石油工业出版社
62	2013	油气井现代产量递减分析方法及应用	孙贺东	石油工业出版社
63	2013	数值试井理论与方法	李道伦、查文舒	石油工业出版社
64	2013	非均质气藏试井理论	张烈辉、郭晶晶	石油工业出版社
65	2014	试油与测试工艺	程时清、张红玲	石油工业出版社
66	2015	试井分析	杨宇、张凤东、孙晗森	地质出版社
67	2016	实用试井解释方法（译）	Spivey, J. P.、Lee, W. J.	石油工业出版社
68	2017	复杂结构井试井分析理论与方法	程时清	科学出版社
69	2018	多层越流油气藏试井分析方法	高承泰、孙贺东	石油工业出版社
70	2018	缝洞型碳酸盐岩气藏动态描述技术	江同文、孙贺东、邓兴梁	石油工业出版社
71	2019	试井解释技术与应用	张英魁	石油工业出版社
72	2020	高温高压油气井试井关键参数预测模型、理论及算法	刘云强、王芳、李冬梅、王冲、唐世星	科学出版社
73	2021	气藏动态描述和试井（第三版）	庄惠农、韩永新、孙贺东、刘晓华	石油工业出版社
74	2021	低渗透致密油藏压裂井现代试井解释模型	刘启国、徐有杰	石油工业出版社
75	2022	多孔介质非线性渗流及试井分析	傅礼兵、王进财、陈礼、郝峰军、赵伦	科学出版社
76	2022	深层碳酸盐岩缝洞型油藏试井解释技术	张冬丽、康志江、尹洪军、邢翠巧	中国石化出版社
77	2022	致密储层油水两相渗流试井分析方法	李蒙蒙	中国石化出版社
78	2022	试井手册（第二版）	杨景海	石油工业出版社
79	2022	鄂尔多斯盆地靖边气田动态描述与试井	谭中国、张宗林、吴正、晏宁平	石油工业出版社
80	2022	非常规油气藏产量不稳定分析方法及应用（译）	Christopher, R. C.	石油工业出版社
81	2024	基于点源函数的现代试井分析方法研究	姬安召	吉林大学出版社
82	2024	油气井现代产量递减分析方法及应用（第二版）	孙贺东	石油工业出版社
83	2025	实用现代试井解释方法（第六版）	刘能强、刘启国	石油工业出版社

1977 年出版的《压力恢复曲线在油气田开发中的应用》一书是首部由中国人编写的试井专著，该书结合我国油气田开采工作经验，介绍了应用压力恢复曲线（单对数直线段方法）解释油气田开发动态的基本理论和方法；此后又相继出版了一些培训教材，对于当时一线人员试井知识普及与提升发挥了重要的作用。

20 世纪 80 年代相继翻译出版了欧美著名试井专家 Matthews（《油层压力恢复和油

气井测试》，1983）、Earlougher（《试井分析方法》，1985）、Gringarten（《现代试井解释图版》，1985）、John Lee（《试井》，1986）、Mattar（《气井试井理论与实践》，1988）等人的试井著作，一定程度上促进了现代试井分析技术在国内的应用与发展。

20世纪90年代以来，中国石油大学（华东、北京）、西南石油大学等高校在不断试用的基础上相继出版了一些试井教科书，作为高年级或研究生的选修教材，进一步促进了现代试井分析技术在国内的普及。进入21世纪以来，试井图书市场更加繁荣昌盛，针对数值试井、不同储层类型、不同井型的试井专著纷纷上市。

图1-31　Charles Sedwick. Matthews（1920—2008）

Matthews出生于休斯顿，1937年他获得莱斯大学（Rice）的奖学金，主修化学和化学工程，先后以优异的成绩（全部为As）获得学士（1941）、硕士（1943）和博士学位（1944）。毕业后，他加入了位于旧金山的壳牌开发公司，开始了他的职业生涯。1952年，Matthews开始了他最著名的工作——油气井试井分析。Matthews和Russell出版了第一本石油工程师协会（SPE）专论《Pressure Buildup and Flow Tests in Wells》，并获得了国际同行的广泛认可，该书较好总结了20世纪60年代以前各类试井方法的研究成果。1956年，Matthews接替Van Everdingen的油藏工程研究主管工作，成为壳牌的首席油藏工程师。他在热采、化学驱、混相烃和二氧化碳驱领域也发挥了重要作用。他还因在石油工程技术方面的杰出成就而被SPE授予Lester C. Uren奖（1982年），1985年当选为美国国家工程院院士。1986年获SPE荣誉会员称号（图1-31）。

图1-32　Donald G. Russell（1931—2015）

Donald G. Russell于1986年被任命为壳牌开发公司总裁。他获得了Sam Houst州立大学和俄克拉何马大学学士和硕士学位，主修数学和物理。他1955年加入壳牌公司担任油藏工程师，1962年荣获SPE Cedric K. Ferguson奖章。1982年当选为美国国家工程院院士。1987年为表彰其在研究和运营能力方面做出的杰出技术贡献和管理成就，被授予SPE荣誉会员称号（图1-32）。

对于一名初学者或非开发专业的现场人员来说，推荐阅读以下5本图书：《实用现代试井解释方法（第五版）》《气藏动态描述和试井（第三版）》《实用试井解释方法》

《油气井现代产量递减分析方法及应用（第二版）》《非常规油气藏产量不稳定分析方法及应用》。

《实用现代试井解释方法（第六版）》（刘能强，2025），第一作者是刘能强。他于1982—1984年作为访问学者赴法国Flopetrol Technique Services进修现代试井分析技术，回国后结合出国所学及从事试井工作几十年的心得出版了本书，出版后受到了广大读者的热烈欢迎，此书是国内外首部介绍现代试井解释方法的著作，已先后出版5版，发行量超过23000册！作者运用精炼语言，简明扼要地介绍了不稳定试井的原理及其公式推导等内容，重点介绍了应用解释图版及典型曲线进行试井解释的现代方法，是一本实用性很强的参考用书，特别适合已具有一般常规试井知识和解释方法基础的科研人员阅读。

《气藏动态描述和试井（第三版）》（庄惠农，2021），第一作者是庄惠农。这本书从储层动态描述的新视角，以中国近40年来不同类型气藏大量的实测数据为例，讲述如何应用试井资料研究油气藏、研究储层，把动态分析工作提升到一个新的层次，是一本指导和规范油气田动态研究，特别是气藏动态研究的有实用价值的好书，已先后出版3版，发行量超过10000册，英文版同期由Elsevier出版。书中不但讲解了试井的基本理论，还以"图形分析"为基本手段，讲解不同类型储层的流动特征，使试井分析更加形象化、实用化。

《实用试井解释方法》（John Spivey，2016），第一作者John Spivey是Phoenix油藏工程和Phoenix油藏软件公司的创始人，从事低渗透气藏的生产数据分析、不稳定试井分析和油藏数值模拟工作；第二作者John Lee是休斯敦大学Cullen奖杰出特聘教授，美国国家工程院和俄罗斯自然科学院院士。这本书从试井解释的基本概念出发，立足于现场应用，以单层均质储层中一口单相流体产出井为例，较为全面系统地阐述了流体在多孔介质中的流动、双对数典型曲线分析方法、流动形态识别及其诊断图、有界储层特征、井筒及近井筒现象等方面内容，并重点论述了试井解释及试井设计的分析流程，具有较高的理论水平和实用价值，特别适合初学者和现场人员使用。

《油气井现代产量递减分析方法及应用（第二版）》（孙贺东，2024）。这是国内首部对油气井现代产量递减分析方法（RTA）系统、全面阐述的著作，系统介绍了RTA相关的基本概念；立足于手工拟合分析，详细阐述了Arps、Fetkovich、Blasingame等方法的基本原理、理论图版制作、拟合分析方法、实例分析等内容；论述了油气井现代产量递减分析方法的集成应用。英文版2015年由Elsevier出版，2017年获国家新闻和出版总局图书输出奖，该书可方便读者深入了解现代产量递减分析理论图版曲线的制作过程及相应软件的"黑匣子"内容，2024年出版第二版，目前已三次印刷。

《非常规油气藏产量不稳定分析方法及应用》（Christopher，R. C.，2022），作者Christopher，R. C.，国际知名的非常规油藏工程专家，拥有30多年的非常规油藏工作经验。该书共9章:第1章至第5章为RTA基础、分析方法和工作流程;第6章至第9章为RTA在非常规油气藏勘探和开发中的应用。长期在线数据分析是该书的重点,但该工作流程也可用于短期返排数据分析。

若读者具有较好的英文水平,也可阅读相关试井英文原著,不完全试井图书统计见表1-4。

表1-4 国外试井书籍统计表

序号	年度	图书	作者	出版社
1	1935	Back-Pressure Data on Natural-Gas Wells and Their Application to Production Practices	Rawlins, E. L., Schellhardt, M. A.	Bureau of Mines, Bartlesville, Okla.(USA)
2	1967	Pressure Buildup and Flow Tests in Wells	Matthews, C. S., Russell, D. G.	SPE
3	1977	Advances in Well Test Analysis	Earlougher, R. C. Jr.	SPE
4	1979	Gas Well Testing-Theory and Practice	Energy Resources Conservation Board	Energy Resources Conservation Board
5	1982	Well Testing	Lee, W. J.	SPE
6	1988	Well Testing in Heterogeneous Formations	Streltsona, T. D.	John Wiley & Sons, Inc
7	1990	Well Test Analysis for Fractured Reservoir Evaluation	Prat, G. D.	Elsevier
8	1990	Modern Well Test Analysis-A Computer-Aided Approach	Horne, R. N.	Petroway, Inc
9	1990	Pressure Transient Analysis	Stanislav, J. F., Kabir, C.	Prentice Hall
10	1991	Well Test Analysis	Sabet, M. A.	Gulf Publishing Company
11	1992	Well Testing in Heterogeneous Formations	Streltsona, T. D.	John Wiley & Sons, Inc
12	1993	Well Test Analysis	Rajagopal Raghavan	Prentice Hall
13	1995	Modern Well Test Analysis-A Computer-Aided Approach (2nd)	Horne, R. N.	Petroway, Inc
14	1998	Well Testing Interpretation Methods	Gilles Bourdarot	Paris
15	2002	Well Test Analysis The Use of Advanced Interpretation Models	Dominique Bourdet	Elsevier
16	2003	Gas Well Testing Handbook	Amanat U. Chaudhry	Elsevier
17	2003	Operational Aspects of Oil and Gas Well Testing	Stuart Mcaleese	Elsevier
18	2003	Pressure Transient Testing	John Lee, John B. Rollins, John P. Spivey	SPE

续表

序号	年度	图书	作者	出版社
19	2004	Oil Well Testing Handbook	Chaudhry, A. U.	Elsevier
20	2009	Transient Well Testing	Kamal, M. M.	SPE
21	2010	Pressure Transient Formation and Well Testing (Convolution Deconvolution and Nonlinear Estimation)	Kuchuk, F. J.	Elsevier
22	2011	Streamline Numerical Well Test Interpretation – Theory and Method	Yao Jun, Wu Minglu	Elsevier
23	2011	Well Test Design and Analysis	George Stewart	PennWell Corporation
24	2012	Wireline Formation Testing and Well Deliverability	George Stewart	PennWell Corporation
25	2013	Applied Well Test Interpretation	Spivey, J. P., Lee, W. J.	Elsevier
26	2014	Formation Testing – Pressure Transient and Contamination Analysis	Chin W. C., Zhou Yanmin, Feng Yongren, Yu Qiang, Zhao Lixin	Wiley
27	2015	Recent Advances in Practical Applied Well Test Analysis	Freddy Humnerto Escobar Macualo	Petroleum Science and Technology
28	2015	Advanced Production Decline Analysis and Application	Sun Hedong	Elsevier
29	2016	Formation Testing – Low Mobility Pressure Transient Analysis	Chin, W. C., Yanmin Zhou, Feng Yongren, Yu Qiang	Wiley
30	2017	Well Test Analysis for Multilayered Reservoirs with Formation Crossflow	Gao Chengtai, Sun Hedong	Elsevier
31	2018	Novel, Integrated and Revolutionary Well Test Interpretation and Analysis	Freddy Humnerto Escobar Macualo	Intechopen
32	2019	Dynamic Description Technology of Fractured Vuggy Carbonate Gas Reservoirs	Jiang Tongwen, Sun Hedong, Deng Xingliang	Elsevier
33	2019	Formation Testing – Supercharge, Pressure Testing and Contamination Models	Chin, W. C.	Wiley
34	2019	Geothermal Well Test Analysis – Fundamentals, Applications and Advanced Techniques	Zarrouk, S. J., Katie Mclean, K.	Elsevier

续表

序号	年度	图书	作者	出版社
35	2020	Dynamic Well Testing In Petroleum Exploration And Development	Zhuang Huinong, Han Yongxin, Sun Hedong, Liu Xiaohua	Elsevier
36	2021	Unconventional Reservoir Rate Transient Analysis	Clarkson, C. R.	Elsevier
37	2021	Multiprobe Pressure Analysis and Interpretation: Multiprobe Design and Pressure Analysis (Advances in Petroleum Engineering)	Lu Tao, Zhou Minggao, Feng Yongren, Yang Yuqing	Wiley – Scrivener
38	2023	Modern Pressure Transient Analysis of Petroleum Reservoirs – A Practical View	Tarek Al – Arbi Omar Ganat	Springer
39	2024	Dynamic Data Analysis	Olivier Houzé	KAPPA
40	2024	Pressure Transient Analysis——Pressure Derivative	Djebbar Tiab	Elsevier
41	2024	Surface Well Testing: A Practical Guide	Paul Budworth, Abdullah Tanira	CRC Press

第二节 一些重要的基本概念

一、试井本质

如前所述，试井分为试井设计和试井解释两部分。试井设计是已知产量和油气藏模型参数，求解压力变化的过程，该过程从数学本质上来说，是个正问题，存在唯一解，如图 1 – 33 所示。

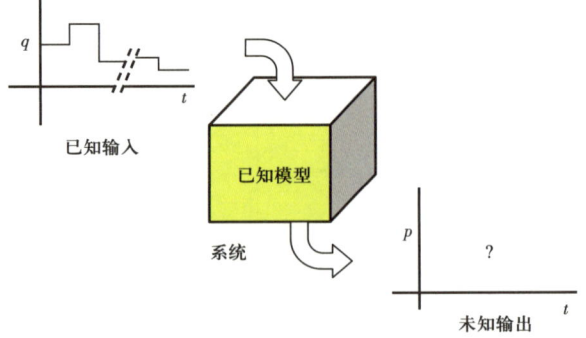

图 1 – 33　试井设计示意图（Spivey，2013）

试井解释是已知产量和压力变化,求解"黑匣子"——油气藏模型的过程,该过程从数学本质上来说,是个反问题,存在多解,如图1-34所示。

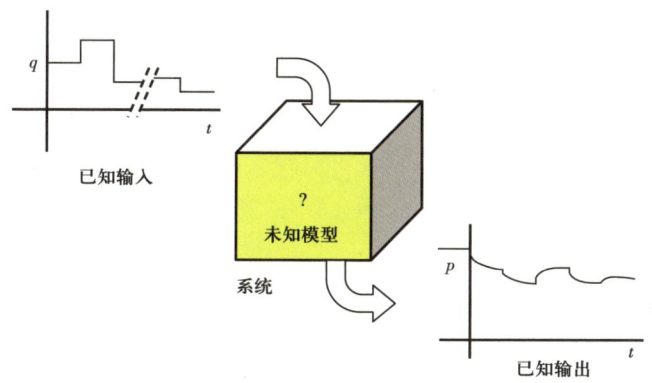

图 1-34　试井解释示意图(Spivey,2013)

试井解释的过程,就是一个最优化的过程,即求最小值的过程。因此,试井解释的过程就是如何降低多解性求取最优解的一个过程。

二、均质无限大试井模型

假设储层无限大、水平、等厚、均质、各向同性,忽略重力的影响,孔隙度为常数,流体单相弱可压缩,压缩系数为常数,压力梯度很小,黏度是常数。那么根据达西定律、状态方程和连续性方程及初始条件、内外边界条件就可以得到一个方程组,在 SI 基本单位制下,扩散方程为

$$\frac{\partial p}{\partial t} = \frac{K}{\phi \mu C_t} \frac{1}{r} \left[\frac{\partial}{\partial r} \left(r \frac{\partial p}{\partial r} \right) \right] \qquad (1-1)$$

初始条件

$$p(t=0, r) = p_i \qquad (1-2)$$

内边界条件

$$\lim_{r \to 0} \left(r \frac{\partial p}{\partial r} \right) = \frac{q\mu}{2\pi K h} \qquad (1-3)$$

外边界条件

$$\lim_{r \to \infty} [p(r, t)] = p_i \qquad (1-4)$$

利用 Boltzmann 变换方法求解,有

$$p(r,t) = p_i - \frac{q\mu}{4\pi Kh}\left[-\text{Ei}\left(-\frac{\phi\mu C_t r^2}{4Kt}\right)\right] = p_i - \frac{q\mu}{4\pi Kh}[-\text{Ei}(-x)] \quad (1-5)$$

其中,Ei 函数称为指数积分函数,$x = \frac{r^2}{4\eta t}$,$\eta = \frac{K}{\phi\eta C_t}$。当 $x < 0.01$ 时,有

$$\text{Ei}(-x) = \ln(1.78107x) = \ln x + 0.5772 \quad (1-6)$$

其中 $\gamma = 0.5772$。当 $x < 0.01$ 时,有

$$p_i - p = \frac{q\mu}{4\pi Kh}\ln\left(\frac{4\eta t}{e^{\gamma}r^2}\right) = \frac{q\mu}{4\pi Kh}\ln\left(\frac{2.2458\eta t}{r^2}\right) = \frac{q\mu}{4\pi Kh}\left[\ln\left(\frac{4\eta t}{r^2}\right) - 0.5772\right] \quad (1-7)$$

对于试井过程,式(1-7)在试井开始几秒钟后即可使用,这点可由以下计算知道。设,$\eta = 1000\text{cm}^2/\text{s}$,$r_w = 10\text{cm}$,则由

$$x = \frac{r_w^2}{4\eta t} < 0.01 \text{ 得出 } t > \frac{r_w^2}{4\eta \times 0.01} = \frac{10^2}{4 \times 1000 \times 0.01} = 2.5\text{ s}$$

因此,对于 $r = r_w$,式(1-7)在试井开始 3s 后即可使用;但是对于距井较远的地层点,例如相邻的另一井处,由于 r 值很大,t 必须大到一定程度式(1-7)才能使用,这说明了干扰试井的初期资料为何不能进行单对数分析的原因。实际试井分析时,早期数据一般不能进行单对数分析,其原因并非因为式(1-7)不能使用,而是因为井筒储存效应使井底产量无法保持不变之故。

当 $0 < x < 1$ 时,有

$$-\text{Ei}(-x) + \ln x = \sum_{i=0}^{5} b_i x^i + O(2 \times 10^{-7}) \quad (1-8)$$

式中,$b_0 \sim b_5$ 分别为 -0.57721566,0.99999193,-0.24991055,0.05519968,-0.00976004,0.00107857。

当 $x > 1$ 时,有

$$-xe^x \text{Ei}(-x) = \frac{x^4 + c_1 x^3 + c_2 x^2 + c_3 x + c_4}{x^4 + d_1 x^3 + d_2 x^2 + d_3 x + d_4} + O(2 \times 10^{-8}) \quad (1-9)$$

式中,$c_1 \sim c_4$ 分别为 8.5733287401,18.059016973,8.6347608925,0.2677737343;$d_1 \sim d_4$ 分别为 9.5733223454,25.6329563486,21.0996530827,3.9584969228。利用上述近似公式(0.1,10)范围内的计算结果见表 1-5。Craft(1991)以图形的形式给出了 Ei 函数值,如图 1-35 所示。

表 1-5 Ei 函数计算数据表

x	$-\mathrm{Ei}(-x)$	x	$-\mathrm{Ei}(-x)$	x	$-\mathrm{Ei}(-x)$	x	$-\mathrm{Ei}(-x)$
0.1	1.82292	2.6	0.02185	5.1	0.00102	7.7	0.00005
0.2	1.22265	2.7	0.01918	5.2	0.00091	7.8	0.00005
0.3	0.90568	2.8	0.01686	5.3	0.00081	7.9	0.00004
0.4	0.70238	2.9	0.01482	5.4	0.00072	8.0	0.00004
0.5	0.55977	3.0	0.01305	5.5	0.00064	8.1	0.00003
0.6	0.45438	3.1	0.01149	5.7	0.00051	8.2	0.00003
0.7	0.37377	3.2	0.01013	5.8	0.00045	8.3	0.00003
0.8	0.3106	3.3	0.00894	5.9	0.0004	8.4	0.00002
0.9	0.26018	3.4	0.00789	6.0	0.00036	8.5	0.00002
1.0	0.21938	3.5	0.00697	6.1	0.00032	8.6	0.00002
1.1	0.18599	3.6	0.00616	6.2	0.00029	8.7	0.00002
1.2	0.15841	3.7	0.00545	6.3	0.00026	8.8	0.00002
1.3	0.13545	3.8	0.00482	6.4	0.00023	8.9	0.00001
1.4	0.11622	3.9	0.00427	6.5	0.0002	9.0	0.00001
1.5	0.10002	4.0	0.00378	6.6	0.00018	9.1	0.00001
1.6	0.08631	4.1	0.00335	6.7	0.00016	9.2	0.00001
1.7	0.07465	4.2	0.00297	6.8	0.00014	9.3	0.00001
1.8	0.06471	4.3	0.00263	6.9	0.00013	9.4	0.00001
1.9	0.0562	4.4	0.00234	7.0	0.00012	9.5	0.00001
2.0	0.0489	4.5	0.00207	7.1	0.0001	9.6	0.00001
2.1	0.04261	4.6	0.00184	7.2	0.00009	9.7	0.00001
2.2	0.03719	4.7	0.00164	7.3	0.00008	9.8	0.00001
2.3	0.0325	4.8	0.00145	7.4	0.00007	9.9	0
2.4	0.02844	4.9	0.00129	7.5	0.00007	10.0	0
2.5	0.02491	5.0	0.00115	7.6	0.00006		

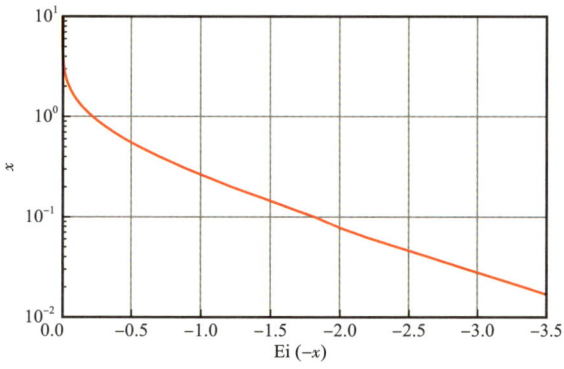

图 1-35 Ei 函数解（Craft，1991）

三、无量纲量

油气藏工程中常用物理量及量纲见表1-6。

表1-6 油气藏工程常用物理量及量纲

物理量名称	符号	量纲
渗透率	K	$[L^2]$
产量	q	$[L^3 T^{-1}]$
压力	p	$[M/(T^2 L)]$
井筒储存系数	C	$[T^2 L^4 /M]$
黏度	μ	$[M/(TL)]$
时间	t	$[T]$
井筒半径、厚度	r, h	$[L]$

使用无量纲物理量的优点主要有以下三个方面：结果适合于不同单位制；减少参数和变量数目；使得问题简化，更好显示物理问题的本质。试井及产量不稳定分析过程中使用的无量纲物理量主要有

$$r_D = \frac{r}{r_w}$$

$$t_D = \frac{\alpha_t K t}{\phi \mu C_t r_w^2}$$

$$p_D = \frac{Kh(p_i - p)}{\alpha_p q \mu B}$$

$$C_D = \frac{\alpha_C C}{\phi C_t h r_w^2} \tag{1-10}$$

其中 α_t、α_p、α_C 是单位制换算系数。对于一名油气藏工程人员来说，学习、工作中经常遇到4种单位制——达西单位（渗流力学课）、英制单位（SPE或英文书籍）、工程制、SI单位制（行业标准SY/T6580—2004，SI基本单位制系数与达西单位一致）。图1-36为笔者1996年在西安石油学院求学期间，《油藏工程》课主讲教师高承泰教授发放的单位制转换系数表。

试井相关的主要变量、各单位制的单位及换算系数见表1-7。由于无量纲物理量与单位制无关，利用此表可方便地进行单位制换算。

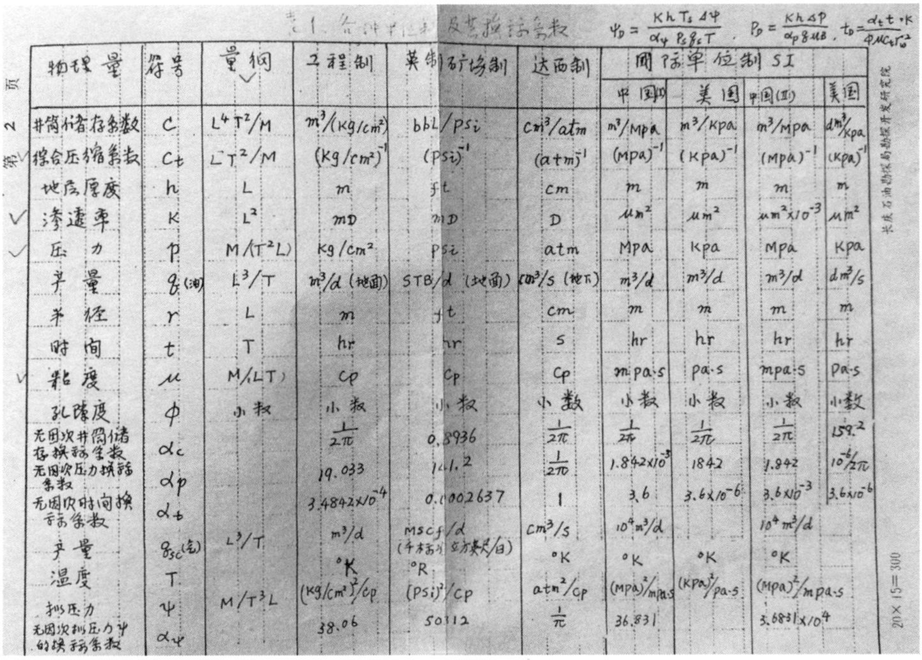

表1 各种单位制及其换算系数　$\psi_D=\frac{KhT_s\Delta\psi}{\alpha_\psi p_{sc}T}$，$p_D=\frac{Kh\Delta p}{\alpha_p q\mu B}$，$t_D=\frac{\alpha_t t\cdot K}{\phi\mu C_t r_w^2}$

物理量	符号	量纲	工程制	英制矿场制	达西制	国际单位制SI 中国(I)	美国	中国(II)	美国
井筒储存系数	C	L^4T^2/M	$m^3/(kg/cm^2)$	bbl/psi	cm^3/atm	m^3/MPa	m^3/KPa	m^3/MPa	dm^3/KPa
综合压缩系数	C_t	LT^2/M	$(kg/cm^2)^{-1}$	$(psi)^{-1}$	$(atm)^{-1}$	$(MPa)^{-1}$	$(KPa)^{-1}$	$(MPa)^{-1}$	$(KPa)^{-1}$
地层厚度	h	L	m	ft	cm	m	m	m	m
渗透率	K	L^2	mD	mD	D	μm^2	μm^2	$\mu m^2\times10^{-3}$	μm^2
压力	p	$M/(T^2L)$	kg/cm^2	psi	atm	MPa	KPa	MPa	KPa
产量	q(油)	L^3/T	m^3/d (地面)	STB/d (地面)	cm^3/s (地下)	m^3/d	m^3/d	m^3/d	dm^3/s
半径	r	L	m	ft	cm	m	m	m	m
时间	t	T	hr	hr	s	hr	hr	hr	hr
粘度	μ	M/(LT)	cp	cp	cp	mpa·s	pa·s	mpa·s	pa·s
孔隙度	φ	小数	小数	小数	小数	小数	小数	小数	小数
无因次井筒储存换算系数	α_c		$\frac{1}{2\pi}$	0.8936	$\frac{1}{2\pi}$	$\frac{1}{2\pi}$	$\frac{1}{2\pi}$	$\frac{1}{2\pi}$	159.2
无因次压力换算系数	α_p		19.033	141.2	$\frac{1}{2\pi}$	1.842×10^{-3}	1842	1.842	$10^{-6}/2\pi$
无因次时间换算系数	α_t		3.4842×10^{-4}	0.0002637	1	3.6	3.6×10^{-6}	3.6×10^{-3}	3.6×10^{-6}
产量	q_{sc}(气)	L^3/T	m^3/d	MSCF/d (标准条件)	cm^3/s	$10^4m^3/d$		$10^4m^3/d$	
温度	T		°K	°R	°K	°K	°K	°K	
拟压力	ψ	M/T^3L	$(kg/cm^2)^2/cp$	$(psi)^2/cp$	atm^2/cp	$(MPa)^2/mPa\cdot s$	$(KPa)^2/pa\cdot s$	$(MPa)^2/mpa\cdot s$	
无因次拟压力中的换算系数	α_ψ		38.06	50112	$\frac{1}{\pi}$	36.831		3.6831×10^4	

图1－36　高承泰教授讲义手稿（1996）

表1－7　油藏工程常用物理量单位

单位制		基本SI	实用SI	工程制	英矿场制
长度	r，h，L	m	m	m	ft
时间	t	s	h	h	h
压力	p	Pa	MPa	kg/cm^2	psi
渗透率	K	m^2	mD	mD	mD
油产量	q_o	m^3/s	m^3/d	m^3/d	bbl/d
气产量	q_g	m^3/s	$10^4m^3/d$	m^3/d	$10^3ft^3/d$
黏度	μ	Pa·s	mPa·s（＝cP）	mPa·s	mPa·s
转换系数	α_p	$1/2\pi$	1.842	19.033	141.2
	α_t	1	0.0036	3.484×10^{-4}	2.637×10^{-4}
	α_C	$1/2\pi$	$1/2\pi$	$1/2\pi$	0.8936
	α_ψ	$1/\pi$	3.683×10^4	38.06	50312

利用式（1－10）所示的无量纲量，式（1－1）至式（1－5）表示的试井基本微分方程式可以表示为

扩散方程

$$\frac{1}{r_D}\frac{\partial}{\partial r_D}\left(r_D\frac{\partial p_D}{\partial r_D}\right)=\frac{\partial p_D}{\partial t_D} \tag{1-11}$$

初始条件

$$p(t_D = 0, r_D) = 0 \quad (1-12)$$

内边界条件

$$\lim_{r_D \to 0} \left(r_D \frac{\partial p_D}{\partial r_D} \right) = -1 \quad (1-13)$$

外边界条件

$$\lim_{r_D \to \infty} [p_D(r_D, t_D)] = 0 \quad (1-14)$$

利用 Boltzmann 变换方法求解，有

$$p_D(r_D, t_D) = -\frac{1}{2} \text{Ei}\left(-\frac{r_D^2}{4t_D}\right) \quad (1-15)$$

四、不同单位制系数转换

对试井来说，常用变量主要有以下 6 个，分别是长度（面积、体积）、压力、油产量、气产量、温度、渗透率等，见表 1-8。中华人民共和国石油天然气行业标准《石油天然气勘探开发常用量和单位》（SY/T 6580—2004）中规定 $1\mu m^2 = 1D$，但为了系数整齐，本书公式转换中仍采用 $1\mu m^2 = 1.01325D$。

表 1-8 试井常用变量及不同单位制转换系数（详见附录 1）

1 长度单位	SI 单位制	英制	达西单位制
	1m	1ft	1cm
1m	1	1/0.3048	100
1ft	0.3048	1	30.48
1cm	0.01	0.01/0.3048	1
2 压力单位	SI 单位制	英制	达西单位制
	1MPa	1psi	1atm
1MPa	1	145.038	10/1.01325
1psi	1/145.038	1	1/145.038/1.01325
1atm	0.101325	0.101325×145.038	1
3 油产量单位	SI 单位制	英制	达西单位制
	$1m^3/d$	1bbl/d	$1cm^3/s$
$1m^3/d$	1	1/0.1589873	100/8.64
1bbl/d	0.1589873	1	15.89873/8.64
$1cm^3/s$	0.0864	0.0864/0.1589873	1

续表

4 气产量单位	SI 单位制	英制	达西单位制
	$10^4 \mathrm{m}^3/\mathrm{d}$	$10^3 \mathrm{ft}^3/\mathrm{d}$	$1 \mathrm{cm}^3/\mathrm{s}$
$10^4 \mathrm{m}^3/\mathrm{d}$	1	$10^4/0.3048^3/10^3$	$10^6/8.64$
$10^3 \mathrm{ft}^3/\mathrm{d}$	0.1×0.3048^3	1	$10^3 \times 0.3048^3 \times 10^6/86400$
$1 \mathrm{cm}^3/\mathrm{s}$	$10^{-6} \times 8.64$	$8.64 \times 10^{-5}/0.3048^3$	1
5 温度单位	℃	°F	°R
1K	$T-273.15$	$1.8T-459.57$	$1.8T$
6 渗透率单位	D	mD	$10^{-3} \mu\mathrm{m}^2$
$1 \mu\mathrm{m}^2$	1.01325	1013.25	1000

油气藏工程常用公式主要有乘法法则、除法法则等，但使用起来并不方便，容易绕晕。本节介绍一种简便易用的方法，在 Excel 中瞬间完成，步骤如下：(1) 写出公式中所有的变量；(2) 设计表格，新单位在左，老单位在右；(3) 给出变量新旧单位制的转换系数；(4) 将转换系数代入老公式即可。下面以油井产能公式为例，说明由达西单位制向 SI 单位制转换的步骤。油井直井产量公式（达西单位）如式（1-16）所示，有

$$q = \frac{2\pi Kh\Delta p}{\mu \ln(r_e/r_w)} \quad (1-16)$$

列出达西单位与 SI 单位转换关系，见表 1-9。两种单位制间变量涉及 q、K、h、p、μ、r。

表 1-9 油井产能公式 SI 单位制与达西单位制系数转换表

变量	SI 单位制	达西单位制		备注
q	$1 \mathrm{m}^3/\mathrm{d}$	11.57407407	$1 \mathrm{cm}^3/\mathrm{s}$	100/8.64
K	$10^{-3} \mu\mathrm{m}^2$	0.00101325	D	
p	1MPa	9.869232667	atm	10/1.01325
h	1m	100	cm	
μ	$1 \mathrm{mPa \cdot s}$	1	$\mathrm{mPa \cdot s}$	

将表中系数代入式（1-16），手动计算新系数，有

$$新系数 = \frac{2\pi \times (1.01325/1000) \times 100 \times (10/1.01325)}{100/8.64} = 0.5428$$

即

$$q = \frac{0.5428 Kh\Delta p}{\mu \ln(r_e/r_w)}$$

SPE 文献经常出现的是英制单位，如：油井产能公式为

$$q = \frac{0.00708Kh\Delta p}{\mu\ln(r_e/r_w)} \quad (1-17)$$

列出英制单位与 SI 单位转换关系，见表 1-10。两种单位制间变量涉及 q、K、h、p、μ、r。

表 1-10 油井产能公式 SI 单位制与英制单位制系数转换表

变量	SI 单位制	达西单位制		备注
q	$1\text{m}^3/\text{d}$	6.28981057	bbl/d	1/0.1589873
K	$10^{-3}\mu\text{m}^2$	1.01325	mD	
p	1MPa	145.038	psi	
h	1m	3.280839895	ft	1/0.3048
μ	$1\text{mPa}\cdot\text{s}$	1	$\text{mPa}\cdot\text{s}$	

将表中系数代入式（1-17），手动计算新系数，有

$$\text{新系数} = \frac{0.00708 \times 1.01325 \times 145.038 \times (1/0.3048)}{1/0.1589873} = 0.54272$$

即

$$q = \frac{0.5427Kh\Delta p}{\mu\ln(r_e/r_w)} \quad (1-18)$$

转换系数小数位数不同，系数略有差异。

下面再举一个复杂一些公式的系数转换，气井流动方程在达西单位制情形如式（1-19）所示：

$$\frac{\Delta p(t)}{q_g(t)} = \frac{\overline{B}_g\overline{\mu}_g}{4\pi Kh}\ln\left(\frac{4A}{C_A e^{\gamma} r_{we}^2}\right) + \frac{t_c}{GC_{ti}^*} \quad (1-19)$$

试将其转为英制单位。对数内的单位是个无量纲量，不考虑；本例涉及 p、q、K、h、G、t_c 和 C_{ti}^* 系数的转换。以新单位为标准 1 列出转换关系，见表 1-11。

表 1-11 式（1-19）英制单位与达西单位制单位系数转换表

变量	英制	达西单位制		备注
p	1psi	1/14.7	atm	1/14.7
q	$1\times 10^3\text{ft}^3/\text{d}$	327.74128	cm^3/s	$10^3\times 0.3048^3\times 10^6/86400$
K	1mD	0.001	D	
h	1ft	30.48	cm	
G	1MSCF	28316846.59	cm^3	$10^3\times 0.3048^3\times 10^6$
t	1h	3600	s	

将转换系数代入公式（1-19），右侧第一项系数为

$$\text{系数}1 = \frac{1}{4\pi \times 10^{-3} \times 30.48 \times (1/14.7/327.74128)} = 12578.3$$

右侧第二项系数为

$$\text{系数}2 = \frac{3600}{28316846.59 \times (1/0.068045841)} = 0.04166667$$

式（1-19）转换为英制单位，有

$$\frac{\Delta p(t)}{q_g(t)} = \frac{12578 \bar{B}_g \bar{\mu}_g}{Kh} \ln\left(\frac{4A}{C_A e^\gamma r_{we}^2}\right) + \frac{4.167 \times 10^{-2} t_c}{GC_{ti}^*} \quad (1-20)$$

若将式（1-19）转换为 SI 单位制，则转换系数表见表 1-12。

表 1-12　式（1-19）SI 单位与达西单位制单位系数转换表

变量	SI 单位制	达西单位制		备注
p	1MPa	9.869232667	atm	10/1.01325
q	$10^4 m^3/d$	11.57407407×10^4	cm^3/s	$10^6/86400$
K	$10^{-3} \mu m^2$	1.01325×10^{-3}	D	
h	1m	100	cm	
G	$10^4 m^3$	10^{10}	cm^3	
t	1h	3600	s	

将转换系数代入公式（1-19），右侧第一项系数为

$$\text{系数}1 = \frac{10^4}{4\pi \times 100 \times 1.01325 \times 10^{-3} \times (9.86923/11.574)} = 9210$$

右侧第二项系数为

$$\text{系数}2 = \frac{3600}{10^6 \times (1/9.86923) \times (9.86923/11.57407)} = 0.04166667$$

式（1-19）转换为 SI 单位，有

$$\frac{\Delta p(t)}{q_g(t)} = \frac{9210 \bar{B}_g \bar{\mu}_g}{Kh} \ln\left(\frac{4A}{C_A e^\gamma r_{we}^2}\right) + \frac{4.167 \times 10^{-2} t_c}{GC_{ti}^*} \quad (1-21)$$

五、井筒储存效应和井筒储存系数

由于井筒具有储存流体的能力，开关井又在井口进行，开关井后井口产量与井底产量的变化是不相同的，如图 1-37 所示。开井初期，井口流量主要是由于井筒内流体的泄压膨胀，而地层中并未向井供液。随着时间的继续，地下流量逐渐增加，经过一段时

间之后地面等于井底流量。关井初期，井口流量为零，而地层继续向井供液；随着时间的继续，地下流量逐渐减少，经过一段时间之后地下流量为零。

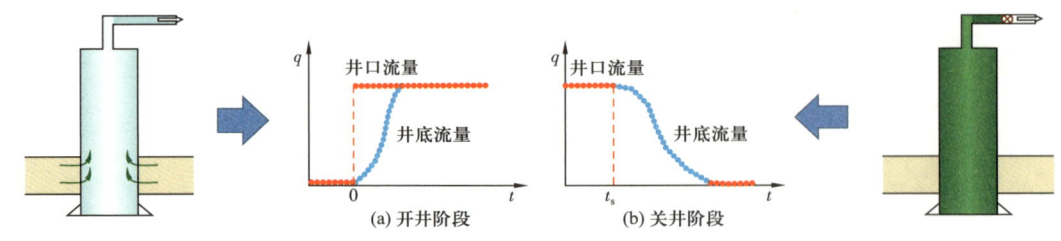

图 1-37 井筒效应示意图

井筒储存效应的大小由井筒储存系数 C 表示（Van Everdingen，1949），它定义为单位井底压力增加所对应的井筒中流体容积的增加，即

$$C = \frac{\Delta V}{\Delta p} \qquad (1-22)$$

式中　C——井筒储存系数，m^3/MPa；

ΔV——流体体积，m^3；

Δp——压差，MPa。

利用上述数学关系式可以单独描述井筒流体膨胀效应和液面下降（或上升）效应的影响。对于流体膨胀情形，有

$$C = V_{wb} C_{wb} \qquad (1-23)$$

式中　V_{wb}——井筒流体体积，m^3；

C_{wb}——井筒中流体的平均压缩系数，MPa^{-1}。

对于液面变化情形，假设 A_a 为环空的截面积，ρ 为井筒内流体的平均密度，则井筒储存系数为

$$C = \frac{A_a}{9.8 \times 10^{-6} \rho} \qquad (1-24)$$

其中

$$A_a = \frac{\pi(ID_C^2 - OD_T^2)}{4} \qquad (1-25)$$

式中　A_a——环空截面积，m^2；

OD_T——油管外径，m；

ID_C——套管外径，m；

ρ——井筒流体密度，kg/m^3。

总存储效应是两种效应的总和。对于油井来说，由于液体的可压缩性很小，所以流体膨胀效应一般不显著；对于气井来说，储存效应主要来自气体膨胀。如果封隔器放置在产层附近，井下开关井测试时，井筒储存效应影响会很小。

井筒储存系数以无量纲形式，有

$$C_D = \frac{C}{2\pi\phi h C_t r_w^2} \quad (1-26)$$

式中 C_D——无量纲井筒储存系数；

C——井筒储存系数，m^3/MPa；

C_t——总压缩系数，MPa^{-1}；

r_w——井筒半径，m；

h——地层厚度，m。

在井筒储存效应阶段，井筒压力与时间成正比（Earlougher，1977；Horne，1995），其表达式为

$$p_D = t_D/C_D \quad (1-27)$$

式中 p_D——井筒储存期间的无量纲压力；

t_D——无量纲时间。

两边取对数，有

$$\lg p_D = \lg t_D - \lg C_D \quad (1-28)$$

式（1—28）表明井筒储存效应期间 p_D 与 t_D 的双对数曲线图是一条斜率为1的直线，这就是双对数图诊断井筒储存效应的基本原理。

井筒储存系数有诸多影响因素，如井筒中油气水三相的分布，但仍可根据井的状况，对参数范围做出大致估计，见表1—13（中国油气井测试资料解释范例，1994）。

表1—13 井筒储存系数分类表

分类级别	量级/(m^3/MPa)	井的状况描述
特高	>10	深气井，井口关井
高	1~10	高含气井或油套管液面同时恢复井
较高	0.1~1	含气柱井，井口关井或油管液面恢复井
中等	0.05~0.1	油管井口关井，中低气油比
较低	0.01~0.05	油管井口关井，井口为纯油、纯水或采用井下关井工具关井，但口袋较长
低	0.001~0.01	采用井下工具关井
很低	<0.001	井下关井，口袋特短

如果参数结束结果与上述描述的情况相符，则结果是正确的；否则，要从井筒因素、地层因素方面认真分析原因。对于变井筒效应情形或相重新分布情形，请见《实用试井解释方法》第 9 章等相关书籍。

六、稳态、拟稳态、边界控制流

（一）试井基本方程

假定：地层均质等厚，各向同性；储层被压缩系数是常数的微可压缩流体所充满；流动过程为等温过程，并服从达西定律；重力和毛细管压力可以忽略；在上述基本假定下，对于一口单井以定产量生产的问题（基本 SI 单位制），可以描述如下：

扩散方程

$$\frac{\partial p}{\partial t} = \frac{K}{\phi \mu C_t} \frac{1}{r} \left[\frac{\partial}{\partial r} \left(r \frac{\partial p}{\partial r} \right) \right] \quad (1-29)$$

初始条件

$$p(t=0, r) = p_i \quad (1-30)$$

外边界条件

无限大地层： $$\lim_{r \to \infty} [p(r,t)] = p_i \quad (1-31)$$

圆形油藏定压外边界： $$p \mid_{r=r_e} = p_e \quad (1-32)$$

圆形油藏封闭外边界： $$\left. \frac{\partial p}{\partial r} \right|_{r=r_e} = 0 \quad (1-33)$$

内边界条件：

井以井底定产量 q 生产的情形

$$\left. \frac{\partial p}{\partial r} \right|_{r=r_e} = \frac{\mu q}{2\pi K h r_w} \quad (1-34)$$

井以井底定压力生产的情形

$$p \mid_{r=r_w} = p_w \quad (1-35)$$

井以井口定产量 q 生产的情形

$$\left. \frac{\partial p}{\partial r} \right|_{r=r_e} = \frac{\mu q}{2\pi K h r_w} \left(qB + C \frac{\mathrm{d} p_w}{\mathrm{d} t} \right) \quad (1-36)$$

其中，C 为井筒储存系数。

上述问题流动时期可以划分为三个阶段。

无限大作用期：开井生产后压力波向外传播未达到边界前的一段时间，这时边界未被感触到，地层可看作无限大地层。对于大油藏，无限大作用期较长，对于小油藏，无限大作用期较短。

过渡时期：开井生产后压力波向外传播已达到边界，但是外边界附近地区的压力变化尚未稳定前的一段时间。

稳态或拟稳态流动期：地层各处的压力变化稳定后的一段时间。对于定压外边界情形，油藏各处的压力不变；对于封闭外边界情形，油藏各处的压力随时间均匀下降。

（二）稳态流动

一口井以稳定的产量生产较长时间后，如果整个井周围的压力分布保持恒定，这种流动状态称为稳态流动。稳态流动开始的时间记作 t_{ss}，当 $t > t_{ss}$ 时，在地层中任何一点的压力不再随时间变换，即 $\partial p/\partial t = 0$。对于周围水体非常大的天然水驱油藏，或者是注水开采的油藏，油/水边界有可能形成"定压边界"，使井的生产处于稳定流动状态，或近似地达到稳定流动状态，这种井附近的压力分布如图 1-38 所示。这里要特别指出的是，对于气井，一般不会出现这种稳定流动状态，也不存在所谓的"定压边界"，本书第四章第八节有专门论述。

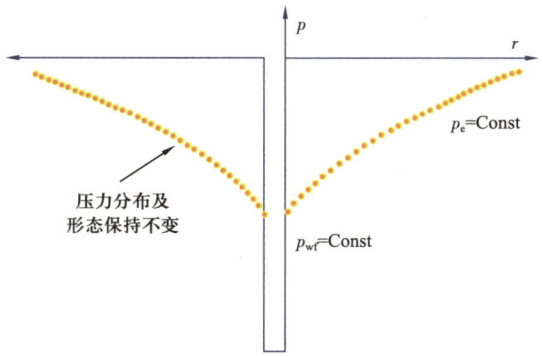

图 1-38　稳态流动压力分布示意图

（三）拟稳态流动

所谓拟稳态流动，实质上也是一种不稳定流动。当在一个封闭区块内的油气井以稳定的产量生产一定时间后，压力波及周围的所有边界。自此以后，封闭区块中各点的压力将以相同的速度下降，达到拟稳态流动，如图 1-39 所示。

如果达到拟稳态流动的开始时间为 t_{pss}，当 $t > t_{pss}$ 时，地层中任何一点的 $\partial p/\partial t = $ 常数。可以从图 1-39 中看到，此时的压力分布曲线形态保持不变，不同时刻的压力分布曲线彼此平行，只是高低不同。进入拟稳态期后，油藏各处的压力随时间均匀下降，故有 $\partial p/\partial t = $ 常数，根据物质平衡原理，有

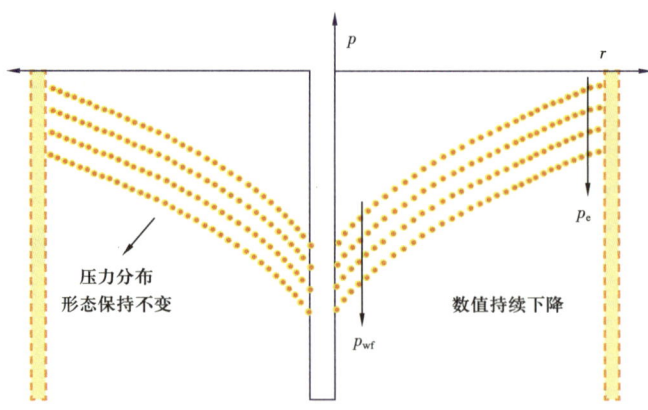

图 1-39　拟稳态流动压力分布示意图

$$V_p C_t \frac{dp}{dt} = -q \tag{1-37}$$

其中

$$V_p = \pi r_e^2 \phi h$$

于是有

$$\frac{1}{r}\frac{d}{dr}\left(r\frac{dp}{dr}\right) = \frac{1}{\eta}\frac{\partial p}{\partial t} = -\frac{\mu q}{\pi K h r_e^2} \tag{1-38}$$

积分式（1-38），有

$$p_e(t) - p_{wf}(t) = \frac{\mu q}{2\pi K h}\left[\ln\left(\frac{r_e}{r_w}\right) - \frac{1}{2}\right] \tag{1-39}$$

$$\bar{p}(t) - p_{wf}(t) = \frac{\mu q}{2\pi K h}\left[\ln\left(\frac{r_e}{r_w}\right) - \frac{3}{4}\right] \tag{1-40}$$

式中 $\bar{p}$ 是平均地层压力。过渡期圆形封闭油藏的解具有十分复杂的表达式，人们一般都不使用，这里从略，有兴趣者可参考 Matthews《油层压力恢复和油气井测试》一书。

（四）边界控制流动

对于一个封闭区块内生产的油气井，当压力波及周围所有的边界后，以固定的井底流压生产，随着地层能量的衰竭，其产量不断下降，封闭区内的压力也将不断下降，但与拟稳态不同的是，区块内各点的压力下降速度不同，如图 1-40 所示。可以说，拟稳态流动是边界控制流动（Boundary Dominated Flow）的一种特特殊情况，即只在定产条件下才能发生的。

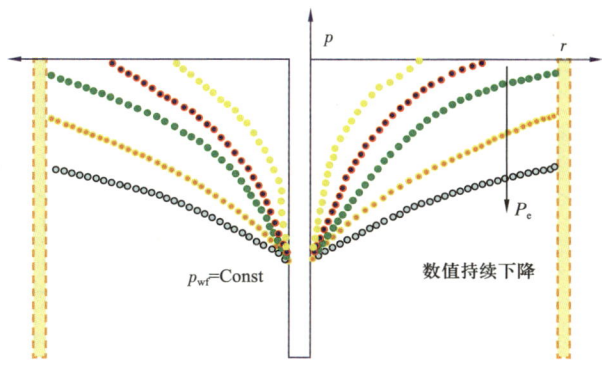

图 1-40　边界控制流动压力分布示意图

七、探测半径

油井的探测半径指在油井产量变化之后，压力变化传入油层的距离（Muskat，1934；Earlougher，1977）。若把 Ei 函数中变量 x 设为 1，求解时间 t 与到井筒距离 r_i 的关系，在 SI 基本单位制下，有

$$t = \frac{\phi \mu C_t r^2}{4K} \qquad (1-41)$$

同样地，求解 r_i，有

$$r_i = 2\sqrt{\frac{Kt}{\phi \mu C_t}} \qquad (1-42)$$

r_i 用于表示在给定的时间 t，Ei 函数中变量为 1 时距井筒的距离，该距离被称为探测半径。探测半径对于理解压力在储层内传播的过程是一个简单但强有力的工具，压降和压力恢复情形的探测半径示意图如图 1-41 所示。

关于探测半径，最常见的一个误解是，在给定的时间，流量越大，压力波在储层中传播得越远；实际上，流量对探测半径没有影响。由式（1-41）所知，探测半径与流量无关系！影响探测半径的参数是地层渗透率、流体黏度、总压缩系数和孔隙度。除孔隙度外，其他参数的变化范围可达几个数量级。因此，在给定时间内，对于泡点压力以上的高渗透轻质油层（单相流动），探测半径可以是几千米；而对于泡点压力以下的中等渗透稠油油层（气液两相流动），探测半径可能只有几十米。此特性不但对如何开展不稳定压力测试有很大的影响，而且对在特定测试时间内不同储层可获得信息的多少有影响（Spivey，2013）。

探测半径在产量不稳定分析中称为探测距离（DOI），与探测距离密切相关的 2 个重要概念是动态泄流面积（DDA）以及不稳定流动期间的储量（CFIP）。探测体积

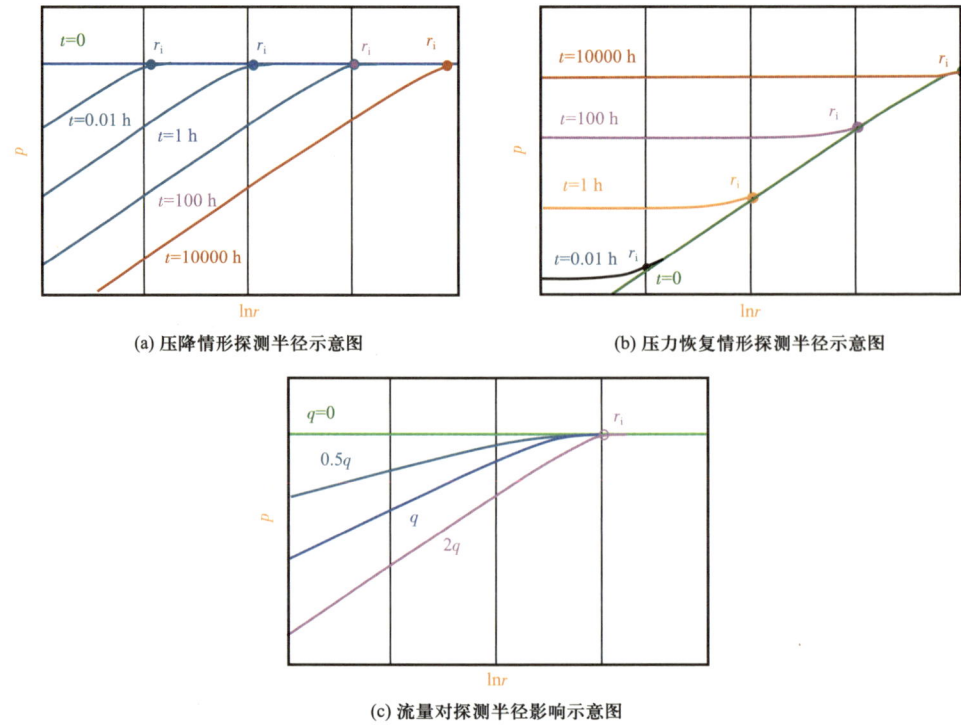

图 1-41 探测半径示意图

（VOI）是探测半径（径向流，线性流称为探测距离）概念的扩展，其与流动形态、储层形态和模型无关（Spivey，2020）。

八、形状因子及拟稳态到达时间

拟稳态流动阶段，圆形封闭油藏的解可以表示为

$$p_D = \frac{2t_D}{r_{eD}^2} + \ln r_{eD} - \frac{3}{4} \tag{1-43}$$

若令

$$A = \pi r_e^2$$

$$t_{DA} = t_D r_w^2 / A$$

$$C_A = 4\pi e^{1.5}/e^\gamma$$

则式（1-43）可以表示为

$$p_D = \frac{2t_D}{r_{eD}^2} + \ln r_{eD} - \frac{3}{4} = 2\pi t_{DA} + \frac{1}{2}\ln\left(\frac{4A}{e^\gamma C_A r_w^2}\right) \tag{1-44}$$

式中　A——油藏面积；
　　　C_A——形状因子。

式（1-44）虽然是从圆形封闭油藏导出，但是它对于一般封闭油气藏也是适用的，只要将 A 和 C_A 理解为该封闭油藏的面积和形状因子。形状因子 C_A 由封闭油藏的形状和井的位置决定，不同的油藏其值不同。不同形态和大小的封闭油藏，拟稳态到达时间也不一样，表 1-14 列出了不同形态油藏的形状因子及拟稳态到达时间。使用此表前应对油气藏形状和井的位置有所了解，从表中选择最接近的情形，读出它的 C_A 值及 $(t_{DA})_{pss}$ 值用于分析。

表 1-14　不同单井泄流区域的形状因子（Earlougher，1977）

有界储层	C_A	$\ln C_A$	$\frac{1}{2}\ln\left(\frac{2.2458}{C_A}\right)$	精确解要求 t_{DA} 的最小值	误差小于1% 的 t_{DA} 最小值	无限大系统解，误差小于1%的 t_{DA} 最小值
圆形	31.62	3.4538	-1.3224	0.1	0.06	0.100
六边形	31.60	3.4532	-1.3220	0.1	0.06	0.100
三角形	27.60	3.3178	-1.2544	0.2	0.07	0.090
60°平行四边形	27.10	3.2995	-1.2452	0.2	0.07	0.090
直角三角形	21.90	3.0865	-1.1387	0.4	0.12	0.080
3:4 三角形	0.0980	-2.3227	1.5659	0.9	0.60	0.015
正方形	30.8828	3.4302	-1.3106	0.1	0.05	0.090
四分正方形	12.9851	2.5638	-0.8774	0.7	0.25	0.030

续表

有界储层	C_A	$\ln C_A$	$\frac{1}{2}\ln\left(\frac{2.2458}{C_A}\right)$	精确解要求 t_{DA} 的最小值	误差小于1% 的 t_{DA} 最小值	无限大系统解，误差小于1%的 t_{DA} 最小值
	4.5132	1.5070	−0.3490	0.6	0.30	0.025
	3.3351	1.2045	−0.1977	0.7	0.25	0.010
	21.8369	3.0836	−1.1373	0.3	0.15	0.025
	10.8374	2.3830	−0.7870	0.4	0.15	0.025
	4.5141	1.5072	−0.3491	1.5	0.50	0.060
	2.0769	0.7309	0.339	1.7	0.50	0.020
	3.1573	1.1497	−0.1703	0.4	0.15	0.003
	0.5813	−0.5425	0.6758	2.0	0.60	0.020
	0.1109	−2.1991	1.5041	3.0	0.60	0.005
	5.3790	1.6825	−0.4367	0.8	0.30	0.010
	2.6896	0.9894	−0.0902	0.8	0.30	0.010

续表

有界储层	C_A	$\ln C_A$	$\frac{1}{2}\ln\left(\frac{2.2458}{C_A}\right)$	精确解要求 t_{DA} 的最小值	误差小于1% 的 t_{DA} 最小值	无限大系统解，误差小于1%的 t_{DA} 最小值
(矩形 1×4，井偏左)	0.2318	−1.4619	1.1355	4.0	2.00	0.030
(矩形 1×4，井偏右)	0.1155	−2.1585	1.4838	4.0	2.00	0.010
(矩形 1×5)	2.3606	0.8589	−0.0249	1.0	0.40	0.025
垂直裂缝井			使用 $(x_e/x_f)^2$ 代替 A/r_w^2			
$x_f/x_e = 0.1$	2.6541	0.9761	−0.0835	0.175	0.08	—
$x_f/x_e = 0.2$	2.0348	0.7104	0.04930	0.175	0.09	—
$x_f/x_e = 0.3$	1.9986	0.6924	0.0583	0.175	0.09	—
$x_f/x_e = 0.5$	1.6620	0.508	0.1505	0.175	0.09	—
$x_f/x_e = 0.7$	1.3127	0.2721	0.2685	0.175	0.09	—
$x_f/x_e = 1.0$	0.7887	−0.2374	0.5232	0.175	0.09	—
水驱油藏	19.10	2.95	−1.070	—	—	—
未知生产动态油藏	25.00	3.22	−1.20	—	—	—

对于圆形储层，$A = \pi r_e^2$，$C_A = 31.62$，式（1-44）可以表示为

$$p_{wf} = \bar{p}_R - \left(\frac{q\mu B}{0.5428Kh}\right)\left(\ln\frac{r_e}{r_w} - 0.75\right) \tag{1-45}$$

Helmy 和 Wattenbarger（1998）给出了定压生产条件下矩形封闭储层的形状因子，见表 1-15。随着流动形态逐渐由径向流向线性流转变，定产与定压形状因子的差别逐渐增大。如果用定产条件下的形状因子预测定压条件下的生产能力，预测结果偏高。

表 1-15 不同单井泄流区域的形状因子——定压生产情形（Helmy，1998）

有界储层	C_{ACP}	$\ln C_{ACP}$	$\frac{1}{2}\ln\left(\frac{2.2458}{C_{ACP}}\right)$	精确解要求 t_{DA} 的最小值	误差小于 1% 的 t_{DA} 最小值	无限大系统解，误差小于 1% 的 t_{DA} 最小值
	29.340	3.379	-1.285	0.1	0.05	0.090
	10.920	2.391	-0.791	0.7	0.25	0.030
	3.380	1.218	-0.204	0.6	0.30	0.025
	2.590	0.952	-0.071	0.7	0.25	0.010
	19.880	2.990	-1.090	0.3	0.15	0.025
	9.500	2.251	-0.721	0.4	0.15	0.025
	2.500	0.916	-0.054	1.5	0.50	0.060
	1.140	0.131	0.0391	1.7	0.50	0.020
	2.700	0.993	-0.092	0.4	0.15	0.005
	0.249	-1.390	1.100	2.0	0.60	0.020

续表

有界储层	C_{ACP}	$\ln C_{ACP}$	$\frac{1}{2}\ln\left(\frac{2.2458}{C_{ACP}}\right)$	精确解要求 t_{DA} 的最小值	误差小于 1% 的 t_{DA} 最小值	无限大系统解，误差小于 1% 的 t_{DA} 最小值
(1/2, 矩形网格)	0.047	-3.058	1.939	3.0	0.60	0.005
(1/4, 居中)	3.950	1.374	-0.282	0.8	0.30	0.010
(1/4, 偏上)	1.970	0.678	0.066	0.8	0.30	0.010
(1/4, 偏右)	0.029	-3.540	2.175	4.0	2.00	0.030
(1/4, 偏右上)	0.016	-4.135	2.485	4.0	2.00	0.010
(1/5, 居中)	1.490	0.399	0.205	1.0	0.40	0.025

九、表皮效应和表皮系数

由于钻井完井及井下作业对地层的污染或改善，近井地层的渗透率将发生变化，因此产生附加阻力。设想井壁贴一层表皮，流体流过它时所产生的附加阻力正好等于因近井地层渗透率变化所产生的附加阻力。引入表皮后可以认为近井地层的渗透率未发生变化，从而避免了因近井地层渗透率发生变化所造成的数学处理困难。表皮所造成的阻力大小由表皮系数 S 表示（Van Everdingen，1953），对于 SI 基本单位，有

$$\Delta p_{skin} = \frac{q\mu}{2\pi Kh}S \tag{1-46}$$

由此可见，当 $S>0$ 时附加阻力压差为正，当 $S<0$ 时附加阻力压差为负。对于圆形油藏稳定流动，有

$$p_e - p_{wf} = \Delta p_{ideal} + \Delta p_{skin} = \frac{q\mu}{2\pi Kh}\left[\ln\left(\frac{r_e}{r_w}\right) + S\right] \tag{1-47}$$

式（1-47）变形有

$$q = \frac{2\pi Kh(p_e - p_w)}{\mu\left[\ln\left(\frac{r_e}{r_w}\right) + S\right]} \tag{1-48}$$

对于不稳定流动，有

$$p_i - p_{wf} = \Delta p_{ideal} + \Delta p_{skin}$$

$$= \frac{q\mu}{4\pi Kh}\left[-\text{Ei}\left(-\frac{r_w^2}{4\eta t}\right) + 2S\right] = \frac{q\mu}{4\pi Kh}\left[\ln\left(\frac{4\eta t}{e^\gamma r_w^2}\right) + 2S\right] \quad (1-49)$$

引入表皮系数同时可引入有效井筒半径。对于圆形油藏稳定流动，设想近井地层的渗透率未发生变化，井仍然以产量 q 生产，但是井的半径不是实际井筒半径 r_w 而是有效井筒半径 r_{we}，由（1-47）得

$$q = \frac{2\pi Kh(p_e - p_w)}{\mu\left[\ln\left(\frac{r_e}{r_w}\right) + S\right]} = \frac{2\pi Kh(p_e - p_w)}{\mu\ln\left(\frac{r_e}{r_{we}}\right)} \quad (1-50)$$

于是有

$$r_{we} = r_w e^{-S} \quad (1-51)$$

$S < 0$，$r_{we} > r_w$ 相当于井半径增大；$S = 0$，$r_{we} = r_w$；$S > 0$，$r_{we} < r_w$，相当于井半径减小。表皮系数与近井污染带的范围和渗透率有关。设污染带半径为 r_S，压力为 p_S，渗透率为 K_S，则有

$$q = \frac{2\pi Kh(p_e - p_S)}{\mu\ln\left(\frac{r_e}{r_S}\right)} = \frac{2\pi K_S h(p_S - p_w)}{\mu\ln\left(\frac{r_S}{r_w}\right)} = \frac{2\pi Kh(p_e - p_w)}{\mu\left[\ln\left(\frac{r_e}{r_S}\right) + \frac{K}{K_S}\ln\left(\frac{r_S}{r_w}\right)\right]}$$

$$= \frac{2\pi Kh(p_e - p_w)}{\mu\left[\ln\left(\frac{r_e}{r_w}\right) + \left(\frac{K}{K_S} - 1\right)\ln\left(\frac{r_S}{r_w}\right)\right]} \quad (1-52)$$

故有

$$S = \left(\frac{K}{K_S} - 1\right)\ln\left(\frac{r_S}{r_w}\right) \quad (1-53)$$

若井被污染，$K_S < K$，S 为正，并且 K_S 与 K 相差越大，污染区越大，表皮系数 S 越大。若井已实施措施，$K_S > K$，表皮系数 S 为负，措施半径越大（r_S 越大），则表皮系数 S 越小。若井没有被污染也没有进行措施，$K_S = K$，此时，表皮系数 $S = 0$。

对于气井来说，与产量相关的表皮系数，也称为非达西表皮系数（Winestock，1965）；但是，高产的油、水井中也可能出现非达西表皮系数；非达西表皮系数有经验公式，但效果很差。可根据产能试井，确定达西和非达西表皮系数：绘制总表皮系数与产量的关系曲线；根据直线截距得到达西表皮系数，直线斜率为非达西流动系数。

不同完井方式下，表皮系数乐观经验值见表 1-16（Spivey，2013）。表皮系数分级见表 1-17（中国油气井测试资料解释范例编写组，1994）。

表 1-16　乐观条件下不同完井方式期望的表皮系数

完井方式	典型表皮系数范围*
裸眼完井，均质储层	0
裸眼完井，天然裂缝性储层	-1 ~ -3**
酸化，均质储层	-1 ~ -3
酸化，天然裂缝性储层	-3 ~ -7**
小型水力压裂	-3 ~ -5
大型水力压裂	-4 ~ -6
固井，砾石充填	8 ~ 20
裸眼，砾石充填	2 ~ 10
压裂充填	0 ~ 8

注：* 乐观情况下的范围。** 引自 Gringarten（1984）

表 1-17　表皮系数 S 值分类表

分类级别	量级	$C_D e^{2S}$ 值
严重堵塞（特高）	>20	>10^{15}
堵塞（高）	5 ~ 20	10^3 ~ 10^{15}
较完善（中）	1 ~ 5	10 ~ 10^3
完善（低）	-1 ~ 1	5 ~ 10
酸化（较低）	-3 ~ -1	0.5 ~ 5
压裂（很低）	< -3	<0.5

十、气井拟时间、拟压力

假设气藏均质，流动服从达西定律，在 SI 基本单位制下，有

$$\frac{\partial}{\partial t}\left(\frac{p}{Z}\right) = \frac{K}{\phi} \nabla \cdot \left(\frac{p}{\mu Z} \nabla p\right) \tag{1-54}$$

由于气体黏度 μ 和偏差系数 Z 是压力的函数，这个方程是非线性的。为了将它线性化，引入下列拟压力（Al-Hussainy，1966）

$$m = \int_{p_0}^{p} \frac{2p}{\mu Z} \mathrm{d}p \tag{1-55}$$

其中 p_0 是某个任取的参考压力。由于

$$\nabla m = \frac{\partial m}{\partial p} \nabla p = \frac{2p}{\mu Z} \nabla p$$

$$\frac{\partial m}{\partial t} = \frac{2p}{\mu Z}\frac{\partial p}{\partial t}$$

$$\frac{\partial}{\partial t}\left(\frac{p}{Z}\right) = \mu C_t \frac{p}{\mu Z}\frac{\partial p}{\partial t}$$

式（1-55）代入式（1-54），有

$$\nabla^2 m = \frac{\phi \mu C_t}{K}\frac{\partial m}{\partial t} \qquad (1-56)$$

引入拟时间（Agarwal，1979）

$$t_a = \int_0^t \frac{\mu_i C_{ti}}{\mu C_t}\mathrm{d}t \qquad (1-57)$$

若引入导压系数，则式（1-54）表示为

$$\nabla^2 m = \frac{1}{\eta}\frac{\partial m}{\partial t_a} \qquad (1-58)$$

对于径向流动，式（1-56）变成

$$\frac{1}{r}\frac{\partial}{\partial r}\left(r\frac{\partial m}{\partial r}\right) = \frac{1}{\eta}\frac{\partial m}{\partial t_a} \qquad (1-59)$$

式（1-59）和油藏流动方程在形式上完全相同。因此，在引入拟压力和拟时间后，不但使方程线性化，而且可将气藏流动问题化为油藏流动问题。为了利用已知的有关油藏流动问题的解，定义无量纲拟压力，有

$$m_D = \frac{KhT_{sc}\Delta m}{\alpha_\psi p_{sc} q_{sc} T} \qquad (1-60)$$

由式（1-55）定义的拟压力，其量纲与压力不同，使用中有诸多不便。为此 Meunier（1987）引入规整化拟压力

$$p_p = p_i + \frac{\mu_i Z_i}{p_i}\int_{p_i}^{p}\frac{p}{\mu Z}\mathrm{d}p \qquad (1-61)$$

显然，p_p 具有压力的量纲，并且当 $p = p_i$ 时 $p_p = p_i$。利用数值积分的方法和 μZ 与压力的关系式，即可算出拟压力与压力的关系曲线。于是，给出拟压力即可得到压力，反之亦然。

当压力较高（>20.68MPa 或 3000psi）时，$\frac{p}{\mu Z} \approx \mathrm{Const}$，由式（1-55），有

$$m = \frac{2p_i}{\mu_i Z_i}p \qquad (1-62)$$

这时拟压力与压力只差一个常系数，拟压力分析转化为压力分析。

当压力较低（<13.79MPa 或 2000psi）时，$\mu Z \approx \mathrm{Const}$，由式（1-55），有

$$m = \frac{1}{\mu_i Z_i} p^2 \qquad (1-63)$$

这时拟压力与压力平方只差一个常系数，拟压力分析转化为压力平方分析。

不同单位制下拟压力、拟时间定义见表 1-18。建议使用规整化拟压力进行气井分析，注意文献中经常见到的 773.64、785.3（产量为 m^3/d）或 12.93、12.74（产量为 $10^4 m^3/d$）的由来。

表 1-18 经典和规整化拟变量对比表

分类	经典方法	规整化方法
拟变量 表达式	$m = 2\int_0^p \frac{p}{\mu_g(p)Z(p)}\mathrm{d}p$ $t_{ag} = \int_0^t \frac{1}{\mu_g(\bar{p})C_t(\bar{p})}\mathrm{d}t$	$p_p = \frac{\mu_{gi}Z_i}{p_i}\int_0^p \frac{p}{\mu_g(p)Z(p)}\mathrm{d}p$ $t_{ag} = \mu_{gi}C_{ti}\int_0^t \frac{1}{\mu_g(\bar{p})C_t(\bar{p})}\mathrm{d}t$
无量纲压力 （英制）	$m_D = \frac{Kh[m(p_i)-m(p_{wf})]}{1422 q_g T}$	$p_{pD} = \frac{Kh[p_p(p_i)-p_p(p_{wf})]}{711 q_g T}\left(\frac{p}{\mu Z}\right)_i$
无量纲压力 （SI 制，15.88℃）	$m_D = \frac{773.64 Kh[m(p_i)-m(p_{wf})]}{q_g T}$ $m_D = \frac{Kh[m(p_i)-m(p_{wf})]}{12.93 q_g T}$	$p_{pD} = \frac{1547.3 Kh[p_p(p_i)-p_p(p_{wf})]}{q_g T}\left(\frac{p}{\mu Z}\right)_i$ $p_{pD} = \frac{Kh[p_p(p_i)-p_p(p_{wf})]}{6.46 q_g T}\left(\frac{p}{\mu Z}\right)_i$
无量纲压力 （SI 制，20℃）	$m_D = \frac{785.3 Kh[m(p_i)-m(p_{wf})]}{q_g T}$ $m_D = \frac{Kh[m(p_i)-m(p_{wf})]}{12.74 q_g T}$	$p_{pD} = \frac{1570.6 Kh[p_p(p_i)-p_p(p_{wf})]}{q_g T}\left(\frac{p}{\mu Z}\right)_i$ $p_{pD} = \frac{Kh[p_p(p_i)-p_p(p_{wf})]}{6.37 q_g T}\left(\frac{p}{\mu Z}\right)_i$

十一、叠加原理

如前所述，径向扩散方程解只适用于描述无限大储层中单井持续生产引起的压力分布。但在实际储层中，通常有多口井以不同产量同时生产，因此需要一种更通用的方法来研究不稳定流阶段的流体流动特性，叠加原理可以解决上述问题。叠加原理可用来处理多井、多流量、边界条件、压力变化等因素对不稳定流动解的影响（Slider，1976）。

（一）多井叠加

叠加原理指出，储层中任何一点的总压降是储层中每口井流动引起的该点处压力变化的总和。换句话说，只是简单地将影响进行叠加。无限大储层中 3 口井以不同的产量进行生产，任何一口井（如井 1）的总压降都受到了邻井的影响，如图 1-42 所示。

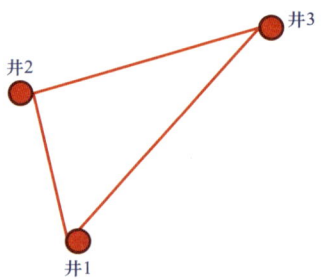

图1-42 三口井叠加示意图

根据叠加原理，一口井的总压降是本井及邻井引起的所有压降之和，即

$$(\Delta p)_{\text{井1总压降}} = (\Delta p)_{\text{井1引起的}} + (\Delta p)_{\text{井2引起的}} + (\Delta p)_{\text{井3引起的}} \quad (1-64)$$

在 SI 单位制下，井1由于自身产量而产生的压降为

$$p_i - p_{wf} = (\Delta p)_{w1} = \frac{2.1206 q_1 B\mu}{Kh}\left[\lg\left(\frac{Kt}{\phi\mu C_t r_w^2}\right) - 2.0923 + 0.8686S\right] \quad (1-65)$$

井2和井3在井1处产生的压降，须用 Ei 函数解来表示，不能使用对数近似值，有

$$(p_i - p_{wf})_{w1总} = \frac{2.1206 q_1 B\mu}{Kh}\left[\lg\left(\frac{Kt}{\phi\mu C_t r_w^2}\right) - 2.0923 + 0.8686S\right]$$
$$- \left(\frac{0.9210 q_2 B\mu}{Kh}\right)\text{Ei}\left(-\frac{\phi\mu C_t r_1^2}{0.0144 Kt}\right) - \left(\frac{0.9210 q_3 B\mu}{Kh}\right)\text{Ei}\left(-\frac{\phi\mu C_t r_2^2}{0.0144 Kt}\right) \quad (1-66)$$

以上计算方法同样可用于计算井2和井3。此外，它还可以扩展到不稳定流动条件下任意数量的井，在 SI 基本单位制下，如式（1-67）所示。还需要注意的是，如果考虑的是一口生产井，则只需对该井引入表皮系数。

$$\Delta p = p_i - p(r,t) = -\frac{\mu}{4\pi Kh}\sum_{j=1}^{n} q_j \text{Ei}\left[-\frac{r_j^2}{4\eta(t-t_j)}\right] = \frac{\mu}{4\pi Kh}\sum_{j=1}^{n} q_j \ln\left[\frac{4\eta(t-t_j)}{e^\gamma r_j^2}\right]$$
$$(1-67)$$

式中 t_j——第 j 口井开始生产的时间；

r_j——该点与第 j 口井的距离。

（二）多产量叠加

如果产量一直在变化，且变化幅度不大，单井产量变化可用阶梯状近似表示，在每一时间段中，产量变化不大，可近似地看作一个常数，如图1-43所示，把生产分成 n 个时间段，令 $q_0 = 0$，$t_0 = 0$，在第 i 个时间段中产量为 q_i（$i = 1, 2, 3, \cdots, n$），即

$$q = q_1 \quad t \in [0, t_1]$$

$$q = q_2 \quad t \in [t_1, t_2]$$
$$q = q_3 \quad t \in [t_2, t_3]$$
$$\cdots$$
$$q = q_{n-1} \quad t \in [t_{n-2}, t_{n-1}]$$
$$q = q_n \quad t \in [t_{n-1}, t_n]$$

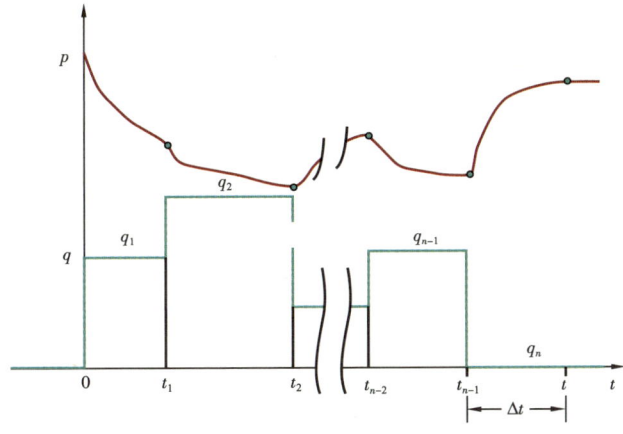

图 1-43　变产量阶梯变化示意图

在第 n 个时间段，在 SI 基本单位制下，有

$$p_i - p(r,t) = \sum_{j=1}^{n} \frac{\mu(q_j - q_{j-1})}{2\pi Kh}\left\{-\frac{1}{2}\text{Ei}\left[-\frac{r^2}{4\eta(t-t_{j-1})}\right]\right\}$$
$$\approx \sum_{j=1}^{n} \frac{\mu(q_j - q_{j-1})}{4\pi Kh}\left[\ln\frac{4\eta(t-t_{j-1})}{e^\gamma r^2}\right]$$
(1-68)

$$\frac{2\pi Kh}{\mu}(p_i - p) = \sum_{j=1}^{n}(q_j - q_{j-1})p_D(r_D, t_D - t_{Dj-1}) \quad (1-69)$$

令 $r = r_w$，即 $r_D = 1$，由式 (1-69) 可得井底压力的表达式

$$\frac{2\pi Kh}{\mu}(p_i - p_{wf}) = \sum_{j=1}^{n}(q_j - q_{j-1})p_D(1, t_D - t_{Dj-1}) + q_n S \quad (1-70)$$

对于径向流情形（SI 单位制），有

$$(\Delta p)_{q_1} = \frac{2.1206 q_1 B\mu}{Kh}\left[\lg\left(\frac{Kt}{\phi\mu C_t r_w^2}\right) - 2.0923 + 0.8686 S\right]$$

$$(\Delta p)_{q_2 - q_1} = \frac{2.1206(q_2 - q_1)B\mu}{Kh}\left[\lg\frac{K(t_n - t_1)}{\phi\mu C_t r_w^2} - 2.0923 + 0.8686 S\right]$$

$$(\Delta p)_{q_3-q_2} = \frac{2.1206(q_3 - q_2)B\mu}{Kh}\left[\lg\frac{K(t_n - t_2)}{\phi\mu C_t r_w^2} - 2.0923 + 0.8686S\right]$$

……

$$(\Delta p)_{q_n-q_{n-1}} = \frac{2.1206(q_n - q_{n-1})B\mu}{Kh}\left[\lg\frac{K(t_n - t_{n-1})}{\phi\mu C_t r_w^2} - 2.0923 + 0.8686S\right]$$

将以上式子相加，有

$$(\Delta p)_{q_n} = \frac{2.1206B\mu}{Kh}q_n\left[\sum_{j=1}^{n}\left(\frac{q_j - q_{j-1}}{q_n}\right)f(t_n - t_{j-1}) + b\right] \quad (1-71)$$

其中

$$f(t_{sp}) = \sum_{j=1}^{n}\left(\frac{q_j - q_{j-1}}{q_n}\right)f(t_n - t_{j-1})$$

$$b = \lg\left(\frac{K}{\phi\mu C_t r_w^2}\right) - 2.0923 + 0.8686S \quad (1-72)$$

$f(t_{sp})$ 为径向流叠加时间。不同流动形态叠加时间表达式不同，对于径向流

$$f(t_{sp}) = \sum_{j=1}^{n}\left(\frac{q_j - q_{j-1}}{q_n}\right)\lg(t_n - t_{j-1})$$

$$f(t_{sp}) = \sum_{j=1}^{n}\left(\frac{q_j - q_{j-1}}{q_n}\right)\ln(t_n - t_{j-1}) \quad (1-73)$$

对于线性流

$$f(t_{sp}) = \sum_{j=1}^{n}\left(\frac{q_j - q_{j-1}}{q_n}\right)(\sqrt{t_n - t_{j-1}}) \quad (1-74)$$

对于线性流气体情形

$$f(t_{sp}) = \sum_{j=1}^{n}\left(\frac{q_j - q_{j-1}}{q_n}\right)(\sqrt{t_{ag} - t_{ag,j-1}}) \quad (1-75)$$

对于边界控制流情形

$$f(t_{sp}) = \sum_{j=1}^{n}\left(\frac{q_j - q_{j-1}}{q_n}\right)(t_n - t_{j-1}) \quad (1-76)$$

式（1-76）求和项中分子乘积为累计产量。该式引出物质平衡时间的概念，即累计产量与当前产量的比值，如图 1-44 所示。

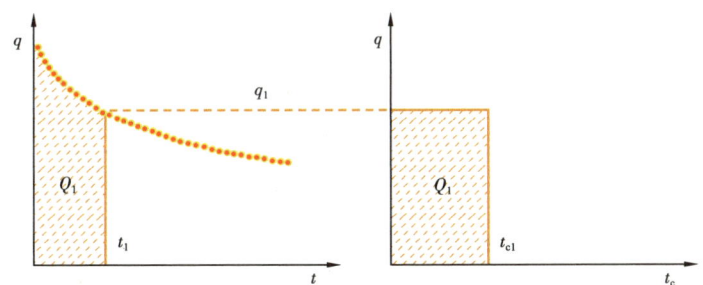

图 1-44 物质平衡时间示意图

对于油井

$$t_{MB} = \frac{Q(t)}{q(t)} \tag{1-77}$$

对于气井

$$t_{MBag} = \frac{\mu_{gi} C_{ti}}{q_g(t)} \int_0^t \frac{q_g(t)}{\mu_g(\bar{p}) C_t(\bar{p})} dt \tag{1-78}$$

式（1-78）可进一步表示为

$$t_{MBag} = \frac{(\mu_g C_t Z)_i}{q_g(t)} \frac{G}{2p_i} [m(p_i) - m(\bar{p})] \text{（经典拟压力）} \tag{1-79}$$

$$t_{MBag} = \frac{GC_{ti}}{q_g(t)} [p_p(p_i) - p_p(\bar{p})] \text{（规整化拟压力）} \tag{1-80}$$

（三）镜像映射法

若不渗透边界或者断层附近一口井，生产以断层为镜子，对称配一口镜像井。由于对称性，断层如一条流线，流动化为无限大地层中两口井生产的情形。故有

$$p_i - p_{wf} = \frac{\mu q}{2\pi Kh} [p_D(1, t_D) + p_D(2L_D, t_D) + S] \tag{1-81}$$

其中 $L_D = L/r_w$，L 是井与断层的距离，如图 1-45 所示。

若一口井位于正交断层夹角中间，以两条正交断层为镜子映射，形成四口井，问题化成无限大地层中四口井生产的情形，其结果为四项之和，如图 1-46 所示。

若一口井夹在两条平行断层之间，以两条平行断层为镜子，反复映射，形成一直线井排，问题化成无限大地层中无限口井生产的情形，其结果为一无穷级数。

若一口井位于矩形油藏中间，以四条边为镜子，反复映射，形成布满无限大地层的无限多个相同的矩形，每一矩形里有一口井，问题化成无限大地层中无限口井生产的情形，其结果为一双重无穷级数。

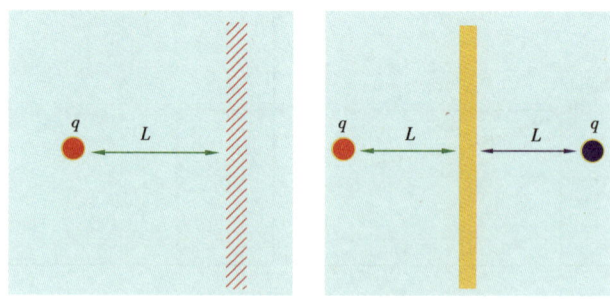

图 1-45　井位于断层附近

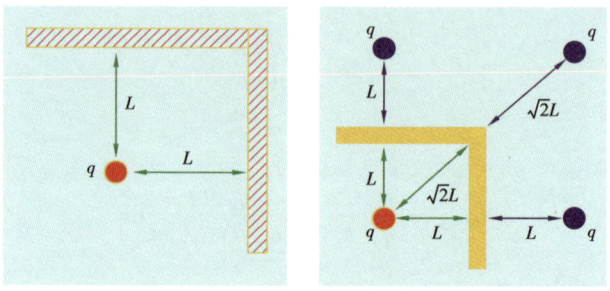

图 1-46　井位于正交断层中间

十二、流动形态

流动形态是在储层或裂缝内由生产井或注入井引发的流动模式；具体来说流动形态对应于多孔介质中流线的特征几何形状。各种不同类型油气藏，在双对数曲线上各个不同的流动阶段均有各不相同的形状，主要有平面径向流、线性流、双线性流、球形流或半球形流、定容流、稳定流等，可以通过双对数曲线分析来判断或识别各个不同的流动阶段，如图 1-47 所示。上述各种流动形态，可能由多种原因引起。测试前产量变化较大，流动形态可能会模糊不清；压力恢复曲线永远不会发生拟稳定流；为了避免将过渡段误判为某一流动形态，特征斜率必须持续 1/3～1/2 个对数周期。换句话说，流动阶段结束时刻必须是开始时刻的 2～3 倍。从一种流动形态过渡到另一种流动形态至少持续 1/8 个对数周期，也有可能持续 1.5～2 个对数周期甚至更长。

（一）径向流

均质等厚储层中的一口生产井，储层全部射开，则在开井后，储层中的流体沿水平面从四周流向井筒，这种流动称为平面径向流动，简称径向流。对于垂直压裂直井和水平井，在从距离井较远的位置来看，都可被视为是一口影响范围扩大了的直井，长时间生产后会出现拟径向流。平面径向流是最常见的一种不稳定流动状态，在该阶段压力与

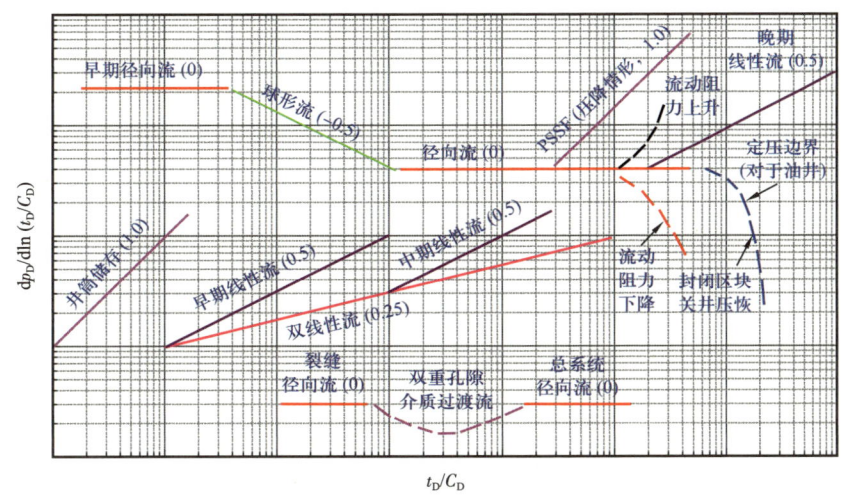

图 1-47　流动形态诊断图版

时间的对数是线性关系，在双对数图上导数线是水平线，见表 1-19。对于直井来说，径向流发生在以下几种情形：在无限大储层、在一条封闭边界附近、被交叉断层夹持、在径向复合储层中的径向流特征、水力压裂直井的拟径向流（PRF）；对于水平井来说，有 3 个径向流段，分别是早期径向流、早期半径向流（HRF）、晚期拟径向流（PRF）。

表 1-19　径向流模式图及典型曲线

序号	模式图	典型曲线	导数表达式
1	无限大储层径向流		$p_D = \dfrac{1}{2}(\ln t_D + 0.80907 + 2S)$ $t_D \dfrac{\partial p_D}{\partial t_D} = \dfrac{1}{2}$ $Kh = \dfrac{0.9210qB\mu}{(\Delta t \Delta p')}$
2	在一条封闭边界附近的半径向流		$p_D = \ln t_D + 0.80907 + S + S_{HRF}$ $t_D \dfrac{\partial p_D}{\partial t_D} = 1.0$ $S_{HRF} = -\ln(2L/r_w)$ $Kh = \dfrac{1.842qB\mu}{(\Delta t \Delta p')}$
3	被交叉断层夹持的拟径向流		$p_D = \dfrac{\pi}{\theta}(\ln t_D + 0.80907) + S + S_{FRF}$ $t_D \dfrac{\partial p_D}{\partial t_D} = \dfrac{\pi}{\theta}$ $Kh = \dfrac{1.842qB\mu}{(\Delta t \Delta p')}\left(\dfrac{\pi}{\theta}\right)$

续表

序号	模式图	典型曲线	导数表达式
4	径向复合储层中的径向流	Δp, $\Delta t \Delta p'$ 曲线	$p_D = \dfrac{1}{2M}(\ln M t_D + 0.80907) + MS + S_{RC}$ $t_D \dfrac{\partial p_D}{\partial t_D} = \dfrac{1}{2M}$ $Kh = \dfrac{0.9210 qB\mu}{(\Delta t \Delta p')}\left(\dfrac{1}{M}\right)$ S_{RC}:几何形状表皮系数 M:外区与内区流度比
5	水力压裂直井的拟径向流	Δp, $\Delta t \Delta p'$ 曲线, 0.602	$p_D = \dfrac{1}{2}(\ln t_D + 0.80907 + 2S)$ $t_D \dfrac{\partial p_D}{\partial t_D} = \dfrac{1}{2}$ $Kh = \dfrac{0.9210 qB\mu}{(\Delta t \Delta p')}$
6	水平井早期垂向径向流	Δp, $\Delta t \Delta p'$ 曲线	$p_D = \dfrac{1}{4L_D}(\ln t_D + 0.80907 + 2S)$ $t_D \dfrac{\partial p_D}{\partial t_D} = \dfrac{1}{4L_D}$ $L_D = \dfrac{L}{2h}\sqrt{\dfrac{K_v}{K_h}}$ $\sqrt{K_h K_v} = \dfrac{0.9210 qB\mu}{(\Delta t \Delta p')}$
7	水平井早期半径向流	Δp, $\Delta t \Delta p'$ 曲线	$p_D = \dfrac{1}{2L_D}(\ln t_D + 0.80907 + S)$ $t_D \dfrac{\partial p_D}{\partial t_D} = \dfrac{1}{2L_D}$ $L_D = \dfrac{L}{2h}\sqrt{\dfrac{K_v}{K_h}}$ $\sqrt{K_h K_v} = \dfrac{1.842 qB\mu}{(\Delta t \Delta p')}$
8	水平井晚期拟径向流	Δp, $\Delta t \Delta p'$ 曲线	$p_D = \dfrac{1}{2}(\ln t_D + 0.80907 + 2S)$ $t_D \dfrac{\partial p_D}{\partial t_D} = \dfrac{1}{2}$ $K_h h = \dfrac{0.9210 qB\mu}{(\Delta t \Delta p')}$

（二）线性流

线性流动也是常常出现的一种不稳定流动状态，所谓线性流动是指在某一区域内，流体流动方向相同，流线呈平行状态。出现线性流动大都是由于边界的影响造成的，大致有以下几种：地层中平行的不渗透边界形成的线性流动、水力压裂垂直裂缝形成的线性流动（Russell，1964；Gringarten，1974）、水平井形成的线性流、低渗透致密地层中高渗透薄夹层形成的垂直线性流，见表 1–20。在该阶段压力与时间的对数是线性关系，在双对数图上导数线的斜率是 1/2。

表 1–20　线性流模式图及典型曲线

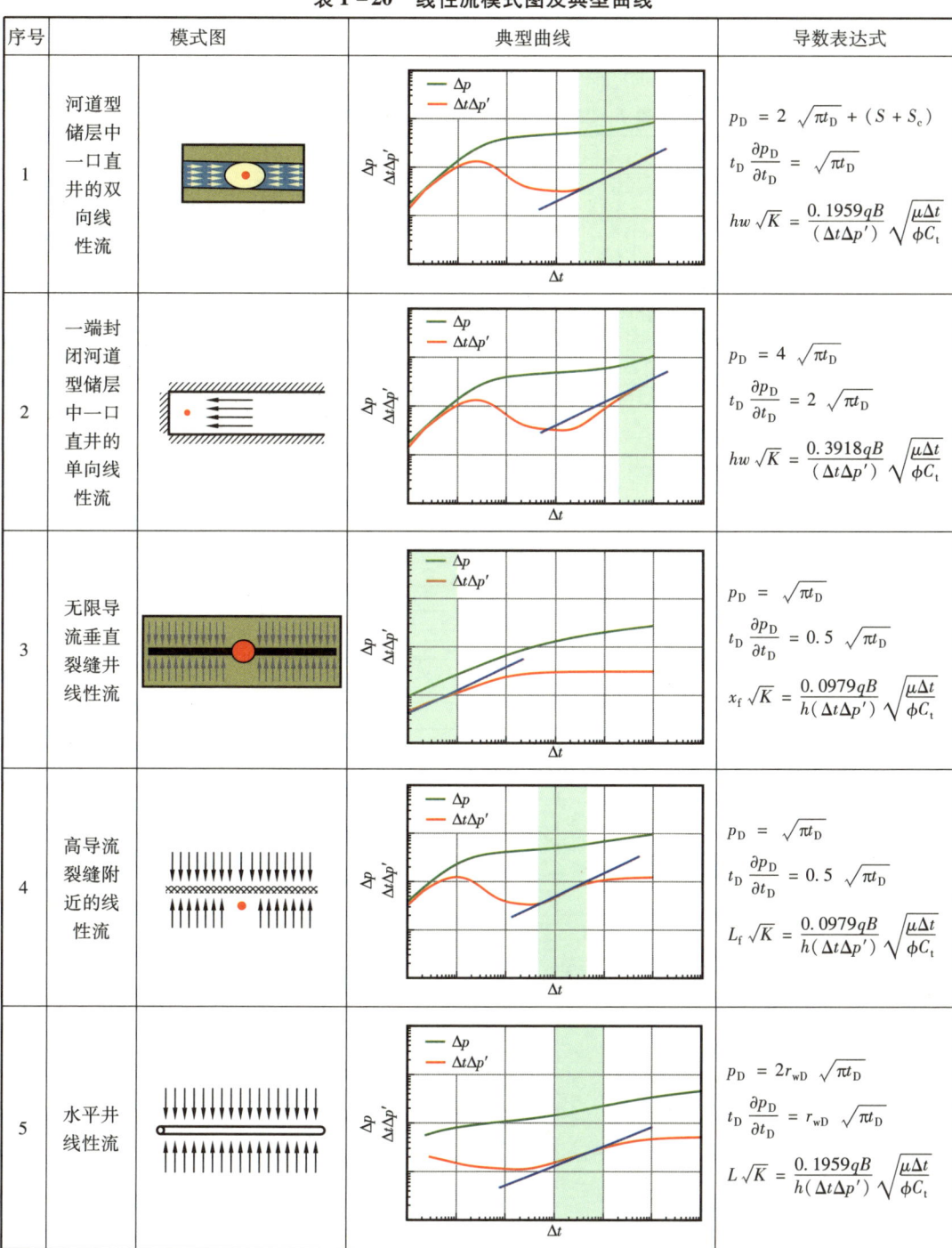

序号	模式图	典型曲线	导数表达式
1	河道型储层中一口直井的双向线性流		$p_D = 2\sqrt{\pi t_D} + (S + S_c)$ $t_D \dfrac{\partial p_D}{\partial t_D} = \sqrt{\pi t_D}$ $hw\sqrt{K} = \dfrac{0.1959qB}{(\Delta t \Delta p')}\sqrt{\dfrac{\mu \Delta t}{\phi C_t}}$
2	一端封闭河道型储层中一口直井的单向线性流		$p_D = 4\sqrt{\pi t_D}$ $t_D \dfrac{\partial p_D}{\partial t_D} = 2\sqrt{\pi t_D}$ $hw\sqrt{K} = \dfrac{0.3918qB}{(\Delta t \Delta p')}\sqrt{\dfrac{\mu \Delta t}{\phi C_t}}$
3	无限导流垂直裂缝井线性流		$p_D = \sqrt{\pi t_D}$ $t_D \dfrac{\partial p_D}{\partial t_D} = 0.5\sqrt{\pi t_D}$ $x_f\sqrt{K} = \dfrac{0.0979qB}{h(\Delta t \Delta p')}\sqrt{\dfrac{\mu \Delta t}{\phi C_t}}$
4	高导流裂缝附近的线性流		$p_D = \sqrt{\pi t_D}$ $t_D \dfrac{\partial p_D}{\partial t_D} = 0.5\sqrt{\pi t_D}$ $L_f\sqrt{K} = \dfrac{0.0979qB}{h(\Delta t \Delta p')}\sqrt{\dfrac{\mu \Delta t}{\phi C_t}}$
5	水平井线性流		$p_D = 2r_{wD}\sqrt{\pi t_D}$ $t_D \dfrac{\partial p_D}{\partial t_D} = r_{wD}\sqrt{\pi t_D}$ $L\sqrt{K} = \dfrac{0.1959qB}{h(\Delta t \Delta p')}\sqrt{\dfrac{\mu \Delta t}{\phi C_t}}$

(三) 定容流

定容流动也是常常出现的一种不稳定流动状态，形成定容流动的情况大致有以下几种：井筒储存阶段、封闭储层拟稳定流动阶段（PSSF）、外围变差径向复合储层中的定容流、缝洞型碳酸盐岩储层中的定容流动，见表 1-21。在该阶段压力与时间是线性关系，在双对数图上导数线的斜率是 1.0。

表 1-21 定容流模式图及典型曲线

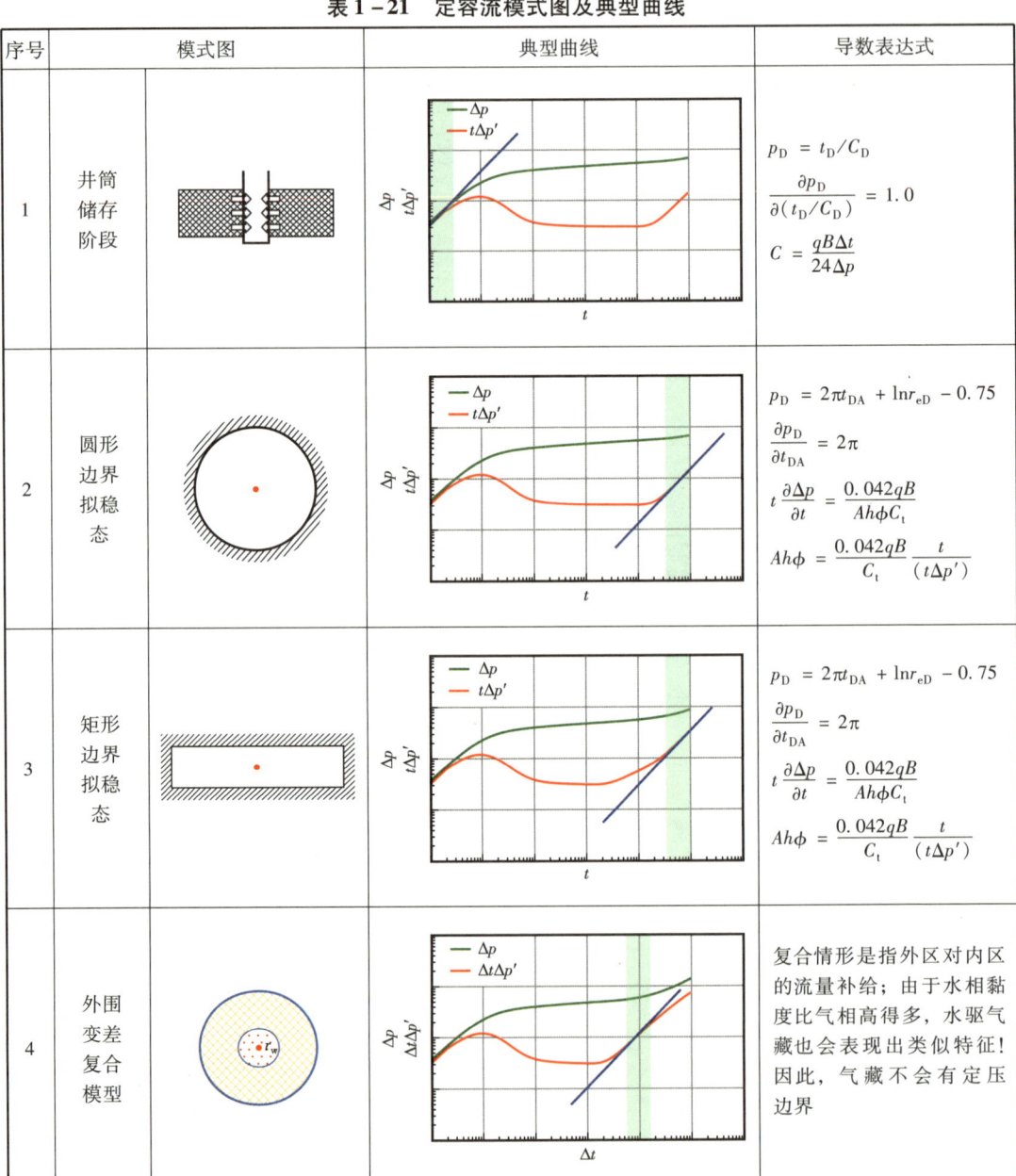

续表

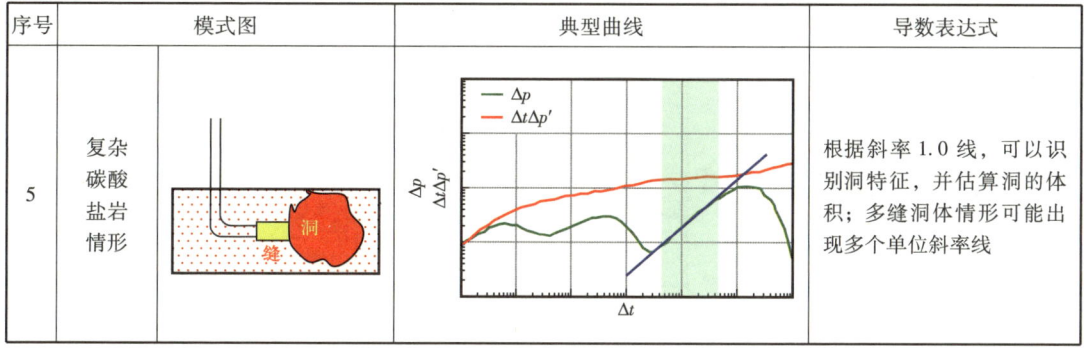

序号	模式图	典型曲线	导数表达式
5	复杂碳酸盐岩情形		根据斜率1.0线，可以识别洞特征，并估算洞的体积；多缝洞体情形可能出现多个单位斜率线

（四）球形流

对于巨厚储层，球形流动也是常常出现的一种不稳定流动状态，形成该流动的情况大致有以下几种：射孔不完善、部分射开、RFT 地层测试等情形，可形成球形流动和半球形流动，见表 1-22。在该阶段压力与时间的 -1/2 次方是线性关系，在双对数图上导数线的斜率是 -1/2（Brons，1961；Moran，1962）。

表 1-22 球形流模式图及典型曲线

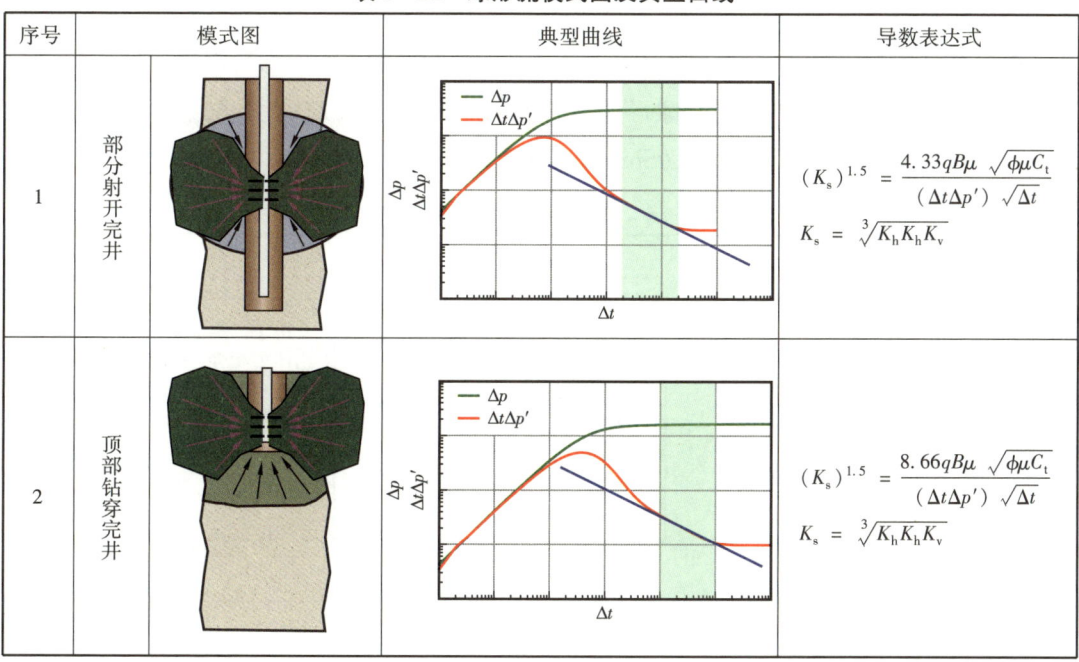

序号	模式图	典型曲线	导数表达式
1	部分射开完井		$(K_s)^{1.5} = \dfrac{4.33qB\mu}{(\Delta t \Delta p')} \dfrac{\sqrt{\phi\mu C_t}}{\sqrt{\Delta t}}$ $K_s = \sqrt[3]{K_h K_h K_v}$
2	顶部钻穿完井		$(K_s)^{1.5} = \dfrac{8.66qB\mu}{(\Delta t \Delta p')} \dfrac{\sqrt{\phi\mu C_t}}{\sqrt{\Delta t}}$ $K_s = \sqrt[3]{K_h K_h K_v}$

（五）双线性流

对于有限导流垂直裂缝井，当发生地层和裂缝线性流时，压力与时间的 1/4 次方是线性关系（Cinco-Ley，1978），在双对数图上导数线的斜率是 1/4，见表 1-23。此外，有限导流断层附近一口井情形（Cinco-Ley，1976），也可能发生双线性流。

表1-23 双线性流模式图及典型曲线

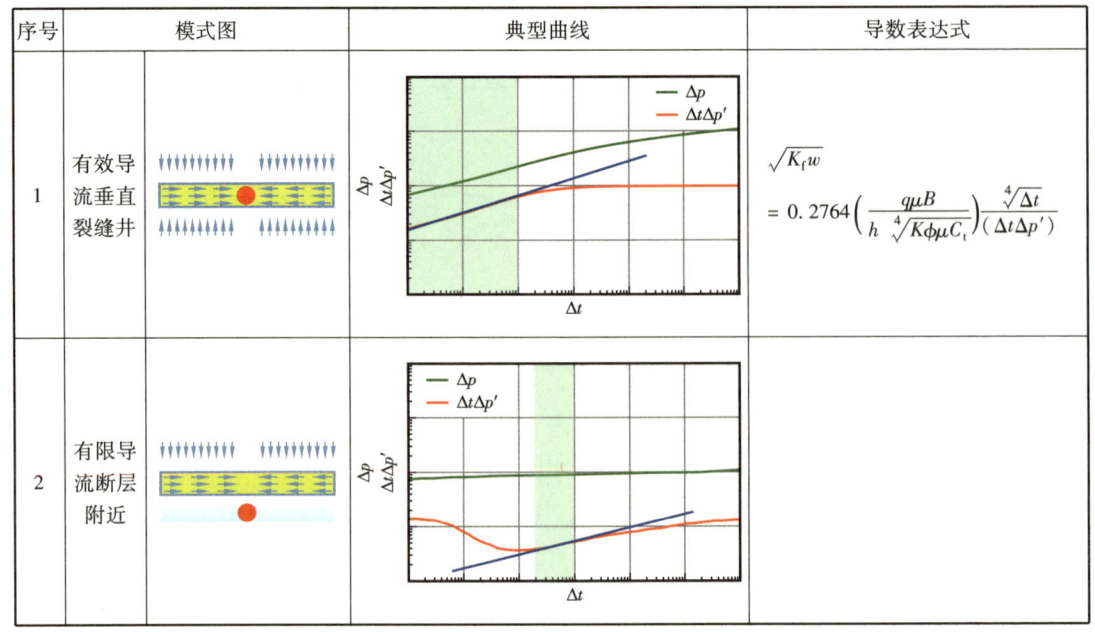

序号	模式图	典型曲线	导数表达式
1	有效导流垂直裂缝井		$\sqrt{K_f w} = 0.2764\left(\dfrac{q\mu B}{h \sqrt[4]{K\phi\mu C_t}}\right)\dfrac{\sqrt[4]{\Delta t}}{(\Delta t \Delta p')}$
2	有限导流断层附近		

（六）稳定流

对于定压边界情形，可能会发生径向稳定流、线性稳定流、球形稳定流，见表1-24。对于无限大储层、线性储层或者球形储层中的生产井，当长时间关井之后再短期开井时，也可能会发生上述三种现象（Spivey，2013）。

表1-24 稳定流模式图及典型曲线

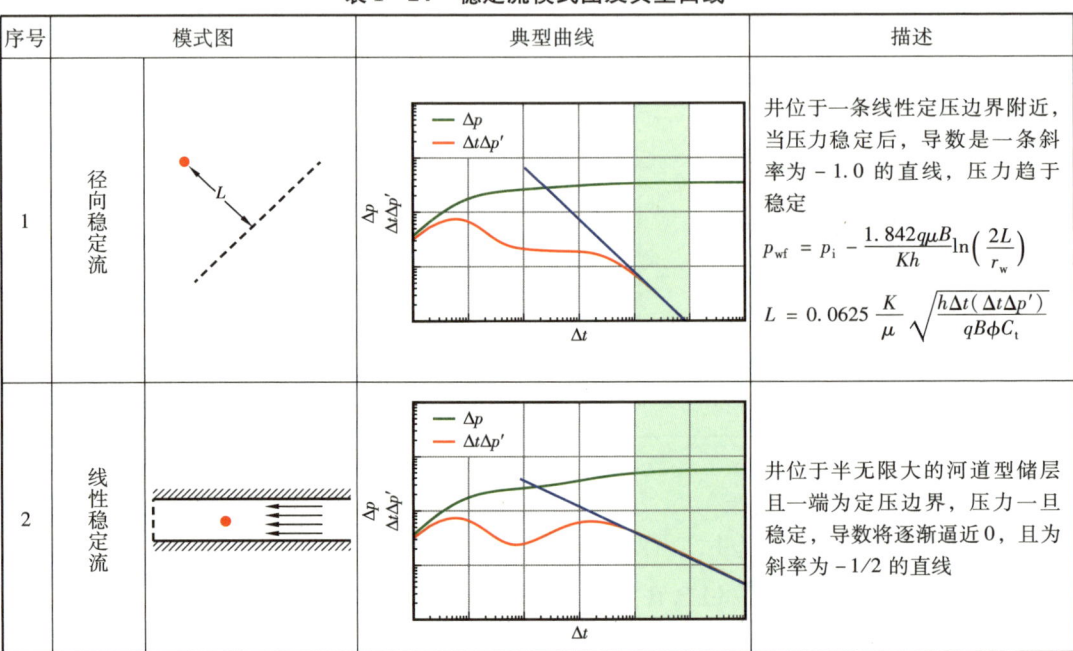

序号	模式图	典型曲线	描述
1	径向稳定流		井位于一条线性定压边界附近，当压力稳定后，导数是一条斜率为-1.0的直线，压力趋于稳定 $p_{wf} = p_i - \dfrac{1.842q\mu B}{Kh}\ln\left(\dfrac{2L}{r_w}\right)$ $L = 0.0625\dfrac{K}{\mu}\sqrt{\dfrac{h\Delta t(\Delta t \Delta p')}{qB\phi C_t}}$
2	线性稳定流		井位于半无限大的河道型储层且一端为定压边界，压力一旦稳定，导数将逐渐逼近0，且为斜率为-1/2的直线

续表

序号	模式图	典型曲线	描述
3	球形稳定流	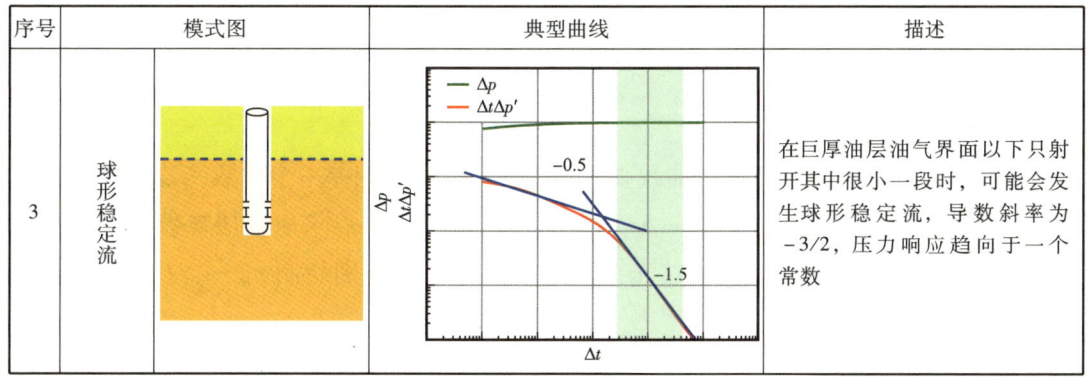	在巨厚油层油气界面以下只射开其中很小一段时，可能会发生球形稳定流，导数斜率为 $-3/2$，压力响应趋向于一个常数

十三、试井解释方法

截至目前，试井解释方法都可归结为以下 4 类：（1）常规直线段分析（单对数）；（2）典型曲线拟合分析（双对数）；（3）流动形态识别分析（TDS）方法；（4）模拟/历史拟合（自动历史拟合）。每种方法各有优劣。

（一）常规直线段分析方法

直线段方法首先对数据点进行流动形态识别，如哪些数据属于无限大径向流段，然后利用这些数据进行绘图，根据直线的斜率和截距，求取储层和井的特性参数，如渗透率、表皮系数等。直线段方法方法操作方便，通过手工或数据表格的形式就可实现。但是，直线段选择难，且解释结果无法进行验证。

（二）典型曲线拟合分析方法

典型曲线分析方法中，首先绘制压力和时间数据的双对数图，然后将实测数据曲线与理想模型的压力响应曲线（或典型曲线）拟合求取地层或井的特性参数，诸如渗透率、表皮系数和井筒储存系数。典型曲线方法相比直线方法利用的数据点更多，解释结果的多解性大大降低，具有快捷、灵活的优势。

下面以最简单的均质无限大模型试井双对数分析过程为例，说明典型曲线拟合的基本原理及计算过程。若将无量纲压力与无量纲时间分别取对数，有

$$\lg t_D = \lg \Delta t + \lg \frac{\alpha_t K}{\phi \mu C_t r_w^2} = \lg \Delta t + \lg C_1 \qquad (1-82)$$

$$\lg p_D = \lg \Delta p + \lg \frac{Kh}{\alpha_p q \mu B} = \lg \Delta p + \lg C_2 \qquad (1-83)$$

其中

$$C_1 = \frac{\alpha_t K}{\phi \mu C_t r_w^2}$$

$$C_2 = \frac{Kh}{\alpha_p q \mu B}$$

也就是说，无量纲与有量纲曲线在双对数坐标纸上只相差一个常数，若在双对数坐标纸上分别绘制 p_D—t_D/C_D 和 Δp—Δt 曲线，便可根据拟合点求取地层参数，这就是试井双对数图板拟合的基本原理。首先在双对数坐标纸上分别绘制 p_D—t_D/C_D 和 Δp—Δt 曲线，如图 1-48 所示。

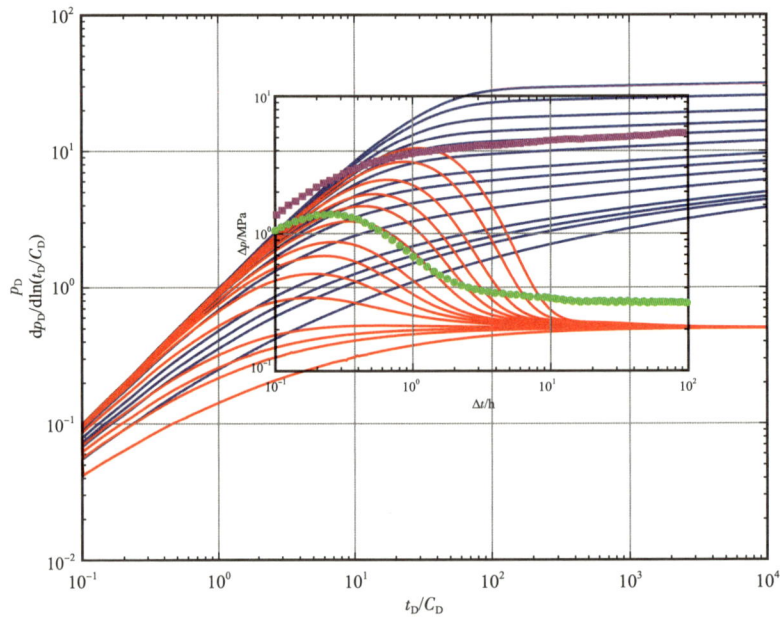

图 1-48 双对数拟合图版原理示意图（1）

上下左右移动透明双对数坐标纸，使实测压力及导数数据与相应于某个 $C_D e^{2S}$ 值的压力及导数曲线拟合最佳，记录此曲线拟合值为 $(C_D e^{2S})_M$，如图 1-49 所示。

在坐标纸上任选一点作为拟合点，读出该点在透明双对数坐标纸上和解释图版纸上的坐标拟值，$(\Delta p)_M$，$(\Delta t)_M$，$(p_D)_M$，$(t_D/C_D)_M$。

根据压力拟合值，可以求取地层系数

$$Kh = \alpha_p q \mu B \left(\frac{p_D}{\Delta p}\right)_M$$

根据无量纲时间与无量纲井筒储存的定义，有

$$\frac{t_D}{C_D} = \frac{\alpha_t K t}{\phi \mu C_t r_w^2} \times \frac{\phi C_t h r_w^2}{\alpha_c C} = \frac{\alpha_t K h t}{\alpha_c C \mu}$$

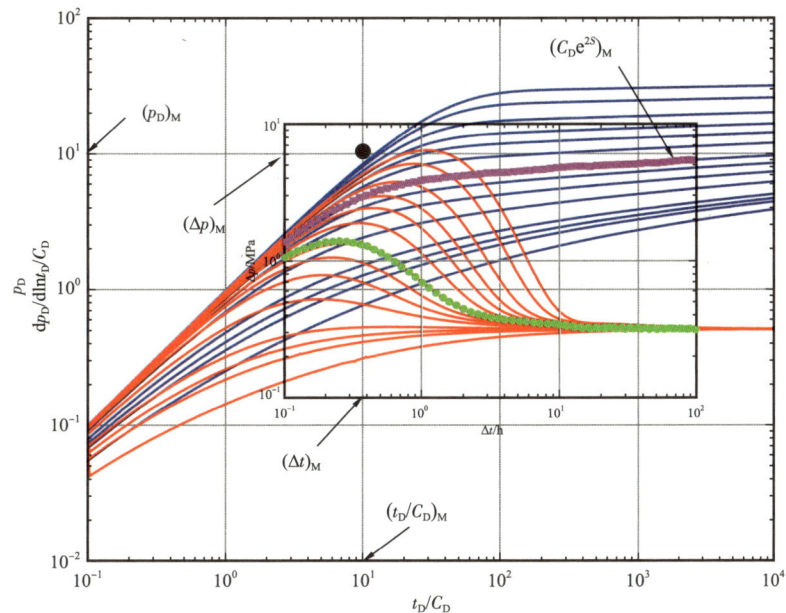

图 1-49 双对数拟合图版原理示意图（2）

根据时间拟合值，可以求取井筒储存系数

$$C = \frac{\alpha_t Kh}{\alpha_c \mu \left(\dfrac{t_D/C_D}{\Delta t}\right)_M}$$

根据读取的 $(C_D e^{2S})_M$，可以求取表皮系数的大小

$$S = 0.5 \ln \frac{(C_D e^{2S})_M}{C_D}$$

这就是均质无限大地层双对数分析的拟合过程，即上下左右进行压力拟合、时间拟合，记录相应的拟合点，计算地层参数。现代产量不稳定分析的典型曲线拟合的原理与此相同，只不过无量纲变量的定义不同。

（三）流动形态识别分析（TDS）方法

1993 年，Tiab 首次提出不用典型曲线拟合进行试井分析的方法——考虑井筒储存效应和表皮效应的均质无限大油藏的"直接综合分析技术"（Direct Synthesis），后被业内称为 TDS 试井分析方法。其基本原理是首先识别流动形态，在其特征线上任选一点，根据特征线上压力与时间的关系，计算相关参数。该方法其实就是双对数曲线分析的手工拟合。关键参数获得之后，可作为自动历史的初值，进行压力和流量史的拟合。该方法的另外一个好处是，不管是不是专业人员，不管手头有没有试井软件，只要有双对数图和基础参数，只用尺子和笔就可以进行试井分析。

（四）模拟/历史拟合方法

模拟/历史拟合方法采用解析解或数值解模型计算油气藏的压力响应，相关参数分为确定值和假设值，通过反复调整假设参数的数值，直至模拟的压力响应与实测响应匹配为止。

最好的工作流程是，先用前 3 种方法识别油气藏模型，初步估算地层参数，然后应用解析或数值模型的历史拟合加以验证，如有必要对初步解释结果进行精细调整。

第二章 单对数分析方法

压降和压力恢复测试是最常见的不稳定试井方法。本章首先介绍均质储层中利用压降和压力恢复测试中的无限作用径向流数据估算渗透率和表皮系数的单对数方法,接着介绍利用压力恢复单对数图估算平均压力、计算到断层距离及井间储能系数的方法,然后介绍试井软件中叠加时间函数图的绘制方法以及注入井试井分析方法,最后简单介绍了双重孔隙介质储层中一口直井的单对数分析方法。单对数分析方法简单方便,但是直线段难选(早期、晚期受影响),无法检验;短期测试或储层致密径向流不出现时,无法进行分析。

第一节 压降试井分析方法

Earlougher(1972)曾指出:"如果有足够的压力数据可用,应该使用单对数分析方法。"即使处在测试仪器、分析软件更加普及的今天,这一说法仍然有一定的有效性,特别是对于测试目的仅是确定储层渗透率和表皮系数情形。

一、无限大边界情形

(一)定产生产情形

定产量压降测试在理论上处理起来最简单。如第一章所述,假设初始时刻处于关井状态,储层各处压力相等,无限大储层中一口井以恒定产量生产,其压力响应可以表示为

$$p_D = \frac{1}{2}(\ln t_D + 0.80907 + 2S) \qquad (2-1)$$

其中

$$p_D = \frac{Kh\Delta p}{1.842qB\mu}$$

$$t_D = \frac{3.6 \times 10^{-3}K}{\phi \mu C_t r_w^2}t \qquad (2-2)$$

将式(2-2)代入式(2-1),有

$$\frac{Kh\Delta p}{1.842qB\mu} = \frac{1}{2}\left[\ln\left(\frac{3.6\times 10^{-3}K}{\phi\mu C_t r_w^2}t\right) + 0.80907 + 2S\right]$$

推导得

$$\Delta p = \frac{0.9210qB\mu}{Kh}\left[\ln\left(\frac{Kt}{\phi\mu C_t r_w^2}\right) - 4.8178 + 2S\right]$$

即

$$\Delta p = \frac{2.1206qB\mu}{Kh}\left[\lg t + \lg\left(\frac{K}{\phi\mu C_t r_w^2}\right) - 2.0923 + 0.8686S\right] \quad (2-3)$$

若绘制 p_{wf} 与 $\lg t$ 关系曲线，如图 2-1 所示，斜率和截距分别为

$$m = -\frac{2.1206qB\mu}{Kh}$$

$$b = p_i - \frac{2.1206qB\mu}{Kh}\left[\lg\left(\frac{K}{\phi\mu C_t r_w^2}\right) - 2.0923 + 0.8686S\right] \quad (2-4)$$

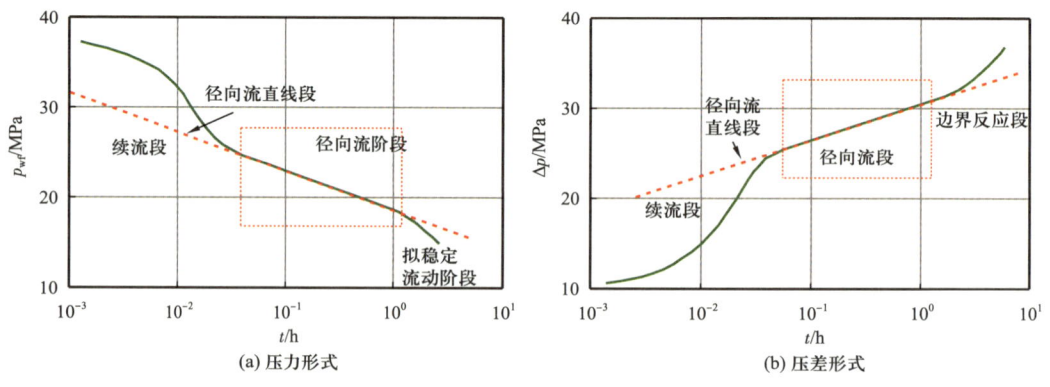

图 2-1 压降测试单对数示意图

压降单对数分析流程如下：
（1）绘制井底流压 p_{wf} 和时间 t 的单对数图；
（2）识别径向流（IARF）段数据；
（3）线性回归，确定斜率和截距 p_{1h}（回归线上读取，非实测值）；
（4）根据斜率计算渗透率：

$$K = \frac{2.1206qB\mu}{|m|h} \quad (2-5)$$

（5）根据斜率和 p_{1h} 计算表皮系数：

$$S = 1.1513\left[\frac{p_i - p_{1h}}{|m|} - \lg\left(\frac{K}{\phi\mu C_t r_w^2}\right) + 2.0923\right] \quad (2-6)$$

(6) 根据单对数直线的起始和终点计算探测半径：

$$r_{\text{inv}} = 0.12\sqrt{\frac{Kt}{\phi\mu C_t}} \tag{2-7}$$

下面的例子说明如何用单对数分析方法来分析定产条件下的压降测试。岩石和流体的性质见表 2-1，压降测试数据见表 2-2，分析结果如图 2-2 所示。

表 2-1 压降分析岩石和流体性质参数表

参数	产量/(m³/d)	孔隙度	厚度/m	井筒半径/m	原始压力/MPa	体积系数	黏度/(mPa·s)	总压缩系数/(MPa⁻¹)
数值	20	0.2	10	0.076	20	1.50	2.0	0.002

表 2-2 压降数据表

时间/h	压力/MPa	时间/h	压力/MPa	时间/h	压力/MPa	时间/h	压力/MPa
0.000	20.000	0.637	18.491	18.313	16.862	45.673	16.636
0.010	19.959	0.715	18.392	19.033	16.852	46.753	16.631
0.020	19.919	0.802	18.294	20.113	16.838	47.833	16.625
0.030	19.881	0.900	18.197	21.193	16.825	48.913	16.620
0.040	19.843	1.010	18.101	22.273	16.812	49.993	16.615
0.050	19.806	1.133	18.009	22.993	16.804	51.073	16.609
0.060	19.770	1.271	17.921	24.073	16.793	52.153	16.604
0.070	19.734	1.426	17.837	25.153	16.782	53.233	16.599
0.080	19.700	1.600	17.758	26.233	16.772	54.313	16.595
0.090	19.666	1.796	17.684	27.313	16.762	55.393	16.590
0.101	19.629	2.015	17.615	28.393	16.752	56.473	16.585
0.113	19.589	3.193	17.388	29.473	16.743	57.553	16.581
0.127	19.546	4.273	17.276	30.553	16.734	58.633	16.576
0.143	19.498	4.993	17.223	31.633	16.726	59.713	16.572
0.160	19.446	6.073	17.161	32.713	16.717	60.793	16.568
0.180	19.390	7.153	17.113	33.793	16.709	61.873	16.563
0.201	19.329	8.233	17.073	34.873	16.702	62.953	16.559
0.226	19.264	8.953	17.050	35.953	16.694	64.033	16.555
0.254	19.194	10.033	17.018	37.033	16.687	65.113	16.551
0.285	19.119	11.113	16.991	38.113	16.680	66.193	16.547
0.319	19.040	12.193	16.966	39.193	16.673	67.273	16.543
0.358	18.957	13.273	16.944	40.273	16.667	68.353	16.540
0.402	18.870	14.353	16.924	41.353	16.660	69.433	16.536
0.451	18.779	15.073	16.911	42.433	16.654	70.513	16.532
0.506	18.685	16.153	16.893	43.513	16.648	71.593	16.529
0.568	18.589	17.233	16.877	44.593	16.642	72.000	16.527

根据推荐的步骤进行压降分析：

（1）绘制井底流压 p_{wf} 和时间 t 的单对数图，如图 2-2 所示。

（2）识别径向流（IARF）段数据：早期数据可能被井筒储存效应扭曲，测试末期的数据呈直线关系，选择这部分数据进行分析。

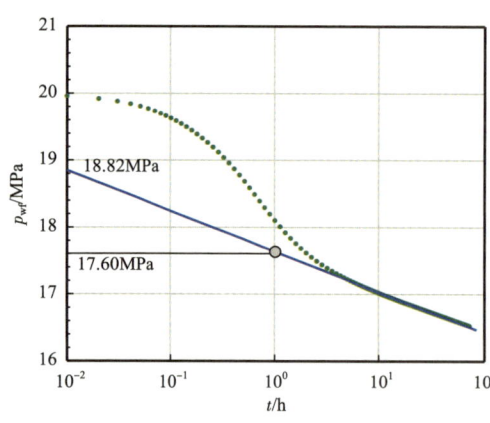

图 2-2 压降分析单对数图

（3）利用晚期数据，绘制直线段；在直线段上读取两个点 $(10,17)$、$(0.01,18.82)$ 用于手工计算，读取 p_{1h} 值 17.60MPa。计算斜率：

$$m = \frac{18.82 - 17.0}{\lg(0.01) - \lg(10)} = \frac{1.82}{-2 - 1} = -0.607 \text{ MPa/周期}$$

（4）根据斜率计算渗透率：

$$K = \frac{2.1206qB\mu}{|m|h} = \frac{2.1206 \times 20 \times 1.50 \times 2.0}{0.607 \times 10} = 21 \times 10^{-3} \text{ }\mu m^2 \approx 21 \text{ mD}$$

（5）根据斜率和 p_{1h} 计算表皮系数：

$$S = 1.1513 \times \left[\frac{20 - 17.6}{0.607} - \lg\left(\frac{21}{0.2 \times 2.0 \times 0.002 \times 0.076^2}\right) + 2.0923 \right] = 0.23$$

（6）根据单对数直线的终点计算探测半径：

$$r_{inv} = 0.12 \sqrt{\frac{Kt}{\phi \mu C_t}} = 0.12 \times \sqrt{\frac{21 \times 72}{0.2 \times 2.0 \times 0.002}} = 165 \text{ m}$$

（二）产量平稳变化情形

对于产量平稳变化情形，可用规整化方法进行分析，将式（2-3）适当变形，有

$$\frac{\Delta p(t)}{q(t)} = \frac{2.1206B\mu}{Kh}\left[\lg t + \lg\left(\frac{K}{\phi \mu C_t r_w^2}\right) - 2.0923 + 0.8686S \right] \quad (2-8)$$

分析过程与定产情形类似，只不过要把将压力数据换为规整化压力。

（1）绘制井底流压 $\Delta p/q$ 和时间 t 的单对数图；

（2）识别径向流（IARF）段数据；

（3）线性回归，确定斜率和截距 $(\Delta p/q)_{1h}$（回归线上读取，非实测值）；

（4）根据斜率计算渗透率：

$$K = \frac{2.1206B\mu}{|m|h} \qquad (2-9)$$

(5) 根据斜率和 $(\Delta p/q)_{1h}$ 计算表皮系数:

$$S = 1.1513\left[\frac{(\Delta p/q)_{1h}}{|m|} - \lg\left(\frac{K}{\phi\mu C_t r_w^2}\right) + 2.0923\right] \qquad (2-10)$$

(6) 根据单对数直线的起始和终点计算探测半径:

$$r_{inv} = 0.12\sqrt{\frac{Kt}{\phi\mu C_t}} \qquad (2-11)$$

无限作用径向流阶段数据可用压力与时间的单对数直线段分析；在分析定产生产情形压降测试数据时，可绘制井底流压和生产时间的单对数图，根据直线的斜率计算渗透率，根据截距计算表皮系数；就压降测试而言，即使小到10%的产量变化都会影响到压力响应。压降分析中产量恒定的假设是不可能实现的；如果产量平稳缓慢变化，且流动处于径向流，应采用产量规整化压力方法计算渗透率和表皮系数（Sprivey，2013）。

(三) 变产量情形

如前所述，在压降试井分析过程中，经常出现产量变化的情况，此时需要使用叠加原理进行变产量分析分析，其最大的优势是降低续流效应和井筒中重力分异现象的影响。变产量测试的一个特例是两产量试井分析方法（Russell，1967），主要用于克服续流效应的影响。对于短时关井后的压降试井，若关井时间很短，压力恢复还未平衡，此时也应该采用变产量分析方法。对于产量变化情形，径向流叠加时间如第一章所述，有

$$\frac{(\Delta p)_{q_n}}{q_n} = \frac{2.1206B\mu}{Kh}\left[\sum_{j=1}^{n}\left(\frac{q_j - q_{j-1}}{q_n}\right)f(t_n - t_{j-1}) + \lg\left(\frac{K}{\phi\mu C_t r_w^2}\right) - 2.0923 + 0.8686S\right]$$

$$f(t_{sp}) = \sum_{j=1}^{n}\left(\frac{q_j - q_{j-1}}{q_n}\right)\lg(t_n - t_{j-1})$$

$$f(t_{sp}) = \sum_{j=1}^{n}\left(\frac{q_j - q_{j-1}}{q_n}\right)\ln(t_n - t_{j-1})$$

只需绘制 $\frac{(\Delta p)_{q_n}}{q_n} - \sum_{j=1}^{n}\left(\frac{q_j - q_{j-1}}{q_n}\right)f(t_n - t_{j-1})$ 关系曲线，只要求得斜率和截距，就可以根据式（1-71）计算渗透率和表皮系数，上述分析的缺点是必须已知原始压力和流量史，分析实例见本章第四节压降多产量情形。

二、探边测试

（一）定产生产情形

1956 年，Jones 提出用探边测试方法分析压降测试体积。如第一章所述，在拟稳定流动阶段，有

$$p_D = 2\pi t_{DA} + \frac{1}{2}\ln\left(\frac{4A}{e^\gamma C_A r_w^2}\right)$$

其中

$$t_{DA} = t_D r_w^2 / A$$

SI 单位制下，将无量纲时间、无量纲压力代入式（1-44），有

$$p_i - p = \frac{qBt}{24(Ah\phi)C_t} + \frac{0.9210 q\mu B}{Kh}\ln\left(\frac{4A}{e^\gamma C_A r_w^2}\right) \quad (2-12)$$

由式（2-12）可知，在直角坐标中，井底流压和时间在拟稳定生产阶段会出现直线段。若绘制压力与时间曲线，将得到一条直线，可根据直线的斜率确定井控体积，有

$$m = \frac{qB}{24(Ah\phi)C_t} \quad (2-13)$$

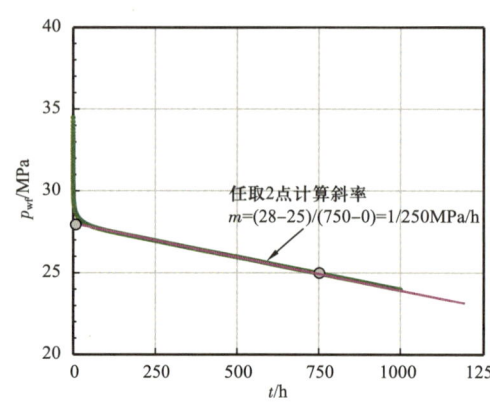

图 2-3 探边测试分析图

这就是著名的"探边测试"。如果径向流直线段和拟稳定阶段数据都可用于分析，则可以估计井控面积的形状（Earlougher，1971）；随后，该方法不断发展，逐步扩展到气井（Jones，1962）、双重孔隙介质储层（Strobel，1976）、压裂井（Gringarten，1978）。

一口油井以 100m³/d 的产量进行生产，体积系数为 1.5，压缩系数为 0.002MPa⁻¹，压力与时间关系如图 2-3 所示。图中任取两点计算直线段斜率 m 为 1/250MPa/h。根据式（2-13），有

$$Ah\phi = \frac{qB}{24mC_t} = \frac{100 \times 1.5}{24 \times \left(\frac{1}{250}\right) \times 0.002} = 781250 \text{ m}^3$$

若井位于圆形储层内，有效厚度为 10m，孔隙度为 0.1，则井控半径为

$$A = \frac{781250}{10 \times 0.1} = 781250 \text{m}^2 \Rightarrow r_e = \sqrt{\frac{781250}{\pi}} \approx 500 \text{ m}$$

(二) 变产量情形

如前所述，对于变产量生产情形，也可以分析探边测试数据，分析方法与定产情形相同（Earlougher，1972；Kazemi，1972）。Blasingame 利用式（2-14）分析平稳变化情形的探边测试数据，有

$$\frac{p_i - p}{q} = \frac{B\bar{t}}{24(Ah\phi)C_t} + \frac{0.9210\mu B}{Kh}\ln\left(\frac{4A}{e^{\gamma}C_A r_w^2}\right) \qquad (2-14)$$

其中，物质平衡时间 $\bar{t}$ 定义为

$$\bar{t} = \frac{Q_j}{q_j} \qquad (2-15)$$

其中，下角 j 表示时刻，Q 表示累计产量；q 表示日产量。若绘制 $\frac{p_i - p}{q}$—$\bar{t}$ 关系曲线，得到斜率和截距，有

$$\begin{aligned} m &= \frac{B}{24(Ah\phi)C_t} \\ b &= \frac{0.9210\mu B}{Kh}\ln\left(\frac{4A}{e^{\gamma}C_A r_w^2}\right) \end{aligned} \qquad (2-16)$$

当流动达到边界控制流之后，该方法对于定产量、定压、产量指数递减、双曲递减、正弦变化及台阶变化都适用（Blasingame，1988），可用于变产量生产情形井控面积及其形状的预测，该方法也为多年之后的产量不稳定分析方法（RTA）奠定了基础。若用不稳定流动数据作出压力与时间的关系曲线，则求得的井控体积将偏低。

三、压降试井的局限性

如前所述，常规压降试井可以评价储层参数、表皮系数，但前提是产量保持稳定，这在实际操作中很难完成，造成曲线波动，此时需用变产量分析方法进行分析；此外，由于续流效应的影响，达到径向流直线段时间推后甚至被掩盖或出现直线段假象，给分析结果的可靠性带来了很大变数。

第二节 压力恢复试井分析方法

压力恢复方法最大的好处是关井时间段产量恒定（零产量），达到了定产量压降测试要求产量恒定的假设！压力恢复测试方法要求井以恒定的产量 q 生产一段时间 t_p，然后关井测试关井压力 p_{ws} 随时间 Δt 的变化，如图 2-4 所示，这一过程可用叠加原理表达。

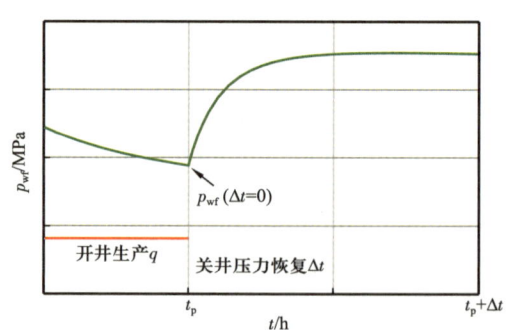

图 2-4 理想压力恢复曲线示意图

一、无限大边界情形

关井压力恢复情形，可用叠加原理表示，压力响应为

$$p_{ws}(\Delta t) = p_i - \frac{2.1206qB\mu}{Kh}\left[\lg(t_p + \Delta t) + \lg\left(\frac{K}{\phi\mu C_t r_w^2}\right) - 2.0923 + 0.8686S\right]$$

$$+ \frac{2.1206qB\mu}{Kh}\left[\lg\Delta t + \lg\left(\frac{K}{\phi\mu C_t r_w^2}\right) - 2.0923 + 0.8686S\right]$$

$$= p_i - \frac{2.1206qB\mu}{Kh}\lg\left(\frac{t_p + \Delta t}{\Delta t}\right)$$

(2-17)

式（2-17）即为著名的 Horner（1951）公式；若 $t_p \gg \Delta t$，有

$$p_{ws}(\Delta t) = p_i - \frac{2.1206qB\mu}{Kh}\lg\left(\frac{t_p}{\Delta t}\right)$$

$$= p_{wf}(t_p) + \frac{2.1206qB\mu}{Kh}\left[\lg\Delta t + \lg\left(\frac{K}{\phi\mu C_t r_w^2}\right) - 2.0923 + 0.8686S\right]$$

(2-18)

式（2-18）即为著名的 MDH 公式（Miller–Dyes–Hutchinson，1950）。

MDH 单对数分析流程（$\Delta t \ll t_p$）如下：

（1）绘制井底流压 p_{ws} 和关井时间 Δt 的单对数图；

（2）识别径向流（IARF）段数据；

（3）线性回归，确定斜率和截距 p_{1h}（回归线上读取，非实测值）；

（4）根据斜率计算渗透率：

$$K = \frac{2.1206qB\mu}{mh} \qquad (2-19)$$

(5) 根据斜率和 p_{1h} 计算表皮系数：

$$S = 1.1513\left[\frac{p_{1h} - p_{wf}(t_p)}{m} - \lg\left(\frac{K}{\phi\mu C_t r_w^2}\right) + 2.0923\right] \qquad (2-20)$$

(6) 在径向流段，外推 $\Delta t = t_p$，可计算原始压力，有

$$p_{ws}(\Delta t) = p_i - \frac{2.1206qB\mu}{Kh}\lg\left(\frac{t_p}{\Delta t}\right) \qquad (2-21)$$

Horner 单对数分析流程如下：

(1) 绘制井底流压 p_{ws} 和时间 $(\Delta t + t_p)/\Delta t$ 的单对数图（图 2-5）；

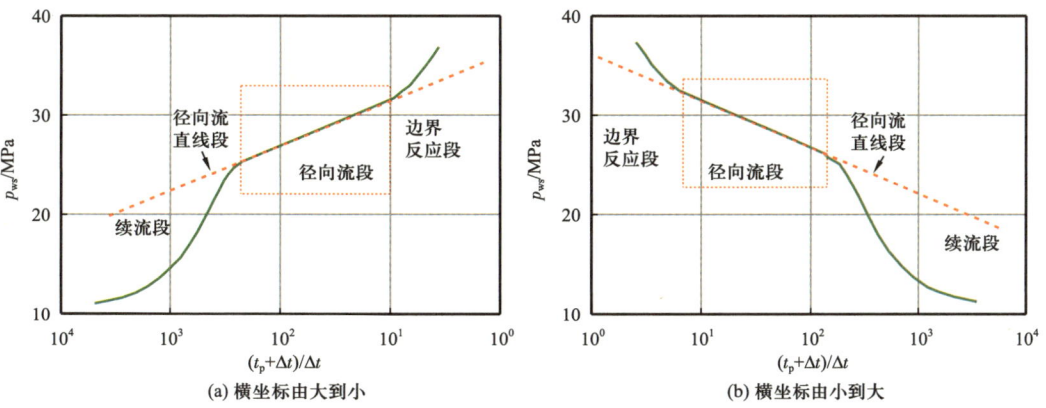

图 2-5　压力恢复曲线 Horner 曲线

(2) 识别径向流（IARF）段数据；

(3) 线性回归，确定斜率和截距 p_{1h}（回归线上读取，非实测值）；

(4) 根据斜率计算渗透率：

$$K = \frac{2.1206qB\mu}{|m|h}$$

(5) 根据斜率和 p_{1h} 计算表皮系数：

$$S = 1.1513\left[\frac{p_{1h} - p_{wf}(t_p)}{|m|} - \lg\left(\frac{K}{\phi\mu C_t r_w^2}\right) + 2.0923\right]$$

(6) 在径向流段，若储层无限大，外推 $(\Delta t + t_p)/\Delta t = 1$，可计算原始压力；若储层有界，外推值为假压力，称为 p^*。p^* 小于原始压力，近似等于但稍大于泄油范围内的平均压力（Matthews，1967）；强水驱油藏，p^* 与原始压力接近。应用 MBH 方法估算平均压力

$$p_{ws}(\Delta t) = p_i - \frac{2.1206qB\mu}{Kh}\lg\left(\frac{t_p + \Delta t}{\Delta t}\right)$$

Agarwal（1980）引入等效时间将压降典型曲线用于压力恢复数据分析，流动期末井底流压为

$$p_{wf}(t_p) = p_i - \frac{2.1206qB\mu}{Kh}\left[\lg t_p + \lg\left(\frac{K}{\phi\mu C_t r_w^2}\right) - 2.0923 + 0.8686S\right] \quad (2-22)$$

$$p_{ws}(\Delta t) = p_i - \frac{2.1206qB\mu}{Kh}\lg\left(\frac{t_p + \Delta t}{\Delta t}\right) \quad (2-23)$$

式（2-23）减去式（2-22），有

$$p_{ws}(\Delta t) = p_{wf}(t_p) + \frac{2.1206qB\mu}{Kh}\left[\lg\left(\frac{t_p\Delta t}{t_p + \Delta t}\right) + \lg\left(\frac{K}{\phi\mu C_t r_w^2}\right) - 2.0923 + 0.8686S\right]$$

$$= p_{wf}(t_p) + \frac{2.1206qB\mu}{Kh}\left[\lg\Delta t_e + \lg\left(\frac{K}{\phi\mu C_t r_w^2}\right) - 2.0923 + 0.8686S\right] \quad (2-24)$$

该方法分析流程如下：

(1) 绘制井底流压 p_{ws} 和 Agarwal 等效时间 Δt_e 的单对数图；
(2) 识别径向流（IARF）段数据；
(3) 线性回归，确定斜率和截距 p_{1h}（回归线上读取，非实测值）；
(4) 根据斜率计算渗透率：

$$K = \frac{2.1206qB\mu}{mh} \quad (2-25)$$

(5) 根据斜率和 p_{1h} 计算表皮系数：

$$S = 1.1513\left[\frac{p_{1h} - p_{wf}(t_p)}{|m|} - \lg\left(\frac{K}{\phi\mu C_t r_w^2}\right) + 2.0923\right] \quad (2-26)$$

(6) 在径向流段，外推 $\Delta t = t_p$，可计算原始压力；若储层非无限大，可用 Deitz 方法计算平均储层压力。

二、分析实例

一口油井的压力恢复数据见表 2-3。该井泄流半径为 804.67m。关井前以产量 779.1m³/d 连续生产了 310h。已知储层参数如下：储层埋深为 3193m，井筒半径为 0.1079m，总压缩系数为 3.278×10^{-3} MPa^{-1}，有效厚度为 146.9m，原油黏度为 0.2mPa·s，孔隙度为 0.09，原油体积系数为 1.55，套管内径为 0.1594m，关井时刻井底流压为 19.04MPa。试计算平均渗透率 K、表皮系数及其引起的附加压降。

表 2-3 压力恢复数据表（Earlougher，1977）

$\Delta t/h$	$t_p+\Delta t/h$	$(t_p+\Delta t)/\Delta t$	p_{ws}/MPa	$\Delta t/h$	$t_p+\Delta t/h$	$(t_p+\Delta t)/\Delta t$	p_{ws}/MPa
0.00	—	—	19.0364	3.46	313.46	90.6	22.6561
0.10	310.10	3101.0	21.0772	4.08	314.08	77.0	22.6768
0.21	310.21	1477.0	21.7391	5.03	315.03	62.6	22.7044
0.31	310.31	1001.0	22.2976	5.97	315.97	52.9	22.7320
0.52	310.52	597.0	22.4010	6.07	316.07	52.1	22.7320
0.63	310.63	493.0	22.4493	7.01	317.01	45.2	22.7527
0.73	310.73	426.0	22.4769	8.06	318.06	39.5	22.7733
0.84	310.84	370.0	22.4976	9.00	319.00	35.4	22.7871
0.94	310.94	331.0	22.5182	10.05	320.05	31.8	22.7940
1.05	311.05	296.0	22.5251	13.09	323.09	24.7	22.8216
1.15	311.15	271.0	22.5320	16.02	326.02	20.4	22.8423
1.36	311.36	229.0	22.5527	20.00	330.00	16.5	22.8699
1.68	311.68	186.0	22.5734	26.07	336.07	12.9	22.8906
1.99	311.99	157.0	22.5872	31.03	341.03	11.0	22.9043
2.51	312.51	125.0	22.6148	34.98	344.98	9.9	22.9112
3.04	313.04	103.0	22.6354	37.54	347.54	9.3	22.9112

（1）绘制 p_{ws} 与 $(t_p+\Delta t)/\Delta t$ 的单对数图，如图 2-6 所示。

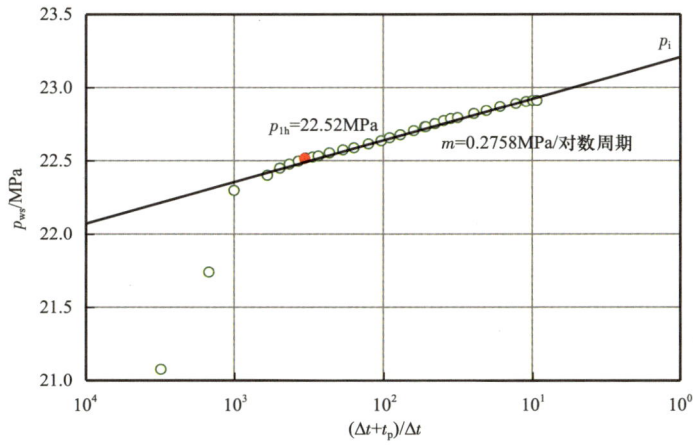

图 2-6 压力恢复单对数分析实例（Earlougher，1977）

（2）识别单对数直线段，并确定直线斜率 m，得到 $m=0.2758$ MPa/对数周期。

（3）根据式（2-25）计算渗透率，有

$$K = \frac{2.1206 q\mu B}{mh} = \frac{2.1206 \times 779.1 \times 0.2 \times 1.55}{0.2758 \times 146.9} = 12.64 \text{ mD}$$

(4) 根据图中直线段确定 1h 时刻的井底流压,有 p_{1h} = 22.52 MPa。

(5) 根据式(2-26)计算表皮系数,有

$$S = 1.1513 \left[\frac{p_{1h} - p_{wf}(\Delta t = 0)}{m} - \lg\left(\frac{K}{\phi\mu C_t r_w^2}\right) + 2.0923 \right]$$

$$= 1.1513 \times \left[\frac{22.52 - 19.036}{0.2758} - \lg\left(\frac{12.64}{0.09 \times 0.2 \times 3.278 \times 10^{-3} \times 0.1079^2}\right) + 2.0923 \right]$$

$$= 8.59$$

(6) 计算表皮系数引起的压降,有

$$\Delta p_{skin} = 0.8686 mS = 0.8686 \times 0.2758 \times 8.59 = 2.058 \text{ MPa}$$

压力恢复测试消除了对测试开始时刻储层各处压力必须相等的假设要求。若井已经生产一段时间,且测试前储层中已出现压降漏斗,可用压力恢复测试分析估算渗透率和表皮系数。在用 MDH 方法分析压力恢复测试数据时,绘制关井井底压力与关井时间的单对数图,通过直线的斜率可以计算出渗透率,通过截距可以计算出表皮系数。当用 MDH 方法时,关井时间应小于流动期的 10%。在用 Horner 方法分析压力恢复测试数据时,绘制关井流压和 Horner 时间比(HTR)单对数图,通过直线的斜率可以计算渗透率;对于处于径向流的储层,延长直线到 Horner 时间比为 1 处,可以得到储层原始压力;利用直线上 Horner 时间比对应于 1h 处的压力,结合末点井底流压,可以计算表皮系数。从生产开始到关井结束整个过程内,只有在储层一直处于径向流的条件下(没有边界影响的条件下),才可以用 Horner 方法估算储层原始压力(Sprivey,2013)。

第三节 压力恢复曲线的其他应用

一、计算平均压力

如果储层范围有界,那么估算储层平均压力或者泄流供给面积内的平均压力是不稳定试井分析中一项非常重要的内容,主要有 Horner 方法、Dietz 方法 &Ramey-Cobb 方法、MBH 方法、中国方法等。

(一) Horner 方法

如图 2-6 所示,Horner 图中外推 Horner 时间比等于 1,可得到原始压力,有

$$p_{ws}(\Delta t) = p_i - \frac{2.1206 q B \mu}{Kh}\lg(1) = p_i \tag{2-27}$$

当 HTR = 1 时，在径向流情形，外推压力为原始压力；若储层有限，称为 p^*（Horner，1951；Russell，1967；Matthews，1967；Ramey，1971）。只有从生产开始到压力恢复结束都处于无限作用期时，利用压力恢复外推得到的 p^* 才与原始压力一致。如果生产时间比压力恢复时间长很多，则可能只有压力恢复压力响应处于无限作用期。此时，虽在 Horner 图中也得到了一条直线，但外推直线得到的并不是储层原始压力。如果储层有界，外推压力 p^* 既不是储层原始压力，也不是储层平均压力。

（二）Dietz & Ramey – Cobb 方法

假设在压力恢复测试之前，井已经达到了拟稳定流动状态；压力恢复测试数据表现出径向流特征；泄流供给区的形状与面积大小已知，井在泄流区内的位置也已知。可根据 MDH 单对数图或 Agarwal 等效时间单对数图，用 Dietz 方法（1965）来计算泄流供给区内的平均压力。Ramey – Cobb 方法与之类似，只不过是用 Horner 图分析。Dietz 方法（MDH 图）流程如下：

（1）绘制井底流压 p_{ws} 和时间 Δt 的单对数图；
（2）识别径向流段数据；
（3）线性回归确定斜率和截距 p_{1h}（回归线上读取）；
（4）根据斜率计算渗透率；
（5）根据 Dietz 形状因子表，读取形状因子 C_A；
（6）计算平均压力下关井时间，$\Delta t_{p平均} = \dfrac{\phi \mu C_t A}{3.6 \times 10^{-3} K C_A}$；
（7）外推至此时间，读取平均压力。

Ramey – Cobb 方法（Horner 图）流程如下：

（1）绘制井底流压 p_{ws} 和时间 $(\Delta t + t_p)/\Delta t$ 的单对数图；
（2）识别径向流段数据；
（3）线性回归确定斜率和截距 p_{1h}（回归线上读取）；
（4）根据斜率计算渗透率；
（5）根据 Dietz 形状因子表，读取形状因子 C_A；
（6）计算平均压力下 HTR 时间，$\mathrm{HTR}_{p平均} = \dfrac{3.6 \times 10^{-3} K C_A t_p}{\phi \mu C_t A}$；
（7）外推至此时间，读取平均压力。

（三）MBH 方法

与 Dietz 和 Ramey – Cobb 方法一样，MBH 方法（Matthews – Brons – Hazebroek，1954）要求已知泄流供给区的形状、面积大小以及井位；但不要求压力恢复测试之前的生产要达到拟稳态。另外，MBH 方法不用形状因子 C_A 图表，而是查阅 MBH 图版，如

图 2-7 所示。该系列图版提供了计算平均压力时所需的 p^* 修正系数，图版中每条曲线对应一种特定的泄流供给区形状和井位组合。

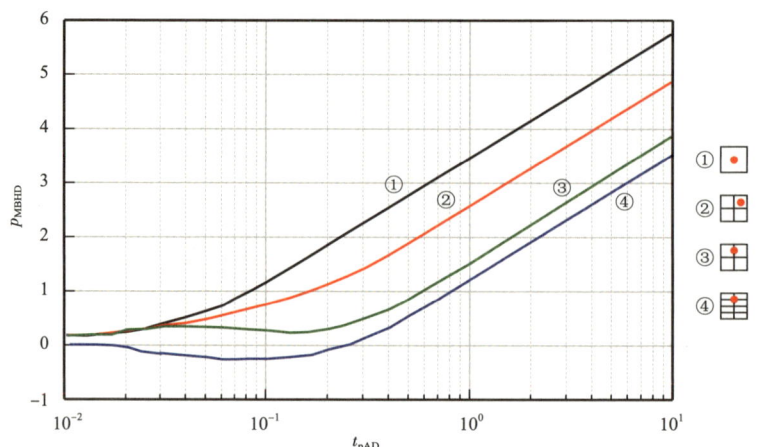

图 2-7　正方形泄流供给区 MBH 压力函数（Matthews，1954）

在早期 MBH 压力函数接近 0，流动处于无限作用期，MBH 方法就简化为 Horner 方法。在晚期，MBH 压力函数呈现出近线性关系，直线的斜率为 ln10 或 2.303，这些晚期直线代表了拟稳定流动状态。因此，利用 MBH 压力图版，可以确定某特定泄流供给区形状及井位组合条件下达到拟稳态所需要的时间，对应的无量纲时间为直线的起始点。对于井位于泄流供给区中心的对称情形，MBH 压力曲线单调递增；对于非对称的偏心井情形，在由径向流过渡到拟稳定流时，MBH 压力曲线可能会向下弯曲，甚至变成负的。当 MBH 压力函数是正的时，真实的平均压力小于 p^*，当 MBH 压力函数是负数时，真实的平均压力大于 p^*。MBH 方法分析流程如下：

（1）绘制井底流压 p_{ws} 和时间 $(\Delta t + t_p)/\Delta t$ 的单对数图；

（2）识别径向流段数据；

（3）线性回归确定斜率和截距 p_{1h}（回归线上读取）；

（4）根据斜率计算渗透率和 p^*；

（5）计算无量纲生产时间，$t_{pAD} = \dfrac{3.6 \times 10^{-3} K t_p}{\phi \mu C_t A}$；

（6）根据图版，读取无量纲压力，$p_{MBHD}(t_{pAD})$；

（7）计算平均压力，$\bar{p} = p^* - \dfrac{m}{2.303} p_{MBHD}(t_{pAD})$。

（四）中国方法

假设在圆形定压边界中心有一口生产井，稳定生产情况下，SI 单位制下的产能公式

可以表示为

$$\bar{p} - p_{wf} = \frac{1.842qB\mu}{Kh}\left[\ln\left(\frac{r_e}{r_w}\right) - 0.5\right] \qquad (2-28)$$

若用边界压力表示，有

$$p_e - p_{wf} = \frac{1.842qB\mu}{Kh}\ln\left(\frac{r_e}{r_w}\right) \qquad (2-29)$$

其中，下角 e 表示边界的。

对于封闭边界，有

$$\bar{p} - p_{wf} = \frac{1.842qB\mu}{Kh}\left[\ln\left(\frac{r_e}{r_w}\right) - 0.75\right] \qquad (2-30)$$

如前所述，当生产时间远远大于关井时间时，$t_p \gg \Delta t$，压力恢复公式可以为

$$p_{ws}(\Delta t) - p_{wf}(t_p) = \frac{0.9210qB\mu}{Kh}\left[\ln\left(\frac{K\Delta t}{\phi\mu C_t r_w^2}\right) - 4.8178\right] \qquad (2-31)$$

假设，关井 Δt 时间后，回升的压差值恰好与生产压差相等，则此时的关井压力 p_{ws} 与平均地层压力相等，那么，只要式（2-28）或式（2-29）或式（2-30）与式（2-31）相等，那么就可以求出 Δt 值，延长压力恢复直线段到 Δt，查出对应的压力值，就是对应的平均压力。

对于定压边界情形，式（2-28）与式（2-31）相等，有

$$\frac{1.842qB\mu}{Kh}\left[\ln\left(\frac{r_e}{r_w}\right) - 0.5\right] = \frac{0.9210qB\mu}{Kh}\left[\ln\left(\frac{K\Delta t}{\phi\mu C_t r_w^2}\right) - 4.8178\right]$$

简化，有

$$\Delta t = \frac{45.50\phi\mu C_t}{K}r_e^2 \qquad (2-32)$$

对于封闭边界情形，式（2-29）与式（2-31）相等，有

$$\frac{1.842qB\mu}{Kh}\ln\left(\frac{r_e}{r_w}\right) = \frac{0.9210qB\mu}{Kh}\left[\ln\left(\frac{K\Delta t}{\phi\mu C_t r_w^2}\right) - 4.8178\right]$$

简化，有

$$\Delta t = \frac{123.69\phi\mu C_t}{K}r_e^2 \qquad (2-33)$$

对于封闭边界情形，式（2-30）与式（2-31）相等，有

$$\frac{1.842qB\mu}{Kh}\left[\ln\left(\frac{r_e}{r_w}\right) - 0.75\right] = \frac{0.9210qB\mu}{Kh}\left[\ln\left(\frac{K\Delta t}{\phi\mu C_t r_w^2}\right) - 4.8178\right]$$

简化,有

$$\Delta t = \frac{27.60\phi\mu C_t}{K}r_e^2 \qquad (2-34)$$

因此,在常规压力恢复分析的基础上,通过直线段外延就可得到一口井供油面积的平均地层压力或供油边界压力,这就是著名的松辽法(DⅠ方法)的基本原理(童宪章,1977;王福林,1979)。在此基础上,又发展了关井后有续流情况下求地层压力方法(DⅡ方法)、缩短生产井测压关井时间的方法(DⅢ方法)等。

(五) Brons 方法

若未进行压力恢复测试,只在关井 24h 或更长时间之后,有个静压点的情况如何计算有界油藏的平均压力呢? Brons(1961)建立了一种简单的分析方法:由于测点与关井时间点间隔较长,因此测点一般位于单对数直线段上。若斜率 m 已知,在 Horner 图上绘制过静压点且斜率 m 的直线,并将其外延,那么可以得到 p^*,进而计算平均压力,如图 2-8 所示。

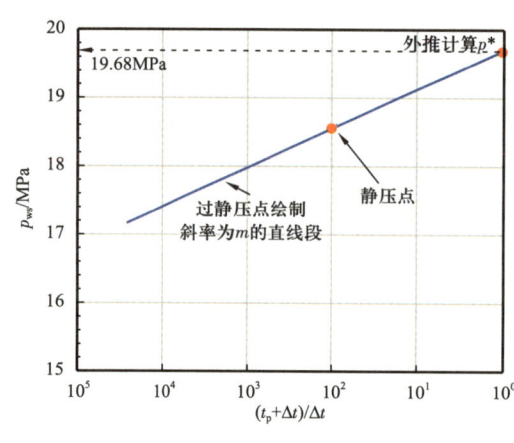

图 2-8 Brons 方法示意图

(六) 连通井组情形

对于连通井组,当流动处于拟稳定状态时,供油体积与产量成正比,因此,连通井组的平均压力可以表示为

$$\bar{p}_{井组} = \frac{1}{q_t}\sum_{i=1}^{n}q_i\bar{p}_i \qquad (2-35)$$

其中,下角 t 表示连通井组的,下角 i 表示第 i 个,n 表示连通井组内的井数。

(七) 分析实例

一口油井的岩石和流体的性质见表 2-4,井控半径为 500m,关井时间为 72h,关井时刻压力为 15.389MPa,压力恢复测试数据见表 2-5,下面用多种方法计算平均压力。

表 2-4 岩石和流体性质参数表

参数	产量/(m³/d)	孔隙度	厚度/m	井筒半径/m	关井前生产时间/h	体积系数	黏度/(mPa·s)	总压缩系数/(MPa⁻¹)
数值	20	0.2	10	0.076	2160	1.50	2.0	0.002

表 2-5 压力恢复数据表

时间/h	压力/MPa	时间/h	压力/MPa	时间/h	压力/MPa	时间/h	压力/MPa
0.010	15.430	10.033	18.366	30.913	18.645	51.793	18.762
0.020	15.469	10.393	18.376	31.273	18.648	52.153	18.764
0.030	15.508	10.753	18.385	31.633	18.651	52.513	18.765
0.040	15.546	11.113	18.393	31.993	18.653	52.873	18.767
0.050	15.583	11.473	18.402	32.353	18.656	53.233	18.768
0.060	15.619	11.833	18.410	32.713	18.658	53.593	18.770
0.070	15.654	12.193	18.417	33.073	18.661	53.953	18.771
0.080	15.689	12.553	18.425	33.433	18.663	54.313	18.772
0.090	15.723	12.913	18.432	33.793	18.666	54.673	18.774
0.101	15.759	13.273	18.439	34.153	18.668	55.033	18.775
0.113	15.799	13.633	18.446	34.513	18.671	55.393	18.777
0.127	15.843	13.993	18.453	34.873	18.673	55.753	18.778
0.143	15.891	14.353	18.459	35.233	18.675	56.113	18.780
0.160	15.943	14.713	18.465	35.593	18.678	56.473	18.781
0.180	15.999	15.073	18.472	35.953	18.680	56.833	18.782
0.201	16.060	15.433	18.477	36.313	18.682	57.193	18.784
0.226	16.125	15.793	18.483	36.673	18.685	57.553	18.785
0.254	16.195	16.153	18.489	37.033	18.687	57.913	18.786
0.285	16.269	16.513	18.494	37.393	18.689	58.273	18.788
0.319	16.348	16.873	18.500	37.753	18.691	58.633	18.789
0.358	16.432	17.233	18.505	38.113	18.693	58.993	18.790
0.402	16.519	17.593	18.510	38.473	18.696	59.353	18.792
0.451	16.610	17.953	18.515	38.833	18.698	59.713	18.793
0.506	16.704	18.313	18.520	39.193	18.700	60.073	18.794
0.568	16.800	18.673	18.525	39.553	18.702	60.433	18.796
0.637	16.898	19.033	18.529	39.913	18.704	60.793	18.797
0.715	16.996	19.393	18.534	40.273	18.706	61.153	18.798
0.802	17.095	19.753	18.538	40.633	18.708	61.513	18.799
0.900	17.192	20.113	18.543	40.993	18.710	61.873	18.801
1.010	17.287	20.473	18.547	41.353	18.712	62.233	18.802
1.133	17.379	20.833	18.551	41.713	18.714	62.593	18.803
1.271	17.467	21.193	18.556	42.073	18.716	62.953	18.804
1.426	17.551	21.553	18.560	42.433	18.718	63.313	18.806
1.600	17.630	21.913	18.564	42.793	18.720	63.673	18.807

续表

时间/h	压力/MPa	时间/h	压力/MPa	时间/h	压力/MPa	时间/h	压力/MPa
1.796	17.704	22.273	18.568	43.153	18.721	64.033	18.808
2.015	17.773	22.633	18.571	43.513	18.723	64.393	18.809
2.261	17.837	22.993	18.575	43.873	18.725	64.753	18.810
2.537	17.896	23.353	18.579	44.233	18.727	65.113	18.812
2.846	17.950	23.713	18.583	44.593	18.729	65.473	18.813
3.193	18.000	24.073	18.586	44.953	18.731	65.833	18.814
3.553	18.043	24.433	18.590	45.313	18.732	66.193	18.815
3.913	18.079	24.793	18.593	45.673	18.734	66.553	18.816
4.273	18.111	25.153	18.597	46.033	18.736	66.913	18.817
4.633	18.139	25.513	18.600	46.393	18.738	67.273	18.819
4.993	18.164	25.873	18.603	46.753	18.739	67.633	18.820
5.353	18.186	26.233	18.607	47.113	18.741	67.993	18.821
5.713	18.206	26.593	18.610	47.473	18.743	68.353	18.822
6.073	18.225	26.953	18.613	47.833	18.744	68.713	18.823
6.433	18.242	27.313	18.616	48.193	18.746	69.073	18.824
6.793	18.258	27.673	18.619	48.553	18.748	69.433	18.825
7.153	18.273	28.033	18.622	48.913	18.749	69.793	18.826
7.513	18.287	28.393	18.625	49.273	18.751	70.153	18.827
7.873	18.300	28.753	18.628	49.633	18.753	70.513	18.829
8.233	18.313	29.113	18.631	49.993	18.754	70.873	18.830
8.593	18.324	29.473	18.634	50.353	18.756	71.233	18.831
8.953	18.336	29.833	18.637	50.713	18.757	71.593	18.832
9.313	18.346	30.193	18.640	51.073	18.759	71.953	18.833
9.673	18.357	30.553	18.642	51.433	18.761	72.000	18.833

首先采用 Horner 方法计算平均地层压力。绘制 Horner 曲线,如图 2-9 所示,斜率 m 为 0.54MPa/周期,地层渗透率为 24mD。由于储层有限,p^* 值为 19.68MPa。

下面采用 Dietz 方法计算平均地层压力。绘制 p_{ws} 和时间 Δt 曲线,如图 2-10 所示。从 Dietz 形状因子表中(见第一章),找到与其形状和井位对应的形状因子 C_A 为 31.62,计算平均压力下关井时间,有

$$\Delta t_{p平均} = \frac{\phi \mu C_t A}{3.6 \times 10^{-3} K C_A} = \frac{0.2 \times 2.0 \times 0.002 \times 3.14 \times 500^2}{3.6 \times 10^{-3} \times 24 \times 31.62} = 230 \text{ h}$$

外推至此时间,读取平均压力为 19.18MPa。

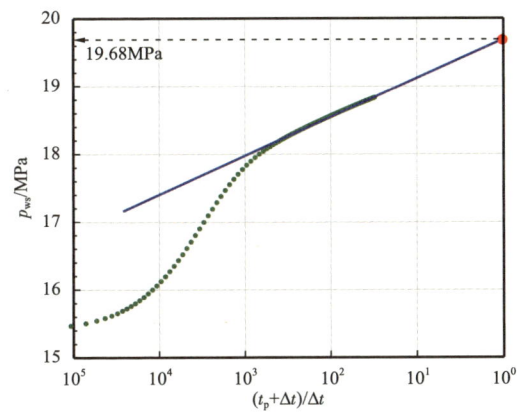
图 2-9　Horner 方法计算外推平均压力

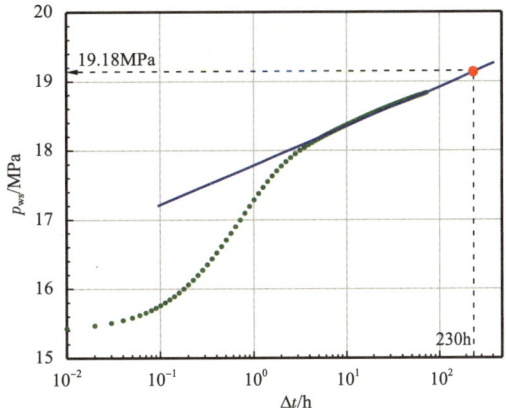
图 2-10　Dietz 方法计算外推平均压力

下面采用 Ramey – Cobb 方法（Horner 图）计算平均地层压力，如图 2-11 所示。线性回归计算渗透率为 24mD。从 Dietz 形状因子表中（见第一章），找到与其形状和井位对应的形状因子 C_A 为 31.62，计算平均压力下 HTR 时间，有

$$\text{HTR}_{\text{p平均}} = \frac{3.6 \times 10^{-3} K C_A t_p}{\phi \mu C_t A} = \frac{3.6 \times 10^{-3} \times 24 \times 31.62 \times 2160}{0.2 \times 2.0 \times 0.002 \times 3.14 \times 500^2} = 9.40 \text{ h}$$

此时间点对应的平均压力为 19.18MPa。

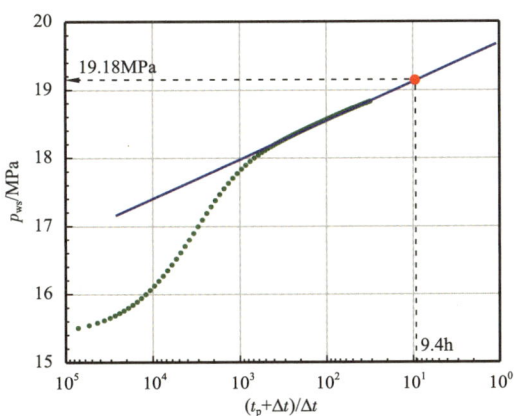
图 2-11　Ramey – Cobb 方法计算外推平均压力

下面采用 MBH 方法计算平均地层压力。线性回归计算渗透率为 24mD，根据 Horner 方法求得 p^* 值为 19.68MPa。计算无量纲生产时间

$$t_{\text{pAD}} = \frac{3.6 \times 10^{-3} K t_p}{\phi \mu C_t A} = \frac{3.6 \times 10^{-3} \times 24 \times 2160}{0.2 \times 2.0 \times 0.002 \times 3.14 \times 500^2} = 0.30$$

根据图版，无量纲生产时间 0.3 对应的无量纲压力为 2.25，如图 2-12 所示。最后计算平均压力

$$\bar{p} = p^* - \frac{m}{2.303}p_{\text{MBHD}}(t_{\text{pAD}}) = 19.68 - \frac{0.54}{2.303} \times 2.25 = 19.15 \text{ MPa}$$

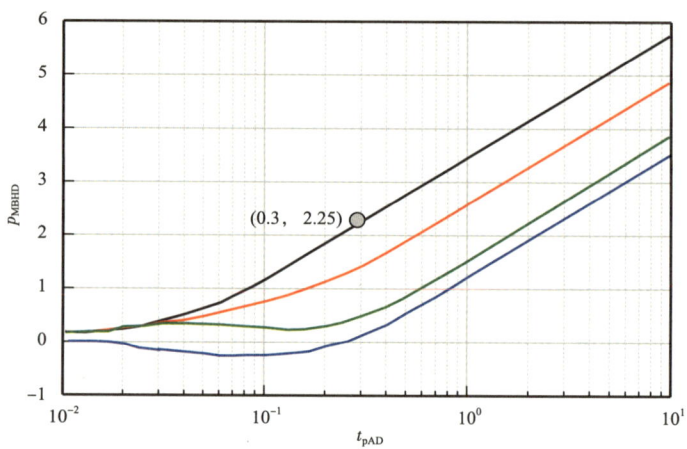

图 2-12 MBH 方法计算外推平均压力

下面采用中国方法计算平均地层压力，对于本例，采用式（2-33）计算达到平均压力时间，有

$$\Delta t = \frac{27.60\phi\mu C_t r_e^2}{K} = \frac{27.60 \times 0.2 \times 2.0 \times 0.002 \times 500^2}{24} = 230 \text{ h}$$

外推至此时间，如图 2-10 所示，读取平均压力为 19.18MPa。与 Horner 方法结果完全一致！

如果井在恒定产量下生产时间足够长，在关井前已达到了拟稳定流动状态，那么可用 Dietz 和 Ramey-Cobb 方法计算泄流供给区内的平均压力。在恒定产量情况下，对于任一持续时间的测试数据，均可以应用 MBH 方法来计算泄流供给区内的平均压力。在关井时间远远小于最末流动段持续时间情况下，关井前的最末流动段产量控制了压力恢复压力响应的形态。在一定的条件下，应用 Horner 拟生产时间（关井前累计产量与关井前最末流动期产量的比值），可以将变产量后的压力恢复数据按照恒定产量的压力恢复数据来分析。如果关井前最末流动段产量是恒定的，且压力恢复时间远远小于最末流动段的生产时间，那么可以用 Horner 拟生产时间来近似处理压力恢复前的产量历史。如果关井前最末流动段的持续时间不足 10 倍压力恢复持续时间，那么就不能使用 Horner 拟生产时间方法（Sprivey，2013）。如果关井前生产时间很短，产量波动又很大，那么必须考虑产量变化的影响，即用叠加原理进行分析。

二、计算断层距离

（一）压降情形

当一口生产井测压力曲线时，如果这口井附近有封闭断层存在，则所测压力曲线将产生异常情况。根据这种异常现象，结合油田地质的综合分析，可以判断井下地层中是否有断层存在，在一定的条件下可近似地算出井和断层的距离（Gray，1965）。如第一章所述，井位于一条封闭边界附近时，根据镜像原理，有

$$p_i - p_{wf} = \frac{1.842q\mu B}{Kh}[p_D(1,t_D) + p_D(2L_D,t_D) + S] \tag{2-36}$$

其中 $L_D = L/r_w$，L 是井与断层的距离。在开井后很短的时间内，且 $2L \gg r_w$，式（2-36）的第二部分可以忽略不计，类似无限大径向流，有

$$p_i - p_{wf} = \frac{2.1206q\mu B}{Kh}\left[\lg\left(\frac{Kt}{\phi\mu C_t r_w^2}\right) - 2.0923 + 0.8686S\right] \tag{2-37}$$

第1段斜率为

$$m_1 = -\frac{2.1206q\mu B}{Kh} \tag{2-38}$$

当时间增大到一定数值，断层的影响开始出现时，式（2-36）的第二部分不能忽略，满足 $L_D^2/t_D < 0.01$ 时，有

$$p_i - p_{wf} = \frac{2.1206q\mu B}{Kh}\left[\lg\left(\frac{Kt}{\phi\mu C_t r_w^2}\right) - 2.0923 + 0.8686S\right]$$

$$+ \frac{2.1206q\mu B}{Kh}\left[\lg\left(\frac{Kt}{4\phi\mu C_t L^2}\right) - 2.0923\right] \tag{2-39}$$

$$= \frac{4.2412q\mu B}{Kh}\left[\lg t + \lg\left(\frac{K}{\phi\mu C_t}\right) - \lg(2Lr_w) - 2.0923 + 0.4343S\right]$$

第2段斜率为

$$m_2 = -\frac{4.2412q\mu B}{Kh} \tag{2-40}$$

因此，第二段的斜率是第一段的2倍，如图2-13所示。

两条直线段的交点处，有

$$\frac{2.1206q\mu B}{Kh}\left[\lg\left(\frac{Kt_{交点}}{\phi\mu C_t r_w^2}\right) - 2.0923 + 0.8686S\right]$$

$$= \frac{4.2412q\mu B}{Kh}\left[\lg t_{交点} + \lg\left(\frac{K}{\phi\mu C_t}\right) - \lg(2Lr_w) - 2.0923 + 0.4343S\right]$$

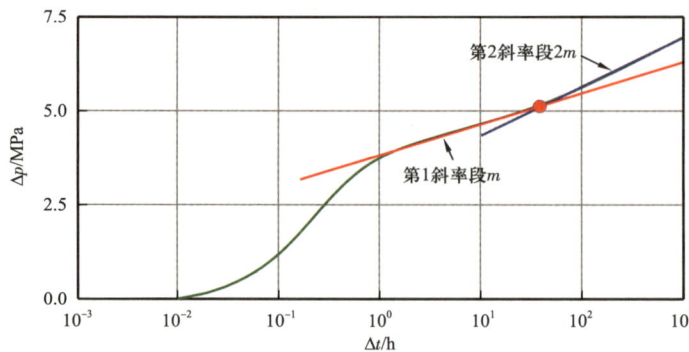

图 2-13 断层附近一口生产井压降曲线示意图

化简，有

$$L = 0.045\sqrt{\frac{Kt_{交点}}{\phi\mu C_t}} \tag{2-41}$$

（二）压力恢复情形

对于压力恢复情形，当 $t_p \gg \Delta t$，也可用式（2-41）计算断层距离，有

$$L = 0.045\sqrt{\frac{K\Delta t_{交点}}{\phi\mu C_t}} \tag{2-42}$$

对于不满足 $t_p \gg \Delta t$ 的情形，根据镜像原理和叠加原理（刘能强，2008），有

$$p_{ws}(\Delta t) = p_i + \frac{0.9210q\mu B}{Kh}\left\{\text{Ei}\left[-\frac{r_w^2}{0.0144\eta(t_p + \Delta t)}\right] - \text{Ei}\left[-\frac{r_w^2}{0.0144\eta\Delta t}\right]\right\}$$

$$+ \frac{0.9210q\mu B}{Kh}\left\{\text{Ei}\left[-\frac{(2L)^2}{0.0144\eta(t_p + \Delta t)}\right] - \text{Ei}\left[-\frac{(2L)^2}{0.0144\eta\Delta t}\right]\right\}$$

$$\tag{2-43}$$

未达到边界前，有

$$p_{ws}(\Delta t) = p_i - \frac{2.1206q\mu B}{Kh}\lg\left(\frac{t_p + \Delta t}{\Delta t}\right) +$$

$$\frac{0.9210q\mu B}{Kh}\left\{\text{Ei}\left[-\frac{(2L)^2}{0.0144\eta(t_p + \Delta t)}\right] - \text{Ei}\left[-\frac{(2L)^2}{0.0144\eta\Delta t}\right]\right\} \tag{2-44}$$

当 Δt 很小时，有

$$p_{ws}(\Delta t) = p_i - \frac{2.1206q\mu B}{Kh}\lg\left(\frac{t_p + \Delta t}{\Delta t}\right) + \frac{0.9210q\mu B}{Kh}\left\{\mathrm{Ei}\left[-\frac{(2L)^2}{0.0144\eta t_p}\right]\right\} \quad (2-45)$$

当 Δt 很大时，有

$$p_{ws}(\Delta t) = p_i - \frac{4.2412q\mu B}{Kh}\lg\left(\frac{t_p + \Delta t}{\Delta t}\right) \quad (2-46)$$

式（2-45）和式（2-46）的交点为

$$-\frac{2.1206q\mu B}{Kh}\lg\left(\frac{t_p + \Delta t}{\Delta t}\right)_{交点} + \frac{0.9210q\mu B}{Kh}\left\{\mathrm{Ei}\left[-\frac{(2L)^2}{0.0144\eta t_p}\right]\right\}$$

$$= -\frac{4.2412q\mu B}{Kh}\lg\left(\frac{t_p + \Delta t}{\Delta t}\right)_{交点}$$

化简，有

$$2.303\lg\left(\frac{t_p + \Delta t}{\Delta t}\right)_{交点} = -\mathrm{Ei}\left[-\frac{(2L)^2}{0.0144\eta t_p}\right] \quad (2-47)$$

其中，$\eta = \frac{K}{\phi\mu C_t}$。可用图解法求解 L 的大小，如图 2-14 所示。

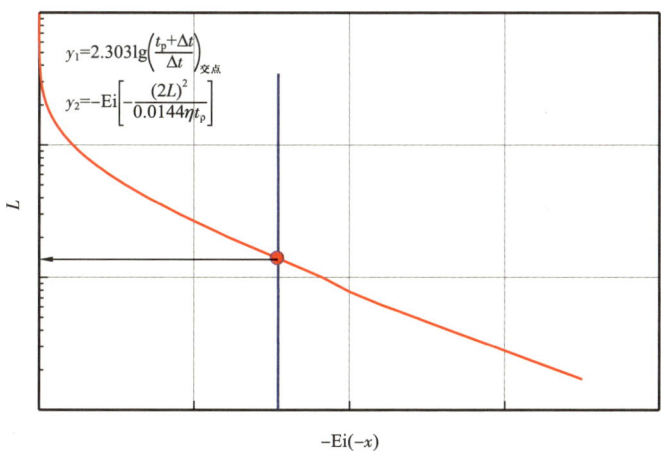

图 2-14 根据式（2-29）图解法计算到断层距离

（三）分析实例

假设一口油井的岩石和流体的性质见表 2-6，原始压力为 35MPa，地层系数为 300mD·m，井筒储存系数为 0.2m³/MPa，井到边界距离为 100m，关井时间为 500h，关井时刻压力为 15.7313MPa，Horner 方法压力恢复测试曲线如图 2-15 所示，试用本节方法计算井到边界距离。

表 2-6 岩石和流体性质参数表

参数	产量/(m³/d)	孔隙度	厚度/m	井筒半径/m	关井前生产时间/h	体积系数	黏度/(mPa·s)	总压缩系数/(MPa⁻¹)
数值	100	0.2	10	0.1	1000	1.50	2.0	0.002

首先根据图 2-15 求得横坐标数值为 30.0，将其代入式（2-47）左端，有

$$y_1 = 2.303\lg\left(\frac{t_p + \Delta t}{\Delta t}\right)_{交点} = 2.303\lg 30 = 3.40$$

将已知参数代入式（2-47）右端，有

$$y_2 = -\mathrm{Ei}\left[-\frac{(2L)^2}{0.0144\eta t_p}\right] = -\mathrm{Ei}\left(-\frac{L^2}{0.0036\times 1000 \times \frac{30}{0.1\times 2.0\times 0.002}}\right)$$

$$= -\mathrm{Ei}\left(-\frac{L^2}{270000}\right)$$

给定 L 值大小，绘制 y_1 与 y_2 交会图，如图 2-16 所示，交点对应的距离为 97m，与模拟参数 100m 基本一致。

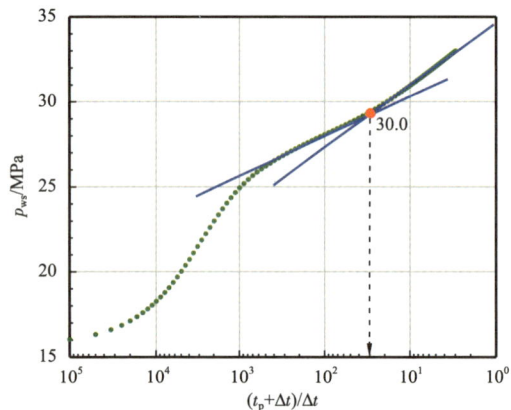

图 2-15 Horner 方法计算两直线段交点

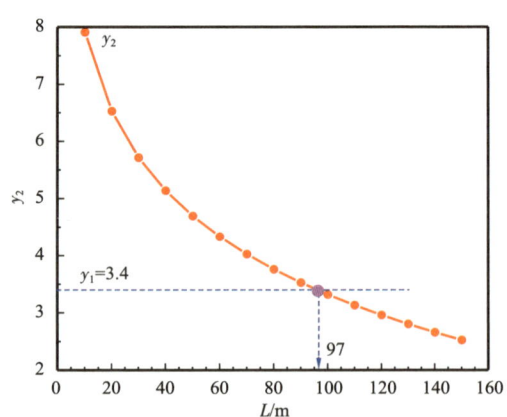

图 2-16 计算到断层距离交会图

三、计算井间储能系数

假设在无限大油藏中有两口井，一口井作为激动井，另外一口井作为观测井，两口井间的距离为 L，待背景压力稳定之后，观测井的压降可以表示为

$$\Delta p_{观测} = -\frac{0.9210q\mu B}{Kh}\mathrm{Ei}\left(-\frac{L^2}{0.0144\eta t}\right) \quad (2-48)$$

式（2-48）变形，有

$$y_1 = \frac{\Delta p_{观测} Kh}{0.9210 q\mu B}$$

$$y_2 = -\mathrm{Ei}\left(-\frac{\phi\mu C_t L^2}{0.0144 Kt}\right)$$
(2-49)

根据 y_1 和 y_2 的交点，可以求得储层系数

$$\frac{\phi\mu C_t L^2}{0.0144 Kt} = x_{交点}$$

$$\phi h C_t = \frac{0.0144 x_{交点} t}{L^2}\left(\frac{Kh}{\mu}\right)$$
(2-50)

第四节　叠加时间函数图

一、压降单产量情形

假设单井以 100m³/d 的产量生产 100h。试井软件页面通常显示 3 幅图，分别是压力流量史图、双对数图、叠加时间图，如图 2-17 所示，那么叠加时间图是如何生成的呢?

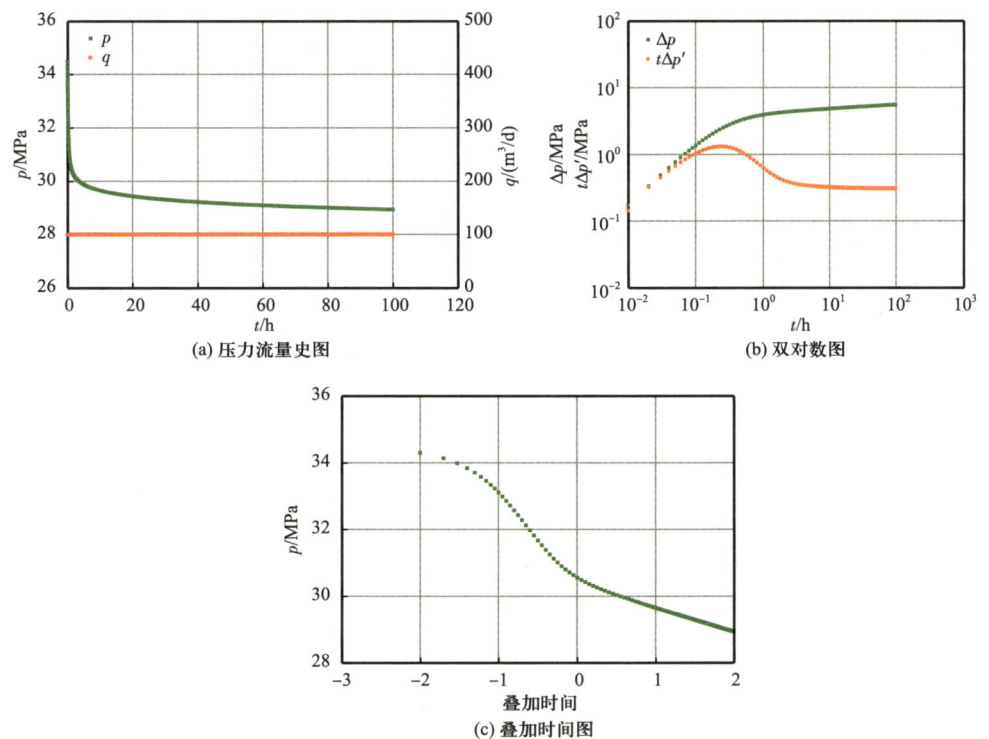

(a) 压力流量史图　　(b) 双对数图

(c) 叠加时间图

图 2-17　压降单产量试井分析相关图

该图是应用叠加原理绘制的。对于径向流叠加时间，如第一章所述，有

$$f(t_{sp}) = \sum_{j=1}^{n} \left(\frac{q_j - q_{j-1}}{q_n}\right) \lg(t_n - t_{j-1}) \tag{2-51}$$

对于本例压降试井情形，只有一个生产段，有

$$\Delta p = \frac{2.1206 q_1 B \mu}{Kh} \left[\lg t + \lg\left(\frac{K}{\phi \mu c_t r_w^2}\right) - 2.0923 + 0.8686 S \right] \tag{2-52}$$

图中叠加时间函数简化为 $\lg t$，见表 2-7。

表 2-7 单产量压降试井叠加时间数据表

双对数图			叠加时间图		叠加时间是什么？
时间/h	压力/MPa	导数/MPa	时间	压力/MPa	第一列时间的对数
0.0100	0.1738	0.1443	-2.0000	34.3000	-2.0000
0.0200	0.3365	0.3253	-1.6990	34.1373	-1.6990
0.0300	0.4899	0.4517	-1.5229	33.9839	-1.5229
0.0400	0.6348	0.5634	-1.3979	33.8390	-1.3979
0.0500	0.7720	0.6693	-1.3010	33.7017	-1.3010
0.0600	0.9022	0.7613	-1.2218	33.5716	-1.2218
0.0700	1.0257	0.8432	-1.1549	33.4481	-1.1549
0.0800	1.1431	0.9159	-1.0969	33.3306	-1.0969
0.0900	1.2548	0.9803	-1.0458	33.2190	-1.0458
0.1010	1.3713	1.0421	-0.9958	33.1025	-0.9958
0.1133	1.4948	1.1016	-0.9458	32.9790	-0.9458
0.1271	1.6250	1.1573	-0.8958	32.8488	-0.8958
0.1426	1.7613	1.2075	-0.8458	32.7125	-0.8458
1.0098	3.9186	0.6252	0.0042	30.5552	0.0042
……					
10.0107	4.8223	0.3228	1.0005	29.6515	1.0005
93.5107	5.5215	0.3081	1.9709	28.9522	1.9709
……					
98.5107	5.5376	0.3080	1.9935	28.9362	1.9935

二、压降多产量情形

假设单井有 3 个生产段，分别以 100m³/d、200m³/d、300m³/d 各生产 100h，压力流量史图、双对数图、叠加时间图如图 2-18、表 2-8 所示，本例叠加时间为

$$f(t_{sp}) = \sum_{j=1}^{n} \left(\frac{q_j - q_{j-1}}{q_n}\right) \lg(t_n - t_{j-1}) \tag{2-53}$$

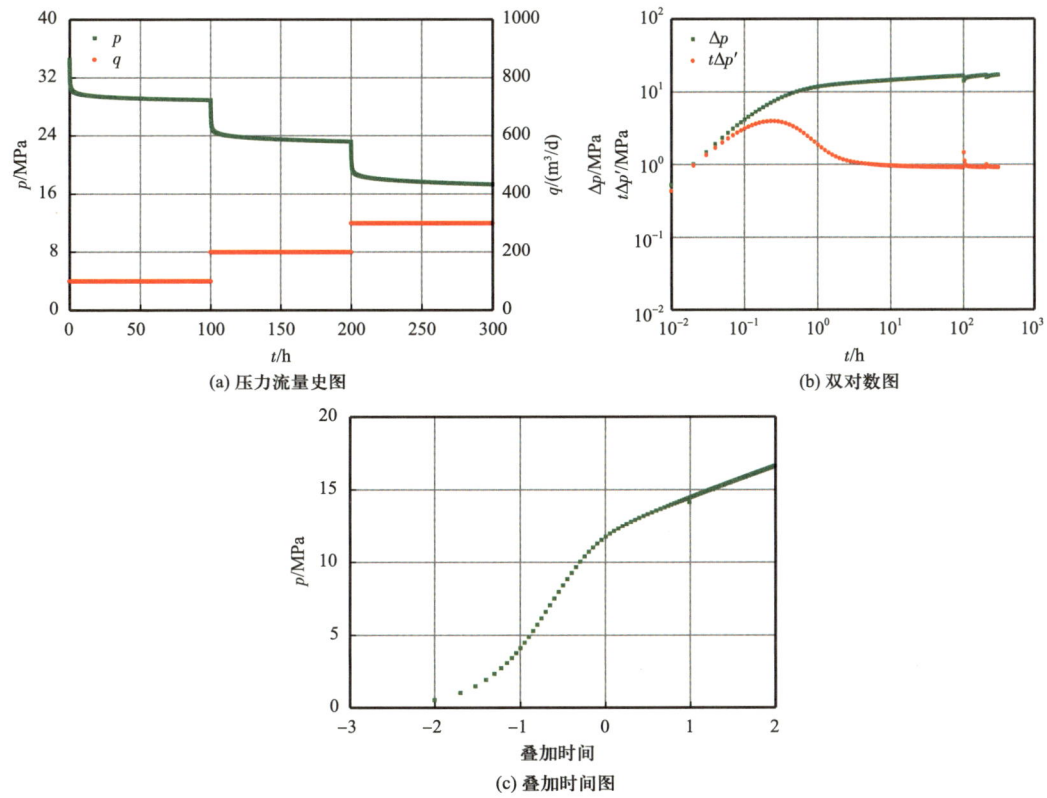

图 2-18 3 产量压降试井分析相关图

表 2-8 3 产量压降试井叠加时间数据表

双对数图			叠加时间图		叠加时间是什么？
时间/h	压力/MPa	导数/MPa	时间	压力/MPa	
0.01	0.5213	0.4330	-2.0000	0.5213	-2.0000
0.02	1.0096	0.9759	-1.6990	1.0096	-1.6990
0.03	1.4696	1.3563	-1.5229	1.4696	-1.5229
0.04	1.9044	1.6992	-1.3979	1.9044	-1.3979
0.05	2.3161	2.0080	-1.3010	2.3161	-1.3010
0.06	2.7065	2.2839	-1.2218	2.7065	-1.2218	$n=1$
0.07	3.0772	2.5296	-1.1549	3.0772	-1.1549	$f(t_{sp}) = \lg t$
0.08	3.4294	2.7478	-1.0969	3.4294	-1.0969
0.09	3.7645	2.9409	-1.0458	3.7645	-1.0458
……					
100	16.6267	0.9215	2.0000	16.6267	2.0000

续表

双对数图			叠加时间图			叠加时间是什么?
时间/h	压力/MPa	导数/MPa	时间	压力/MPa		
103	14.9484	1.0509	1.2450	14.9484	1.2450	$n=2$ $$\sum_{j=1}^{2}\left(\frac{q_j-q_{j-1}}{q_2}\right)\lg(t-t_{j-1})$$ $$=\frac{1}{q_2}[q_1\lg t+(q_2-q_1)\lg(t-t_1)]$$ $$=\frac{1}{200}[100\lg t+100\lg(t-100)]$$
106.46	15.3612	0.9963	1.4188	15.3612	1.4188	
109.49	15.5636	0.9686	1.5082	15.5636	1.5082	
113.92	15.7656	0.9521	1.6002	15.7656	1.6002	
120.44	15.9733	0.9410	1.6956	15.9733	1.6956	
130	16.1887	0.9335	1.7955	16.1887	1.7955	
140	16.3572	0.9296	1.8741	16.3572	1.8741	
150	16.4928	0.9273	1.9375	16.4928	1.9375	
160	16.6072	0.9259	1.9911	16.6072	1.9911	
170	16.7065	0.9249	2.0378	16.7065	2.0378	
180	16.7947	0.9241	2.0792	16.7947	2.0792	
190	16.8740	0.9190	2.1165	16.8740	2.1165	
195	16.9110	0.9206	2.1339	16.9110	2.1339	
200	16.9464	0.9197	2.1505	16.9464	2.1505	
206.46	16.0059	0.9760	1.7175	16.0059	1.7175	$n=3$ $$\sum_{j=1}^{3}\left(\frac{q_j-q_{j-1}}{q_2}\right)\lg(t-t_{j-1})$$ $$=\frac{1}{q_3}[q_1\lg t+(q_2-q_1)\lg(t-t_1)+(q_3-q_2)\lg(t-t_2)]$$ $$=\frac{1}{300}[100\lg t+100\lg(t-100)+100\lg(t-200)]$$
213.92	16.2864	0.9517	1.8436	16.2864	1.8436	
220.44	16.4341	0.9396	1.9115	16.4341	1.9115	
230	16.5908	0.9324	1.9843	16.5908	1.9843	
240	16.7161	0.9286	2.0428	16.7161	2.0428	
250	16.8191	0.9266	2.0910	16.8191	2.0910	
260	16.9073	0.9253	2.1324	16.9073	2.1324	
270	16.9852	0.9243	2.1690	16.9852	2.1690	
280	17.0551	0.9236	2.2018	17.0551	2.2018	
290	17.1188	0.9230	2.2318	17.1188	2.2318	
300	17.1774	0.9225	2.2594	17.1774	2.2594	

三、单一产量压降压力恢复情形

假设单井以恒定的产量生产100h后，关井压力恢复100h。压力流量史图、双对数图、叠加时间图如图2-19所示，本例叠加时间为2流量叠加，有

$$f(t_{sp}) = \sum_{j=1}^{n}\left(\frac{q_j-q_{j-1}}{q_n}\right)\lg(t+\Delta t-t_{j-1}) - \lg\Delta t$$

$$= \sum_{j=1}^{1}\left(\frac{q_j-q_{j-1}}{q_n}\right)\lg(t+\Delta t-t_{j-1}) - \lg\Delta t = -\lg\left(\frac{t+\Delta t}{\Delta t}\right)$$

(2-54)

计算结果见表 2-9。

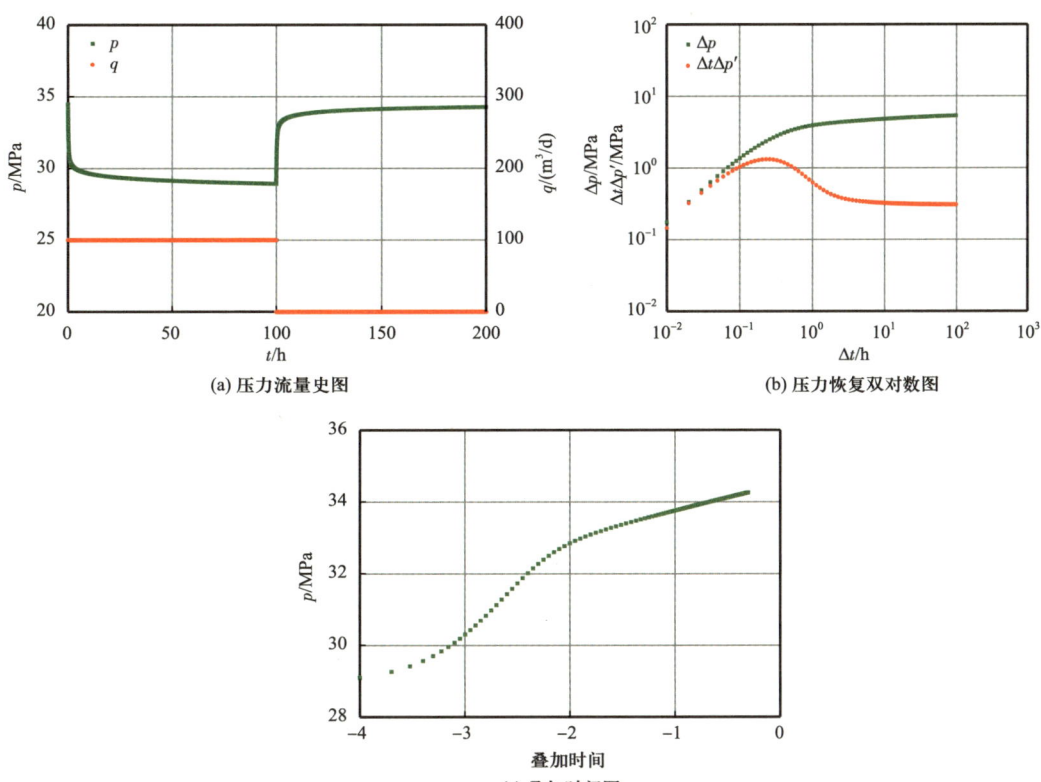

图 2-19　单一产量压降压力恢复试井分析图

表 2-9　单一产量压降压力恢复叠加时间数据表

双对数图			叠加时间图		叠加时间是什么？	
时间/h	压力/MPa	导数/MPa	时间	压力/MPa		
0.01	0.1737	0.1443	-4.0000	29.1053	-4.0000	
0.02	0.3365	0.3253	-3.6991	29.2680	-3.6991	
0.03	0.4898	0.4517	-3.5230	29.4214	-3.5230	
0.04	0.6347	0.5635	-3.3981	29.5633	-3.3981	
0.05	0.7719	0.6695	-3.3012	29.7034	-3.3012	
0.06	0.9020	0.7616	-3.2221	29.8336	-3.2221	$f(t_{sp})$
0.07	1.0255	0.8436	-3.1552	29.9571	-3.1552	
0.08	1.1429	0.9164	-3.0973	30.0745	-3.0973	
0.09	1.2545	0.9809	-3.0461	30.1861	-3.0461	
0.1010	1.3710	1.0429	-2.9962	30.3025	-2.9962	
……						
0.9000	3.8406	0.6891	-2.0496	32.7721	-2.0496	

续表

双对数图			叠加时间图		叠加时间是什么?	
时间/h	压力/MPa	导数/MPa	时间	压力/MPa		
……						
78.5107	5.2894	0.3094	-0.3567	34.2210	-0.3567	
80.5107	5.2938	0.3093	-0.3506	34.2253	-0.3506	
82.5107	5.2979	0.3093	-0.3448	34.2295	-0.3448	
84.5107	5.3020	0.3092	-0.3391	34.2336	-0.3391	
86.5107	5.3059	0.3092	-0.3336	34.2375	-0.3336	$f(t_{sp})$
88.5107	5.3096	0.3091	-0.3283	34.2412	-0.3283	
91.0107	5.3142	0.3090	-0.3220	34.2458	-0.3220	
93.5107	5.3185	0.3090	-0.3158	34.2501	-0.3158	
96.0107	5.3227	0.3089	-0.3100	34.2543	-0.3100	
98.5107	5.3268	0.3089	-0.3043	34.2583	-0.3043	

四、多产量压降压力恢复情形

假设单井以 100m³/d、200m³/d、300m³/d 各生产 100h,随后关井压力恢复 300h。压力流量史图、压力恢复双对数图、叠加时间图如图 2-20 所示,本例叠加时间函数为

$$f(t_{sp}) = \sum_{j=1}^{n} \left(\frac{q_j - q_{j-1}}{q_n} \right) \lg(t - t_{j-1} + \Delta) - \lg \Delta t \quad (2-55)$$

计算结果见表 2-10。

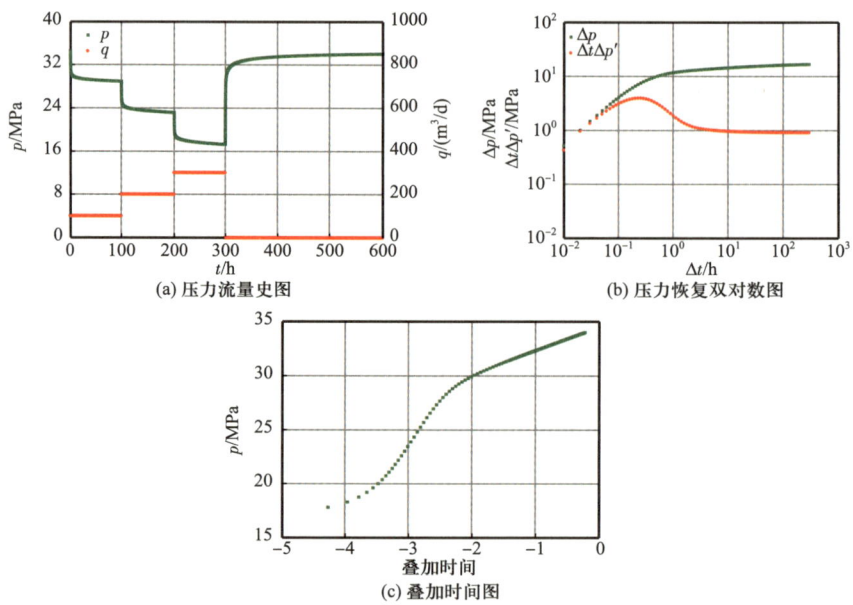

图 2-20 3 产量压降压力恢复试井分析图

表2-10 3产量压降压力恢复叠加时间数据表

双对数图			叠加时间图		叠加时间是什么？	
时间/h	压力/MPa	导数/MPa	时间	压力/MPa		
0.01	0.5213	0.4330	-4.2594	17.8176	-4.2594	
0.02	1.0096	0.9759	-3.9584	18.3058	-3.9584	
0.03	1.4696	1.3563	-3.7823	18.7659	-3.7823	
0.04	1.9044	1.6992	-3.6574	19.2006	-3.6574	
0.05	2.3161	2.0080	-3.5605	19.6122	-3.5605	
0.06	2.7065	2.2839	-3.4814	20.0026	-3.4814	
0.07	3.0772	2.5296	-3.4145	20.3732	-3.4145	
0.08	3.4294	2.7478	-3.3563	20.7254	-3.3563	
0.09	3.7645	2.9409	-3.3054	21.0604	-3.3054	
……						
0.4020	9.2636	3.5489	-2.6563	26.5577	-2.6563	$f(t_{sp})$
0.4511	9.6621	3.3618	-2.6063	26.9560	-2.6063	
0.5061	10.0377	3.1527	-2.5563	27.3312	-2.5563	
0.5679	10.3881	2.9296	-2.5066	27.6813	-2.5066	
0.6372	10.7122	2.7009	-2.4568	28.0050	-2.4568	
0.7149	11.0100	2.4748	-2.4070	28.3024	-2.4070	
0.8021	11.2821	2.2583	-2.3573	28.5740	-2.3573	
0.9000	11.5300	2.0572	-2.3075	28.8213	-2.3075	
1.0098	11.7558	1.8755	-2.2578	29.0465	-2.2578	
……						
300.0000	17.1774	0.9225	-0.2159	34.0163	-0.2159	

本节采用叠加原理，揭开了软件中单对数分析的"黑匣子"，对于线性流或其他流动形态情形，叠加时间函数不同，详见第一章叠加原理部分。在目前应用试井解释软件基本普及的情况下，几乎不再有人会用手工方法，借助上述公式进行参数计算，但本书的初衷就是让读者了解软件的"黑匣子"内容，这对正确进行试井解释十分有益！虽然单对数直线段分析方法已有70多年的历史，但如何划分单对数图直线段，却一直是困扰人们的课题；直到1983年压力导数图出现之后，才比较圆满地解决了这一问题。

第五节　注入井试井分析方法

一、只含液体、流度比为1情形

注入井试井目的与生产井试井目的相似，主要用于确定渗透率、表皮系数、平均压力等参数。只要注入流体与地层中流体流度比接近1，注入井不稳定试井及分析原理就很简单。注入井注入和油井生产情形类似,只不过注入量为 $-q$,此时可用压降试井分析方法;注入井关井压力下降过程,与压力恢复情形类似,可用压力恢复试井分析方法。

(一)注入能力试井分析

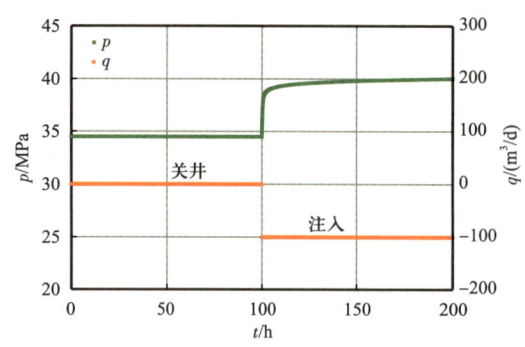

图 2-21 理想情况下注入能力试井示意图

注入能力试井是向井注入期间进行的一种不稳定试井,如图 2-21 所示。首先关井直至压力稳定,然后开始以恒定流量注入,同时记录井底流压。

对于流度比等于 1 情形,注入能力试井等同于生产井压降试井,因此本章第一节所介绍的方法都适用,仅需要将产量变为 $-q$。直线段选取过程中要注意井筒储存效应的影响。Sabet(1991)指出,注入流体的密度决定了注入流体在储层的空间分布,因此,注入能力试井分析采用的产能有效厚度与压降试井的产层有效厚度不同。

Earlougher(1977)指出,若续流效应影响比较大,需要确定续流影响时间,续流段结束时间表示为

$$\left(\frac{t_D}{C_D}\right)_{eWBS} = 60 + 3.5S$$
$$\Rightarrow \frac{3.6 \times 10^{-3} \times 2\pi Kh}{\mu C}t = 60 + 3.5S \Rightarrow t = \frac{(2652.6 + 154.7S)\mu C}{Kh} \quad (2-56)$$

式中所用单位为 SI 单位制。主要确定了单对数直线段就可计算地层渗透率和表皮系数。多级流量注入等情形与生产井情形类似。

某油藏注水开发已有几年,所有井都关闭了几个星期,压力达到稳定后进行注入能力测试,如图 2-22 所示。储层有效厚度为 4.9m,总压缩系数为 0.00097MPa^{-1},黏度为 1.0mPa·s,孔隙度为 0.15,体积系数为 1.0,水密度为 1000kg/m^3,注入量为 15.9m^3/d,原始地层压力为 1.34MPa,井筒半径为 0.076m(Earlougher,1977)。图 2-22 表明,注入 2h 之后,续流影响就结束了。在图 2-22(a)上取 1 点计算井筒储存系数,有

$$C = \frac{qB}{24\Delta p} = \frac{15.9 \times 1.0}{24 \times 2.81} = 0.24 \text{ m}^3/\text{MPa}$$

根据图 2-22(b)确定直线的斜率为 0.55MPa/周期;延长线上 1h 对应的压力为 5.31MPa。计算渗透率:

$$K = \frac{2.1206qB\mu}{mh} = \frac{2.1206 \times 15.9 \times 1.0 \times 1.0}{0.55 \times 4.9} = 12.5 \text{ mD}$$

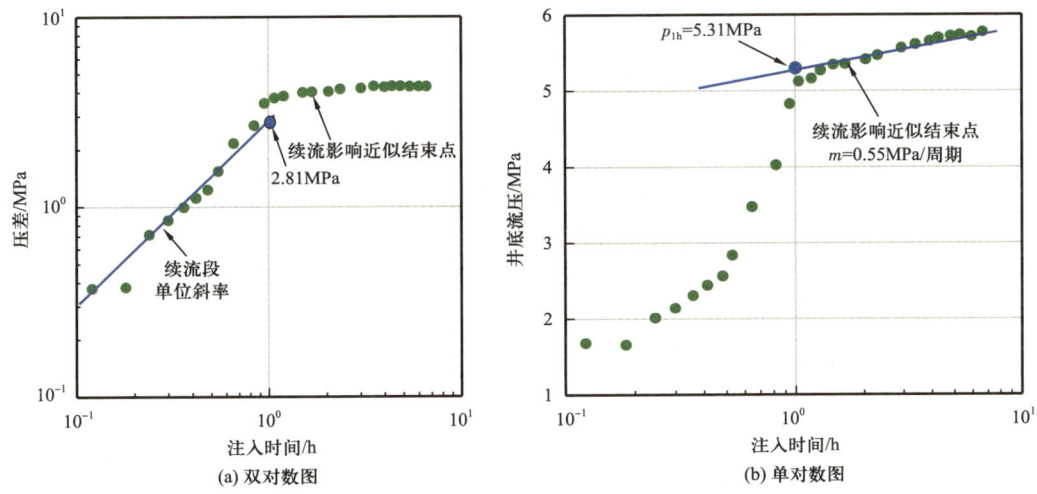

图 2-22 注入能力测试分析曲线

（二）压力降落试井分析

压力降落试井通常在较长的注入井注入能力测试后进行，注入井的压力降落试井类似于常规的压力恢复试井。井以恒定的产量 $-q$ 注入直到 t_p 时间关井，记录关井前和关井期间的压力数据，如图 2-23 所示。可用本章第二节方法进行分析，Earlougher (1977) 指出 MDH 方法更实用，但

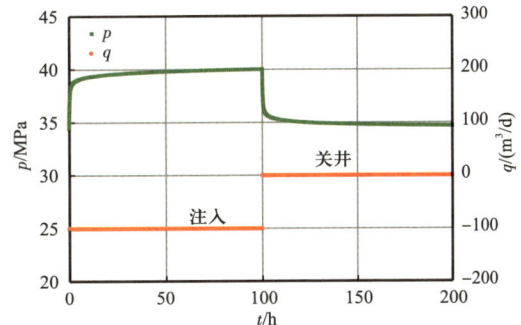

图 2-23 理想情况下压力降落试井示意图

开井时间必须大于两倍的关井时间。对于有界情形，可用 MBH 方法计算平均压力。

二、只含液体、流度比不为 1 情形

若注入的流体与地层中流体流度比不一致，此时储层类似一个复合模型，分为注入区、纯油区和未影响区，如图 2-24 所示（Odeh，1969；Bixel，1967）。只有当油藏充满液体或压力降落试井最大关井时间对应的探测半径小于纯油带半径时，才可应用这个模型。在单对数直线段上可能出现 2 个直线段（Merrill，1974），第二直线段斜率由复合模型的内外区性质决定，感兴趣的读者详见《试井分析方法》第七章——注入井试井（Eurlougher，1977）。Yeh（1989）提出用压力导数和 Agarwal 等效时间进行分析的方法。

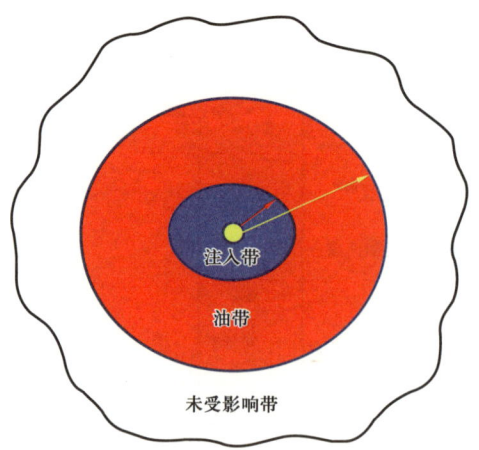

图 2-24　注入井周围流体分布示意图

第六节　双重孔隙介质单对数分析方法

一、分析方法

Warren-Root（1963）提出用压降单对数图识别双重孔隙系统，如图 2-25 所示。该曲线具有两条平行的直线段，分别代表储层中两个独立的孔隙系统。第一直线段所描述的是与井筒连通的裂缝系统的反映；基质传导率很低，响应远远滞后，两种孔隙系统的综合作用产生了第二条直线段。两条直线段之间有一个过渡期，在过渡期压力趋于稳定。

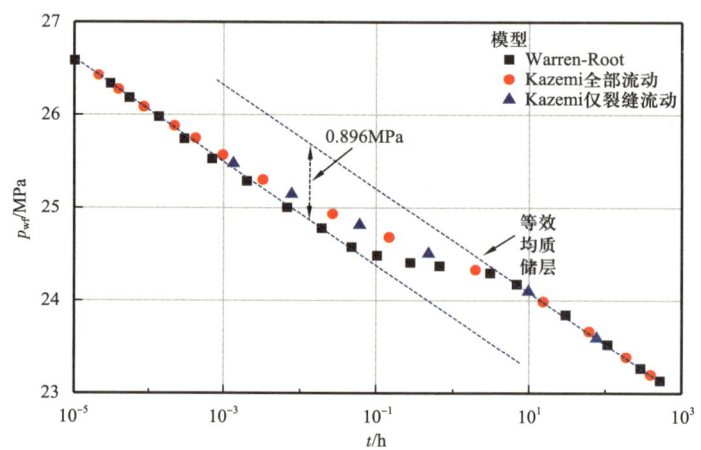

图 2-25　Warren-Root 压降单对数图（Kazemi，1969）

第一直线段反映了裂缝系统的径向流动，因此其斜率可用于确定裂缝系统的地层系数。但是，由于裂缝储容比很小，裂缝中的流体会迅速减少，同时裂缝中的压力会迅速下降。裂缝中压力下降将导致更多的流体从基质流入裂缝，这造成裂缝中压力下降速度降低（图2-25过渡期所示）。当基质压力接近裂缝压力时，两个系统压力达到平衡，并产生第二直线段。第一直线段可能被井筒储存效应所掩盖，并且可能无法识别，往往只能获得表征整个系统的地层系数。

图2-26为天然裂缝储层的压力恢复单对数图。如果出现两条直线段，则可以根据任一直线的斜率 m 以及本章第二节方法来估算系统总的地层系数，有

$$K_f h = \frac{2.1206 q B \mu}{m} \quad (2-57)$$

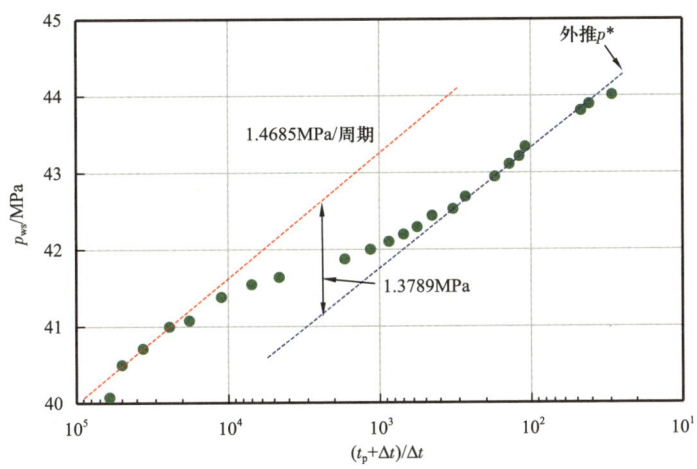

图2-26　裂缝性储层压力恢复单对数曲线（Warren，1963）

表皮系数 S 和假压力 p^* 由第二直线段来计算。可以根据两条直线之间的垂直位移（在图2-25和图2-26中标识为 Δp）计算储容比 ω，有

$$\omega = 10^{(-\Delta p/m)} \quad (2-58)$$

Bourdet 和 Gringarten（1980）指出，在图2-25或图2-26过渡曲线的中间绘制一条水平线与两条直线段相交，读取两条直线中任意一条交点的对应时间（例如，第一条直线交点 t_1 或第二条直线交点 t_2），可计算窜流系数 λ。对于压降情形，有

$$\begin{aligned} \lambda &= \left(\frac{\omega}{1-\omega}\right) \left[\frac{(\phi h C_t)_m \mu r_w^2}{7.4115 K_f t_1}\right] \\ \lambda &= \left(\frac{1}{1-\omega}\right) \left[\frac{(\phi h C_t)_m \mu r_w^2}{7.4115 K_f t_2}\right] \end{aligned} \quad (2-59)$$

对于压力恢复情形，有

$$\lambda = \left(\frac{\omega}{1-\omega}\right)\left[\frac{(\phi h C_t)_m \mu r_w^2}{7.4115 K_f t_p}\right]\left(\frac{t_p + \Delta t}{\Delta t}\right)_1$$

$$\lambda = \left(\frac{1}{1-\omega}\right)\left[\frac{(\phi h C_t)_m \mu r_w^2}{7.4115 K_f t_p}\right]\left(\frac{t_p + \Delta t}{\Delta t}\right)_2 \quad (2-60)$$

式（2-59）和式（2-60）表明，窜流系数 λ 依赖于储容比 ω。根据储容比的定义，有

$$\omega = \frac{1}{1 + \left[\frac{(\phi h)_m (C_t)_m}{(\phi h)_f (C_t)_f}\right]} \quad (2-61)$$

因此，储容比 ω 也取决于流体的 PVT 性质。裂缝中油相很可能低于泡点压力，而基质中的油相高于泡点压力。当 $\lambda > 10^{-3}$ 时，非均质性程度不足以表现出明显的双重孔隙介质特征，可以用单一孔隙模型近似储层。

二、分析实例

某双重孔隙介质油藏压力恢复数据如下所示（Sabet，1991），原始地层压力为 46.81MPa，关井井底流动压力为 43.79MPa，关井前产量为 406m³/d，原油体积系数为 2.3，原油黏度为 1.0mPa·s，关井前生产时间为 8611h，井筒半径为 0.114m，总压缩系数为 1.18×10^{-3} MPa⁻¹，基质孔隙度为 0.21，基质渗透率为 0.098mD，有效厚度为 5.18m。试计算储能比 ω 和窜流系数 λ。

Δt/h	p_{ws}/MPa	Δt/h	p_{ws}/MPa	Δt/h	p_{ws}/MPa
0.0028	45.62	0.267	45.93	8.533	46.17
0.0167	45.73	0.533	45.96	17.067	46.22
0.0333	45.81	1.067	45.98	34.133	46.28
0.0667	45.85	2.133	46.04		
0.133	45.88	4.267	46.09		

首先绘制 p_{ws}—$(t_p + \Delta t)/\Delta t$ 单对数曲线，如图 2-27 所示，直线段斜率 m 为 0.2206MPa/对数周期。

系统总的地层系数为

$$K_f h = \frac{2.1206 qB\mu}{m} = \frac{2.1206 \times 406 \times 2.3 \times 1.0}{0.2206} = 8974.6 \text{ mD·m}$$

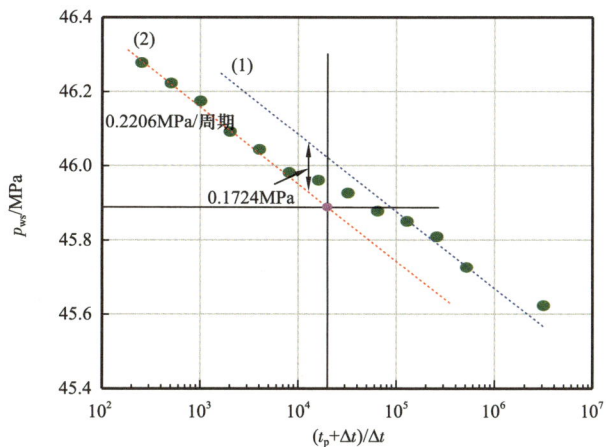

图 2-27　压力恢复曲线单对数图（Sabet，1991）

$$K_f = \frac{8974.6}{5.18} = 1732 \text{ mD}$$

两直线段之间的距离 Δp 为 0.1724MPa，根据式（2-58），有

$$\omega = 10^{(-\Delta p/m)} = 10^{(-0.1724/0.2206)} = 0.1655$$

在过渡曲线的中间绘制一条水平线以与两条直线段相交，读取与第二直线段的交点

$$\left(\frac{t_p + \Delta t}{\Delta t}\right)_2 = 20000$$

根据式（2-60）计算窜流系数 λ，有

$$\lambda = \left(\frac{1}{1-\omega}\right)\left[\frac{(\phi h C_t)_m \mu r_w^2}{7.4115 K_f t_p}\right]\left(\frac{t_p + \Delta t}{\Delta t}\right)_2$$

$$= \left(\frac{1}{1-0.165}\right)\left(\frac{0.21 \times 5.18 \times 1.18 \times 10^{-3} \times 1.0 \times 0.114^2}{7.4115 \times 1732 \times 8611}\right) \times 20000 = 3.65 \times 10^{-9}$$

Gringarten（1984）指出，单对数曲线的两条直线段是否出现取决于测试井条件和测试时间，单对数图不是识别双重孔隙系统响应的有效或充分工具。在单对数图中，如图 2-25 所示，双重孔隙系统压力响应会产生 S 形曲线，第一直线段表示由于高渗介质（例如，裂缝）中的压力响应；随后是过渡期，对应于介质间的流动；第二直线段代表介质间补给达到平衡时系统的综合响应。对于储层伤害严重的井，很难看到 S 形的压力响应，经常误判为均质储层。此外，在不规则边界的有限系统中也会发现类似的 S 形的压力响应。

第七节 本章小结

一、压力恢复曲线定性分析

在实际分析过程中，可能遇到各式各样的单对数曲线，如：续流和表皮效应情形、边界情形、径向复合模型等，如图 2-28 所示。单对数图中径向流直线段对应双对数图中径向流水平线，如附录 3 所示。

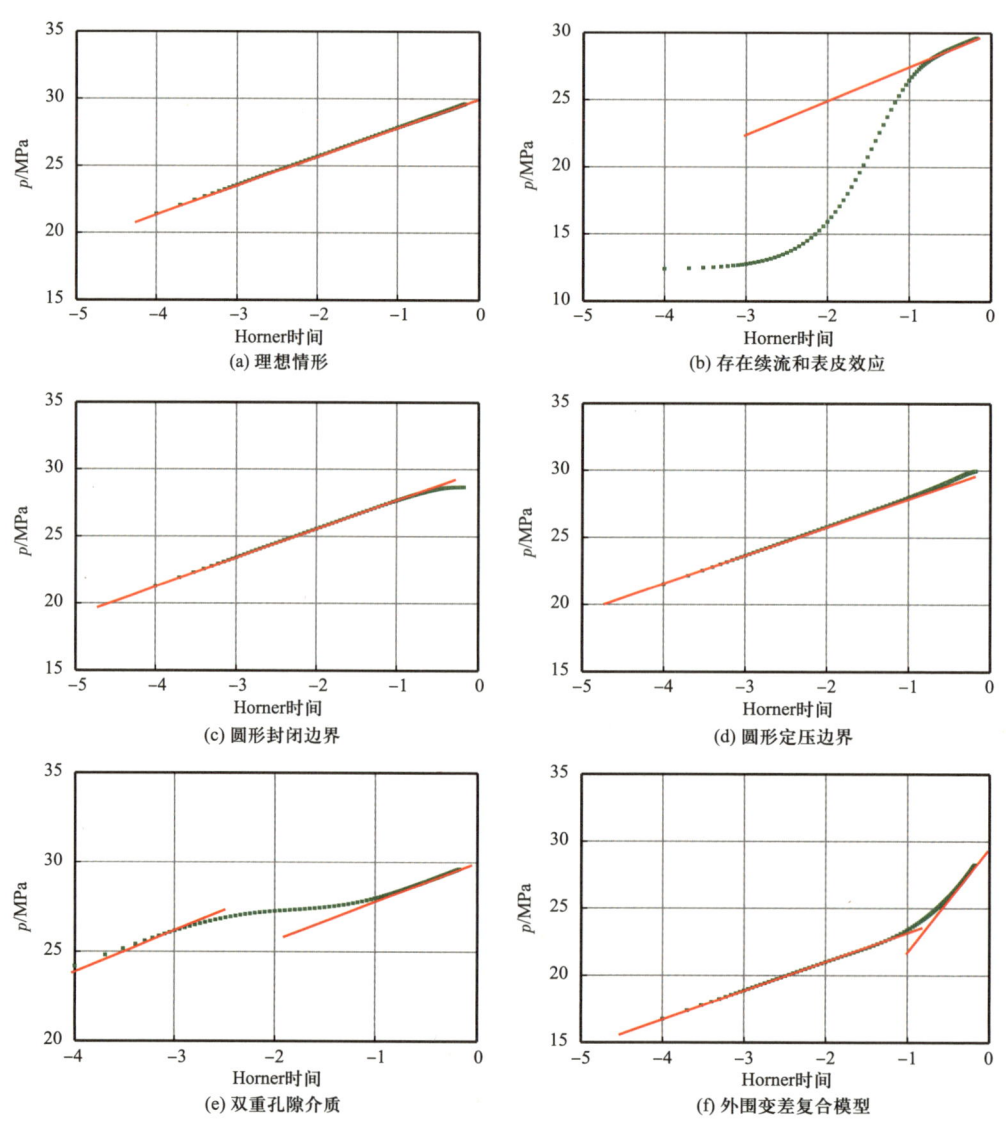

图 2-28 不同情形下 Horner 曲线示意图

二、液相单对数关系汇总

本章介绍的压降和压力恢复单对数曲线分析的常用公式见表 2–11。

表 2–11 单对数分析汇总表

试井类型			公式
压降试井分析	无限大边界情形	定产生产情形	$\Delta p = \dfrac{2.1206qB\mu}{Kh}\left[\lg t + \lg\left(\dfrac{K}{\phi\mu C_t r_w^2}\right) - 2.0923 + 0.8686S\right]$
		产量平稳变化	$\dfrac{\Delta p(t)}{q(t)} = \dfrac{2.1206B\mu}{Kh}\left[\lg t + \lg\left(\dfrac{K}{\phi\mu C_t r_w^2}\right) - 2.0923 + 0.8686S\right]$
		变产量情形	$\dfrac{(\Delta p)_{q_n}}{q_n} = \dfrac{2.1206B\mu}{Kh}\left[\sum_{j=1}^{n}\left(\dfrac{q_j - q_{j-1}}{q_n}\right)f(t_n - t_{j-1}) + \lg\left(\dfrac{K}{\phi\mu C_t r_w^2}\right) - 2.0923 + 0.8686S\right]$
	探边测试	定产生产情形	$p_i - p = \dfrac{qBt}{24(Ah\phi)C_t} + \dfrac{0.9210q\mu B}{Kh}\ln\left(\dfrac{4A}{e^\gamma C_A r_w^2}\right)$
		变产量情形	$\dfrac{p_i - p}{q} = \dfrac{B\bar{t}}{24(Ah\phi)C_t} + \dfrac{0.9210\mu B}{Kh}\ln\left(\dfrac{4A}{e^\gamma C_A r_w^2}\right)$
压力恢复试井分析	无限大边界情形		Horner 方法: $p_{ws}(\Delta t) = p_i - \dfrac{2.1206qB\mu}{Kh}\lg\left(\dfrac{t_p + \Delta t}{\Delta t}\right)$ MDH 方法: $p_{ws}(\Delta t) = p_{wf}(t_p) + \dfrac{2.1206qB\mu}{Kh}\left[\lg\Delta t + \lg\left(\dfrac{K}{\phi\mu C_t r_w^2}\right) - 2.0923 + 0.8686S\right]$

三、气井单对数关系汇总

本章讲述内容均以油藏为例,上述方法对于气藏也同样适用。对于气井试井分析而言,必须考虑两个因素:一是气体物性是压力的函数;二是与产量或非达西流相关的表皮系数。当压降较小时,可用液相的扩散方程来描述气相的扩散方程,其解为压力形式;当压降较大时,可引入压力平方、拟压力、规整化拟压力并将扩散方程线性化,其解为压力平方形式、拟压力形式和规整化拟压力形式,均质无限大储层气井压降公式见表 2–12,其余详见附录 2。根据表 2–12 可以得到均质无限大储层气井压力恢复公式,见表 2–13,表中产量单位为 m^3/d。

表 2-12 均质无限大储层气井压降公式汇总表

公式形式	公式
压力	$\Delta p = \dfrac{0.9210}{(T_{sc}/p_{sc})}\left(\dfrac{\overline{\mu Z}}{\overline{p}}\right)\left(\dfrac{T}{Kh}\right)\left[\ln t + \ln\left(\dfrac{K}{\phi\overline{\mu}\,\overline{C}_t r_w^2}\right) - 4.8178 + 2S\right]q_g$ $\Delta p = \dfrac{2.1206}{(T_{sc}/p_{sc})}\left(\dfrac{\overline{\mu Z}}{\overline{p}}\right)\left(\dfrac{T}{Kh}\right)\left[\lg t + \lg\left(\dfrac{K}{\phi\overline{\mu}\,\overline{C}_t r_w^2}\right) - 2.0923 + 0.8686S\right]q_g$
压力平方	$\Delta p^2 = \dfrac{1.842(\overline{\mu Z})}{(T_{sc}/p_{sc})}\left(\dfrac{T}{Kh}\right)\left[\ln t + \ln\left(\dfrac{K}{\phi\overline{\mu}\,\overline{C}_t r_w^2}\right) - 4.8178 + 2S\right]q_g$ $\Delta p^2 = \dfrac{4.2412(\overline{\mu Z})}{(T_{sc}/p_{sc})}\left(\dfrac{T}{Kh}\right)\left[\lg t + \lg\left(\dfrac{K}{\phi\overline{\mu}\,\overline{C}_t r_w^2}\right) - 2.0923 + 0.8686S\right]q_g$
拟压力	$\Delta m = \dfrac{1.842}{(T_{sc}/p_{sc})}\left(\dfrac{T}{Kh}\right)\left[\ln t + \ln\left(\dfrac{K}{\phi\mu_i C_{ti} r_w^2}\right) - 4.8178 + 2S\right]q_g$ $\Delta m = \dfrac{4.2412}{(T_{sc}/p_{sc})}\left(\dfrac{T}{Kh}\right)\left[\lg t + \lg\left(\dfrac{K}{\phi\mu_i C_{ti} r_w^2}\right) - 2.0923 + 0.8686S\right]q_g$
规整化拟压力	$\Delta p_p = \dfrac{0.9210}{(T_{sc}/p_{sc})}\left(\dfrac{\mu Z}{p}\right)_i\left(\dfrac{T}{Kh}\right)\left[\ln t + \ln\left(\dfrac{K}{\phi\mu_i C_{ti} r_w^2}\right) - 4.8178 + 2S\right]q_g$ $\Delta p_p = \dfrac{2.1206}{(T_{sc}/p_{sc})}\left(\dfrac{\mu Z}{p}\right)_i\left(\dfrac{T}{Kh}\right)\left[\lg t + \lg\left(\dfrac{K}{\phi\mu_i C_{ti} r_w^2}\right) - 2.0923 + 0.8686S\right]q_g$

表 2-13 均质无限大储层气井压力恢复公式汇总表

公式形式	公式
压力	$\Delta p = \dfrac{0.9210 q_g}{(T_{sc}/p_{sc})}\left(\dfrac{\overline{\mu Z}}{\overline{p}}\right)\left(\dfrac{T}{Kh}\right)\ln\left(\dfrac{t_p + \Delta t}{\Delta t}\right)$ $\Delta p = \dfrac{2.1206 q_g}{(T_{sc}/p_{sc})}\left(\dfrac{\overline{\mu Z}}{\overline{p}}\right)\left(\dfrac{T}{Kh}\right)\lg\left(\dfrac{t_p + \Delta t}{\Delta t}\right)$
压力平方	$\Delta p^2 = \dfrac{1.842 q_g}{(T_{sc}/p_{sc})}(\overline{\mu Z})\left(\dfrac{T}{Kh}\right)\ln\left(\dfrac{t_p + \Delta t}{\Delta t}\right)$ $\Delta p^2 = \dfrac{4.2412 q_g}{(T_{sc}/p_{sc})}(\overline{\mu Z})\left(\dfrac{T}{Kh}\right)\lg\left(\dfrac{t_p + \Delta t}{\Delta t}\right)$
拟压力	$\Delta m = \dfrac{1.842 q_g}{(T_{sc}/p_{sc})}\left(\dfrac{T}{Kh}\right)\ln\left(\dfrac{t_p + \Delta t}{\Delta t}\right)$ $\Delta m = \dfrac{4.2412 q_g}{(T_{sc}/p_{sc})}\left(\dfrac{T}{Kh}\right)\lg\left(\dfrac{t_p + \Delta t}{\Delta t}\right)$
规整化拟压力	$\Delta p_p = \dfrac{0.9210 q_g}{(T_{sc}/p_{sc})}\left(\dfrac{\mu Z}{p}\right)_i\left(\dfrac{T}{Kh}\right)\ln\left(\dfrac{t_p + \Delta t}{\Delta t}\right)$ $\Delta p_p = \dfrac{2.1206 q_g}{(T_{sc}/p_{sc})}\left(\dfrac{\mu Z}{p}\right)_i\left(\dfrac{T}{Kh}\right)\lg\left(\dfrac{t_p + \Delta t}{\Delta t}\right)$

在边界控制流阶段，气藏探边测试非常重要，即著名的弹性二相法，可用来计算动态储量的大小，压力、压力平方、拟压力、规整化拟压力形式的气藏探边测试公式见表 2-14，分别绘制不同压力形式与时间的线性关系图，根据直线段斜率可以计算储量的大小，表中产量单位为 m^3/d。

表 2-14 均质储层气井探边测试公式汇总表

公式形式	公式
压力	$\Delta p = \dfrac{1.44 \times 10^{-5} q_g T}{h\phi A \left(\dfrac{\overline{p}\overline{C_t}}{\overline{Z}}\right)} t + \dfrac{3.184 \times 10^{-4} q_g T}{\left(\dfrac{\overline{p}}{\overline{\mu}\overline{Z}}\right) Kh} \ln\left(\dfrac{4A}{\mathrm{e}^\gamma C_A r_w^2}\right)$
压力平方	$\Delta p^2 = \dfrac{2.88 \times 10^{-5} q_g T \overline{Z}}{Ah\phi \overline{C_t}} t + \dfrac{6.367 \times 10^{-4} q_g (\overline{\mu Z}) T}{Kh} \ln\left(\dfrac{4A}{\mathrm{e}^\gamma C_A r_w^2}\right)$
拟压力	$\Delta m = \dfrac{2.88 \times 10^{-5} q_g T}{Ah\phi (\mu_i C_{ti})} t + \dfrac{6.367 \times 10^{-4} q_g T}{Kh} \ln\left(\dfrac{4A}{\mathrm{e}^\gamma C_A r_w^2}\right)$
规整化拟压力	$\Delta p_p = \dfrac{q_g B_{gi}}{24 Ah\phi C_{ti}} t + \dfrac{0.9210 q_g \mu_{gi} B_{gi}}{Kh} \ln\left(\dfrac{4A}{\mathrm{e}^\gamma C_A r_w^2}\right)$

四、其他线性关系

本章主要介绍了径向流情形的单对数分析方法，对于线性流（p—$t^{0.5}$）、双线性流（p—$t^{0.25}$）、球形流（p—$t^{-0.5}$）等情形，也可绘制流动形态特定直线直角坐标图分析，详见附录2。单对数分析方法简单方便，但是直线段难选（早期、晚期分别受井筒储存效应和边界影响），无法检验！径向流段可能缺失，此时无法用单对数方法进行分析。双对数分析是对单对数分析的显著改进。压力导数曲线分析具有以下优点：导数图放大了在单对数图上几乎看不到的非均质性信息；流动形态在导数图中具有明显的特征形状；导数图能够在单个图形中显示许多特征；导数方法提高了分析图的分辨力，从而改善了解释的质量，详见本书第三章。

本章主要讨论的是恒定产量生产情形分析压力数据的方法（PTA），对于恒定井底流压情形分析产量数据的方法（RTA），详见 RTA 相关文献。

第三章 手工双对数分析方法

双对数分析方法可分为典型曲线拟合方法和流动形态识别分析方法（TDS 方法）。本章基于 TDS 分析方法，简单介绍均质无限大储层中一口直井、均质无限大储层中一口无限导流垂直裂缝井、均质无限大储层中一口有限导流垂直裂缝井、均质无限大储层中一口部分射开井、均质无限大储层中一口水平井、双重孔隙介质无限大储层中一口直井、径向复合无限大模型中心一口直井等 7 种情形的双对数典型曲线特征、手工分析方法、分析流程和分析实例。

第一节 均质无限大储层中一口直井

如何根据双对数曲线手工解释均质无限大储层中一口直井压力恢复数据的井筒储存系数、地层系数和表皮系数呢？方法非常简单，准备好尺子和笔就可以了！

一、典型曲线特征

Gringarten – Bourdet 图版描述了无限大储层中，定产量生产且具有恒定井筒储存系数和表皮系数井的压力响应特征，如图 3 – 1 所示。一条录取完整的压力恢复曲线，包含续流段、过渡段和径向流段。早期续流段压力和压力导数是斜率为 1.0 的直线，晚期径向流段是一条水平线，其导数数值为 0.5（无量纲图）。

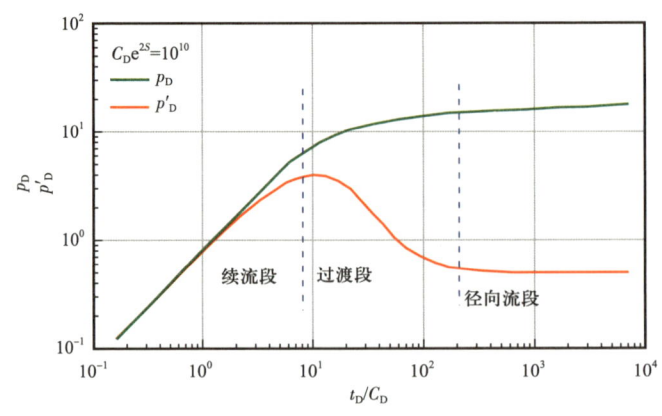

图 3 – 1 均质无限大储层中一口直井的双对数曲线

二、手工分析方法

(一) 井筒储存系数

井筒储存效应的大小由井筒储存系数 C 表示，它定义为单位井底压力增加所对应的井筒中流体容积的增加，即

$$C = \frac{\Delta V}{\Delta p} = \frac{qB}{24\Delta p}\Delta t \qquad (3-1)$$

式中　C——井筒储存系数，m^3/MPa；

　　　ΔV——流体体积，m^3；

　　　Δp——压差，MPa；

　　　q——产量，m^3/d；

　　　B——体积系数；

　　　Δt——关井时间，h。

式 (3-1) 两边取对数，有

$$\lg C = \lg \frac{qB}{24\Delta p}\Delta t \qquad (3-2)$$

若 $\Delta t = 1h$，则

$$C = \frac{qB}{24\Delta p} \qquad (3-3)$$

在双对数曲线上，绘制单位斜率线，读取 1h 对应的压力，便可根据式 (3-3) 计算井筒储存系数。

假设一口直井位于均质无限大油藏，原油体积系数为 1.50，黏度为 $0.5mPa \cdot s$，总压缩系数为 $0.002MPa^{-1}$，表皮系数为 0，原始压力为 30MPa，地层系数为 $1000mD \cdot m$，以 $100m^3/d$ 的产量生产 1000h，随后关井 1000h，改变井筒储存系数 C（分别为 $1m^3/MPa$，$5m^3/MPa$，$10m^3/MPa$）进行试井设计，双对数曲线如图 3-2 所示。图 3-2 表明：井筒储存系数越大，单位斜率线越向右偏移。三种情形下 1h 对应的压力值分别为 5.285MPa、1.166MPa、0.589MPa。

根据式 (3-3) 计算井筒储存系数，有

$$C_1 = \frac{qB}{24\Delta p} = \frac{100 \times 1.5}{24 \times 5.285} = 1.18 \ m^3/MPa$$

$$C_5 = \frac{qB}{24\Delta p} = \frac{100 \times 1.5}{24 \times 1.166} = 5.36 \ m^3/MPa$$

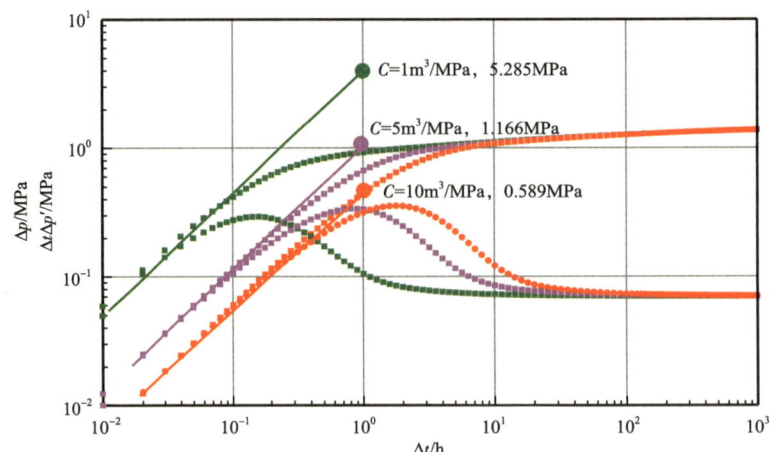

图 3-2 均质无限大油藏井筒储存系数变化对曲线形态的影响

$$C_{10} = \frac{qB}{24\Delta p} = \frac{100 \times 1.5}{24 \times 0.589} = 10.61 \text{ m}^3/\text{MPa}$$

手工计算结果与实际值误差在 10% 以内。

对于气体情形，也可以用类似式（3-3）的形式进行表示，但此时的压力是规整化拟压力形式（压力量纲）；若用常规拟压力进行表示，相差一个系数 $0.5 \left(\frac{\mu Z}{p}\right)_i$。将式（3-3）变形，有

$$C = \frac{10^4 q_{sc} B_{gi}}{24\Delta p_p} = \frac{10^4 q_{sc} \left(\frac{ZT}{p}\right)_i}{24 \left(\frac{ZT}{p}\right)_{sc} \times \frac{1}{2} \times \left(\frac{\mu Z}{p}\right)_i \Delta m} = \frac{10^4 q_{sc} T}{12 \times \left(\frac{293.15}{0.101325}\right)\mu \Delta m} = \frac{0.288 q_{sc} T}{\mu_i \Delta m}$$

（3-4）

式中 C——井筒储存系数，m^3/MPa；

q_{sc}——产量，$10^4 m^3/d$；

T——气藏温度，K；

μ_i——气体黏度，$mPa \cdot s$；

Δm——拟压力，$MPa^2/(mPa \cdot s)$。

（二）地层系数

如第一章所述，在径向流阶段，压力与时间的关系为

$$p_D = 0.5(\ln t_D + 0.80907 + 2S) \tag{3-5}$$

压力导数为

$$t_D \frac{dp_D}{dt_D} = 0.5 \quad (3-6)$$

两者关系如图3-3所示。图3-3表明：时间一定的情况下，表皮系数越大，两条曲线之间的开口越大。

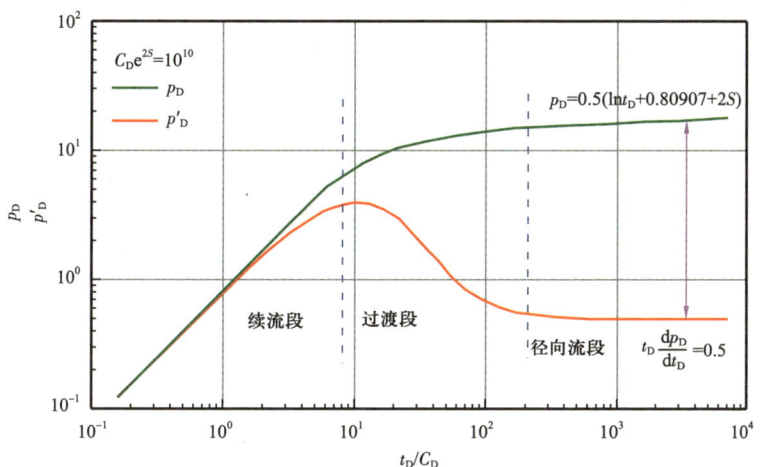

图3-3 均质无限大储层中一口直井在径向流阶段表皮系数与压力和压力导数曲线间开口示意图

对于油井情形，无量纲压力定义为

$$p_D = \frac{Kh\Delta p}{1.842qB\mu} \quad (3-7)$$

式中 K——渗透率，mD；

h——有效厚度，m；

Δp——压差，MPa；

q——产量，m³/d；

B——体积系数；

μ——黏度，mPa·s。

将式（3-7）带入式（3-6），有（Tiab，1993）

$$K = \frac{0.9210qB\mu}{h(\Delta t \Delta p')} \quad (3-8)$$

式（3-8）表明，只要双对数图上出现径向流水平线，在实测曲线双对数图上读取导数值，便可计算地层渗透率。

对于气井情形，无量纲压力定义为

$$m_D = \frac{0.0785Kh\Delta m}{q_{sc}T} \quad (3-9)$$

式中　　K——渗透率，mD；

　　　　h——有效厚度，m；

　　　　Δm——拟压力差，MPa^2/(mPa·s)；

　　　　q_{sc}——产量，10^4m^3/d；

　　　　T——温度，K。

将式（3-9）代入式（3-6），有

$$K = \frac{6.37 q_{sc} T}{h(\Delta t \Delta m')} \qquad (3-10)$$

假设均质无限大油藏一口直井，原油体积系数为1.50，黏度为0.5mPa·s，总压缩系数为0.002MPa^{-1}，表皮系数为1，原始压力为30MPa，有效厚度为10m，以100m^3/d的产量生产1000h，随后关井1000h，改变K（10mD，50mD，100mD）进行试井设计，双对数曲线如图3-4所示。从图中可以看出，地层系数越大，导数值越小。读取导数水平线对应的导数值，分别为0.07MPa、0.14MPa、0.7MPa。

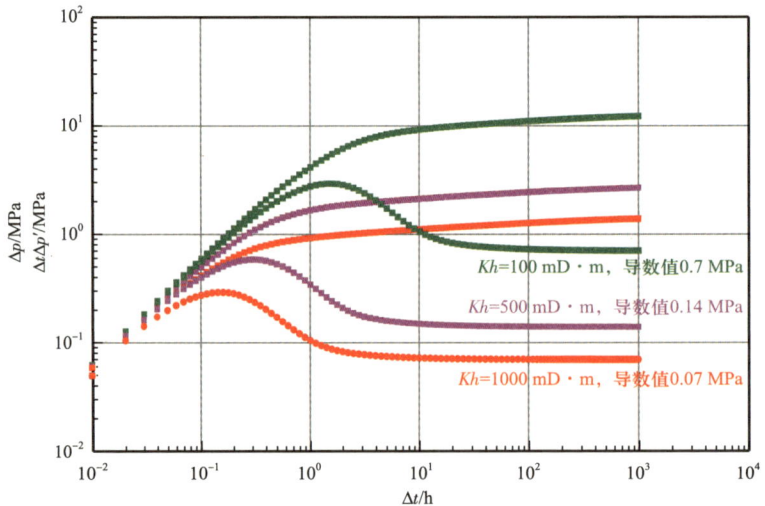

图3-4　均质无限大储层地层系数变化对曲线形态的影响情形

根据式（3-8）计算渗透率，有

$$K_{10} = \frac{0.9210 q B \mu}{h(\Delta t \Delta p')} = \frac{0.9210 \times 100 \times 1.5 \times 0.5}{10 \times 0.7} = 9.87 \text{ mD}$$

$$K_{50} = \frac{0.9210 q B \mu}{h(\Delta t \Delta p')} = \frac{0.9210 \times 100 \times 1.5 \times 0.5}{10 \times 0.14} = 49.34 \text{ mD}$$

$$K_{100} = \frac{0.9210 q B \mu}{h(\Delta t \Delta p')} = \frac{0.9210 \times 100 \times 1.5 \times 0.5}{10 \times 0.07} = 98.68 \text{ mD}$$

对于气井情形，可用式（3-10）进行计算。

（三）表皮系数

如图 3-3 所示，双对数图中压力与导数曲线开口越大，表皮系数越大；压力和压力导数之间的距离为

$$0.5(\ln t_D - 0.19093 + 2S) \qquad (3-11)$$

定义无量纲时间，有

$$t_D = \frac{3.6 \times 10^{-3} K}{\phi \mu C_t r_w^2} \Delta t \qquad (3-12)$$

式中 K——渗透率，mD；

r_w——井筒半径，m；

Δt——关井时间，h；

ϕ——孔隙度；

C_t——总压缩系数，MPa^{-1}；

μ——黏度，mPa·s。

若用式（3-5）除以式（3-6），有

$$\frac{p_D}{\left(t_D \dfrac{dp_D}{dt_D}\right)} = \ln t_D + 0.80907 + 2S \qquad (3-13)$$

将式（3-7）、式（3-12）代入式（3-13），有

$$S = 0.5\left[\frac{\Delta p}{(\Delta t \Delta p')} - \ln\left(\frac{3.6 \times 10^{-3} K}{\phi \mu C_t r_w^2} \Delta t\right) - 0.80907\right] \qquad (3-14)$$

对于气井情形，将式（3-9）、式（3-12）代入式（3-13），有

$$S = 0.5\left[\frac{\Delta m}{(\Delta t \Delta m')} - \ln\left(\frac{3.6 \times 10^{-3} K}{\phi \mu C_t r_w^2} \Delta t\right) - 0.80907\right] \qquad (3-15)$$

三、分析过程

（一）油井分析过程

首先根据续流段数据，在续流段特征曲线上读取 1h 时刻对应的压力 Δp，用式（3-3）计算井筒储存系数，有

$$C = \frac{qB}{24\Delta p}$$

根据径向流数据，读取径向流对应的导数值（$\Delta t \Delta p'$），由式（3-8）计算地层系

数，有

$$K = \frac{0.9210qB\mu}{h(\Delta t \Delta p')}$$

用式（3-14）计算表皮系数，有

$$S = 0.5\left[\frac{\Delta p}{(\Delta t \Delta p')} - \ln\left(\frac{3.6 \times 10^{-3}K}{\phi\mu C_t r_w^2}\Delta t\right) - 0.80907\right]$$

这就是均质无限大油藏中一口直井情形手工计算井筒储存系数 C、渗透率 K 和表皮系数 S 的过程，如图 3-5 所示。

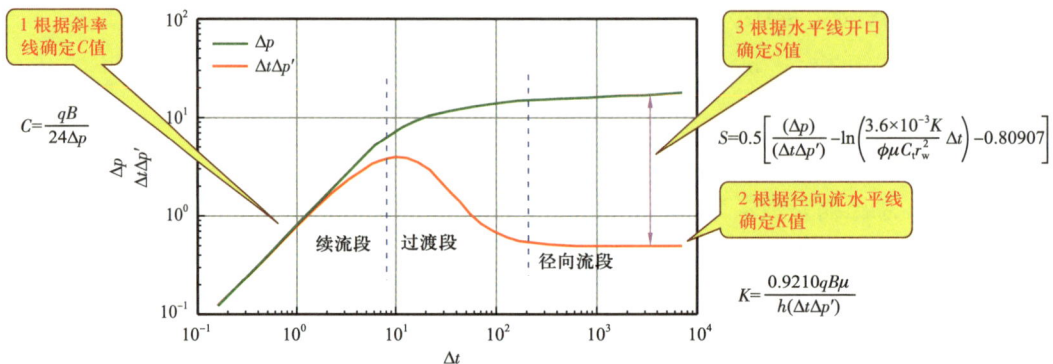

图 3-5 均质无限大油藏中一口直井的手工分析过程图

（二）气井分析过程

首先根据续流段数据，在续流段特征曲线上读取 1h 时刻对应的压力 Δm，用式（3-4）计算井筒储存系数，有

$$C = \frac{0.288q_{sc}T}{\mu_i \Delta m}$$

根据径向流数据，读取径向流对应的导数值（$\Delta t \Delta m'$），由式（3-10）计算地层系数，有

$$K = \frac{6.37q_{sc}T}{h(\Delta t \Delta m')}$$

用式（3-15）计算表皮系数，有

$$S = 0.5\left[\frac{\Delta m}{(\Delta t \Delta m')} - \ln\left(\frac{3.6 \times 10^{-3}K}{\phi\mu C_t r_w^2}\Delta t\right) - 0.80907\right]$$

这就是均质无限大气藏中一口直井情形手工计算井筒储存系数 C、渗透率 K 和表皮系数 S 的过程，如图 3-6 所示。

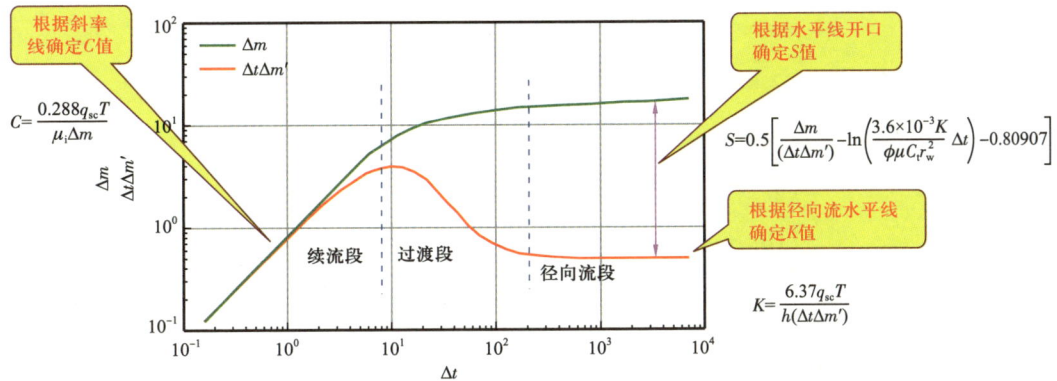

图3-6 均质无限大气藏中一口直井的手工分析过程图

四、分析实例

(一)油井分析实例

某油井进行了压力恢复试井,油藏孔隙度为0.2,油层厚度为27m,原油黏度为0.9mPa·s,原油体积系数为1.639,总压缩系数为0.00463MPa^{-1}。该井以产量11.8m^3/d生产了5000h,油井半径0.07m(李晓平,2012)。该井按典型曲线拟合分析方法进行了解释,地层渗透率为0.53mD,表皮系数为4.252,原始地层压力为65.224MPa,如图3-7所示。

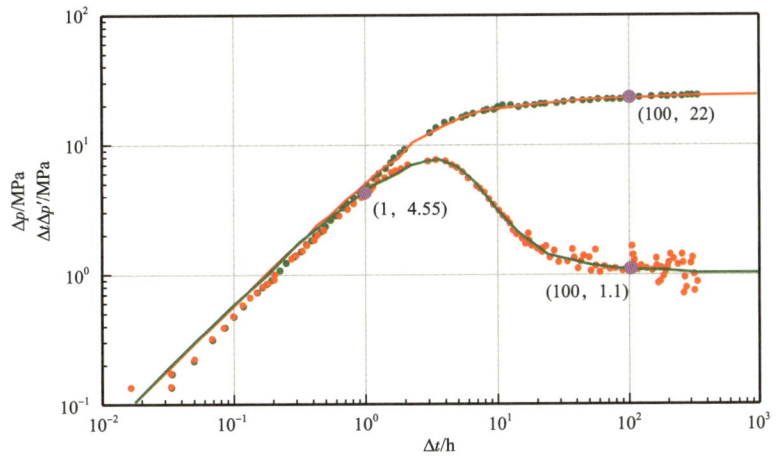

图3-7 某均质油藏中一口油井的双对数图(李晓平,2012)

下面用手工分析方法进行解释。首先读取时间1h处的压力为4.55MPa,时间为100h时对应的压力和压力导数分别为22MPa、1.1MPa。

根据式（3-3）计算井筒储存系数，有

$$C = \frac{qB}{24\Delta p} = \frac{11.8 \times 1.639}{24 \times 4.55} = 0.177 \text{ m}^3/\text{MPa}$$

参考文献未提供该参数解释结果，无法进行对比分析。

根据式（3-8）计算渗透率，有

$$K = \frac{0.9210qB\mu}{h(\Delta t\Delta p')} = \frac{0.9210 \times 11.8 \times 1.639 \times 0.9}{27 \times 1.1} = 0.54 \text{ mD}$$

参考文献结果为0.53mD，两者相差为1.7%。

根据式（3-14）计算表皮系数，有

$$S = 0.5\left[\frac{\Delta p}{(\Delta t\Delta p')} - \ln\left(\frac{3.6 \times 10^{-3}K}{\phi\mu C_t r_w^2}\Delta t\right) - 0.80907\right]$$

$$= 0.5 \times \left[\frac{22.0}{1.1} - \ln\left(\frac{3.6 \times 10^{-3} \times 0.54 \times 100}{0.2 \times 0.9 \times 0.00463 \times 0.07^2}\right) - 0.80907\right] = 4.21$$

参考文献结果为4.252，两者相差为1.0%。

（二）气井分析实例

某气井进行了压降试井，孔隙度为0.085，厚度为45.72m，黏度为0.0355mPa·s，体积系数为0.003116，总压缩系数为0.006236MPa^{-1}。该井以产量5.6634×10^{4}m^3/d生产了5000h，井筒半径为0.1m，地层温度为398.15K。双对数拟合分析如图3-8所示，井筒储存系数结果为0.22m^3/MPa，渗透率解释结果为0.148mD，表皮系数解释结果为5.53。

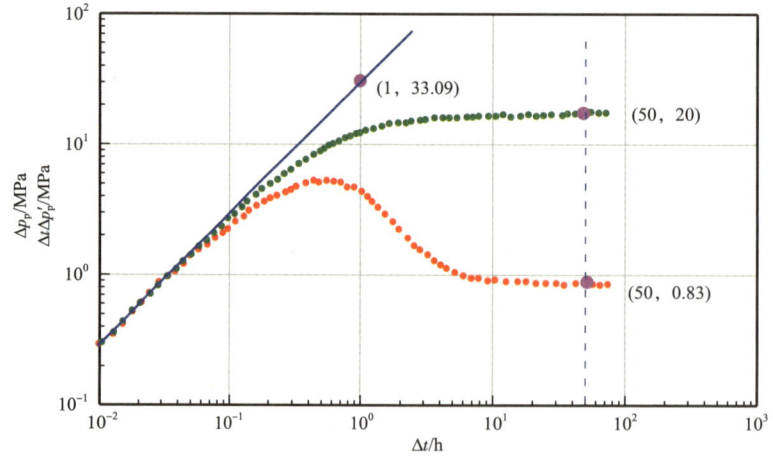

图3-8 某均质气藏中一口气井的压降双对数图（Spivey, 2013）

该井用了规整化压力进行了分析，该方法的优点是拟压力具有压力的量纲，液相分析的公式可以直接拿来用。下面用手工分析方法进行解释。首先读取时间 1h 处的压力为 33.09MPa，时间为 50h 时的压力和压力导数分别为 20.00MPa、0.83MPa。

根据式 (3-3) 计算井筒储存系数，有

$$C = \frac{qB}{24\Delta p_p} = \frac{5.6634 \times 10^4 \times 0.0031}{24 \times 33.09} = 0.221 \text{ m}^3/\text{MPa}$$

与参考文献解释结果完全一致。

根据式 (3-8) 计算渗透率，有

$$K = \frac{0.9210 qB\mu}{h(\Delta t \Delta p'_p)} = \frac{0.9210 \times 5.6634 \times 10^4 \times 0.0031 \times 0.0355}{45.72 \times 0.83} = 0.151 \text{ mD}$$

参考文献结果为 0.148mD，两者相差 2.0%。

根据式 (3-14) 计算表皮系数，有

$$S = 0.5 \left[\frac{\Delta p_p}{(\Delta t \Delta p'_p)} - \ln\left(\frac{3.6 \times 10^{-3} K}{\phi \mu C_t r_w^2} \Delta t\right) - 0.80907 \right]$$

$$= 0.5 \times \left[\frac{20.0}{0.83} - \ln\left(\frac{3.6 \times 10^{-3} \times 0.151 \times 50}{0.085 \times 0.0355 \times 0.00311 \times 0.1^2}\right) - 0.80907 \right] = 5.36$$

参考文献结果为 5.53，两者相差 3.0%。

下面举一个使用常规拟压力分析的气井实例。某气井进行了压力恢复试井，孔隙度为 0.185，厚度为 42m，黏度为 0.021mPa·s，体积系数为 0.005246，总压缩系数为 0.0371MPa^{-1}。该井以产量 11.46×10^4m^3/d 生产了 5137.66h，井筒半径为 0.108m，地层温度为 372K。典型曲线拟合分析方法井筒储存系数为 4.0m^3/MPa，渗透率为 7.0mD，表皮系数为 21.26，如图 3-9 所示。

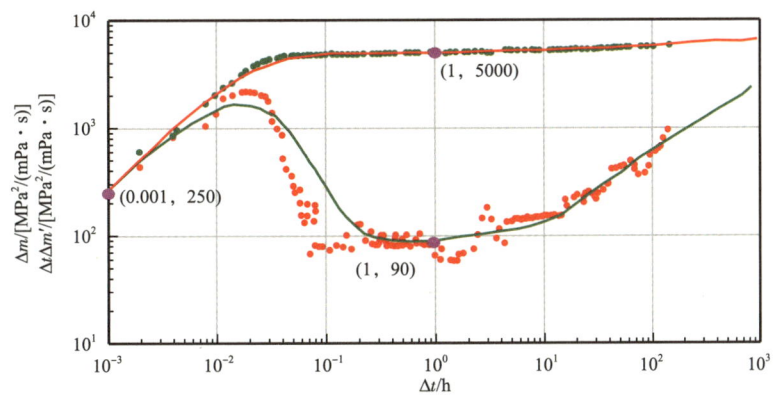

图 3-9 某气井压力恢复双对数图（李晓平，2012）

下面用手工分析方法进行解释。由于单位直线段 1h 处对应的压力没有在图形范围之内，读取时间 0.001h 处的拟压力为 $250MPa^2/(mPa·s)$，时间为 1.0h 时的拟压力和拟压力导数分别为 $5000MPa^2/(mPa·s)$、$90MPa^2/(mPa·s)$。

根据式（3-4）计算井筒储存系数，有

$$C = \frac{0.288 q_{sc} T \Delta t}{\mu_i \Delta m} = \frac{0.288 \times 11.46 \times 372 \times 0.001}{0.021 \times 250} = 0.23 \text{ m}^3/\text{MPa}$$

与参考文献解释结果 $4.0 \text{m}^3/\text{MPa}$ 有较大的差距。

根据式（3-10）计算渗透率，有

$$K = \frac{6.37 q_{sc} T}{h(\Delta t \Delta m')} = \frac{6.37 \times 11.46 \times 372}{42 \times 90} = 7.18 \text{ mD}$$

参考文献结果为 7.0mD，两者相差 2.6%。

根据式（3-15）计算表皮系数，有

$$S = 0.5\left[\frac{\Delta m}{(\Delta t \Delta m')} - \ln\left(\frac{3.6 \times 10^{-3} K}{\phi \mu C_t r_w^2}\Delta t\right) - 0.80907\right]$$

$$= 0.5 \times \left[\frac{5000}{90} - \ln\left(\frac{3.6 \times 10^{-3} \times 7.18 \times 1}{0.185 \times 0.021 \times 0.0371 \times 0.108^2}\right) - 0.80907\right] = 22.55$$

参考文献结果为 21.26，两者相差 6.1%。

五、参数敏感性分析

由上述分析可知，影响参数解释的主要参数是产量 q、体积系数 B、黏度 μ、厚度 h、压缩系数 C_t、井筒半径 r_w。

根据式（3-3）可知 C 与 qB 成正比。

根据式（3-8），可知 K 与 $qB\mu$ 成正比，K 与 h 成反比。

根据式（3-14），可知参数团 $0.5\ln(\phi \mu C_t r_w^2)$ 影响小，如孔隙度增大 10%，仅影响 $0.5\ln 1.1 = 0.05$；半径翻倍，$0.5\ln 4 = 0.69$。

根据探测半径，有

$$r^2 = 0.144 \frac{Kt}{\phi \mu C_t} \tag{3-16}$$

$\phi \mu C_t$ 参数团与面积成反比，如孔隙度增大 10%，面积降低 9.1%；孔隙度降低 10%，面积增加 11.1%。

有效厚度也是最难估算的参数之一。对于裂缝性储层，有效厚度很难确定，试井解释结果应用地层系数表述。

六、双对数曲线特征定性评价

Gringarten 图版（1979）描述了无限大储层中具有井筒储存系数和表皮系数直井的压力响应。Gringarten 发现用 p_{wD}—t_D/C_D 曲线代替 p_{wD}—t_D 曲线可以使任何恒定井筒储存井的早期段都是单位斜率线，并且所有具有相同无量纲组合参数 $C_D e^{2S}$ 值的压力响应都为同一条曲线。无量纲井筒储存系数的范围通常为 100 到 5000。在 Gringarten 图版中，未进行储层改造的井 $C_D e^{2S}$ 在 100 到 5000 之间；进行过储层改造具有负表皮系数的井 $C_D e^{2S}$ 通常小于 10^3；而具有正表皮系数的污染井 $C_D e^{2S}$ 一般大于 10^3。由于 $C_D e^{2S}$ 大于 10^3 的曲线形状很相似，所以用 Gringarten 图版得到测试数据的唯一拟合比较困难。Bourdet 导数图版（1983）的引入彻底改变了试井解释的局面，使得流动阶段的识别清楚明了。Bourdet 导数图版可以很清楚地区分 $C_D e^{2S}$ 值大于 1000 的曲线。

储层无伤害、无改造——0 表皮系数情形如图 3 – 10 所示。压力导数从井筒储存段过渡到径向流段时会达到一个最大值，这个值大概在压力导数水平线以上 1/2 个对数周期；径向流段的压力和压力导数间垂直距离约为 1 到 1.5 个对数周期；在井筒储存阶段后期（单位斜率线终点），压力和压力导数的分离点的位置与径向流段的水平直线段在同一垂直高度上。

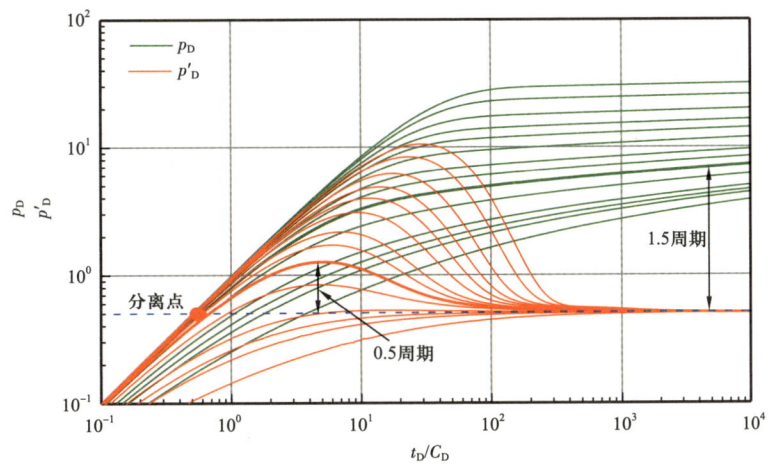

图 3 – 10 储层无伤害、无改造——0 表皮系数情形

表皮系数很大情形如图 3 – 11 所示。压力导数曲线从井筒储存阶段过渡到径向流阶段时会达到一个最大值，这个值在径向流水平段以上一个对数周期甚至更多；压力曲线在径向流段几乎是水平的；在径向流段，压力和压力导数曲线间的垂直距离大于 1.5 个对数周期；在井筒储存阶段后期，压力和压力导数的分离点的位置在径向流水平段的上方。

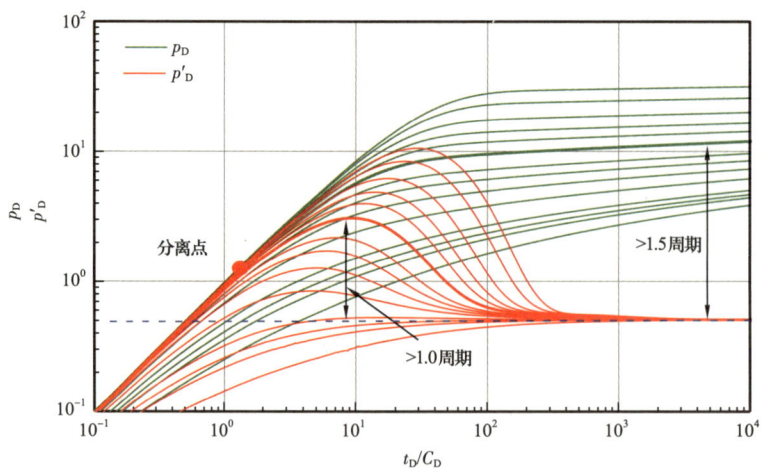

图 3-11　很大正表皮的储层伤害井

表皮系数很小情形如图 3-12 所示。压力导数曲线从下方过渡到径向流的水平直线段，或者到达一个最大值（径向流水平直线段上方，距离小于 1/2 个对数周期）压力曲线在径向流段有明显不同的斜率；在径向流段，压力和压力导数曲线间的垂直距离小于 1 个对数周期；井筒储存阶段后期，压力和压力导数的分离点的位置在径向流水平段的下方。

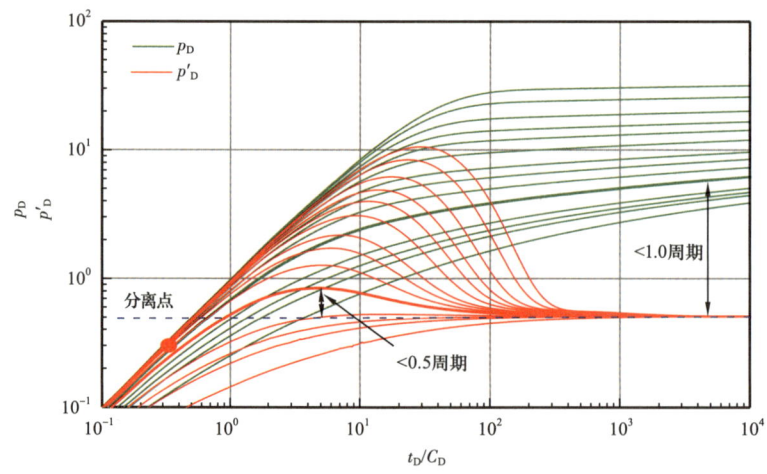

图 3-12　很小负表皮的储层改善井

第二节　均质无限大储层中一口无限导流垂直裂缝井

20 世纪 50 年代以来，石油工业广泛使用水力压裂技术来提高单井的产能。压裂裂缝通常是垂直的，如图 3-13 所示，垂直裂缝用以下参数表征：裂缝半长 x_f，无量纲半

径 r_{eD}，裂缝高度 h_f，裂缝渗透率 K_f，裂缝宽度 w_f，裂缝导流能力 F_C。压裂井试井分析主要是确定储层和单井的参数。但是，压裂井实际上要复杂得多，裂缝相关参数如裂缝半长 x_f，裂缝高度 h_f，裂缝渗透率 K_f 等都是未知量。通常将裂缝分为无限导流裂缝、有效导流裂缝和均匀流量裂缝 3 类（Gringarten，1974；Cinco，1981）。

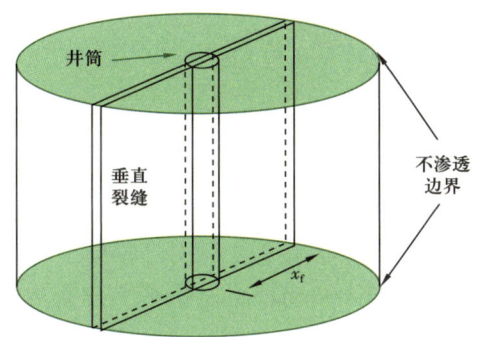

图 3-13　垂直压裂井示意图（Cinco，1976，SPE 6014）

垂直裂缝井一般有 4 个流动形态，裂缝线性流、双线性流、地层线性流和无限作用拟径向流，如图 3-14 所示。这些流动形态，可通过不同形式的压力图表达，或称为流动形态诊断图，用于划分不稳定流动阶段。如，用 Δp—$\sqrt{t}$ 判断线性流；用 Δp—$\sqrt[4]{t}$ 图判断双线性流；用 Δp—$\lg t$ 图判断无限作用拟径向流。

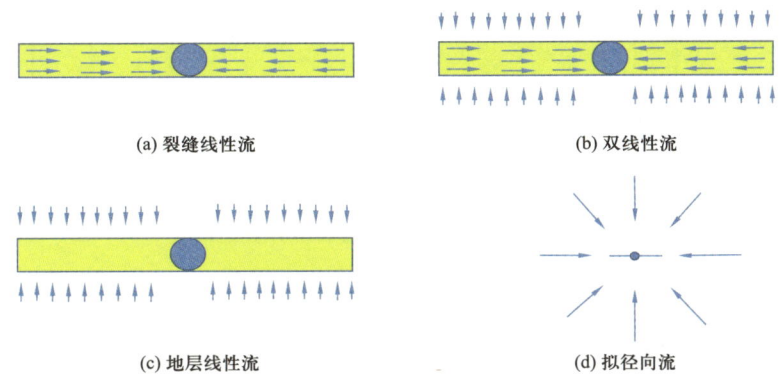

图 3-14　垂直裂缝井流动形态示意图（Cinco，1981）

一、典型曲线特征

无限导流垂直裂缝由常规人工压裂产生，具有很高的导流系数，可认为它是无限大的。在这种情况下，裂缝的作用类似于无限大渗透率的通道，因此从裂缝的尖端到井筒基本上没有压降，即裂缝中没有压力损失。关于高导流能力，经常称之为无限导流能力，一般指 $F_{CD} > 100$，也有的作者界定为 $F_{CD} > 500$。无量纲导流能力 F_{CD} 定义为

$$F_{CD} = \frac{K_f}{K} \frac{w_f}{x_f} = \frac{F_C}{Kx_f} \qquad (3-17)$$

式中　K_f——裂缝渗透率，mD；

　　　K——地层渗透率，mD；

　　　w_f——裂缝缝宽，m；

　　　x_f——裂缝半长，m；

　　　F_C——裂缝导流系数，mD·m。

在均质地层中的压裂井，当压裂裂缝具有很高导流能力时，其典型曲线如图3-15所示。绘图所用参数如下：地层渗透率 $K = 1$mD，厚度 $h = 10$m；压裂裂缝半长 $x_f = 200$m；导流系数 $F_{CD} = 150$，$K_f = 30000$mD·m；裂缝表皮系数 $S_f = 0$。

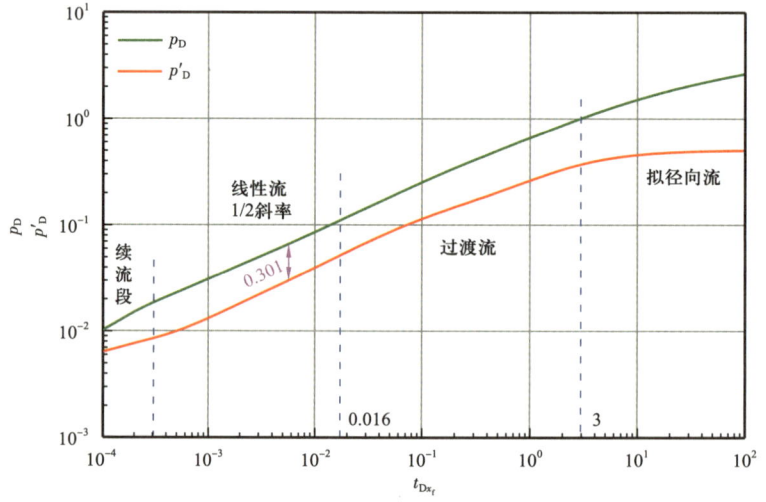

图 3-15　高导流能力垂直裂缝井典型曲线

无限导流垂直裂缝井流动形态可以分成4段：续流段、线性流段、过渡流段和拟径向流段。本节重点关注线性流特征。地层线性流阶段的压力数据是裂缝半长和裂缝导流能力的函数，压力响应可用线性形式表示的扩散方程来描述，有

$$\frac{\partial^2 p}{\partial x^2} = \frac{\phi \mu C_t}{3.6 \times 10^{-3} K} \frac{\partial p}{\partial t} \qquad (3-18)$$

上述线性扩散方程的解可应用于裂缝线性流和地层线性流，解的无量纲形式为

$$p_D = (\pi t_{Dx_f})^{1/2} \qquad (3-19)$$

对于油井情形，无量纲压力和无量纲时间分别定义为

$$p_D = \frac{0.5428Kh}{q\mu B}\Delta p \qquad (3-20)$$

$$t_{Dx_f} = \frac{3.6 \times 10^{-3}K}{\phi \mu C_t x_f^2}\Delta t \qquad (3-21)$$

式（3-19）两边取对数，有

$$\lg p_D(t_{Dx_f}) = 0.5\lg t_{Dx_f} + 0.5\lg \pi \qquad (3-22)$$

式（3-19）求导数，有

$$t_{Dx_f}\frac{\mathrm{d}p_D(t_{Dx_f})}{\mathrm{d}t_{Dx_f}} = 0.5\sqrt{\pi t_{Dx_f}} \qquad (3-23)$$

式（3-23）两边取对数，有

$$\lg\left[t_{Dx_f}\frac{\mathrm{d}p_D(t_{Dx_f})}{\mathrm{d}t_{Dx_f}}\right] = 0.5\lg t_{Dx_f} + \lg 0.5 + 0.5\lg \pi \qquad (3-24)$$

压力和压力导数之间的距离，即式（3-22）和式（3-24）相减，有

$$\Delta H_D = \lg 2 = 0.301 \qquad (3-25)$$

因此，在线性流阶段压力和压力导数曲线的斜率是 1/2，两者之间的距离是 0.301，如图 3-15 所示。

二、手工分析方法

（一）手工计算裂缝半长（油井）

在斜率为 1/2 的压力曲线上任取一点，如图 3-16 所示，将式（3-20）、式（3-21）代入式（3-19），有

$$\frac{0.5428Kh}{q\mu B}\Delta p = \sqrt{\pi \cdot \frac{3.6 \times 10^{-3}K}{\phi \mu C_t x_f^2}\Delta t}$$

$$\Delta p = \frac{qB}{0.5428hx_f}\sqrt{\pi \cdot \frac{3.6 \times 10^{-3}\mu}{\phi C_t K}}\sqrt{\Delta t} = \frac{0.1959qB}{hx_f}\sqrt{\frac{\mu}{\phi C_t K}}\sqrt{\Delta t} \qquad (3-26)$$

$$x_f = \frac{0.1959qB}{h}\sqrt{\frac{\mu}{\phi C_t K}}\frac{\sqrt{\Delta t}}{\Delta p}$$

若渗透率的单位为 D，公式系数为 6.195×10^{-3}。

在斜率为 1/2 的压力导数曲线上任取一点，如图 3-17 所示，将式（3-20）、式（3-21）代入式（3-23），有

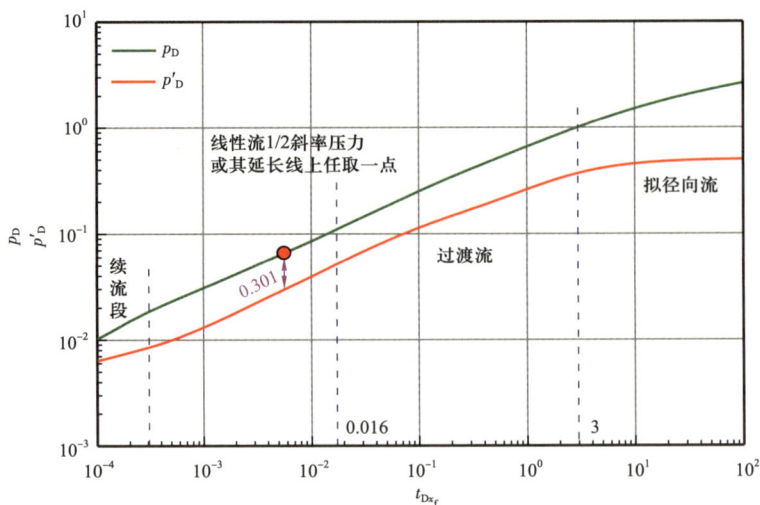

图 3-16 计算裂缝半长之压力数据法

$$\frac{0.5428Kh}{q\mu B}(\Delta t \Delta p') = 0.5\sqrt{\pi \cdot \frac{3.6 \times 10^{-3} K}{\phi \mu C_t x_f^2} \Delta t}$$

$$\Delta t \Delta p' = \frac{0.5qB}{0.5428hx_f}\sqrt{\pi \cdot \frac{3.6 \times 10^{-3}\mu}{\phi C_t K}}\sqrt{\Delta t} = \frac{0.098qB}{hx_f}\sqrt{\frac{\mu}{\phi C_t K}}\sqrt{\Delta t} \quad (3-27)$$

$$x_f = \frac{0.098qB}{h}\sqrt{\frac{\mu}{\phi C_t K}}\frac{\sqrt{\Delta t}}{(\Delta t \Delta p')}$$

若渗透率的单位为 D，公式系数为 3.099×10^{-3}。

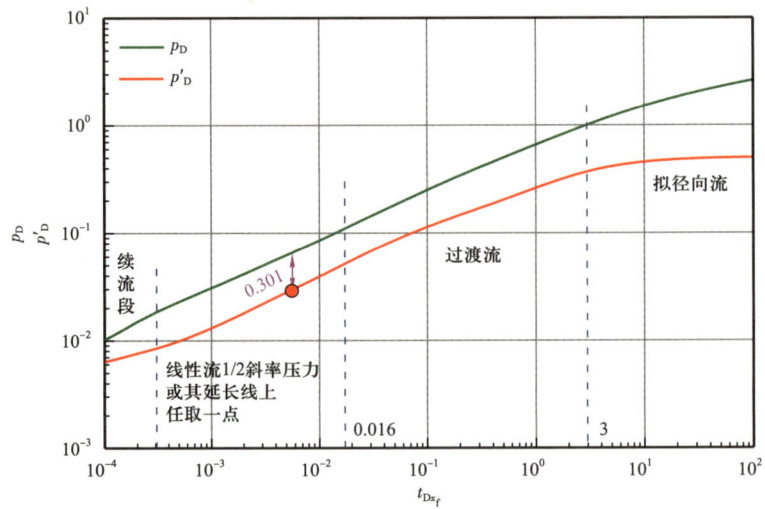

图 3-17 计算裂缝半长之压力导数数据法

假设均质无限大油藏中有一口无限导流垂直压裂井，原油体积系数为 1.50，黏度为 0.5mPa·s，总压缩系数为 0.002MPa^{-1}，表皮系数为 0，原始压力为 30MPa，地层系数为 1500mD·m，以 100m^3/d 的产量生产 1000h，随后关井 1000h，裂缝半长 200m。试井设计双对数曲线如图 3-18 所示。当时间为 0.01h 时，斜率为 1/2 的压力和压力导数延长线上对应的数值分别为 0.006MPa 和 0.003MPa。

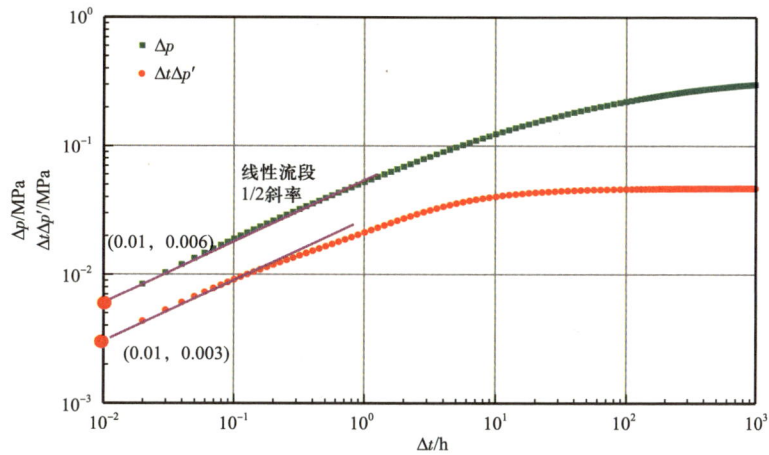

图 3-18　无限导流垂直裂缝井试井模拟（油井）

分别根据式（3-26）和式（3-27）计算裂缝半长，有

$$x_f = \frac{0.1959qB}{h}\sqrt{\frac{\mu}{\phi C_t K}}\frac{\sqrt{\Delta t}}{\Delta p}$$

$$= \frac{0.1959 \times 100 \times 1.5}{10}\sqrt{\frac{0.5}{0.1 \times 2 \times 10^{-3} \times 150}}\frac{\sqrt{0.01}}{0.006} = 200 \text{ m}$$

$$x_f = \frac{0.098qB}{h}\sqrt{\frac{\mu}{\phi C_t K}}\frac{\sqrt{\Delta t}}{\left(\Delta t \frac{d\Delta p}{d\Delta t}\right)}$$

$$= \frac{0.098 \times 100 \times 1.5}{10}\sqrt{\frac{0.5}{0.1 \times 2 \times 10^{-3} \times 150}}\frac{\sqrt{0.01}}{0.003} = 200 \text{ m}$$

（二）手工计算裂缝半长（气井）

常规拟压力定义为

$$m(p) = 2\int_0^p \frac{p}{\mu_g(p)Z(p)}dp \tag{3-28}$$

无量纲拟压力定义为

$$m_D = \frac{0.0785 Kh}{qT}\Delta m \qquad (3-29)$$

式中 K——渗透率，mD；

q——产量，$10^4 \mathrm{m}^3/\mathrm{d}$。

在斜率为 1/2 的压力曲线上任取一点，如图 3-16 所示，将式（3-21）、式（3-29）代入式（3-19），有

$$\frac{0.0785Kh}{qT}\Delta m = \sqrt{\pi \cdot \frac{3.6\times 10^{-3}K}{\phi\mu C_t x_f^2}\Delta t}$$

$$\Delta m = \frac{qT}{0.0785 h x_f}\sqrt{\pi\cdot\frac{3.6\times 10^{-3}\mu}{\phi C_t K}}\sqrt{\Delta t} = \frac{1.3547 qT}{h x_f}\sqrt{\frac{1}{K\phi\mu C_t}}\sqrt{\Delta t} \quad (3-30)$$

$$x_f = \frac{1.3547 qT}{h}\sqrt{\frac{1}{K\phi\mu C_t}}\frac{\sqrt{\Delta t}}{\Delta m}$$

若渗透率的单位为 D，公式系数为 4.282×10^{-2}。

在斜率为 1/2 的压力导数曲线上任取一点，如图 3-17 所示，将式（3-21）、式（3-29）代入式（3-23），有

$$\frac{0.0785Kh}{qT}(\Delta t \Delta m') = 0.5\sqrt{\pi\cdot\frac{3.6\times 10^{-3}K}{\phi\mu C_t x_f^2}\Delta t}$$

$$\Delta t \Delta m' = \frac{0.5qT}{0.0785 h x_f}\sqrt{\pi\cdot\frac{3.6\times 10^{-3}}{K\phi C_t}}\sqrt{\Delta t} = \frac{0.6774 qT}{h x_f}\sqrt{\frac{1}{K\phi\mu C_t}}\sqrt{\Delta t} \quad (3-31)$$

$$x_f = \frac{0.6774 qT}{h}\sqrt{\frac{1}{K\phi\mu C_t}}\frac{\sqrt{\Delta t}}{(\Delta t\Delta m')}$$

若渗透率的单位为 D，公式系数为 2.141×10^{-2}。

假设均质无限大气藏中有一口无限导流垂直压裂井，地层厚度为 10m，温度为 100℃，黏度为 0.02787mPa·s，气体压缩系数为 0.011146MPa^{-1}，表皮系数为 0，原始压力为 50MPa，地层系数为 15mD·m，以 $10\times 10^4 \mathrm{m}^3/\mathrm{d}$ 的产量生产 1000h，随后关井 1000h，裂缝半长 200m。试井设计双对数曲线如图 3-19 所示。当时间为 0.01h 时，斜率为 1/2 的压力和压力导数延长线上对应的数值分别为 36.3MPa^2/(mPa·s) 和 18.3MPa^2/(mPa·s)。

分别根据式（3-30）和式（3-31）计算裂缝半长，有

$$x_f = \frac{1.3547 qT}{h}\sqrt{\frac{1}{K\phi\mu C_t}}\frac{\sqrt{\Delta t}}{\Delta m}$$

$$= \frac{1.3547\times 10\times 373.15}{10}\sqrt{\frac{1}{1.5\times 0.1\times 0.02787\times 0.011146}}\frac{\sqrt{0.01}}{36.3}\approx 200\ \mathrm{m}$$

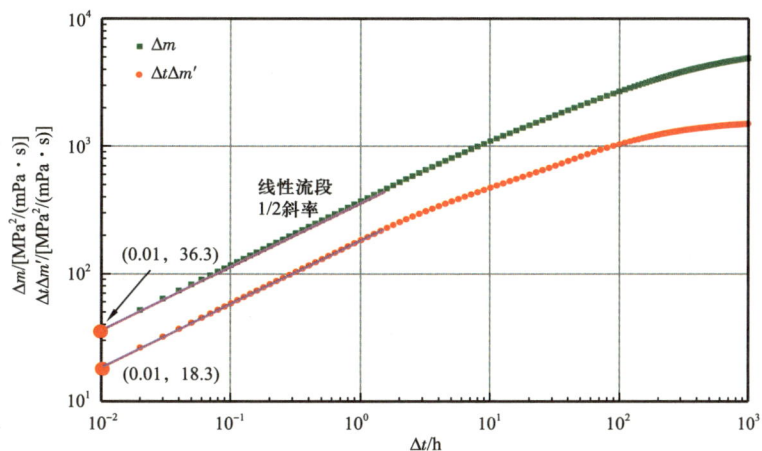

图 3-19　无限导流垂直裂缝井试井模拟（气井）

$$x_f = \frac{0.6774qT}{h}\sqrt{\frac{1}{K\phi\mu C_t}}\left(\frac{\sqrt{\Delta t}}{\Delta t \Delta m'}\right)$$

$$= \frac{0.6774 \times 10 \times 373.15}{10}\sqrt{\frac{1}{1.5 \times 0.1 \times 0.02787 \times 0.011146}}\frac{\sqrt{0.01}}{18.3} \approx 200 \text{ m}$$

三、分析过程

（一）油井分析过程

首先根据续流段数据，在续流段特征曲线上读取 1h 时刻对应的压力 Δp，用式（3-3）计算井筒储存系数，有

$$C = \frac{qB}{24\Delta p}$$

根据径向流数据，读取径向流对应的导数值（$\Delta t \Delta p'$），由式（3-8）计算地层系数，有

$$K = \frac{0.9210qB\mu}{h(\Delta t \Delta p')}$$

用式（3-14）计算表皮系数，有

$$S = 0.5\left[\frac{\Delta p}{(\Delta t \Delta p')} - \ln\left(\frac{3.6 \times 10^{-3}K}{\phi\mu C_t r_w^2}\Delta t\right) - 0.80907\right]$$

根据线性段数据，在 1/2 斜率压力线或导数线及其延长线上任取一点，用式（3-26）或式（3-27）计算裂缝半长，有

$$x_f = \frac{0.1959qB}{h}\sqrt{\frac{\mu}{\phi C_t K}}\frac{\sqrt{\Delta t}}{\Delta p}$$

$$x_f = \frac{0.098qB}{h}\sqrt{\frac{\mu}{\phi C_t K}}\frac{\sqrt{\Delta t}}{(\Delta t \Delta p')}$$

这就是均质无限大油藏中一口无限导流垂直裂缝井情形手工计算井筒储存系数 C、渗透率 K、表皮系数 S 和裂缝半长 x_f 的过程，如图 3-20 所示。

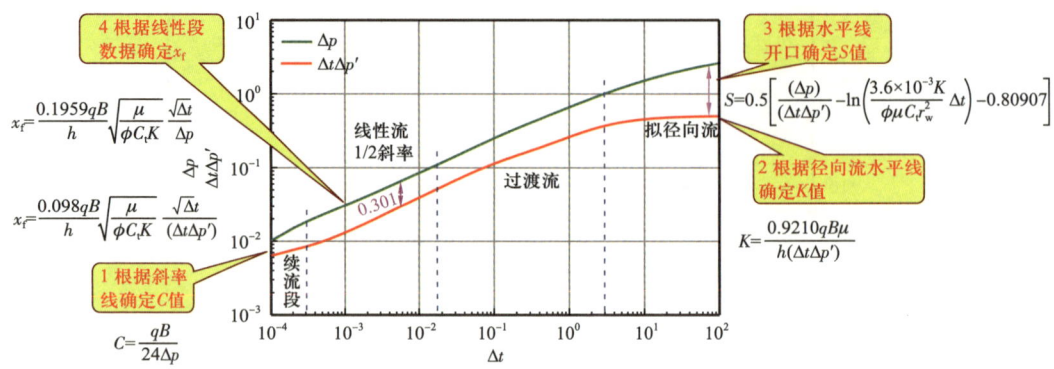

图 3-20　无限导流垂直裂缝井手工解释汇总（油井）

（二）气井分析过程

首先根据续流段数据，在续流段特征曲线上读取 1h 时刻对应的压力 Δm，用式 (3-4) 计算井筒储存系数，有

$$C = \frac{0.288q_{sc}T}{\mu_i \Delta m}$$

根据径向流数据，读取径向流对应的导数值 $(\Delta t \Delta m')$，由式 (3-10) 计算地层系数，有

$$K = \frac{6.37q_{sc}T}{h(\Delta t \Delta m')}$$

用式 (3-15) 计算表皮系数，有

$$S = 0.5\left[\frac{\Delta m}{(\Delta t \Delta m')} - \ln\left(\frac{3.6 \times 10^{-3}K}{\phi \mu C_t r_w^2}\Delta t\right) - 0.80907\right]$$

根据线性段数据，在 1/2 斜率压力线或导数线及其延长线上任取一点，用式 (3-30) 或式 (3-31) 计算裂缝半长，有

$$x_f = \frac{1.3547qT}{h}\sqrt{\frac{1}{K\phi\mu C_t}}\frac{\sqrt{\Delta t}}{\Delta m}$$

$$x_f = \frac{0.6774qT}{h}\sqrt{\frac{1}{K\phi\mu C_t}}\frac{\sqrt{\Delta t}}{(\Delta t \Delta m')}$$

这就是均质无限大气藏中一口无限导流垂直裂缝井情形手工计算井筒储存系数 C、渗透率 K、表皮系数 S 和裂缝半长 x_f 的过程，如图 3 – 21 所示。

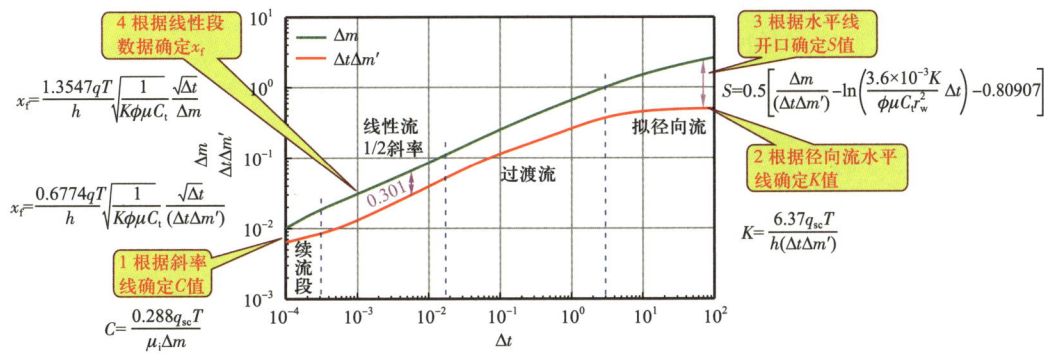

图 3 – 21　无限导流垂直裂缝井手工解释汇总（气井）

四、分析实例

（一）油井分析实例

某压裂油井进行了压力恢复试井，油藏孔隙度为 0.12，油层厚度为 25m，原油黏度为 0.65mPa·s，原油体积系数为 1.26，总压缩系数为 0.00305MPa^{-1}。关井前产量为 66.62m³/d，油井半径为 0.085m（李晓平，2012）。该井按典型曲线拟合分析方法进行了分析。地层渗透率为 7.0mD，表皮系数为 –5.7，裂缝半长为 50.78m，井筒储存系数为 0.01m³/MPa，双对数分析如图 3 – 22 所示。在 1/2 斜率线上读取 1 点（1，0.1）用于手工计算裂缝半长；在导数水平线上读取一点（100，0.3）用于手工计算渗透率；在压力曲线上读取一点（100，1.1）用于计算表皮系数。

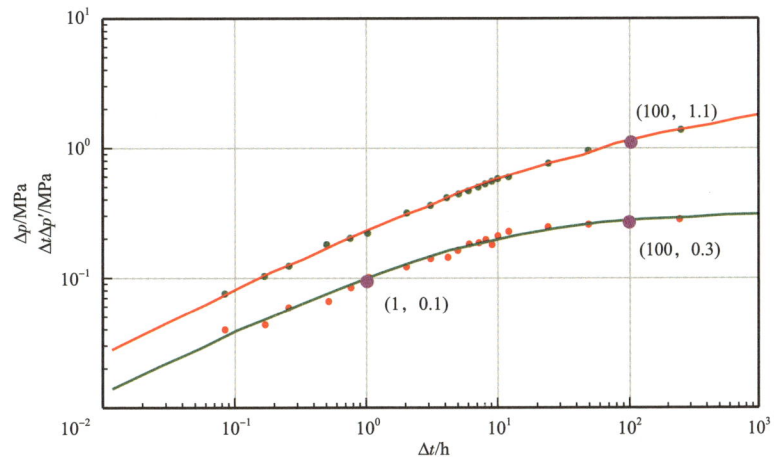

图 3 – 22　无限导流垂直裂缝井油井实例（李晓平，2012）

由于本例中井筒储存效应不明显，没有出现斜率是 1 的直线段，无法用手工方法进行分析。首先，根据式（3-8）计算地层渗透率，有

$$K = \frac{0.9210 q B \mu}{h(\Delta t \Delta p')} = \frac{0.9210 \times 66.62 \times 1.26 \times 0.65}{25 \times 0.30} = 6.7 \text{ mD}$$

文献中分析结果为 7.0mD，两者相差 4.3%。

根据式（3-27）计算裂缝半长，有

$$x_f = \frac{0.098 q B}{h} \sqrt{\frac{\mu}{\phi C_t K}} \frac{\sqrt{\Delta t}}{(\Delta t \Delta p')}$$

$$= \frac{0.098 \times 66.62 \times 1.26}{25} \sqrt{\frac{0.65}{0.12 \times 3.05 \times 10^{-3} \times 6.7}} \frac{\sqrt{1}}{0.1} = 53.6 \text{ m}$$

文献中分析结果为 50.78m，两者相差 5.5%。

根据式（3-14）计算表皮系数，有

$$S = 0.5 \left[\frac{\Delta p}{(\Delta t \Delta p')} - \ln\left(\frac{3.6 \times 10^{-3} K}{\phi \mu C_t r_w^2} \Delta t\right) - 0.80907 \right]$$

$$= 0.5 \left[\frac{1.1}{0.3} - \ln\left(\frac{3.6 \times 10^{-3} \times 6.7 \times 100}{0.12 \times 0.65 \times 0.00305 \times 0.085^2}\right) - 0.80907 \right] = -5.64$$

文献中分析结果为 -5.7，两者相差 1.0%。

（二）气井分析实例

某压裂气井进行了压力恢复试井，地层温度为 100℃，孔隙度为 0.1，有效厚度为 9.1m，气体压缩系数为 0.0256MPa^{-1}，黏度为 0.0222mPa·s，井筒半径为 0.1m，关井前产量为 $20 \times 10^4 \text{m}^3/\text{d}$。导数曲线如图 3-23 所示，具有 1/2 线性流特征，典型曲线拟合分析井筒储存系数 0.94m³/MPa，渗透率 3.3mD，裂缝半长 97m。试用手工方法解释裂缝半长。

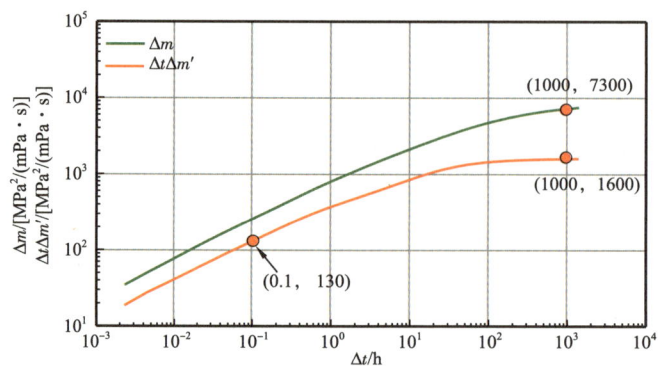

图 3-23　无限导流垂直裂缝井气井实例

在导数水平线上读取一点（1000，1600）用于手工计算渗透率；在压力曲线上读取一点（1000，7300）用于计算表皮系数；在1/2斜率线上读取1点（0.1，130）用于手工计算裂缝半长。

首先，根据式（3-10）计算地层渗透率，有

$$K = \frac{6.37 q_{sc} T}{h(\Delta t \Delta m')} = \frac{6.37 \times 20 \times 373.15}{9.1 \times 1600} = 3.27 \text{ mD}$$

典型曲线分析结果为3.3mD，两者相差1.1%。

根据式（3-31）计算裂缝半长，有

$$x_f = \frac{0.6774 qT}{h}\sqrt{\frac{1}{K\phi\mu C_t}}\frac{\sqrt{\Delta t}}{(\Delta t \Delta m')}$$

$$= \frac{0.6774 \times 20 \times 373.15}{9.1}\sqrt{\frac{1}{3.27 \times 0.1 \times 0.0222 \times 0.0256}}\frac{\sqrt{0.1}}{130} \approx 99.1 \text{ m}$$

文献中分析结果为97m，两者相差2.2%。

根据式（3-15）计算表皮系数，有

$$S = 0.5\left[\frac{\Delta m}{(\Delta t \Delta m')} - \ln\left(\frac{3.6 \times 10^{-3} K}{\phi\mu C_t r_w^2}\Delta t\right) - 0.80907\right]$$

$$= 0.5\left[\frac{7300}{1600} - \ln\left(\frac{3.6 \times 10^{-3} \times 3.27 \times 1000}{0.1 \times 0.0222 \times 0.0256 \times 0.1^2}\right) - 0.80907\right] = -6.55$$

试井软件中一般解释的表皮是裂缝表皮系数 S_f，表示裂缝表面在施工过程中受到污染、伤害情况，如图3-24所示。

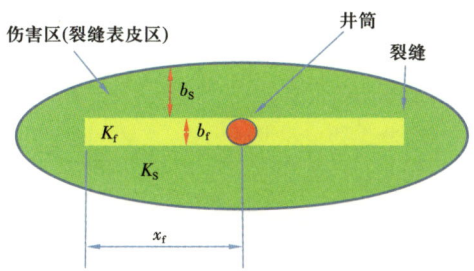

图3-24 压裂裂缝表皮伤害机理示意图（Cinco-Ley，1981）

它的存在将会扰动压裂典型曲线的形态，使线性流段早期受到扰动，压力恢复过程减缓，导数曲线明显下落；试井解释得到的裂缝表皮系数值一般数值都不大，但反映的裂缝表皮伤害区污染却非常剧烈，多数在0~1之间，如图3-25所示。

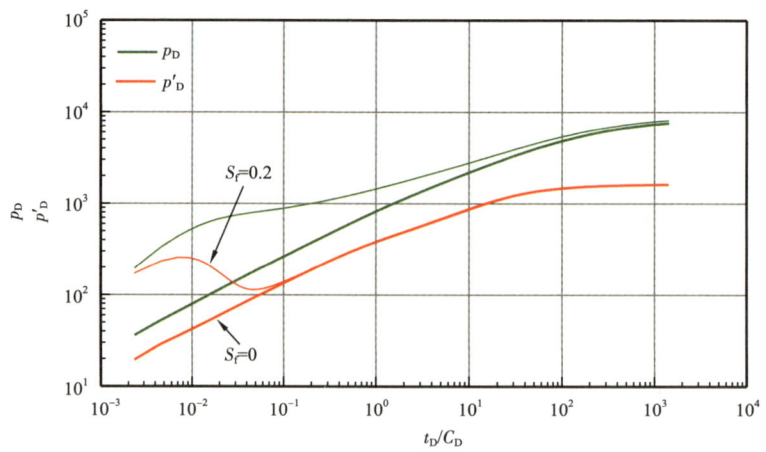

图 3-25　裂缝表皮系数对曲线形态的影响示意图

第三节　均质无限大储层中一口有限导流垂直裂缝井

有限导流垂直裂缝是由大型人工压裂造成的非常长的裂缝，此类裂缝需要大量的支撑剂来保持其张开，因此裂缝的渗透率 K_f 低于无限导流裂缝情形，裂缝中存在压降。有限导流情形 $F_{CD}<50$（Clarkson，2022）或 100（庄惠农，2021）。

一、典型曲线特征

有限导流垂直裂缝井流动形态主要有续流段、双线性流段、地层线性流、过渡段（椭球流）、拟径向流段，如图 3-26 所示。双线性流是其典型特征，所谓双线性流是指

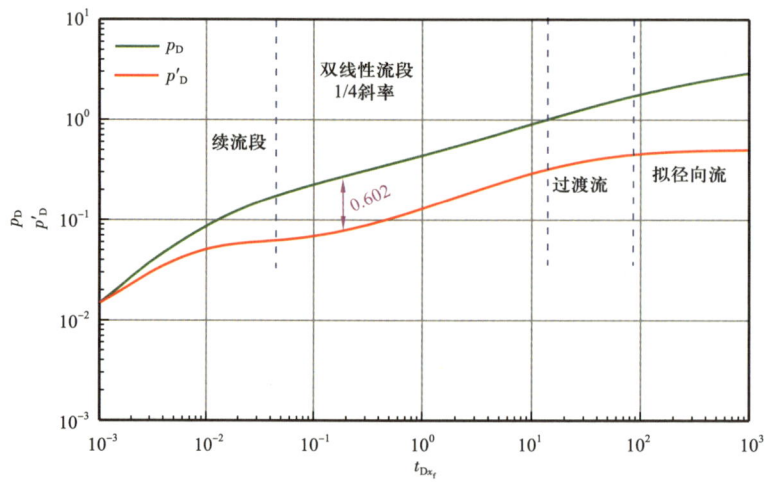

图 3-26　有限导流垂直裂缝井典型曲线示意图（仅有双线性流）

在裂缝内部，存在朝向井的不稳定的线性流动；在裂缝表面，存在垂直裂缝表面的地层线性流，如图3－27所示，压力和压力导数曲线的斜率是0.25，两者之间的距离是0.602（Cinco－Ley，1978；Wong，1986）。

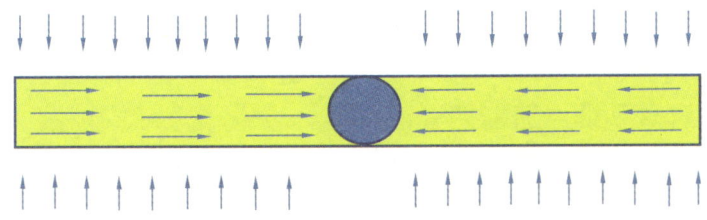

图3－27 双线性流动图谱示意图

当F_{CD}稍大时，例如$F_{CD}=15$，在1/4斜率段以后，还会出现1/2斜率的单纯的地层线性流段，如图3－28所示。

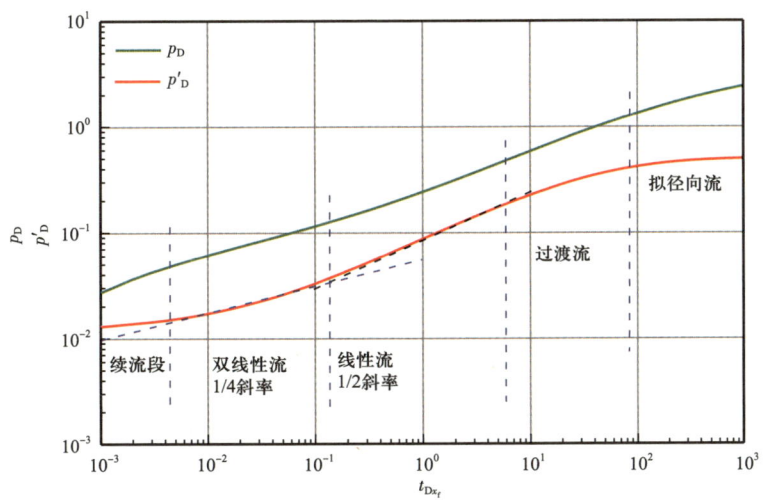

图3－28 有限导流垂直裂缝井典型曲线（双线性流＋线性流）

在双线性流阶段，有

$$p_D(t_{Dx_f}) = \frac{\pi}{0.906\sqrt{2F_{CD}}}\sqrt[4]{t_{Dx_f}} \qquad (3-32)$$

两边取对数，有

$$\lg p_D(t_{Dx_f}) = 0.25\lg t_{Dx_f} + \lg\frac{\pi}{0.906\sqrt{2F_{CD}}} \qquad (3-33)$$

式（3－32）求导，两边乘以无量纲时间，再取对数，有

$$\lg\left(t_{Dx_f}\frac{dp_D}{dt_{Dx_f}}\right) = 0.25\lg t_{Dx_f} - \lg 4 + \lg\frac{\pi}{0.906\sqrt{2F_{CD}}} \qquad (3-34)$$

压力和压力导数之间的距离,即式(3-33)和式(3-34)相减,有

$$\Delta H_D = \lg 4 = 0.602 \tag{3-35}$$

因此,在线性流阶段,压力和压力导数曲线的斜率是1/4,两者之间的距离是0.602。

二、手工分析方法

(一)手工计算裂缝导流能力(油井)

在斜率为1/4的压力曲线或其延长线上任取一点,如图3-29所示。将无量纲压力式(3-20)、无量纲时间式(3-21)代入式(3-32),有

$$p_D(t_{Dx_f}) = \frac{\pi}{0.906\sqrt{2F_{CD}}}\sqrt[4]{t_{Dx_f}} = \frac{2.45}{\sqrt{F_{CD}}}\sqrt[4]{t_{Dx_f}}$$

$$\frac{0.5428Kh}{q\mu B}\Delta p = \frac{2.45}{\sqrt{K_f w}}\sqrt[4]{\frac{3.6\times 10^{-3}K(Kx_f)^2}{\phi\mu C_t x_f^2}\Delta t}$$

$$\Delta p = \frac{1.1056 q\mu B}{h}\frac{\sqrt[4]{\Delta t}}{\sqrt{K_f w}\sqrt[4]{K\phi\mu C_t}}$$

$$\sqrt{K_f w} = 1.1056\left(\frac{q\mu B}{h\sqrt[4]{K\phi\mu C_t}}\right)\frac{\sqrt[4]{\Delta t}}{\Delta p}$$

$$\tag{3-36}$$

若渗透率的单位为D,公式系数为6.2163×10^{-3}。

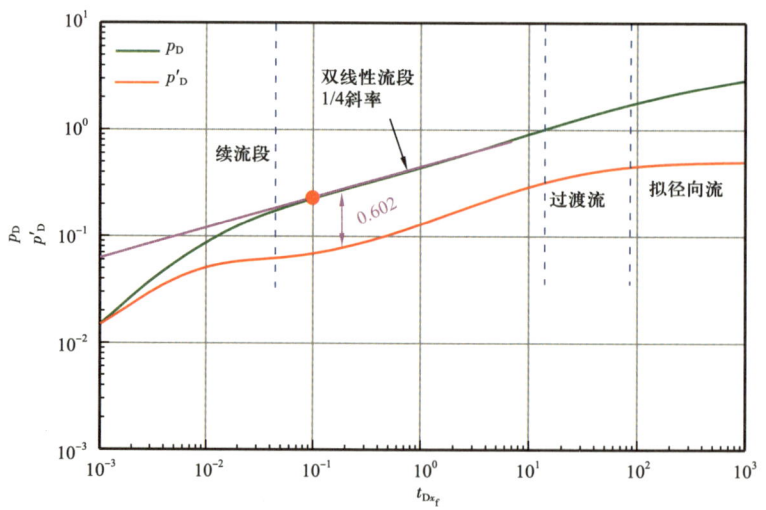

图3-29 计算有限导流垂直裂缝井裂缝导流能力之压力数据法

若在斜率为1/4的压力导数曲线或其延长线上任取一点,如图3-30所示。将式(3-32)求导,并将无量纲压力式(3-20)、无量纲时间式(3-21)代入,有

$$t_{Dx_f}\frac{\mathrm{d}p_D(t_{Dx_f})}{\mathrm{d}t_{Dx_f}} = \frac{0.25\times 2.45}{\sqrt{F_{CD}}}\sqrt[4]{t_{Dx_f}} = \frac{0.6125}{\sqrt{F_{CD}}}\sqrt[4]{t_{Dx_f}} = 0.6125\sqrt[4]{\frac{t_{Dx_f}}{(F_{CD})^2}}$$

$$\frac{0.5428Kh}{q\mu B}\left(\Delta t\frac{\mathrm{d}\Delta p}{\mathrm{d}\Delta t}\right) = \frac{0.6125}{\sqrt{K_f w}}\sqrt[4]{\frac{3.6\times 10^{-3}K(Kx_f)^2}{\phi\mu C_t x_f^2}\Delta t}$$

$$\Delta t \Delta p' = \frac{0.6125q\mu B}{0.5428h}\frac{\sqrt[4]{3.6\times 10^{-3}}}{\sqrt{K_f w}\sqrt[4]{K\phi\mu C_t}}\sqrt[4]{\Delta t} = 0.2764\frac{q\mu B}{h\sqrt{K_f W}\sqrt[4]{K\phi\mu C_t}}\sqrt[4]{\Delta t}$$

$$\sqrt{K_f w} = 0.2764\left(\frac{q\mu B}{h\sqrt[4]{K\phi\mu C_t}}\right)\frac{\sqrt[4]{\Delta t}}{(\Delta t\Delta p')} \qquad (3-37)$$

导数法系数是压力法系数的1/4。若渗透率的单位为D，公式系数为1.5633×10^{-3}。

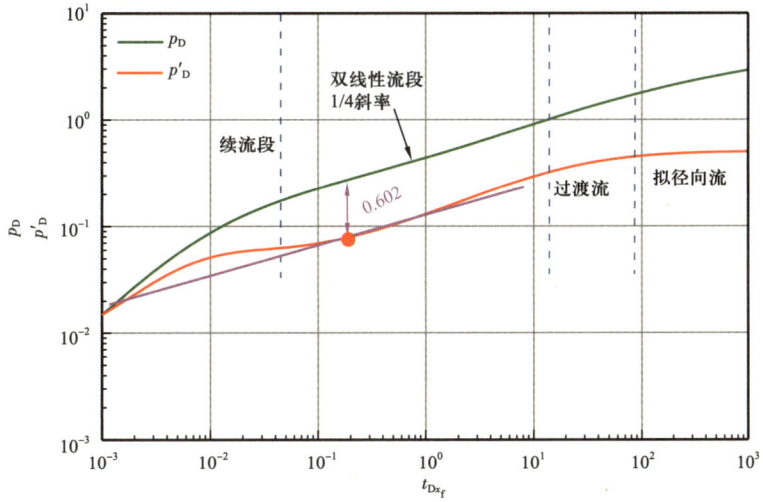

图3-30　计算有限导流垂直裂缝井裂缝导流能力之压力导数数据法

假设均质无限大油藏中有一口有限导流垂直压裂井，原油体积系数为1.50，黏度为$0.5\mathrm{mPa\cdot s}$，总压缩系数为$0.002\mathrm{MPa}^{-1}$，表皮系数为0，原始压力为30MPa，地层系数为$10\mathrm{mD\cdot m}$，以$100\mathrm{m}^3/\mathrm{d}$的产量生产1000h，随后关井1000h，裂缝半长100m，裂缝导流能力为$100\mathrm{mD\cdot m}$。试井设计双对数曲线如图3-31所示，当时间为0.01h时，斜率为1/4的压力和压力导数延长线上对应的数值分别为2.6MPa和0.65MPa。

分别根据式（3-36）和式（3-37）计算裂缝导流能力，有

$$\sqrt{K_f w} = 1.1056\left(\frac{q\mu B}{h\sqrt[4]{K\phi\mu C_t}}\right)\frac{\sqrt[4]{\Delta t}}{\Delta p}$$

$$= 1.1056\times\left(\frac{100\times 0.5\times 1.5}{10\times\sqrt[4]{1.0\times 0.1\times 0.5\times 0.002}}\right)\frac{\sqrt[4]{0.01}}{2.6} = 10.1$$

$$K_f w = 10.1^2 = 102 \text{ mD} \cdot \text{m}$$

$$\sqrt{K_f w} = 0.2764 \left(\frac{q\mu B}{h \sqrt[4]{K\phi\mu C_t}} \right) \frac{\sqrt[4]{\Delta t}}{(\Delta t \Delta p')}$$

$$= 0.2764 \times \left(\frac{100 \times 0.5 \times 1.5}{10 \times \sqrt[4]{1.0 \times 0.1 \times 0.5 \times 0.002}} \right) \frac{\sqrt[4]{0.01}}{0.65} = 10.1$$

$$K_f w = 10.1^2 = 102 \text{ mD} \cdot \text{m}$$

两种方法计算结果，与初值 100mD·m 接近，误差 2%。

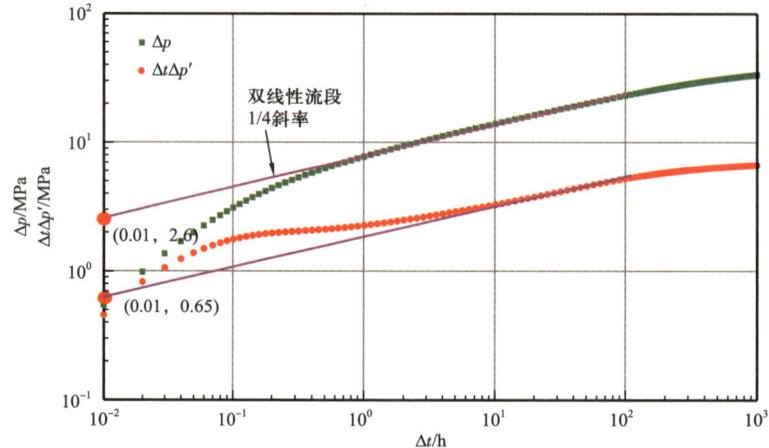

图 3-31　有限导流垂直裂缝井试井模拟（油井）

（二）手工计算裂缝导流能力（气井）

在斜率为 1/4 的压力曲线上任取一点，如图 3-29 所示，将无量纲时间式（3-21）、无量纲拟压力式（3-29）代入式（3-32），有

$$m_D(t_{Dx_f}) = \frac{\pi}{0.906\sqrt{2F_{CD}}} \sqrt[4]{t_{Dx_f}} = \frac{2.45}{\sqrt{F_{CD}}} \sqrt[4]{t_{Dx_f}}$$

$$\frac{0.0785Kh}{qT} \Delta m = \frac{2.45}{\sqrt{K_f w}} \sqrt[4]{\frac{3.6 \times 10^{-3} K (Kx_f)^2}{\phi \mu C_t x_f^2} \Delta t}$$

(3-38)

$$\Delta m = \frac{7.645 qT \sqrt[4]{\Delta t}}{h \sqrt{K_f w} \sqrt[4]{K\phi\mu C_t}}$$

$$\sqrt{K_f w} = 7.645 \left(\frac{qT}{h \sqrt[4]{K\phi\mu C_t}} \right) \frac{\sqrt[4]{\Delta t}}{\Delta m}$$

若渗透率的单位为 D，公式系数为 4.30×10^{-2}。

在斜率为1/4的压力导数曲线或其延长线上任取一点，如图3-30所示，将式（3-32）求导，并将无量纲时间式（3-21）、无量纲拟压力式（3-29）代入，有

$$t_{Dx_f}\frac{\mathrm{d}m_D(t_{Dx_f})}{\mathrm{d}t_{Dx_f}} = \frac{0.25 \times 2.45}{\sqrt{F_{CD}}}\sqrt[4]{t_{Dx_f}} = 0.6125\sqrt[4]{\frac{t_{Dx_f}}{(F_{CD})^2}}$$

$$\frac{0.0785Kh}{qT}(\Delta t \Delta m') = \frac{0.6125}{\sqrt{K_f w}}\sqrt[4]{\frac{3.6 \times 10^{-3} K(Kx_f)^2}{\phi \mu C_t x_f^2}\Delta t}$$

(3-39)

$$\Delta t \Delta m' = \frac{0.6125 qT}{0.0785 h} \frac{\sqrt[4]{3.6 \times 10^{-3}}}{\sqrt{K_f w}} \frac{\sqrt[4]{\Delta t}}{\sqrt[4]{K\phi \mu C_t}} = 1.9112 \frac{qT}{h \sqrt{K_f w} \sqrt[4]{K\phi \mu C_t}}\sqrt[4]{\Delta t}$$

$$\sqrt{K_f w} = 1.9112 \left(\frac{qT}{h\sqrt[4]{K\phi \mu C_t}}\right)\frac{\sqrt[4]{\Delta t}}{(\Delta t \Delta m')}$$

若渗透率的单位为D，公式系数为1.0745×10^{-2}。拟压力导数法系数为拟压力法系数的1/4。

假设均质无限大气藏中有一口有限导流垂直压裂井，气藏温度为100℃，有限厚度为10m，黏度为0.02787mPa·s，气体压缩系数为0.011146MPa^{-1}，表皮系数为0，原始压力为50MPa，地层系数为15mD·m，以10×10^4m^3/d的产量生产1000h，随后关井1000h，裂缝半长200m，裂缝导流能力为100mD·m。试井设计双对数曲线如图3-32所示。当时间为0.01h时，斜率为1/4的压力和压力导数延长线上对应的数值分别为1200MPa^2/(mPa·s) 和300MPa^2/(mPa·s)。

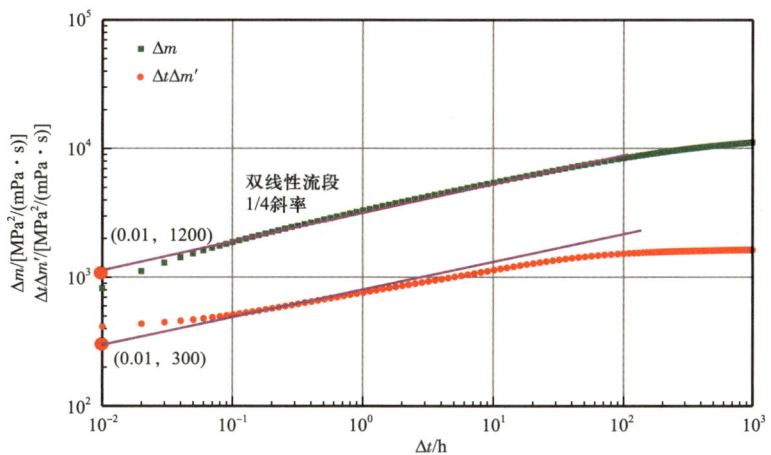

图3-32 有限导流垂直裂缝井试井模拟（气井）

分别根据式（3-38）和式（3-39）计算裂缝导流能力，有

$$\sqrt{K_f w} = 7.645 \left(\frac{qT}{h \sqrt[4]{K\phi\mu C_t}} \right) \frac{\sqrt[4]{\Delta t}}{\Delta m}$$

$$= 7.645 \times \left(\frac{10 \times 373.15}{10 \times \sqrt[4]{1.0 \times 0.1 \times 0.02787 \times 0.01115}} \right) \frac{\sqrt[4]{0.01}}{1200} = 10.1$$

$$K_f w = 10.1^2 = 102 \text{ mD} \cdot \text{m}$$

$$\sqrt{K_f w} = 1.9112 \left(\frac{qT}{h \sqrt[4]{K\phi\mu C_t}} \right) \frac{\sqrt[4]{\Delta t}}{(\Delta t \Delta m')}$$

$$= 1.9112 \times \left(\frac{10 \times 373.15}{10 \times \sqrt[4]{1.0 \times 0.1 \times 0.02787 \times 0.01115}} \right) \frac{\sqrt[4]{0.01}}{300} = 10.1$$

$$K_f w = 10.1^2 = 102 \text{ mD} \cdot \text{m}$$

计算结果与输入值 100mD·m 接近，误差 2%。

（三）手工计算裂缝半长（油气井）

根据流动特征分析裂缝导流能力，但裂缝半长如何计算呢？达到拟径向流之后，首先计算表皮系数，然后用图解法求得裂缝半长（Tiab，1999）。表皮系数表示为

$$S = \ln\left(\frac{r_w}{x_f}\right) + \frac{1.65 - 0.32u + 0.11u^2}{1 + 0.18u + 0.064u^2 + 0.005u^3} \tag{3-40}$$

$$u = \ln F_{CD}$$

那么可以用图解法求解，根据式（3-40），有

$$y_1 = S - \ln\left(\frac{r_w}{x_f}\right) = S - \ln\left(\frac{Kr_w}{F_C}\right) - u \tag{3-41}$$

$$y_2 = \frac{1.65 - 0.32u + 0.11u^2}{1 + 0.18u + 0.064u^2 + 0.005u^3} \tag{3-42}$$

分别绘制 y_1、y_2 与 u 关系曲线，根据两直线交点 u，如图 3-33 所示，确定裂缝半长，有

$$F_{CD} = e^u = \frac{F_C}{Kx_f}$$

$$x_f = \frac{F_C}{Ke^u} \tag{3-43}$$

首先看一个油井模拟实例，假设均质无限大油藏，试井设计主要参数（孔隙度为

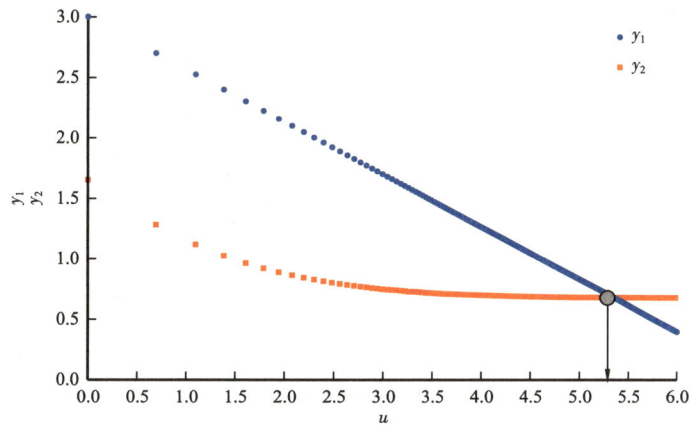

图3-33 有限导流垂直裂缝井图解法确定裂缝半长

0.1,有效厚度为10m,裂缝半长为100m,$F_c = 400$mD·m,渗透率为0.5mD,井筒储存系数为0,裂缝表皮系数为0,黏度为0.5mPa·s,原始地层压力为50MPa,总压缩系数为0.002MPa^{-1},井筒半径0.091m),试井设计结果如图3-34所示,在水平压力导数线(或延长线上)上任取一点(10000,13),相应的压力点是(10000,70)。首先计算表皮系数,然后计算裂缝半长。

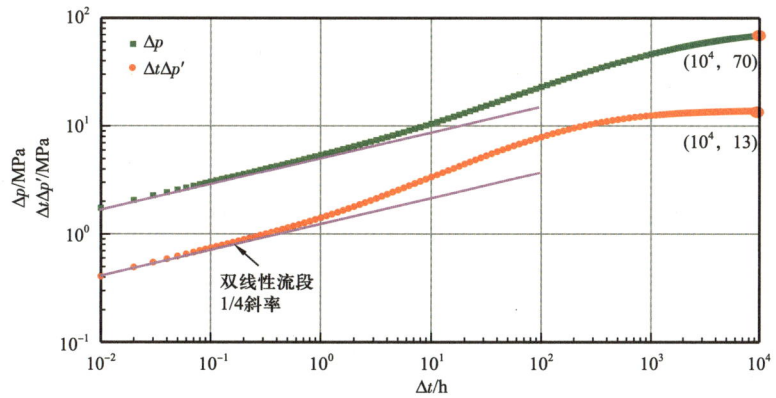

图3-34 有限导流垂直裂缝井试井模拟(油井)

首先计算表皮系数,根据式(3-14),有

$$S = 0.5\left[\frac{\Delta p}{(\Delta t \Delta p')} - \ln\left(\frac{3.6 \times 10^{-3} K}{\phi \mu C_t r_w^2}\Delta t\right) - 0.80907\right]$$

$$= 0.5\left[\frac{70.0}{13.0} - \ln\left(\frac{3.6 \times 10^{-3} \times 0.5 \times 10^4}{0.1 \times 0.5 \times 2 \times 10^{-3} \times 0.091^2}\right) - 0.80907\right] = -6.15$$

计算式(3-41)中常数,有

$$a = S - \ln\left(\frac{Kr_w}{F_C}\right) = -6.15 - \ln\left(\frac{0.91 \times 0.5}{400}\right) = 2.922$$

根据式（3-41）和式（3-42）绘图，如图3-35所示，交点为2.06。

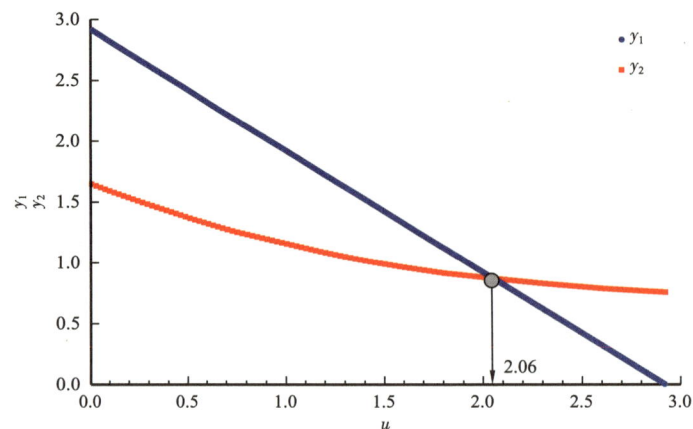

图 3-35　有限导流垂直裂缝井图解法确定裂缝半长（油井情形）

根据式（3-43），有

$$x_f = \frac{F_C}{Ke^u} = \frac{400}{0.5 \times e^{2.06}} = 102 \text{ m}$$

三、分析过程

（一）油井分析过程

首先根据续流段数据，在续流段特征曲线上读取 1h 时刻对应的压力 Δp，用式（3-3）计算井筒储存系数，有

$$C = \frac{qB}{24\Delta p}$$

根据径向流数据，读取径向流对应的导数值（$\Delta t \Delta p'$），由式（3-8）计算地层系数，有

$$K = \frac{0.9210qB\mu}{h(\Delta t \Delta p')}$$

用式（3-14）计算表皮系数，有

$$S = 0.5\left[\frac{\Delta p}{(\Delta t \Delta p')} - \ln\left(\frac{3.6 \times 10^{-3}K}{\phi \mu C_t r_w^2}\Delta t\right) - 0.80907\right]$$

根据双线性段数据，在1/4斜率压力线或导数线及其延长线上任取一点，分别根据

式（3-36）或式（3-37）计算裂缝导流能力，有

$$\sqrt{K_{\mathrm{f}}w} = 1.1056\left(\frac{q\mu B}{h\sqrt[4]{K\phi\mu C_{\mathrm{t}}}}\right)\frac{\sqrt[4]{\Delta t}}{\Delta p}$$

$$\sqrt{K_{\mathrm{f}}w} = 0.2764\left(\frac{q\mu B}{h\sqrt[4]{K\phi\mu C_{\mathrm{t}}}}\right)\frac{\sqrt[4]{\Delta t}}{(\Delta t\Delta p')}$$

根据式（3-41）、式（3-42）分别绘制 y_1、y_2 与 u 关系曲线：

$$y_1 = S - \ln\left(\frac{r_{\mathrm{w}}}{x_{\mathrm{f}}}\right) = S - \ln\left(\frac{Kr_{\mathrm{w}}}{F_{\mathrm{C}}}\right) - u$$

$$y_2 = \frac{1.65 - 0.32u + 0.11u^2}{1 + 0.18u + 0.064u^2 + 0.005u^3}$$

根据两直线交点 u 根据式（3-43）确定裂缝半长，有

$$x_{\mathrm{f}} = \frac{F_{\mathrm{C}}}{Ke^u}$$

这就是均质无限大油藏中一口有限导流垂直裂缝井情形手工计算井筒储存系数 C、渗透率 K、表皮系数 S、裂缝导流能力 F_{C}、裂缝半长 x_{f} 的过程，如图 3-36 所示。

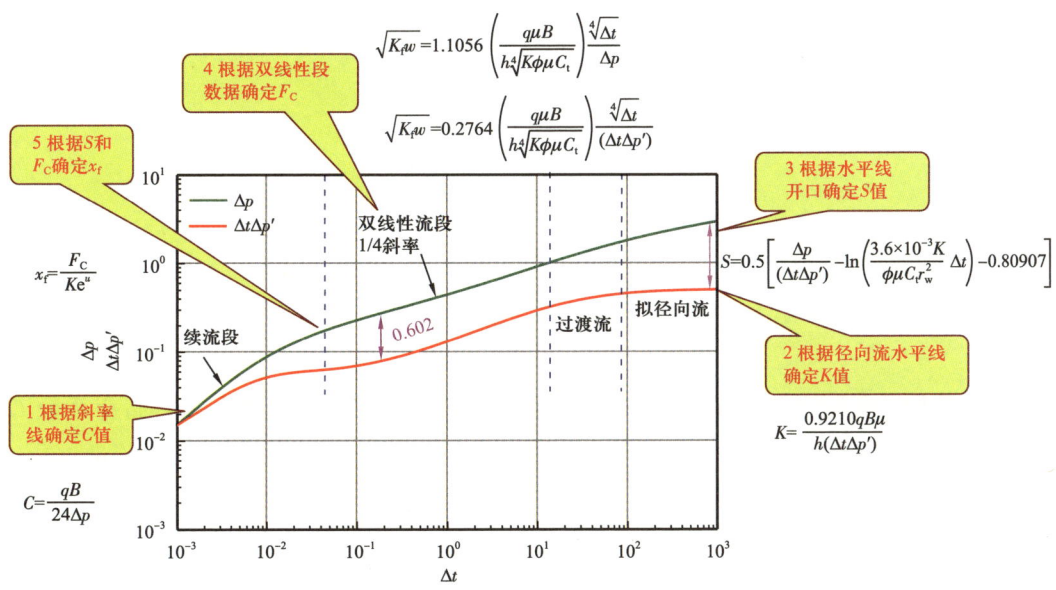

图 3-36　有限导流垂直裂缝井手工解释汇总（油井）

（二）气井分析过程

首先根据续流段数据，在续流段特征曲线上读取 1h 时刻对应的压力 Δm，用式（3-4）计算井筒储存系数，有

$$C = \frac{0.288 q_{sc} T}{\mu_i \Delta m}$$

根据径向流数据，读取径向流对应的导数值（$\Delta t \Delta m'$），由式（3-10）计算地层系数，有

$$K = \frac{6.37 q_{sc} T}{h(\Delta t \Delta m')}$$

用式（3-15）计算表皮系数，有

$$S = 0.5 \left[\frac{\Delta m}{(\Delta t \Delta m')} - \ln\left(\frac{3.6 \times 10^{-3} K}{\phi \mu C_t r_w^2} \Delta t\right) - 0.80907 \right]$$

根据双线性段数据，在1/4斜率压力线或导数线及其延长线上任取一点，分别根据式（3-38）和式（3-39）计算裂缝导流能力，有

$$\sqrt{K_f w} = 7.645 \left(\frac{qT}{h \sqrt[4]{K\phi\mu C_t}}\right) \frac{\sqrt[4]{\Delta t}}{\Delta m}$$

$$\sqrt{K_f w} = 1.9112 \left(\frac{qT}{h \sqrt[4]{K\phi\mu C_t}}\right) \frac{\sqrt[4]{\Delta t}}{(\Delta t \Delta m')}$$

根据式（3-41）、式（3-42）分别绘制 y_1、y_2 与 u 关系曲线：

$$y_1 = S - \ln\left(\frac{r_w}{x_f}\right) = S - \ln\left(\frac{Kr_w}{F_C}\right) - u$$

$$y_2 = \frac{1.65 - 0.32u + 0.11u^2}{1 + 0.18u + 0.064u^2 + 0.005u^3}$$

根据两直线交点 u 根据式（3-43）确定裂缝半长，有

$$x_f = \frac{F_C}{Ke^u}$$

这就是均质无限大气藏中一口有限导流垂直裂缝井情形手工计算井筒储存系数 C、渗透率 K、表皮系数 S、裂缝导流能力 F_C、裂缝半长 x_f 的过程，如图3-37所示。

四、分析实例

某压裂油井进行了压力恢复试井，油藏孔隙度为0.30，油层厚度为30.48m，原油黏度为1.0mPa·s，原油体积系数为1.20，总压缩系数为0.00145MPa^{-1}。关井前产量为103.35m³/d，油井半径为0.1067m（李晓平，2012）。典型曲线拟合分析结果：地层渗透率为1.85mD，表皮系数为-5.951，裂缝半长为64.0m，裂缝导流能力为530mD·m，如图3-38所示。在1/4斜率线上读取一点（10，0.58）用于手工计算裂缝导流能力；

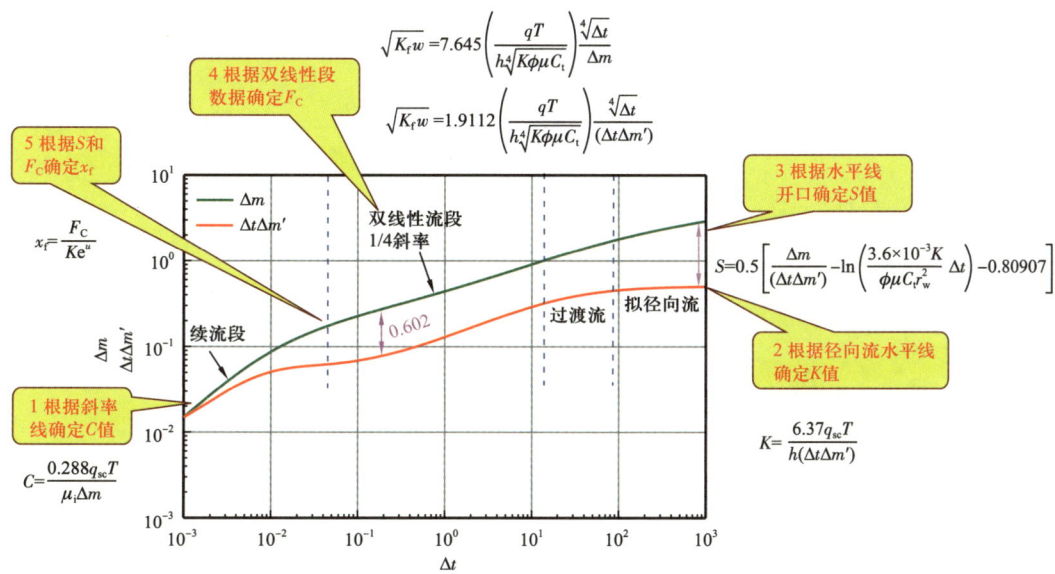

图3-37 有限导流垂直裂缝井手工解释汇总（气井）

在导数水平线上读取一点（1000，2）用于手工计算渗透率；在压力曲线上读取一点（1000，8）用于计算表皮系数。

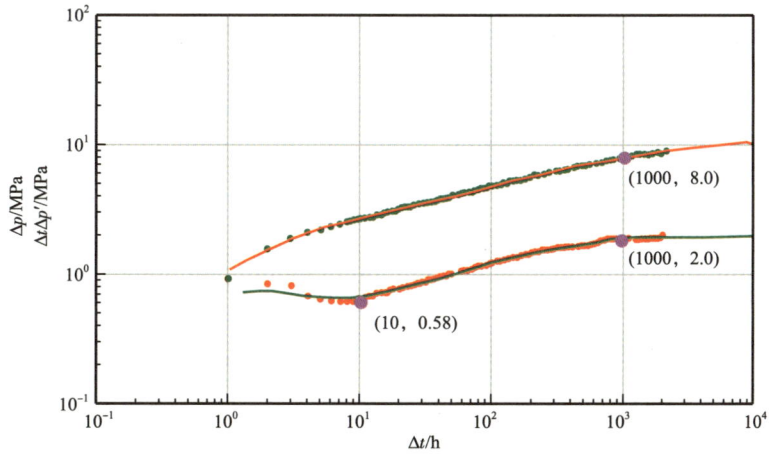

图3-38 有限导流垂直裂缝井手工解释实例（油井）

首先，根据式（3-8）计算地层渗透率，有

$$K = \frac{0.9210qB\mu}{h(\Delta t \Delta p')} = \frac{0.9210 \times 103.35 \times 1.2 \times 1.0}{30.48 \times 2.0} = 1.87 \text{ mD}$$

文献中分析结果为1.85mD，两者相差1.30%。

根据式（3-37）计算裂缝导流能力，有

$$\sqrt{K_f w} = 0.2764 \left(\frac{q\mu B}{h \sqrt[4]{K\phi\mu C_t}} \right) \frac{\sqrt[4]{\Delta t}}{(\Delta t \Delta p')}$$

$$= 0.2764 \times \left(\frac{103.35 \times 1.0 \times 1.2}{30.48 \times \sqrt[4]{1.87 \times 0.3 \times 1.0 \times 0.00145}} \right) \frac{\sqrt[4]{10}}{0.58} = 20.42$$

$$K_f w = 417 \text{ mD} \cdot \text{m}$$

文献中分析结果为 532mD·m，两者相差 21.6%。

根据式（3-14）计算表皮系数，有

$$S = 0.5 \left[\frac{\Delta p}{(\Delta t \Delta p')} - \ln\left(\frac{3.6 \times 10^{-3} K}{\phi\mu C_t r_w^2} \Delta t \right) - 0.80907 \right]$$

$$= 0.5 \left[\frac{8.0}{2.0} - \ln\left(\frac{3.6 \times 10^{-3} \times 1.87 \times 1000}{0.3 \times 1.0 \times 0.00145 \times 0.1067^2} \right) - 0.80907 \right] = -5.46$$

文献中分析结果为 -5.95，两者相差 8%。

计算式（3-41）中常数，有

$$a = S - \ln\left(\frac{Kr_w}{F_C} \right) = -5.46 - \ln\left(\frac{1.87 \times 0.1067}{417} \right) = 2.18$$

根据式（3-41）和式（3-42）绘图，如图 3-39 所示，交点为 1.05。

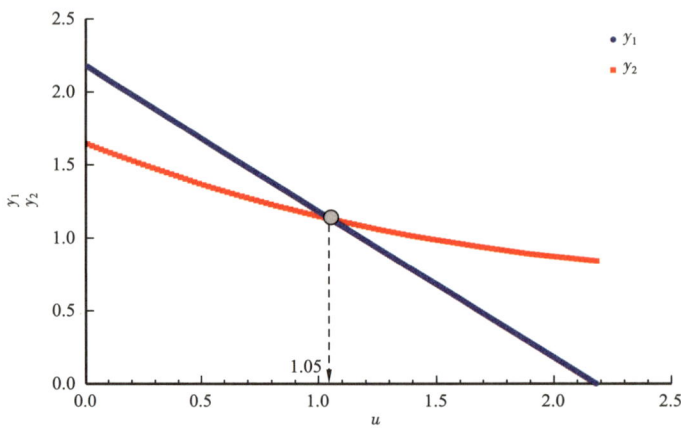

图 3-39　有限导流垂直裂缝井图解法确定裂缝半长（油井情形）

根据式（3-43），有

$$x_f = \frac{F_C}{Ke^u} = \frac{417}{1.87 \times e^{1.05}} = 78 \text{ m}$$

与典型曲线拟合结果 64m 相差 22% 左右。

第四节 均质无限大储层中一口部分射开井

对于巨厚储层或存在底水情形的储层，常常只打开其中的一部分进行生产。对于气井，通常打开顶部；对于油井，考虑气顶和底水的综合作用，通常选择在中间部位。球形流或半球形流是这种类型井的典型特征，如图3-40所示。

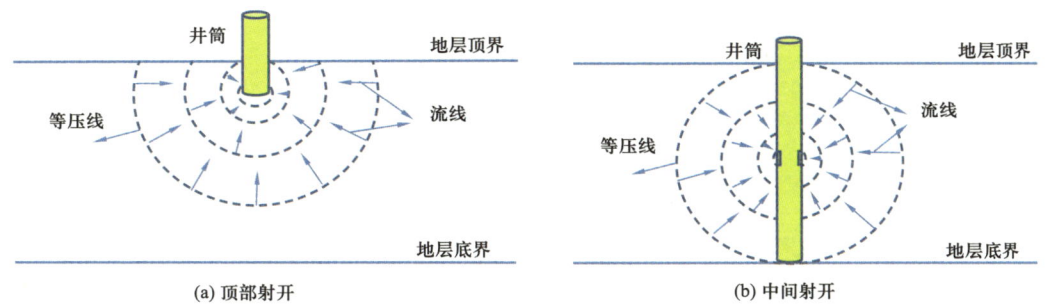

图3-40 部分射开示意图（庄惠农，2021）

一、典型曲线特征

部分射开井完整的流动形态是续流段、部分径向流段、球形流段、径向流段，-1/2斜率线是其典型特征，如图3-41所示。

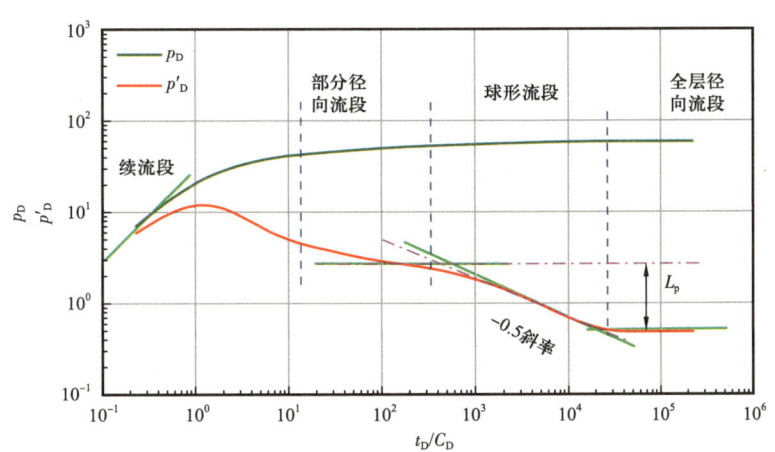

图3-41 部分射开典型曲线特征

根据续流段可以确定井筒储存系数；根据部分径向流段可以确定射开层段的参数，如地层系数、渗透率和表皮系数；根据球形流或半球形段数据，可以确定球形渗透率；根据拟径向流段可以确定全层段参数，如：全层段地层系数和表皮系数。全层段表皮系数由两部分构成，一是机械表皮系数，二是由于部分射开造成的附加表皮系数。如图3-41所示，部分径向流与全层径向流之间的导数水平线，有一个高差，用L_p表示。L_p越大，射开段地层系数与全层段地层系数之比越小。影响球形流段的一组关键参数是水平渗透率和垂向渗透率的比值，如图3-42所示，当$K_v/K_h=0.01$时，存在两个明显的径向流段；当$K_v/K_h=1$时，部分径向流段消失，续流段过后，直接显现球形流段（导数-1/2斜率），若不了解射孔情况，很容易误解释表皮系数！

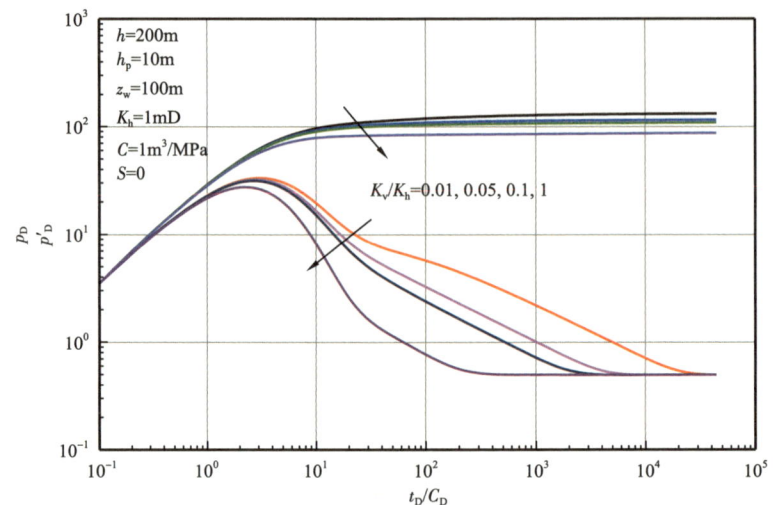

图3-42 不同水平与垂向渗透率比值对球形流特征的影响

二、手工分析方法

（一）球形渗透率（油井）

在（半）球形流阶段，压力导数斜率为-1/2，有

$$\Delta p = \frac{0.9210qB\mu}{K_s r_s} - \frac{8.66qB\mu}{(K_s)^{1.5}} \frac{\sqrt{\phi\mu C_t}}{\sqrt{\Delta t}} \quad (3-44)$$

式中，下角s表示球形流阶段；r_s、K_s分别定义为

$$r_s = \frac{h_w}{2\ln\left(\frac{h_w}{r_w}\right)} \quad (3-45)$$

$$K_s = \sqrt[3]{K_h K_h K_v} \quad (3-46)$$

式（3-44）求导，有

$$(K_s)^{1.5} = \frac{4.33qB\mu}{(\Delta t \Delta p')_s} \frac{\sqrt{\phi\mu C_t}}{\sqrt{(\Delta t)_s}} \qquad (3-47)$$

若为半球形流，系数为 8.66。

(二) 球形渗透率（气井）

在（半）球形流阶段，压力导数斜率为 $-1/2$，有

$$(K_s)^{1.5} = \frac{29.95qT}{(\Delta t \Delta m')_s} \frac{\sqrt{\phi\mu C_t}}{\sqrt{(\Delta t)_s}} (\text{球形流}) \qquad (3-48)$$

若为半球形流，系数为 59.90。

三、分析过程

(一) 油井分析过程

首先根据续流段数据，在续流段特征曲线上读取 1h 时刻对应的压力 Δp，用式（3-3）计算井筒储存系数，有

$$C = \frac{qB}{24\Delta p}$$

根据部分径向流数据，读取部分径向流段一点的导数值 $(\Delta t \Delta p')$，由式（3-49）计算射开段地层系数，有

$$K_w = \frac{0.9210qB\mu}{h_w(\Delta t \Delta p')_w} \qquad (3-49)$$

式中，下角 w 表示射开段。用式（3-50）计算射开段表皮系数，有

$$S_w = 0.5\left[\frac{(\Delta p)_w}{(\Delta t \Delta p')_w} - \ln\left(\frac{3.6\times 10^{-3}K_w}{\phi\mu C_t r_w^2}\Delta t\right) - 0.80907\right] \qquad (3-50)$$

根据（半）球形流阶段数据，用式（3-47）计算球形渗透率，有

$$(K_s)^{1.5} = \frac{4.33qB\mu}{(\Delta t \Delta p')_s} \frac{\sqrt{\phi\mu C_t}}{\sqrt{(\Delta t)_s}}$$

若为半球形流，系数为 8.66。

根据晚期径向流阶段数据，计算水平渗透率、总表皮系数，有

$$K_h = \frac{0.9210qB\mu}{h(\Delta t \Delta p')} \qquad (3-51)$$

$$S_t = 0.5\left[\frac{\Delta p}{(\Delta t \Delta p')} - \ln\left(\frac{3.6\times 10^{-3}K_h}{\phi\mu C_t r_w^2}\Delta t\right) - 0.80907\right] \qquad (3-52)$$

由于部分射开造成的表皮系数为

$$S_c = S_t - \frac{h}{h_w} S_w \qquad (3-53)$$

根据球形渗透率和水平渗透率值，可以计算垂向渗透率，有

$$K_v = \frac{(K_s)^3}{(K_h)^2} \qquad (3-54)$$

综上所述，对于部分射开油井，若用手工方法解释井筒储存系数、渗透率、表皮系数等参数，如图3-43所示。

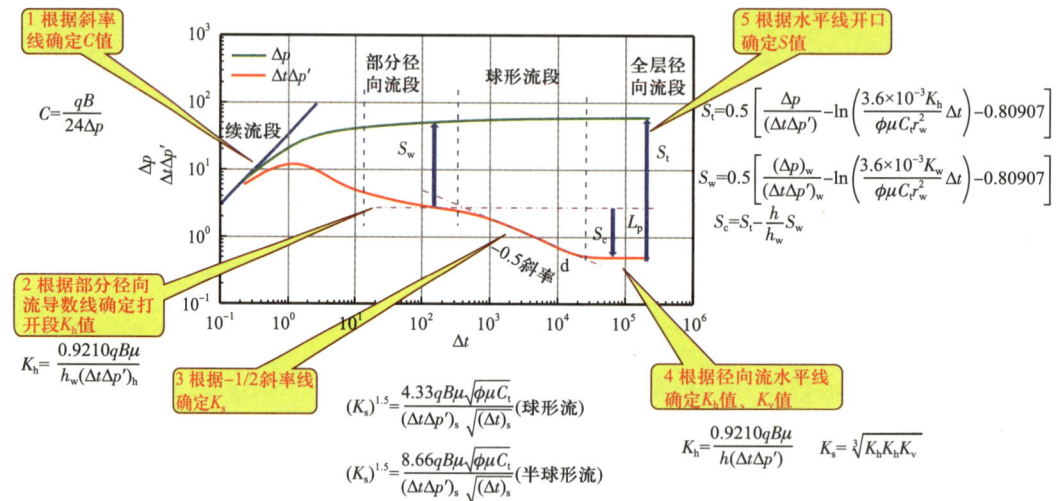

图3-43 部分射开井手工分析流程图（油井）

假设均质无限大油藏中有一口部分射开井，井筒储存系数为$0.2\text{m}^3/\text{MPa}$，表皮系数为0，原油体积系数为1.0，黏度为$1.0\text{mPa}\cdot\text{s}$，总压缩系数为$0.002\text{MPa}^{-1}$，原始压力为50MPa，地层系数为$10000\text{mD}\cdot\text{m}$，以$100\text{m}^3/\text{d}$的产量生产1000h，随后关井1000h，地层厚度为500m，射开50m，距离底部250m，垂向与水平渗透率比为0.1，井筒半径为0.1m，孔隙度为0.1。试井设计双对数曲线如图3-44所示，分别读取续流特征线1h对应的压力值21.6MPa；部分射开径向流数据点（3, 0.08）、（3, 1.0）；部分射开球形流数据点（100, 0.022）；全部径向流数据点（1000, 0.009）和（1000, 1.31）。

首先用式（3-3）计算井筒储存系数，有

$$C = \frac{qB}{24\Delta p} = \frac{100 \times 1.0}{24 \times 21.6} = 0.193 \text{ m}^3/\text{MPa}$$

根据部分径向流段数据，由式（3-49）计算射开段地层系数，有

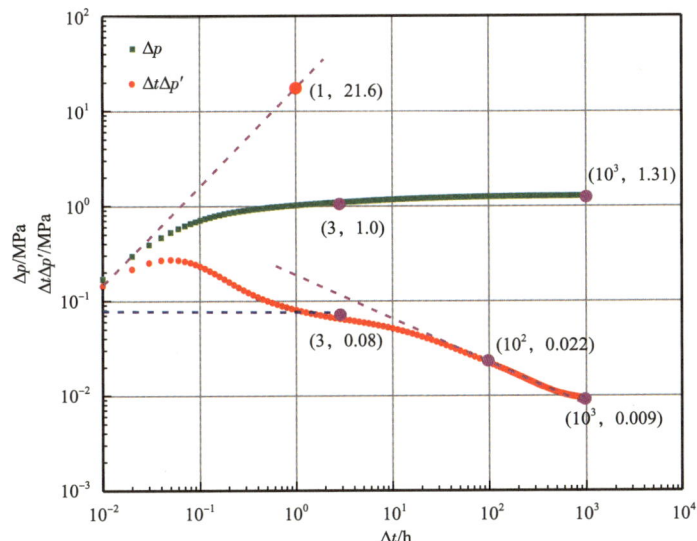

图 3-44　部分射开井试井模拟（油井）

$$K_w = \frac{0.9210qB\mu}{h_w(\Delta t \Delta p')_w} = \frac{0.9210 \times 100 \times 1.0 \times 1.0}{50 \times 0.08} = 23.0 \text{ mD}$$

用式（3-50）计算射开段表皮系数，有

$$S_w = 0.5\left[\frac{(\Delta p)_w}{(\Delta t \Delta p')_w} - \ln\left(\frac{3.6 \times 10^{-3} K_w}{\phi \mu C_t r_w^2}\Delta t\right) - 0.80907\right]$$

$$= 0.5 \times \left[\frac{1.0}{0.08} - \ln\left(\frac{3.6 \times 10^{-3} \times 23 \times 3}{0.1 \times 1.0 \times 0.002 \times 0.1^2}\right) - 0.80907\right] = -0.02$$

根据球形流阶段数据，由式（3-47）计算球形渗透率，有

$$(K_s)^{1.5} = \frac{4.33qB\mu}{(\Delta t \Delta p')_s} \frac{\sqrt{\phi \mu C_t}}{\sqrt{(\Delta t)_s}} = \frac{4.33 \times 100 \times 1.0 \times 1.0 \times \sqrt{0.1 \times 1.0 \times 0.002}}{0.022 \times \sqrt{100}} = 27.83$$

$$K_s = (27.83)^{2/3} = 9.20 \text{ mD}$$

根据晚期径向流阶段数据，由式（3-51）、式（3-52）计算水平渗透率、总表皮系数，有

$$K_h = \frac{0.9210qB\mu}{h(\Delta t \Delta p')} = \frac{0.9210 \times 100 \times 1.0 \times 1.0}{500 \times 0.009} = 20.5 \text{ mD}$$

$$S_t = 0.5\left[\frac{\Delta p}{(\Delta t \Delta p')} - \ln\left(\frac{3.6 \times 10^{-3} K_h}{\phi \mu C_t r_w^2}\Delta t\right) - 0.80907\right]$$

$$= 0.5 \times \left[\frac{1.31}{0.009} - \ln\left(\frac{3.6 \times 10^{-3} \times 20.5 \times 1000}{0.1 \times 1.0 \times 0.002 \times 0.1^2}\right) - 0.80907\right] = 63.7$$

由式（3-53）计算由于部分射开造成的表皮系数为

$$S_c = S_t - \frac{h}{h_w}S_w = 63.7 - \frac{500}{50} \times (-0.02) = 63.9$$

由式（3-54）计算垂向渗透率，有

$$K_v = \frac{(K_s)^3}{(K_h)^2} = 1.85 \text{ mD}$$

$$\frac{K_v}{K_h} = \frac{1.85}{20.5} = 0.09$$

（二）气井分析流程

首先根据续流段数据，在续流段特征曲线上读取 1h 时刻对应的压力 Δm，用式（3-4）计算井筒储存系数，有

$$C = \frac{0.288 q_{sc} T}{\mu_i \Delta m}$$

根据部分径向流数据，读取部分径向流一点的导数值（$\Delta t \Delta m'$），由式（3-55）计算射开段地层系数，有

$$K_w = \frac{6.37 q_{sc} T}{h_w (\Delta t \Delta m')_w} \qquad (3-55)$$

式中，下角 w 表示射开段。用式（3-56）计算射开段表皮系数，有

$$S_w = 0.5 \left[\frac{\Delta m_w}{(\Delta t \Delta m')_w} - \ln\left(\frac{3.6 \times 10^{-3} K_w}{\phi \mu C_t r_w^2} \Delta t\right) - 0.80907 \right] \qquad (3-56)$$

根据（半）球形流阶段数据，用式（3-57）计算球形渗透率，有

$$(K_s)^{1.5} = \frac{29.95 qT \sqrt{\phi \mu C_t}}{(\Delta t \Delta m')_s \sqrt{(\Delta t)_s}} （球形流） \qquad (3-57)$$

若为半球形流，系数为 59.90。

根据晚期径向流阶段数据，计算水平渗透率、总表皮系数，有

$$K_h = \frac{6.37 q_{sc} T}{h(\Delta t \Delta m')} \qquad (3-58)$$

$$S_t = 0.5 \left[\frac{\Delta m}{(\Delta t \Delta m')} - \ln\left(\frac{3.6 \times 10^{-3} K_h}{\phi \mu C_t r_w^2} \Delta t\right) - 0.80907 \right] \qquad (3-59)$$

用式（3-53）计算由于部分射开造成的表皮系数

$$S_c = S_t - \frac{h}{h_w} S_w$$

用式（3-54）计算垂向渗透率，有

$$K_v = \frac{(K_s)^3}{(K_h)^2}$$

综上所述，对于部分射开气井，若用手工方法解释井筒储存系数、渗透率、表皮系数等参数，如图3-45所示。

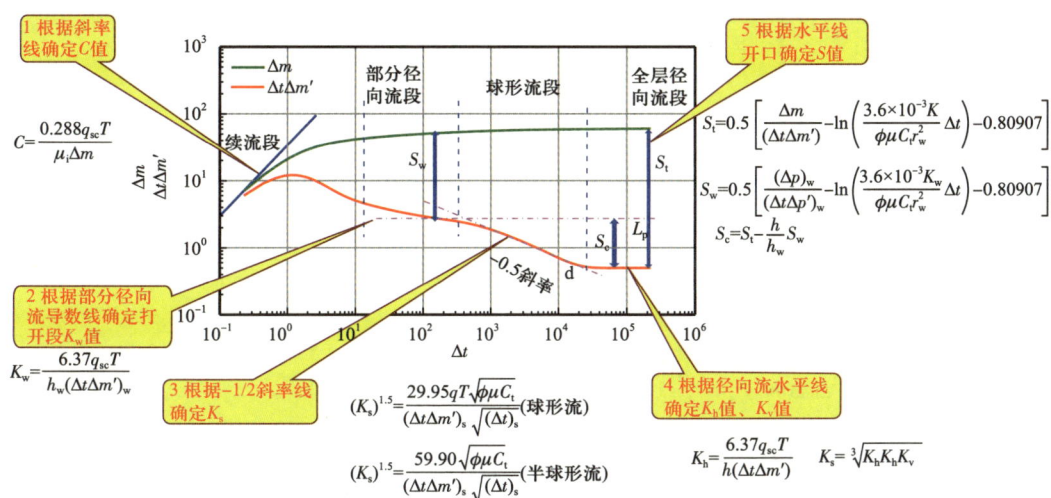

图3-45 部分射开井手工分析流程图（气井）

假设均质无限大气藏中有一口部分射开井，井筒储存系数为3.0m³/MPa，黏度为0.029mPa·s，表皮系数为0，气体压缩系数为0.0108MPa⁻¹，原始压力为50MPa，地层系数为10000mD·m，以10×10⁴m³/d的产量生产1000h，随后关井1000h，地层厚度为500m，射开50m，距离底部250m，垂向与水平渗透率比为0.1，井筒半径为0.1m，孔隙度为0.1，地层温度为100℃。试井设计双对数曲线如图3-46所示，分别读取续流特征线1h对应的拟压力10000MPa²/(mPa·s)；部分射开径向流数据点（1，14.75）、（1，290）；部分射开球形流数据点（10，7.1）；全井段径向流数据点（1000，2.5）和（1000，350）。

首先根据续流段数据，用式（3-4）计算井筒储存系数，有

$$C = \frac{0.288 q_{sc} T}{\mu_i \Delta m} = \frac{0.288 \times 10 \times 373.15}{0.030 \times 10000} = 3.70 \text{ m}^3/\text{MPa}$$

根据部分径向流数据，由式（3-55）计算射开段地层系数，有

$$K_w = \frac{6.37 q_{sc} T}{h_w (\Delta t \Delta m')_w} = \frac{6.37 \times 10 \times 373.15}{50 \times 20} = 24 \text{ mD}$$

用式（3-56）计算射开段表皮系数，有

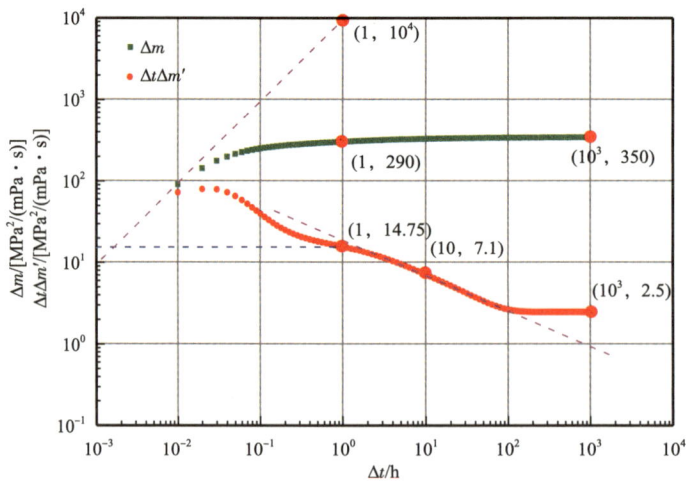

图 3-46 部分射开井试井模拟（气井）

$$S_w = 0.5 \left[\frac{\Delta m_w}{(\Delta t \Delta m')_w} - \ln\left(\frac{3.6 \times 10^{-3} K_w}{\phi \mu C_t r_w^2} \Delta t\right) - 0.80907 \right]$$

$$= 0.5 \times \left[\frac{290}{20} - \ln\left(\frac{3.6 \times 10^{-3} \times 24 \times 1.0}{0.1 \times 0.029 \times 0.0108 \times 0.01}\right) - 0.80907 \right] = 0.60$$

根据（半）球形流阶段数据，由式（3-57）计算球形渗透率，有

$$(K_s)^{1.5} = \frac{29.95 q T \sqrt{\phi \mu C_t}}{(\Delta t \Delta m')_s \sqrt{(\Delta t)_s}}$$

$$= \frac{29.95 \times 10 \times 373.15 \times \sqrt{0.1 \times 0.029 \times 0.0108}}{7.1 \times \sqrt{10}} = 27.85$$

$$K_s = 27.85^{2/3} = 9.20 \text{ mD}$$

根据晚期径向流阶段数据，由式（3-58）、式（3-59）分别计算水平渗透率、总表皮系数，有

$$K_h = \frac{6.37 q_{sc} T}{h(\Delta t \Delta m')} = \frac{6.37 \times 10 \times 373.15}{500 \times 2.5} = 19.0 \text{ mD}$$

$$S_t = 0.5 \left[\frac{\Delta m}{(\Delta t \Delta m')} - \ln\left(\frac{3.6 \times 10^{-3} K_h}{\phi \mu C_t r_w^2} \Delta t\right) - 0.80907 \right]$$

$$= 0.5 \left[\frac{350}{2.50} - \ln\left(\frac{3.6 \times 10^{-3} \times 19 \times 1000}{0.1 \times 0.029 \times 0.0108 \times 0.01}\right) - 0.80907 \right] = 60.0$$

由式（3-53）计算部分射开造成的表皮系数

$$S_c = S_t - \frac{h}{h_w}S_w = 60 - \frac{500}{50} \times 0.6 = 54$$

由式（3-54）计算垂向渗透率，有

$$K_v = \frac{(K_s)^3}{(K_h)^2} = \frac{9.20^3}{19.0^2} = 2.15 \text{ mD}$$

$$\frac{K_v}{K_h} = \frac{2.15}{19.0} = 0.11$$

四、分析实例

无限大地层中一口生产井，储层厚度为30.48m，顶部钻开4.572m，孔隙度为0.27，井筒半径为0.1m，原始压力为18.86MPa，体积系数为1.21，原油黏度为1.06mPa·s，总压缩系数为1.87×10^{-3} MPa^{-1}，以产量99.4m^3/d 生产了12h（Spivey，2013），双对数图如图3-47所示。

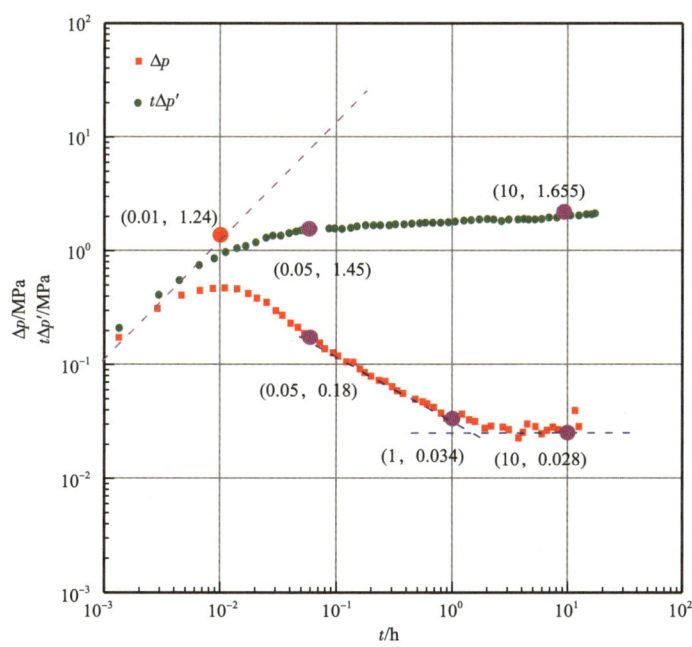

图3-47 部分射开井双对数图（油井）

分别读取续流特征线0.01h对应的压力1.24MPa；部分射开径向流数据点（0.05，0.18）、（0.05，1.45）；部分射开球形流数据点（1，0.034）；全井段径向流数据点（10，0.028）和（10，1.655）。

用式（3-4）计算井筒储存系数，有

$$C = \frac{qB\Delta t}{24\Delta p} = \frac{99.4 \times 1.21 \times 0.01}{24 \times 1.24} = 0.04 \text{ m}^3/\text{MPa}$$

由式（3-49）计算射开段地层系数，有

$$K_w = \frac{0.9210qB\mu}{h_w(\Delta t\Delta p')_w} = \frac{0.9210 \times 99.4 \times 1.21 \times 1.06}{4.572 \times 0.18} = 143 \text{ mD}$$

由式（3-50）计算射开段表皮系数，有

$$S_w = 0.5\left[\frac{(\Delta p)_w}{(\Delta t\Delta p')_w} - \ln\left(\frac{3.6 \times 10^{-3}K_w}{\phi\mu C_t r_w^2}\Delta t\right) - 0.80907\right]$$

$$= 0.5 \times \left[\frac{1.45}{0.18} - \ln\left(\frac{3.6 \times 10^{-3} \times 143 \times 0.05}{0.27 \times 1.06 \times 0.00187 \times 0.1^2}\right) - 0.80907\right] = -0.6$$

由式（3-45）计算半球形渗透率，有

$$(K_s)^{1.5} = \frac{8.66qB\mu}{(\Delta t\Delta p')_s}\frac{\sqrt{\phi\mu C_t}}{\sqrt{(\Delta t)_s}}$$

$$= \frac{8.66 \times 99.4 \times 1.06 \times 1.21 \times \sqrt{0.27 \times 1.06 \times 0.00187}}{0.034 \times \sqrt{1.0}} = 740.9$$

$$K_s = (740.9)^{2/3} = 81.9 \text{ mD}$$

由式（3-51）、式（3-52）分别计算水平渗透率、总表皮系数，有

$$K_h = \frac{0.9210qB\mu}{h(\Delta t\Delta p')} = \frac{0.9210 \times 99.4 \times 1.21 \times 1.06}{30.48 \times 0.028} = 139.6 \text{ mD}$$

$$S_t = 0.5\left[\frac{\Delta p}{(\Delta t\Delta p')} - \ln\left(\frac{3.6 \times 10^{-3}K_h}{\phi\mu C_t r_w^2}\Delta t\right) - 0.80907\right]$$

$$= 0.5 \times \left[\frac{1.655}{0.028} - \ln\left(\frac{3.6 \times 10^{-3} \times 139.6 \times 10}{0.27 \times 1.06 \times 0.00187 \times 0.1^2}\right) - 0.80907\right] = 22.7$$

由式（3-53）计算部分射开造成的表皮系数

$$S_c = S_t - \frac{h}{h_w}S_w = 22.7 - \frac{30.48}{4.572} \times (-0.6) = 26.7$$

由式（3-54）计算垂向渗透率，有

$$K_v = \frac{(K_s)^3}{(K_h)^2} = \frac{81.9^3}{139.6^2} = 28.2 \text{ mD}$$

$$\frac{K_v}{K_h} = \frac{28.2}{139.6} = 0.20$$

在上述试井解释的基础上,还可计算球形流开始时刻和结束时刻、径向流开始时刻和结束时刻的探测半径。球形流开始时间为0.2h、结束时间为1h,径向流开始时间2h、结束时间12h,四个时间点的探测半径分别为

$$r_1 = 0.12\sqrt{\frac{K_v t_1}{\phi \mu C_t}} = 0.12 \times \sqrt{\frac{28.2 \times 0.2}{0.27 \times 1.06 \times 0.00187}} = 12.32 \text{ m}$$

$$r_2 = 0.12\sqrt{\frac{K_v t_2}{\phi \mu C_t}} = 0.12 \times \sqrt{\frac{28.2 \times 1.0}{0.27 \times 1.06 \times 0.00187}} = 27.55 \text{ m}$$

$$r_3 = 0.12\sqrt{\frac{K_h t_3}{\phi \mu C_t}} = 0.12 \times \sqrt{\frac{139.6 \times 2}{0.27 \times 1.06 \times 0.00187}} = 86.67 \text{ m}$$

$$r_4 = 0.12\sqrt{\frac{K_h t_4}{\phi \mu C_t}} = 0.12 \times \sqrt{\frac{139.6 \times 12}{0.27 \times 1.06 \times 0.00187}} = 212.30 \text{ m}$$

用垂向渗透率计算球形流起、止点的探测半径;用水平渗透率计算径向流起、止点的探测半径。由于射孔段在储层的顶部,射孔中深到储层底部的距离为28.20m,此值与球形流结束时的探测半径27.55m几乎完全相同。

第五节 均质无限大储层中一口水平井

新世纪以来,水平井技术在油气藏开发中已得到广泛应用,使用该技术的主要目的之一是提高经济效益。通常假设地层是水平无限大的、等厚的均质砂岩地层;水平井穿入地层后,其水平段穿行轨迹是水平的,如图3-48所示。

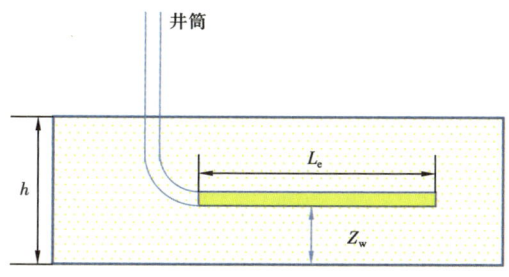

图3-48 水平井穿行地层相对位置示意图

一、典型曲线特征

水平井完整的流动形态是续流段、垂向径向流段、线性流段、拟径向流段,如图3-49所示。

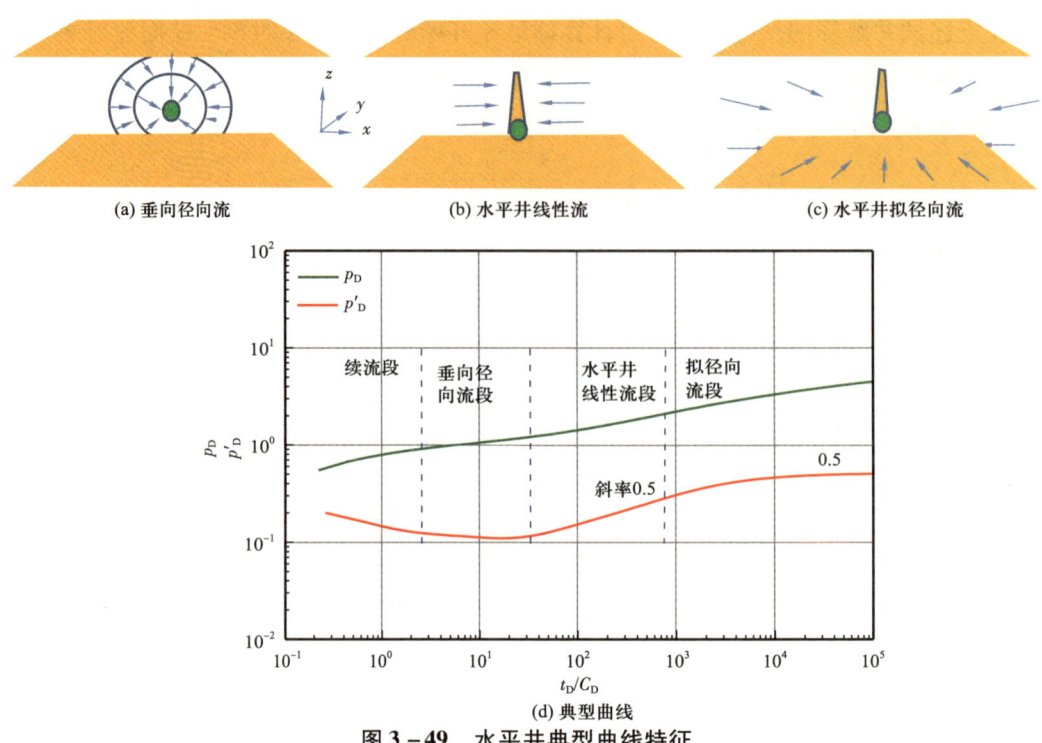

图3-49 水平井典型曲线特征

续流段之后是垂向径向流段,但当地层较薄或续流影响较大时,这一流动段将消失或被淹没,如图3-50所示;随后是线性流段,这是水平井试井曲线的重要特征,导数曲线斜率是1/2;最后是拟径向流段,导数曲线是水平线。

二、手工分析方法

(一)垂向径向流段

在早期垂向径向流段,有

$$p_D = \frac{1}{4L_D}(\ln t_D + 0.80907 + 2S) \tag{3-60}$$

$$t_D \frac{dp_D}{dt_D} = \frac{1}{4L_D} \tag{3-61}$$

$$L_D = \frac{L}{2h}\sqrt{\frac{K_v}{K_h}} \tag{3-62}$$

式中 L——水平段长度,m;

h——地层厚度,m;

下角v——表示垂向的;

下角h——表示水平的。

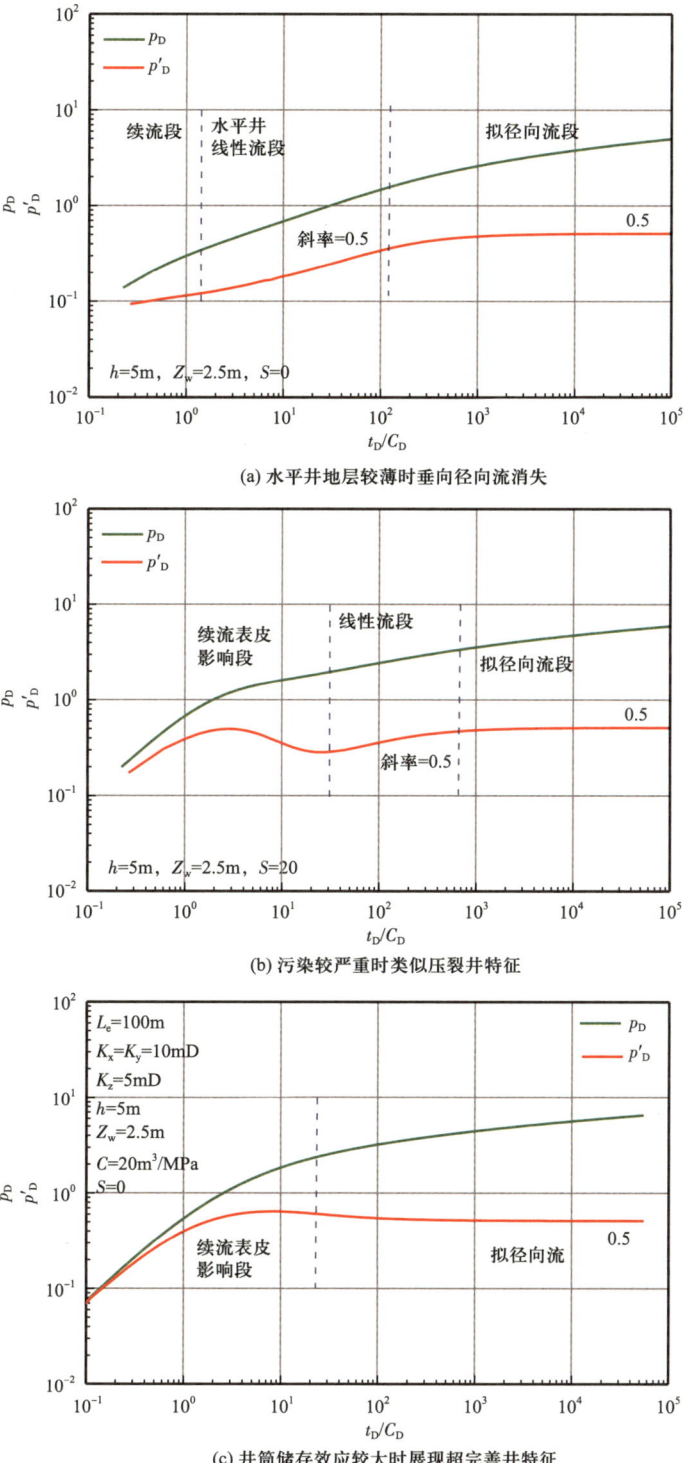

(a) 水平井地层较薄时垂向径向流消失

(b) 污染较严重时类似压裂井特征

(c) 井筒储存效应较大时展现超完善井特征

图 3-50 水平井非典型情形曲线特征

将油井无量纲压力式（3-20）代入式（3-61），有

$$\sqrt{K_h K_v} = \frac{0.9210 qB\mu}{L(\Delta t \Delta p')} \quad (3-63)$$

对于气井，将无量纲压力式（3-29）代入式（3-61），有

$$\sqrt{K_v K_h} = \frac{6.37 q_{sc} T}{L(\Delta t \Delta m')} \quad (3-64)$$

与直井筒半径向流情形表达式类似，将厚度转换为 L 即可。

（二）线性流段

在中期线性流段，压力导数斜率为 1/2，有

$$p_D = 2 r_{wD} \sqrt{\pi t_D} + S \quad (3-65)$$

$$t_D \frac{dp_D}{dt_D} = r_{wD} \sqrt{\pi t_D} \quad (3-66)$$

$$r_{wD} = \frac{r_w}{L} \quad (3-67)$$

对于油井，将无量纲时间式（3-12）、无量纲压力式（3-20）代入式（3-66），有

$$\sqrt{K_h} = \frac{0.196 qB\mu}{Lh} \frac{\sqrt{\Delta t}}{\sqrt{\phi \mu C_t}(\Delta t \Delta p')} \quad (3-68)$$

与式（3-64）相结合，可计算垂向渗透率；或已知水平渗透率，可计算有效水平段长度。

对于气井，将无量纲时间式（3-12）、无量纲压力式（3-29）代入式（3-66），有

$$\sqrt{K_h} = \frac{1.3543 qT}{Lh} \frac{\sqrt{\Delta t}}{\sqrt{\phi \mu C_t}(\Delta t \Delta m')} \quad (3-69)$$

三、分析过程

（一）油井分析过程

首先根据续流段数据，在续流段特征曲线上读取 1h 时刻对应的压力 Δp，用式（3-3）计算井筒储存系数，有

$$C = \frac{qB}{24 \Delta p}$$

根据垂向径向流数据，读取径向流段任一点的导数值 $(\Delta t \Delta p')$，由式（3-63）计算垂向与水平渗透率的乘积，有

$$\sqrt{K_h K_v} = \frac{0.9210qB\mu}{L(\Delta t \Delta p')}$$

根据线性流数据，读取1/2斜率线上任一点坐标，由式（3-68）计算水平渗透率，有

$$\sqrt{K_h} = \frac{0.196qB\mu}{Lh} \frac{\sqrt{\Delta t}}{\sqrt{\phi \mu C_t}(\Delta t \Delta p')}$$

根据晚期径向流阶段数据，计算水平渗透率、表皮系数，有

$$K_h = \frac{0.9210qB\mu}{h(\Delta t \Delta p')}$$

$$S = 0.5\left[\frac{\Delta p}{(\Delta t \Delta p')} - \ln\left(\frac{3.6 \times 10^{-3} K_h}{\phi \mu C_t r_w^2}\Delta t\right) - 0.80907\right]$$

综上所述，对于水平井，若用手工方法解释井筒储存系数、渗透率、表皮系数等参数，如图3-51所示。

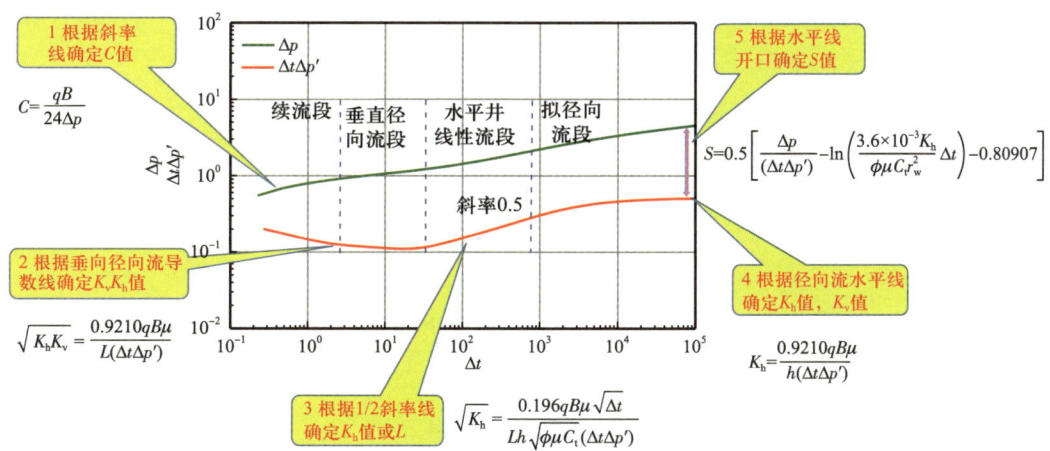

图3-51　水平井手工分析流程图（油井）

假设均质无限大油藏中有一口水平井，井筒储存系数为0.2m³/MPa，表皮系数为0，原油体积系数为1.0，黏度为1.0mPa·s，总压缩系数为0.002MPa^{-1}，原始压力为50MPa，地层系数为200mD·m，以100m³/d的产量生产1000h，地层厚度为10m，距离底部5m，垂向与水平渗透率比为0.05，井筒半径为0.1m，孔隙度为0.1。试井设计双对数曲线如图3-52所示，分别读取续流特征线0.01h对应的压力值0.15MPa；垂向径向流数据点（0.1，0.036）；线性流流数据点（4，0.1）；晚期径向流数据点（1000，0.44）和（1000，1.90），如图3-52所示。

首先根据续流段数据，在续流段特征曲线上读取0.01h时刻对应的压力0.15，用式（3-3）计算井筒储存系数，有

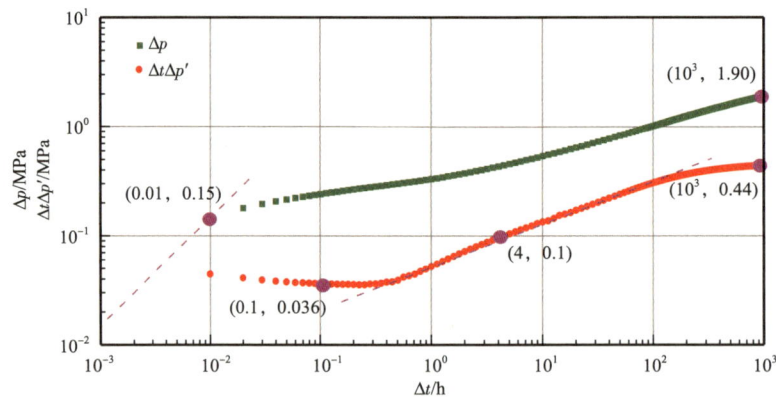

图 3-52 水平井模拟实例（油井）

$$C = \frac{qBt}{24\Delta p} = \frac{100 \times 1 \times 0.01}{24 \times 0.15} = 0.27 \text{ m}^3/\text{MPa}$$

根据垂向径向流数据，在水平线上任取一点（0.1，0.036），由式（3-63）计算垂向与水平渗透率的乘积，有

$$\sqrt{K_h K_v} = \frac{0.9210 q B \mu}{L(\Delta t \Delta p')} = \frac{0.9210 \times 100 \times 1 \times 1}{600 \times 0.036} = 4.264 \text{ mD}$$

根据线性流数据，任取 1/2 斜率线上一点（4，0.1），由式（3-68）计算水平渗透率，有

$$\sqrt{K_h} = \frac{0.196 q B \mu}{L h} \frac{\sqrt{\Delta t}}{\sqrt{\phi \mu C_t}(\Delta t \Delta p')} = \frac{0.196 \times 100 \times 1 \times 1 \times \sqrt{4}}{600 \times 10 \times \sqrt{0.1 \times 1 \times 0.002 \times 0.1}} = 4.62$$

$$K_h = 4.62^2 = 21.34 \text{ mD}$$

根据晚期径向流阶段数据，计算水平渗透率、表皮系数，有

$$K_h = \frac{0.9210 q B \mu}{h(\Delta t \Delta p')} = \frac{0.921 \times 100 \times 1 \times 1}{10 \times 0.44} = 20.93 \text{ mD}$$

$$S = 0.5 \left[\frac{\Delta p}{(\Delta t \Delta p')} - \ln\left(\frac{3.6 \times 10^{-3} K_h}{\phi \mu C_t r_w^2} \Delta t\right) - 0.80907 \right]$$

$$= 0.5 \left[\frac{1.90}{0.44} - \ln\left(\frac{3.6 \times 10^{-3} \times 20.93 \times 1000}{0.1 \times 1 \times 0.002 \times 0.1^2}\right) - 0.80907 \right] = -7.0$$

（二）气井分析流程

首先根据续流段数据，在续流段特征曲线上读取 1h 时刻对应的压力 Δm，用式（3-4）计算井筒储存系数，有

$$C = \frac{0.288 q_{sc} T}{\mu_i \Delta m}$$

根据垂向径向流数据，读取径向流段任一点的导数值（$\Delta t \Delta m'$），由式（3-64）计算垂向与水平渗透率的乘积，有

$$\sqrt{K_v K_h} = \frac{6.37 q_{sc} T}{L(\Delta t \Delta m')}$$

根据线性流数据，读取 1/2 斜率线上一点坐标，由式（3-69）计算水平渗透率，有

$$\sqrt{K_h} = \frac{1.3543 q T}{L h} \frac{\sqrt{\Delta t}}{\sqrt{\phi \mu C_t}(\Delta t \Delta m')}$$

根据晚期径向流阶段数据，计算水平渗透率、表皮系数，有

$$K_h = \frac{6.37 q_{sc} T}{h(\Delta t \Delta m')}$$

$$S = 0.5 \left[\frac{\Delta m}{(\Delta t \Delta m')} - \ln\left(\frac{3.6 \times 10^{-3} K_h}{\phi \mu C_t r_w^2} \Delta t\right) - 0.80907 \right]$$

综上所述，对于水平井，若用手工方法解释井筒储存系数、渗透率、表皮系数等参数，如图 3-53 所示。

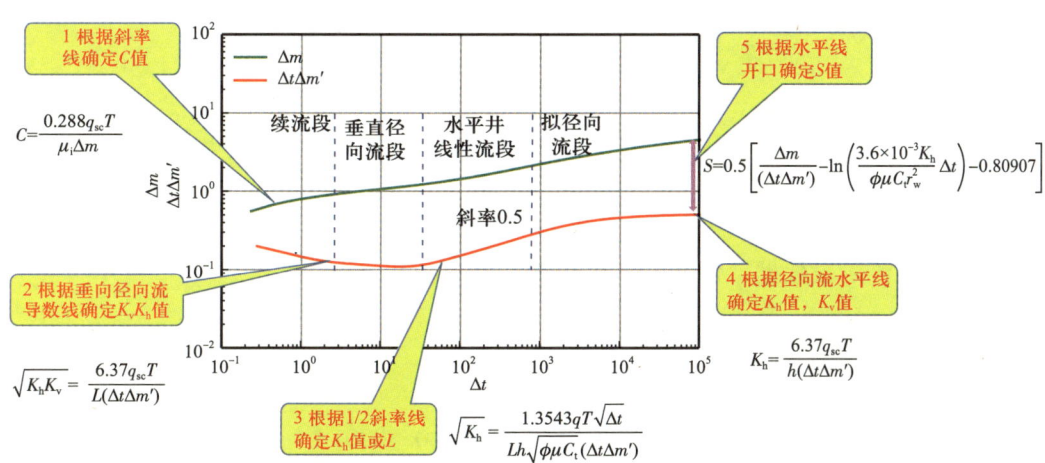

图 3-53　水平井手工分析流程图（气井）

假设均质无限大气藏中有一口水平井，井筒储存系数为 2.0m³/MPa，黏度为 0.029mPa·s，表皮系数为 0，气体压缩系数为 0.0108MPa⁻¹，原始压力为 50MPa，地层系数为 200mD·m，以 10×10⁴m³/d 的产量生产 1000h，随后关井 1000h，地层厚度为 10m，水平井筒距离底部 5m，垂向与水平渗透率比为 0.05，井筒半径为 0.1m，孔隙度为 0.1，

地层温度为100℃，水平段长度为600m。试井设计双对数曲线如图3-54所示，垂向径向流数据点（0.1，11）、（0.1，80）；径向流数据点（1000，120）和（1000，730）。

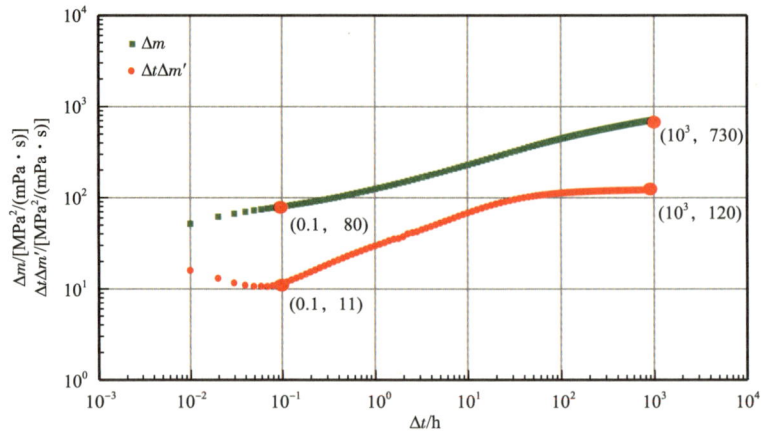

图3-54 部分射开井试井模拟实例（气井）

根据垂向径向流数据，由式（3-64）计算垂向与水平渗透率的乘积，有

$$\sqrt{K_v K_h} = \frac{6.37 q_{sc} T}{L(\Delta t \Delta m')} = \frac{6.37 \times 10 \times 373.15}{600 \times 11} = 3.6 \text{ mD}$$

根据线性流数据，由式（3-69）计算水平渗透率，有

$$\sqrt{K_h} = \frac{1.3543 q T}{Lh} \frac{\sqrt{\Delta t}}{\sqrt{\phi \mu C_t} (\Delta t \Delta m')}$$

$$= \frac{1.3543 \times 10 \times 373.15 \times \sqrt{0.1}}{600 \times 10 \times \sqrt{0.1 \times 0.029 \times 0.01075} \times 11} = 4.3$$

$$K_h = 4.3^2 \approx 18.5 \text{ mD}$$

根据晚期径向流阶段数据，计算水平渗透率、表皮系数，有

$$K_h = \frac{6.37 q_{sc} T}{h(\Delta t \Delta m')} = \frac{6.37 \times 10 \times 373.15}{10 \times 120} = 19.8 \text{ mD}$$

$$S = 0.5 \left[\frac{\Delta m}{(\Delta t \Delta m')} - \ln \left(\frac{3.6 \times 10^{-3} K}{\phi \mu C_t r_w^2} \Delta t \right) - 0.80907 \right]$$

$$= 0.5 \left[\frac{730}{120} - \ln \left(\frac{3.6 \times 10^{-3} \times 20 \times 1000}{0.1 \times 0.029 \times 0.01075 \times 0.1^2} \right) - 0.80907 \right] = -7.0$$

四、分析实例

无限大地层中一口生产井，储层厚度为4.69m，孔隙度为0.068，井筒半径为

0.762m，体积系数为 1.394，原油黏度为 0.524mPa·s，总压缩系数为 1.7×10^{-3} MPa^{-1}，关井前产量为 130m³/d，水平段长度为 1000m，双对数图如图 3-55 所示。

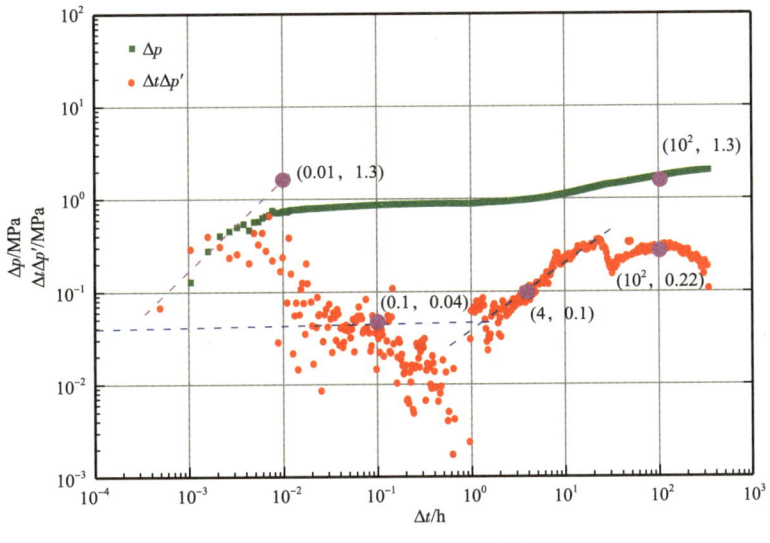

图 3-55 水平井实例（油井）

首先根据续流段数据，在续流段特征曲线上读取 0.01h 时刻对应的压力 1.3MPa，用式（3-3）计算井筒储存系数，有

$$C = \frac{qBt}{24\Delta p} = \frac{130 \times 1.394 \times 0.01}{24 \times 1.3} = 0.06 \text{ m}^3/\text{MPa}$$

根据垂向径向流数据，读取径向流段直线段上任一点的导数值 0.04MPa，由式（3-63）计算垂向与水平渗透率的乘积，有

$$\sqrt{K_h K_v} = \frac{0.9210 qB\mu}{L(\Delta t \Delta p')} = \frac{0.9210 \times 130 \times 1.394 \times 0.524}{1000 \times 0.04} = 2.19 \text{ mD}$$

在 1/2 斜率直线段上读取任一点坐标（4，0.1），由式（3-68）计算水平渗透率，有

$$\sqrt{K_h} = \frac{0.196 qB\mu}{Lh} \frac{\sqrt{\Delta t}}{\sqrt{\phi \mu C_t}(\Delta t \Delta p')} = \frac{0.196 \times 130 \times 1.394 \times 0.524 \times \sqrt{4}}{1000 \times 4.69 \times \sqrt{0.068 \times 0.524 \times 0.0017} \times 0.1} = 9.27$$

$$K_h = 9.27^2 \approx 86.0 \text{ mD}$$

根据晚期径向流阶段数据，计算水平渗透率、表皮系数，有

$$K_h = \frac{0.9210 qB\mu}{h(\Delta t \Delta p')} = \frac{0.9210 \times 130 \times 1.394 \times 0.524}{4.69 \times 0.22} = 85 \text{ mD}$$

$$S = 0.5\left[\frac{\Delta p}{(\Delta t \Delta p')} - \ln\left(\frac{3.6 \times 10^{-3} K_h}{\phi \mu C_t r_w^2}\Delta t\right) - 0.80907\right]$$

$$= 0.5\left[\frac{1.3}{0.22} - \ln\left(\frac{3.6 \times 10^{-3} \times 85 \times 100}{0.068 \times 0.524 \times 0.0017 \times 0.0762^2}\right) - 0.80907\right] = -6.6$$

第六节 双重孔隙介质无限大储层中一口直井

在全球范围内，大量探明油气储量均储藏于天然裂缝储层。连通的孔隙空间发育基质和裂缝两套系统，具有不同的流体储集能力和传导特征，此类储层通常被称为双重孔隙介质储层，国内通常简称为"双重介质"。Warren – Root 模型用一堆矩形块表示天然裂缝储层的双重孔隙介质系统（Warren, 1963），如图3 – 56所示。

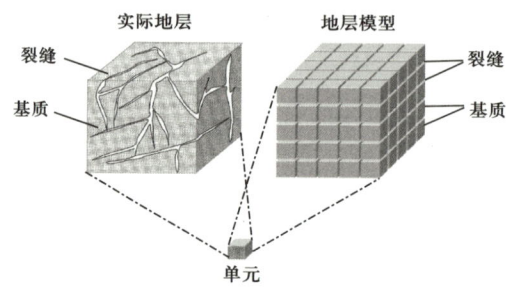

图3 – 56 非均质多孔介质理想化模型

在双重孔隙介质储层中，只有裂缝系统与井筒相连通，裂缝是渗流通道，基质是储集空间，其流动过程如图3 – 57所示。图中（a）是裂缝中的流动；（b）是过渡流动和总系统流动，基质系统与裂缝系统之间形成了压差，促使基质内的流体向裂缝流动，此时裂缝系统与基质系统压力达到平衡共同向井内供应流体。

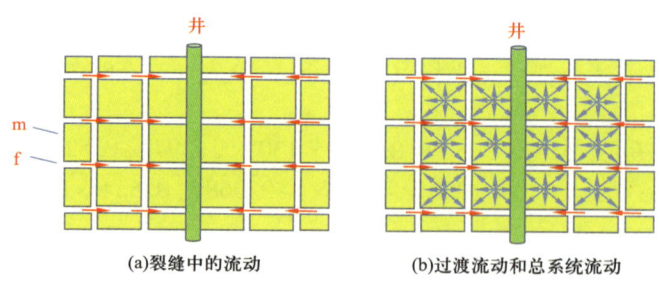

图3 – 57 双重介质储层流体流动过程示意图

在双重孔隙介质储层试井模型中，有两个重要的参数：一是弹性储容比 ω，定义为裂缝中的储容与系统储容的比值，有

$$\omega = \frac{(h\phi C_t)_f}{(h\phi C_t)_f + (h\phi C_t)_m} \tag{3-70}$$

式中　下角 f——表示裂缝的；

　　　下角 m——表示基质的；

　　　h——厚度；

　　　ϕ——孔隙度；

　　　C_t——总压缩系数。

二是窜流系数 λ，用于描述基质与裂缝间流体交换难易程度，定义为

$$\lambda = \sigma\left(\frac{K_m}{K_f}\right)r_w^2 \tag{3-71}$$

基质为立方体模型中，窜流系数 λ 定义为

$$\lambda = \frac{60}{L_m^2}\left(\frac{K_m}{K_f}\right)r_w^2 \tag{3-72}$$

其中，L_m 为基质块长度。

基质为球形模型中，窜流系数 λ 定义为

$$\lambda = \frac{15}{r_m^2}\left(\frac{K_m}{K_f}\right)r_w^2 \tag{3-73}$$

其中，r_m 为基质块球形半径。

基质为板状模型中，窜流系数 λ 定义为

$$\lambda = \frac{12}{h_f^2}\left(\frac{K_m}{K_f}\right)r_w^2 \tag{3-74}$$

其中，h_f 为裂缝厚度或高渗层厚度。

基质为柱状模型中，窜流系数 λ 定义为

$$\lambda = \frac{8}{r_m^2}\left(\frac{K_m}{K_f}\right)r_w^2 \tag{3-75}$$

其中，r_m 为柱体半径。通常情况下，介质间窜流系数的范围在 10^{-3} 和 10^{-9} 之间。

一、典型曲线特征

双重孔隙储层中直井完整的流动形态是续流段、裂缝径向流段、过渡段和总系统径向流段，如图 3-58 所示。

由于井筒储存系数的影响（斜率 1 直线段右移）或窜流系数（下凹左移）的影响，裂缝径向流可能被掩盖掉，如图 3-59 所示。

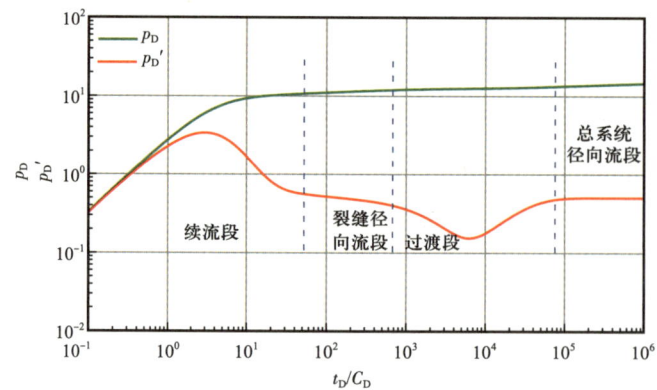

图 3-58 双重介质储层典型曲线

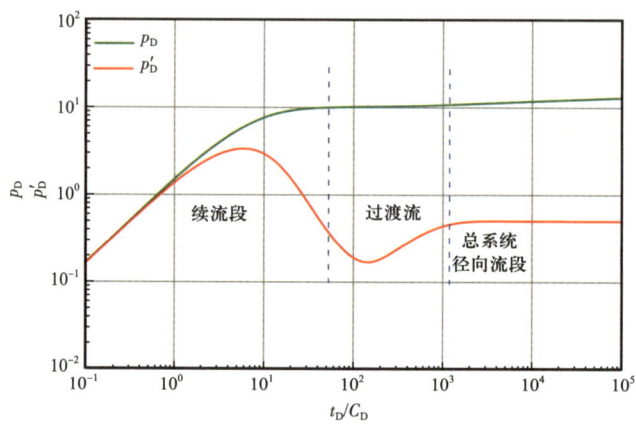

图 3-59 裂缝径向流段缺失的双重介质储层典型曲线

压力导数的过渡段是双重介质储层最重要的特征，该特征由弹性储容比 ω 和窜流系数 λ 控制，如图 3-60 和图 3-61 所示。

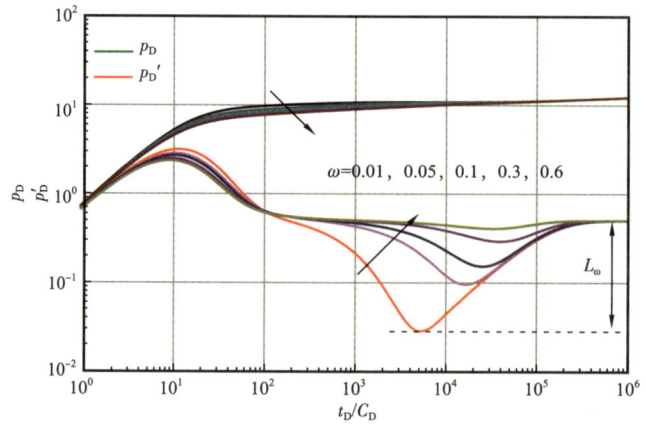

图 3-60 弹性储容比对双重介质储层典型曲线的影响

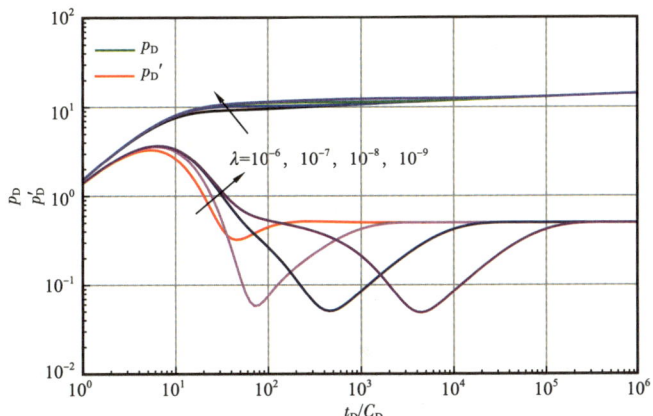

图 3-61 窜流系数对双重介质储层典型曲线的影响

二、手工分析方法

(一)弹性储容比

弹性储容比控制着导数曲线下凹的深度,如图 3-62 所示,导数最小点与径向流点的关系(Tiab,1996)为

$$\frac{[(\Delta t \Delta p')]_{\min}}{[(\Delta t \Delta p')]_r} = 1 + \omega^{\frac{1}{1-\omega}} - \omega^{\frac{\omega}{1-\omega}} \tag{3-76}$$

$$\omega(\leqslant 0.1) = 0.15866 \frac{[(\Delta t \Delta p')]_{\min}}{[(\Delta t \Delta p')]_r} + 0.54653 \left\{\frac{[(\Delta t \Delta p')]_{\min}}{[(\Delta t \Delta p')]_r}\right\}^2 \tag{3-77}$$

式中 下角 r——表示径向流的;

下角 min——表示最小点的。

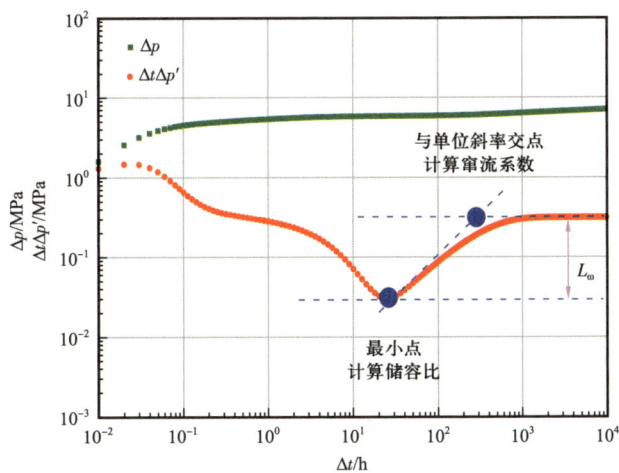

图 3-62 弹性储容比计算方法示意图

弹性储容比 ω 与下凹的关系（庄惠农，2021）还可表示为

$$\omega = 10^{-2L_D} \quad (3-78)$$

其中

$$L_D = \frac{L_\omega}{L_C} \quad (3-79)$$

式中　L_ω——过渡段下凹深度绝对值，mm；

　　　L_C——压力坐标中一个对数周期的刻度长，mm。

如在一个实测的双对数图中 L_ω 为 12mm，图中压力坐标一个对数周期的长度 L_C 为 15.0mm，则有 $L_D = 0.8$，根据式（3-78），有 $\omega = 0.025$。

对于气井，有

$$\omega(\leqslant 0.1) = 0.15866 \frac{[(\Delta t \Delta m')]_{min}}{[(\Delta t \Delta m')]_r} + 0.54653 \left\{ \frac{[(\Delta t \Delta m')]_{min}}{[(\Delta t \Delta m')]_r} \right\}^2 \quad (3-80)$$

（二）窜流系数

如图 3-62 所示，窜流系数可用过最低点的单位斜率线与径向流水平线的交点来计算，有

$$\lambda = \frac{(\phi \mu C_t) r_w^2}{3.6 \times 10^{-3} K} \frac{1}{(\Delta t)_{交点}} \quad (3-81)$$

或用最小点的坐标来表示，有

$$\left(t_D \frac{dp_D}{dt_D} \right)_{min} = 0.63 \lambda (t_D)_{min} \quad (3-82)$$

对于油井，将无量纲压力和无量纲时间代入式（3-82），有

$$\lambda = \frac{239.37(\phi h C_t) r_w^2}{qB} \left[\frac{(\Delta t \Delta p')}{(\Delta t)} \right]_{min} \quad (3-83)$$

对于气井，将无量纲压力和无量纲时间代入式（3-82），有

$$\lambda = \frac{34.61(\phi h C_t) \mu r_w^2}{q_{sc} T} \left[\frac{(\Delta t \Delta m')}{(\Delta t)} \right]_{min} \quad (3-84)$$

三、分析过程

（一）油井分析过程

首先根据续流段数据，在续流段特征曲线上读取 1h 时刻对应的压力 Δp，用式（3-3）计算井筒储存系数，有

$$C = \frac{qB}{24\Delta p}$$

根据径向流数据，读取径向流对应的导数值（$\Delta t \Delta p'$），由式（3-8）计算地层系数，有

$$K = \frac{0.9210qB\mu}{h(\Delta t \Delta p')}$$

用式（3-14）计算表皮系数，有

$$S = 0.5\left[\frac{\Delta p}{(\Delta t \Delta p')} - \ln\left(\frac{3.6 \times 10^{-3} K}{\phi \mu C_t r_w^2}\Delta t\right) - 0.80907\right]$$

读取下凹部分最小值的坐标值（Δt，$\Delta t \Delta p'$）$_{min}$ 和径向流水平线坐标值（$\Delta t \Delta p'$）$_r$，由式（3-77）计算弹性储容比，有

$$\omega(\leq 0.1) = 0.15866\frac{[(\Delta t \Delta p')]_{min}}{[(\Delta t \Delta p')]_r} + 0.54653\left\{\frac{[(\Delta t \Delta p')]_{min}}{[(\Delta t \Delta p')]_r}\right\}^2$$

或量取压力坐标对数周期的长度 L_c 和径向流水平线与最小值之间的距离 L_ω，由式（3-78）计算储容比，有

$$\omega = 10^{-2L_D}$$

绘制过最低点的单位斜率线与径向流水平线相交，读取交点坐标，由式（3-81）计算窜流系数：

$$\lambda = \frac{(\phi \mu C_t)r_w^2}{3.6 \times 10^{-3} K}\frac{1}{(\Delta t)_{交点}}$$

或，读取最小点坐标值，由式（3-83）计算窜流系数：

$$\lambda = \frac{239.37(\phi h C_t)r_w^2}{qB}\left[\frac{(\Delta t \Delta p')}{(\Delta t)}\right]_{min}$$

这就是双重孔隙介质油藏中一口直井情形手工计算井筒储存系数 C、渗透率 K、表皮系数 S、弹性储容比 ω 和窜流系数 λ 的过程，如图 3-63 所示。

假设双重孔隙介质无限大油藏中有一口直井，井筒储存系数为 $0.01\text{m}^3/\text{MPa}$，表皮系数为 0，原油体积系数为 1.0，黏度为 $1.0\text{mPa}\cdot\text{s}$，总压缩系数为 0.002MPa^{-1}，原始压力为 50MPa，地层系数为 $100\text{mD}\cdot\text{m}$，关井前产量为 $100\text{m}^3/\text{d}$，地层厚度为 10m，储容比为 0.05，窜流系数为 1×10^{-6}，井筒半径为 0.1m，孔隙度为 0.1。试井设计双对数曲线如图 3-64 所示，分别读取最低点（10，0.19）；交点（63，0.94），晚期径向流数据点（1000，0.94）、（1000，17.0）。

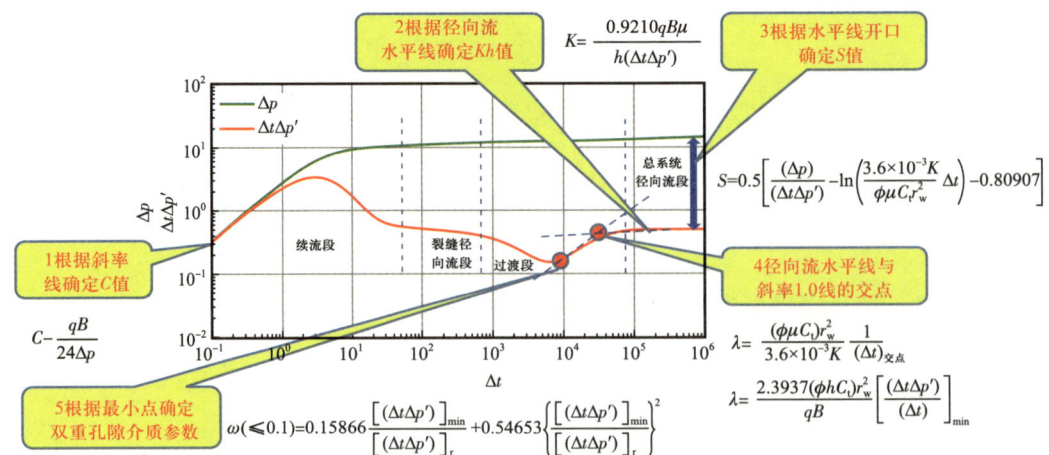

图3-63 双重孔隙介质油藏中一口直井的手工分析过程图

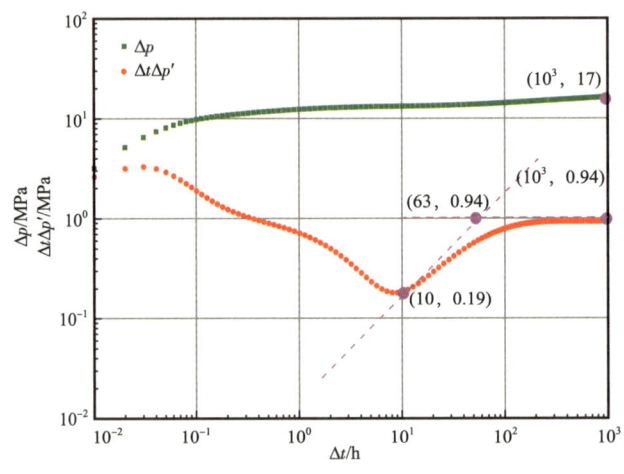

图3-64 水平井模拟实例(油井)

根据径向流数据，读取径向流对应的导数值0.94MPa，由式(3-8)计算地层系数，有

$$K = \frac{0.9210qB\mu}{h(\Delta t \Delta p')} = \frac{0.9210 \times 100 \times 1 \times 1}{10 \times 0.94} = 9.8 \text{ mD}$$

用式(3-14)计算表皮系数，有

$$S = 0.5 \left[\frac{\Delta p}{(\Delta t \Delta p')} - \ln\left(\frac{3.6 \times 10^{-3} K}{\phi \mu C_t r_w^2} \Delta t\right) - 0.80907 \right]$$

$$= 0.5 \left[\frac{17}{0.94} - \ln\left(\frac{3.6 \times 10^{-3} \times 9.8 \times 1000}{0.1 \times 1 \times 0.002 \times 0.1^2}\right) - 0.80907 \right] = 0.3$$

读取下凹部分最小值的坐标值$(10, 0.19)_{\min}$和径向流水平线导数值0.94，由式

(3-77) 计算弹性储容比，有

$$\omega(\leqslant 0.1) = 0.15866 \frac{[(\Delta t \Delta p')]_{\min}}{[(\Delta t \Delta p')]_r} + 0.54653 \left\{ \frac{[(\Delta t \Delta p')]_{\min}}{[(\Delta t \Delta p')]_r} \right\}^2$$

$$= 0.15866 \times \frac{0.19}{0.94} + 0.54653 \times \left(\frac{0.19}{0.94}\right)^2 = 0.054$$

绘制过最低点的单位斜率线与径向流水平线相交，读取交点坐标（63, 0.94），由式（3-81）计算窜流系数：

$$\lambda = \frac{(\phi \mu C_t) r_w^2}{3.6 \times 10^{-3} K} \frac{1}{(\Delta t)_{交点}} = \frac{(0.1 \times 1 \times 0.002) \times 0.1^2}{3.6 \times 10^{-3} \times 9.8} \times \frac{1}{63} = 0.9 \times 10^{-6}$$

或读取最小点坐标值（10, 0.19），由式（3-81）计算窜流系数：

$$\lambda = \frac{239.37(\phi h C_t) r_w^2}{qB} \left[\frac{(\Delta t \Delta p')}{(\Delta t)} \right]_{\min}$$

$$= \frac{239.37 \times (0.1 \times 10 \times 0.002) \times 0.01}{100 \times 1} \times \left(\frac{0.19}{10}\right) = 0.91 \times 10^{-6}$$

（二）气井分析过程

首先根据续流段数据，在续流段特征曲线上读取 1h 时刻对应的压力 Δm，用式（3-4）计算井筒储存系数，有

$$C = \frac{0.288 q_{sc} T}{\mu_i \Delta m}$$

根据径向流数据，读取径向流对应的导数值 $(\Delta t \Delta m')$，由式（3-10）计算地层系数，有

$$K = \frac{6.37 q_{sc} T}{h(\Delta t \Delta m')}$$

用式（3-15）计算表皮系数，有

$$S = 0.5 \left[\frac{\Delta m}{(\Delta t \Delta m')} - \ln\left(\frac{3.6 \times 10^{-3} K}{\phi \mu C_t r_w^2} \Delta t\right) - 0.80907 \right]$$

读取下凹部分最小值的坐标值 $(\Delta t, \Delta t \Delta m')_{\min}$ 和径向流水平线坐标值 $(\Delta t \Delta m')_r$，由式（3-80）计算弹性储容比，有

$$\omega(\leqslant 0.1) = 0.15866 \frac{[(\Delta t \Delta m')]_{\min}}{[(\Delta t \Delta m')]_r} + 0.54653 \left\{ \frac{[(\Delta t \Delta m')]_{\min}}{[(\Delta t \Delta m')]_r} \right\}^2$$

或量取压力坐标对数周期的长度 L_c 和径向流水平线与最小值之间的距离 L_ω，由式（3-78）

计算储容比，有

$$\omega = 10^{-2L_D}$$

绘制过最低点的单位斜率线与径向流水平线相交，读取交点坐标，由式（3-81）计算窜流系数：

$$\lambda = \frac{(\phi\mu C_t)r_w^2}{3.6 \times 10^{-3} K} \frac{1}{(\Delta t)_{交点}}$$

或，读取最小点坐标值，由式（3-84）计算窜流系数：

$$\lambda = \frac{34.61(\phi h C_t)\mu r_w^2}{q_{sc} T} \left[\frac{(\Delta t \Delta m')}{(\Delta t)}\right]_{min}$$

这就是双重孔隙介质气藏中一口直井情形手工计算井筒储存系数 C、渗透率 K、表皮系数 S、弹性储容比 ω 和窜流系数 λ 的过程，如图 3-65 所示。

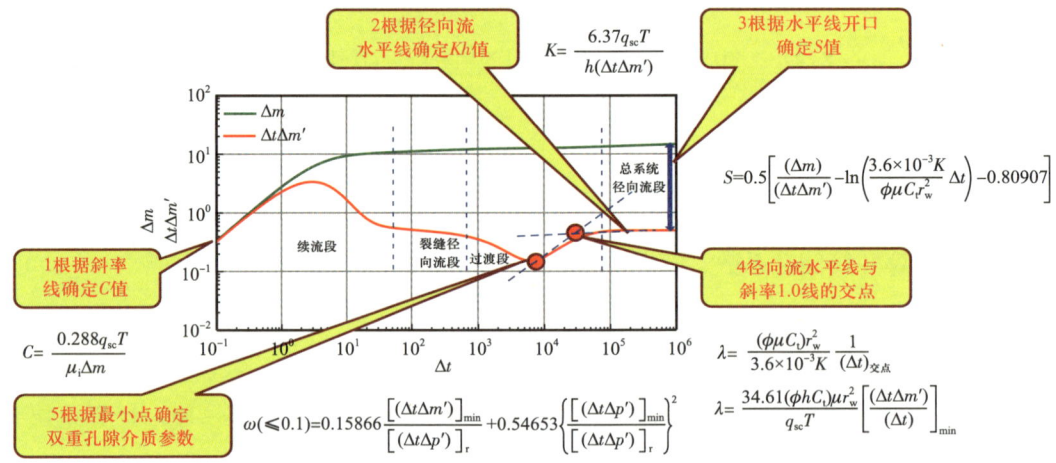

图 3-65 双重孔隙介质气藏中一口直井的手工分析过程图

假设双重孔隙介质无限大气藏中有一口井，地层温度为 100℃，气体体积系数为 0.010788，气体黏度为 0.02896mPa·s，井筒储存系数为 0.1m³/MPa，表皮系数为 0，原始压力为 50MPa，地层系数为 100mD·m，以 10×10⁴m³/d 的产量生产 1000h，地层厚度为 10m，储容比为 0.05，窜流系数为 1×10⁻⁶，井筒半径为 0.1m，孔隙度为 0.1。试井设计双对数曲线如图 3-66 所示，读取最低点（1.4，47）；交点（9，250）；晚期径向流数据点（1000，250）、（1000，4500）。

根据径向流数据，读取径向流对应的导数值，由式（3-10）计算地层系数，有

$$K = \frac{6.37 q_{sc} T}{h(\Delta t \Delta m')} = \frac{6.37 \times 10 \times 373.15}{10 \times 250} = 9.5 \text{ mD}$$

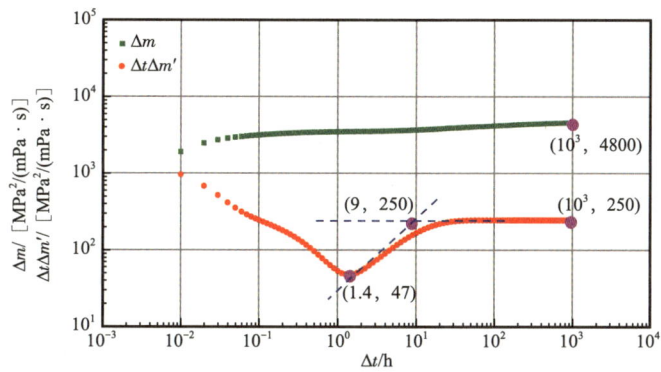

图 3-66 水平井模拟实例（气井）

用式（3-15）计算表皮系数，有

$$S = 0.5\left[\frac{\Delta m}{(\Delta t \Delta m')} - \ln\left(\frac{3.6 \times 10^{-3} K}{\phi \mu C_t r_w^2}\Delta t\right) - 0.80907\right]$$

$$= 0.5 \times \left[\frac{4800}{250} - \ln\left(\frac{3.6 \times 10^{-3} \times 9.5 \times 1000}{0.1 \times 0.02896 \times 0.010788 \times 0.01}\right) - 0.80907\right] = -0.06$$

读取下凹部分最小值的坐标值（1.4，47）和径向流水平线坐标值（9，250），由式（3-80）计算弹性储容比，有

$$\omega(\leqslant 0.1) = 0.15866 \frac{[(\Delta t \Delta m')]_{\min}}{[(\Delta t \Delta m')]_r} + 0.54653\left\{\frac{[(\Delta t \Delta m')]_{\min}}{[(\Delta t \Delta m')]_r}\right\}^2$$

$$= 0.15866 \times \left(\frac{47}{250}\right) + 0.54653 \times \left(\frac{47}{250}\right)^2 = 0.05$$

绘制过最低点的单位斜率线与径向流水平线相交，读取交点坐标（9，250），由式（3-81）计算窜流系数：

$$\lambda = \frac{(\phi \mu C_t) r_w^2}{3.6 \times 10^{-3} K} \frac{1}{(\Delta t)_{交点}}$$

$$= \frac{(0.1 \times 0.02896 \times 0.010788) \times 0.01}{3.6 \times 10^{-3} \times 9.5} \times \frac{1}{9.0} = 1.02 \times 10^{-6}$$

读取最小点坐标值（1.4，47），由式（3-84）计算窜流系数：

$$\lambda = \frac{34.61(\phi h C_t)\mu r_w^2}{q_{sc}T}\left[\frac{(\Delta t \Delta m')}{(\Delta t)}\right]_{\min}$$

$$= \frac{34.61 \times (0.1 \times 10 \times 0.010788) \times 0.02896 \times 0.01}{10 \times 373.15} \times \frac{47}{1.4} = 0.97 \times 10^{-6}$$

四、分析实例

无限大地层中一口天然气生产井,储层厚度为51m,孔隙度为0.067,井筒半径为0.0914m,地层温度为72℃,原始地层压力为23MPa,天然气压缩系数为0.03548MPa^{-1},天然气黏度为0.0222mPa·s,关井前产量为14.2×10^{4}m^3/d。双对数拟合结果如图3-67所示,井筒储存系数为0.18m^3/MPa,表皮系数为21.9,弹性储容比为0.021,窜流系数为3.7×10^{-6},地层系数为588mD·m。下面用手工方法重新进行解释。

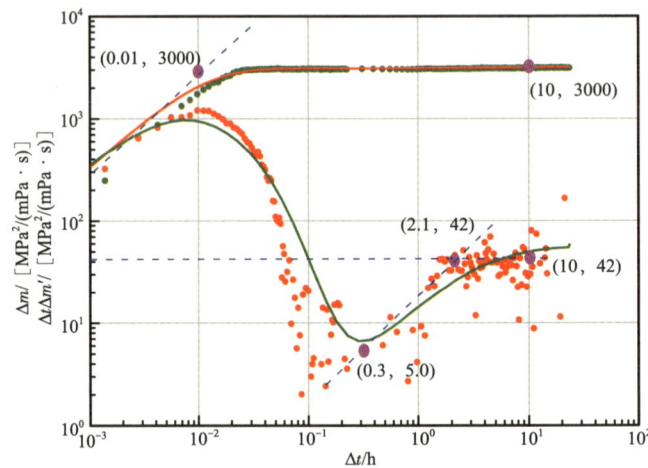

图3-67 双重孔隙介质模型分析实例(气井)

首先根据续流段数据,在续流段特征曲线上读取一点(0.01, 3000),用式(3-4)计算井筒储存系数,有

$$C = \frac{0.288 q_{sc} T \Delta t}{\mu_i \Delta m} = \frac{0.288 \times 14.2 \times (273.15+72) \times 0.01}{0.0222 \times 3000} = 0.21 \text{ m}^3/\text{MPa}$$

根据径向流数据读取径向流水平线上任一点(2.1, 42),由式(3-10)计算地层系数,有

$$K = \frac{6.37 q_{sc} T}{h(\Delta t \Delta m')} = \frac{6.37 \times 14.2 \times (273.15+72)}{51 \times 42} = 14.6 \text{ mD}$$

用式(3-15)计算表皮系数,有

$$S = 0.5 \left[\frac{\Delta m}{(\Delta t \Delta m')} - \ln\left(\frac{3.6 \times 10^{-3} K}{\phi \mu C_t r_w^2} \Delta t\right) - 0.80907 \right]$$

$$= 0.5 \times \left[\frac{3000}{42} - \ln\left(\frac{3.6 \times 10^{-3} \times 14.6 \times 10}{0.067 \times 0.0222 \times 0.03548 \times 0.0914^2}\right) - 0.80907 \right] = 28.31$$

读取下凹部分最小值的坐标值（0.3，5.0）和径向流水平线坐标值（10，42），由式（3-80）计算弹性储容比，有

$$\omega(\leqslant 0.1) = 0.15866 \frac{[(\Delta t \Delta m')]_{\min}}{[(\Delta t \Delta m')]_r} + 0.54653 \left\{ \frac{[(\Delta t \Delta m')]_{\min}}{[(\Delta t \Delta m')]_r} \right\}^2$$

$$= 0.15866 \times \left(\frac{5}{42}\right) + 0.54653 \times \left(\frac{5}{42}\right)^2 = 0.027$$

绘制过最低点的单位斜率线与径向流水平线相交，读取交点坐标（2.1，42），由式（3-81）计算窜流系数：

$$\lambda = \frac{(\phi \mu C_t) r_w^2}{3.6 \times 10^{-3} K} \frac{1}{(\Delta t)_{\text{交点}}}$$

$$= \frac{(0.067 \times 0.0222 \times 0.03548) \times 0.0914^2}{3.6 \times 10^{-3} \times 14.6} \times \frac{1}{2.1} = 4.0 \times 10^{-6}$$

读取最小点坐标值（0.3，5.0），由式（3-84）计算窜流系数：

$$\lambda = \frac{34.61(\phi h C_t) \mu r_w^2}{q_{sc} T} \left[\frac{(\Delta t \Delta m')}{(\Delta t)}\right]_{\min}$$

$$= \frac{34.61 \times (0.067 \times 51 \times 0.03548) \times 0.0222 \times 0.0914^2}{14.2 \times (273.15 + 72)} \times \frac{5.0}{0.3} = 2.65 \times 10^{-6}$$

手工解释结果与双对数典型曲线拟合结果基本接近，略有差异，这是由于径向流水平线选取不同造成的，典型曲线拟合结果径向流线的选择偏高，因此地层系数解释结果偏低。

第七节　径向复合无限大储层中一口直井

径向复合模型是最常用（最滥用）的储层模型之一，在径向复合模型中，储层被划分为两个区域，每个区域的流度、储能或导压系数不同，通常用流度比 M 和储能比 D 来表示，如图 3-68 所示。

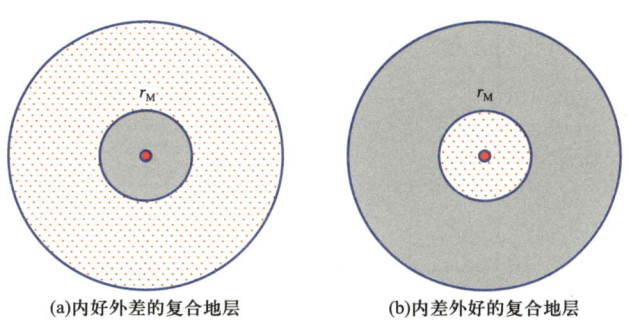

(a)内好外差的复合地层　　(b)内差外好的复合地层

图 3-68　径向复合储层示意图

$$M = \frac{\left(\frac{K}{\mu}\right)_1}{\left(\frac{K}{\mu}\right)_2} \quad (3-85)$$

$$D = \frac{\left(\frac{K}{\phi \mu C_t}\right)_1}{\left(\frac{K}{\phi \mu C_t}\right)_2} \quad (3-86)$$

式中　下角1——代表内区；

下角2——代表外区。

注意，不同的软件定义不同。

一、典型曲线特征

径向复合模型通常分为两种类型，一是内好外差，二是外好内差，典型曲线如图3-69所示。第一种类型外区径向水平线提升，第二种类型降低。

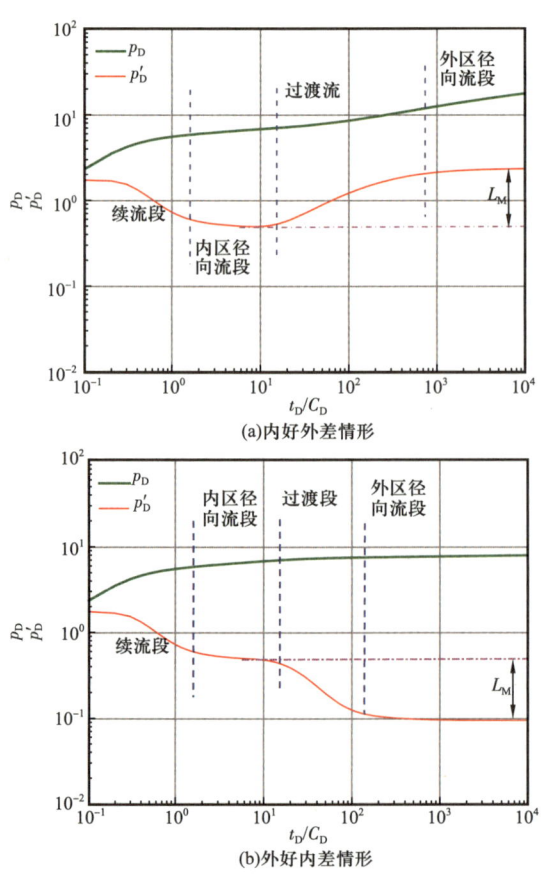

图3-69　径向复合储层典型曲线示意图

径向复合模型会出现两个径向流段，一条完整的测试曲线，流动形态依次为续流段、内区径向流段、过渡段和外区径向流段。流度比 M 决定两个径向流动阶段压力导数的相对位置，储能比 D 控制了两个流动阶段间过渡区域的曲线形状。$M \to 0$，趋向于定压边界；反之，趋向于封闭边界，如图 3 – 70 所示。当流动比一定时，$D \to 0$，过渡段斜率趋向于 1.0，类似于封闭边界特征；反之，过渡段趋向于 1/2 斜率线，类似于线性流边界，如图 3 – 71 所示。

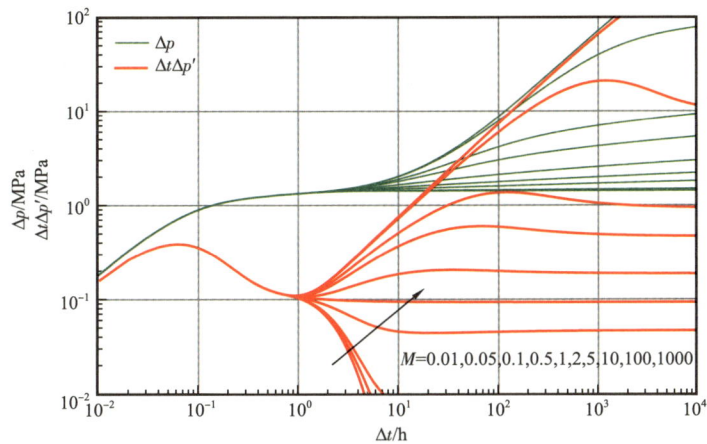

图 3 – 70　M 对径向复合储层典型曲线影响示意图（$D=1$）

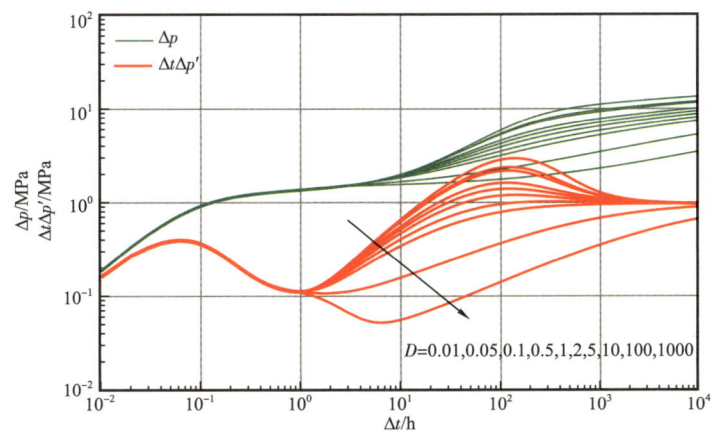

图 3 – 71　D 对径向复合储层典型曲线影响示意图（$M=10$）

二、手工分析方法

径向复合模型特征参数有 3 个，除了流度比和储能比之外，还有一个复合半径。流度比和复合半径可以手工解释，储能比目前只能通过典型曲线拟合分析得到。

(一) 复合半径

在双对数图上，读取第一径向流段的末点时间值，代入探测半径公式，即为复合半径，如图 3-72 所示。

$$r_M = 0.12\sqrt{\left(\frac{K}{\phi\mu C_t}\right)_1 t} \quad (3-87)$$

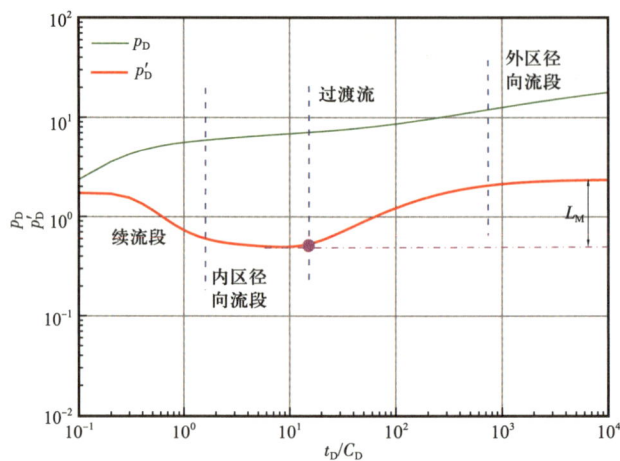

图 3-72 确定复合半径时间点和内外区径向流水平线

(二) 流度比

如图 3-72 所示，内区和外区渗透率的比值，可以表示为

$$M = \frac{K_1}{K_2} = \frac{\left[\frac{0.9210qB\mu}{h(\Delta t \Delta p')}\right]_1}{\left[\frac{0.9210qB\mu}{h(\Delta t \Delta p')}\right]_2} = \frac{[(\Delta t \Delta p')]_2}{[(\Delta t \Delta p')]_1} \quad (3-88)$$

对于气井，式 (3-88) 表示为

$$M = \frac{K_1}{K_2} = \frac{[(\Delta t \Delta m')]_2}{[(\Delta t \Delta m')]_1} \quad (3-89)$$

也可以根据图中 L_M 的大小确定 M 值。L_M 除以纵坐标刻度 L_C（一个对数周期的长度），得到无量纲数，有

$$L_{MD} = \frac{L_M}{L_C} \quad (3-90)$$

那么 M 可以表示为

$$M = 10^{L_{MD}} \qquad (3-91)$$

导数水平线抬升时（内好外差），L_{MD} 取正值；导数水平线下降时（内差外好），L_{MD} 取负值。

三、分析过程

（一）油井分析过程

首先根据续流段数据，在续流段特征曲线上读取 1h 时刻对应的压力 Δp，用式（3-3）计算井筒储存系数，有

$$C = \frac{qB}{24\Delta p}$$

根据第一径向流数据，读取第一径向流对应的导数值 $(\Delta t \Delta p')_1$，由式（3-8）计算地层系数，有

$$K_1 = \frac{0.9210qB\mu}{h(\Delta t \Delta p')_1}$$

用式（3-14）计算表皮系数，有

$$S_1 = 0.5 \left[\frac{(\Delta p)_1}{(\Delta t \Delta p')_1} - \ln\left(\frac{3.6 \times 10^{-3} K_1}{\phi \mu C_t r_w^2} \Delta t\right) - 0.80907 \right]$$

读取第一径向流数据末点，由式（3-87）计算复合半径，有

$$r_M = 0.12 \sqrt{\left(\frac{K}{\phi \mu C_t}\right)_1 t}$$

根据第二径向流数据，读取第二径向流对应的导数值 $(\Delta t \Delta p')_2$，由式（3-8）计算地层系数，有

$$K_2 = \frac{0.9210qB\mu}{h(\Delta t \Delta p')_2}$$

用式（3-14）计算表皮系数，有

$$S_2 = 0.5 \left[\frac{(\Delta p)_2}{(\Delta t \Delta p')_2} - \ln\left(\frac{3.6 \times 10^{-3} K_2}{\phi \mu C_t r_w^2} \Delta t\right) - 0.80907 \right]$$

由式（3-88）计算流度比，有

$$M = \frac{[(\Delta t \Delta p')]_2}{[(\Delta t \Delta p')]_1}$$

这就是径向复合油藏中一口直井情形手工计算井筒储存系数 C、渗透率 K、表皮系数 S 和复合半径 r_M、流度比 M 的过程，如图 3-73 所示。

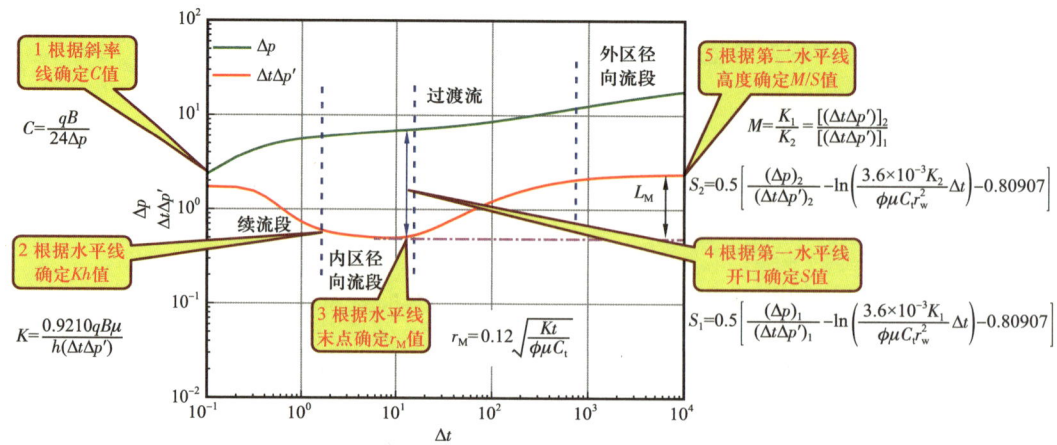

图3-73 径向复合无限大油藏中一口直井的手工分析过程图

（二）气井分析过程

首先根据续流段数据，在续流段特征曲线上读取1h时刻对应的压力Δm，用式（3-4）计算井筒储存系数，有

$$C = \frac{0.288 q_{sc} T}{\mu_i \Delta m}$$

根据第一径向流数据，读取第一径向流对应的导数值$(\Delta t \Delta m')_1$，由式（3-10）计算地层系数，有

$$K_1 = \frac{6.37 q_{sc} T}{h(\Delta t \Delta m')_1}$$

用式（3-15）计算表皮系数，有

$$S_1 = 0.5 \left[\frac{(\Delta m)_1}{(\Delta t \Delta m')_1} - \ln\left(\frac{3.6 \times 10^{-3} K_1}{\phi \mu C_t r_w^2} \Delta t \right) - 0.80907 \right]$$

读取第一径向流数据末点，由式（3-87）计算复合半径，有

$$r_M = 0.12 \sqrt{\left(\frac{K}{\phi \mu C_t}\right)_1 t}$$

根据第二径向流数据，读取第二径向流对应的导数值$(\Delta t \Delta m')_2$，由式（3-10）计算地层系数，有

$$K_2 = \frac{6.37 q_{sc} T}{h(\Delta t \Delta m')_2}$$

用式（3-15）计算表皮系数，有

$$S_2 = 0.5\left[\frac{(\Delta m)_2}{(\Delta t\Delta m')_2} - \ln\left(\frac{3.6\times 10^{-3}K_1}{\phi\mu C_t r_w^2}\Delta t\right) - 0.80907\right]$$

由式（3-89）计算流度比，有

$$M = \frac{K_1}{K_2} = \frac{[(\Delta t\Delta m')]_2}{[(\Delta t\Delta m')]_1}$$

这就是径向复合气藏中一口直井情形手工计算井筒储存系数 C、渗透率 K、表皮系数 S 和复合半径 r_M、流度比 M 的过程，如图 3-74 所示。

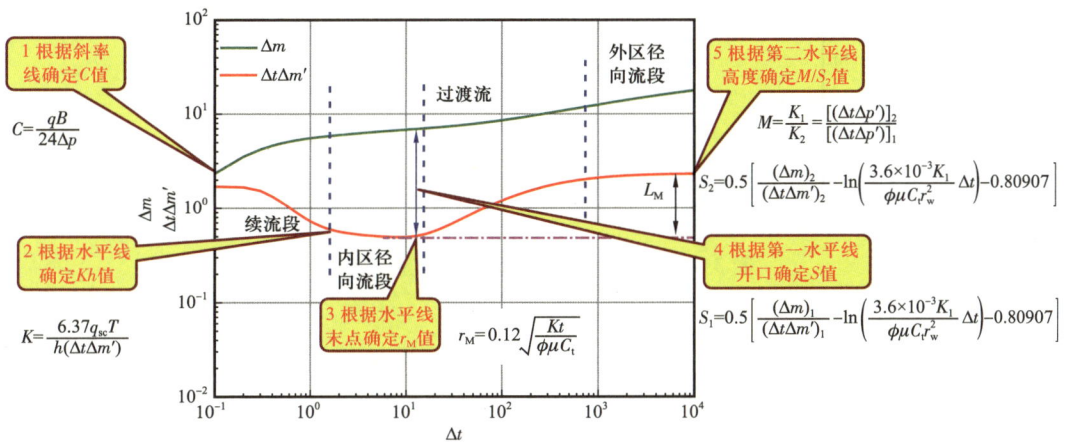

图 3-74　径向复合无限大气藏中一口直井的手工分析过程图

四、分析实例

无限大地层中一口天然气生产井，储层厚度为 34m，孔隙度为 0.119，井筒半径为 0.1m，地层温度为 69.6℃，原始地层压力为 32.90MPa，天然气压缩系数为 0.0174MPa^{-1}，天然气黏度为 0.0281mPa·s，关井前产量为 4.8×10^4m^3/d。双对数拟合结果如图 3-75 所示，井筒储存系数为 0.05m^3/MPa，表皮系数为 5.60，地层系数为 53mD·m，复合半径为 12m，流度比为 10，储能比为 10。下面用手工方法重新进行解释。

首先根据续流段数据，在续流段特征曲线上读取数据点（0.01，3000），用式（3-4）计算井筒储存系数，有

$$C = \frac{0.288q_{sc}T\Delta t}{\mu_i\Delta m} = \frac{0.288\times 1.4\times 342.75\times 0.01}{0.0281\times 3000} = 0.056 \text{ m}^3/\text{MPa}$$

根据第一径向流数据，读取第一径向流末点坐标（0.3，200），由式（3-10）计算地层系数，有

$$K_1 = \frac{6.37q_{sc}T}{h(\Delta t\Delta m')_1} = \frac{6.37\times 4.8\times 342.75}{34\times 200} = 1.53 \text{ mD}$$

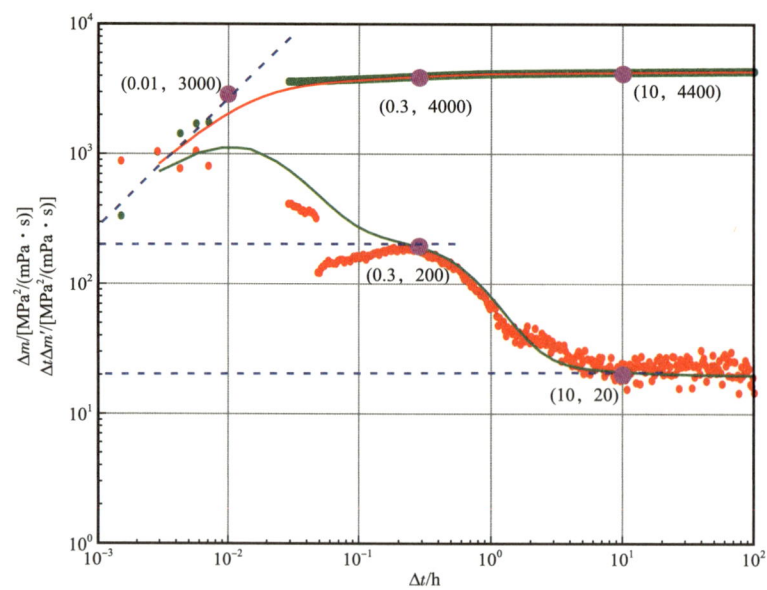

图 3-75 径向复合模型分析实例（气井）

用式（3-15）计算表皮系数，有

$$S_1 = 0.5\left[\frac{(\Delta m)_1}{(\Delta t \Delta m')_1} - \ln\left(\frac{3.6\times10^{-3}K_1}{\phi\mu C_t r_w^2}\Delta t\right) - 0.80907\right]$$

$$= 0.5\left[\frac{4000}{200} - \ln\left(\frac{3.6\times10^{-3}\times1.54\times0.3}{0.119\times0.0281\times0.0174\times0.01}\right) - 0.80907\right] = 5.62$$

读取第一径向流数据末点，由式（3-87）计算复合半径，有

$$r_M = 0.12\sqrt{\left(\frac{K}{\phi\mu C_t}\right)_1 t} = 0.12\times\sqrt{\frac{1.54\times0.3}{0.119\times0.0281\times0.0174}} = 10.7 \text{ m}$$

根据第二径向流数据，读取第二径向流任一点坐标（10，20），由式（3-10）计算地层系数，有

$$K_2 = \frac{6.37q_{sc}T}{h(\Delta t\Delta m')_2} = \frac{6.37\times4.8\times342.75}{34\times20} = 15.3 \text{ mD}$$

用式（3-15）计算表皮系数，有

$$S_1 = 0.5\left[\frac{(\Delta m)_2}{(\Delta t\Delta m')_2} - \ln\left(\frac{3.6\times10^{-3}K_2}{\phi\mu C_t r_w^2}\Delta t\right) - 0.80907\right]$$

$$= 0.5\left[\frac{4400}{20} - \ln\left(\frac{3.6\times10^{-3}\times15.4\times10}{0.119\times0.0281\times0.0174\times0.01}\right) - 0.80907\right] = 102.7$$

与部分射开情形一样，外围变好的复合模型夸大了表皮系数。

由式（3-89）计算流度比，有

$$M = \frac{K_1}{K_2} = \frac{1.54}{15.4} = 0.1$$

这就是径向复合气藏中一口直井情形手工计算井筒储存系数 C、渗透率 K、表皮系数 S 和复合半径 r_M、流度比 M 的全过程，计算结果与典型曲线分析结果完全一致。

五、楔形边界情形

楔形边界情形与径向复合外围变差模型类似，最简单的模型就是生产井附近存在一条封闭边界情形，相当于楔形角度是 $180°$，如图 3-76 所示。

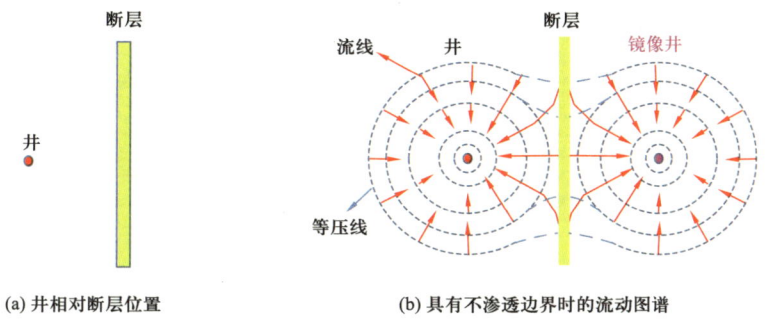

(a) 井相对断层位置　　　　(b) 具有不渗透边界时的流动图谱

图 3-76　一条不渗透边界影响流动图谱示意图

根据叠加原理，井筒压力响应可以表示为

$$p_D(1,t_D) = -\frac{1}{2}\left[\text{Ei}\left(-\frac{1}{4t_D}\right) + 2S\right] - \frac{1}{2}\left[\text{Ei}\left(-\frac{r_D^2}{4t_D}\right)\right] \quad (3-92)$$

当时间较短时，式（3-92）可以进行简化，有

$$p_D(1,t_D) = \frac{1}{2}(\ln t_D + 0.80907 + 2S) - \frac{1}{2}\left[\text{Ei}\left(-\frac{r_D^2}{4t_D}\right)\right] \quad (3-93)$$

在边界影响出现之前，压力响应与无限大储层中的压力响应是一样的，在无量纲双对数图上，导数曲线值是 0.5；在边界出现之后，式（3-93）简化为

$$p_D(1,t_D) = \ln t_D + 0.80907 + S - \ln\left(\frac{2L}{r_w}\right) \quad (3-94)$$

导数曲线开始上升，导数值是 1.0，压力导数抬升倍数为 2。对于任意角度情形，镜像原理如图 3-77 所示，典型曲线如图 3-78 所示。

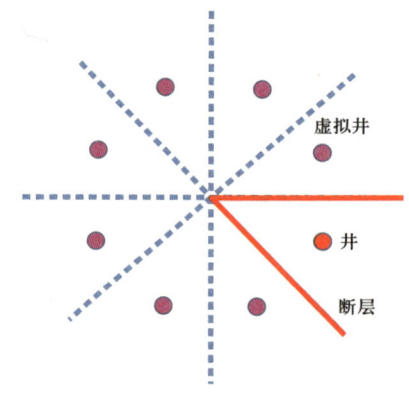

图 3-77 任意角度封闭断层镜像原理示意图

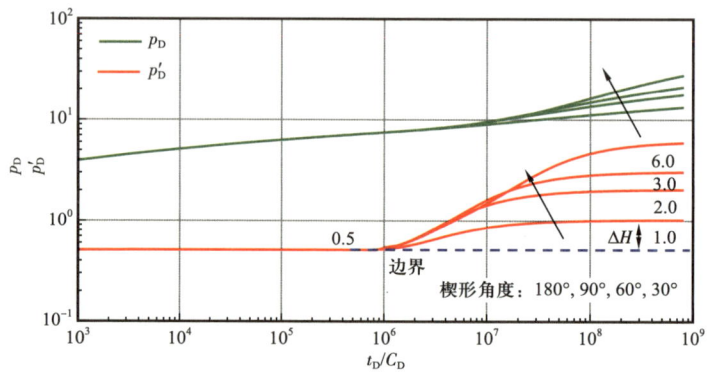

图 3-78 楔形角度对曲线形态的影响

图 3-78 表明，楔形边界情形流动形态依次为续流段、径向流段，经过一个非常长的过渡阶段（大于 2 个对数周期）后，出现边界反映段——部分径向流阶段（FRF）。在 FRF 阶段压力导数值大于径向流阶段的压力导数值，压力导数抬升倍数为 360/角度；夹角越小，过渡段持续时间越长，斜率接近 1/2，称为拟线性流。解释方法与径向复合模型类似，不再赘述。

第四章 试井分析的一些实际问题

笔者一直认为,如果员工培训只是使新时代的石油人学会如何使用现有商业软件,那么我们的水平最多是二流,必须培养新时代石油人具备自己开发软件的能力,才能使建立具有自主知识产权的国产软件成为可能并能持续发展。本章旨在向读者介绍商业试井中的一些"黑匣子"问题,首先结合实例讨论双对数曲线的绘制,接着讨论边界、产量变化、边水、变井筒现象、应力敏感、邻井干扰等对压力恢复曲线形态的影响,然后讨论反褶积技术及其应用、弹性二相法及其应用,最后简单介绍试井解释和试井设计工作流程。

第一节 时间函数

对于变产量生产问题,有多种处理方法,最常用的就是 MDH 方法、叠加时间函数方法和等效时间函数方法。

一、MDH 方法

如第二章所述,采用 MDH 方法分析压力恢复数据时,所用时间就是关井时间。压力恢复之前要有一段长时间的定产生产数据(径向流要求关井前稳定生产时间至少是关井时间的 10 倍;如果出现线性流或双线性流,那么稳定生产时间将分别为关井时间的 100 倍和 20 倍),以避免早期产量波动对试井的影响。

二、Bourdet 时间叠加函数

如第一章所述,对于无限作用径向流,变产量生产情形的压力响应为

$$\frac{p(t_{n-1}) - p(t)}{q_n - q_{n-1}}$$

$$= \frac{2.1206B\mu}{Kh}\left[\lg(t - t_{n-1}) + \sum_{j=1}^{n-1}\left(\frac{q_j - q_{j-1}}{q_n - q_{n-1}}\right)\lg\left(\frac{t - t_{j-1}}{t_{n-1} - t_{j-1}}\right) + \lg\left(\frac{K}{\phi\mu C_t r_w^2}\right) - 2.0923 + 0.8686S\right]$$

(4-1)

其中，叠加函数定义为

$$X_{10} = \lg(t - t_{n-1}) + \sum_{j=1}^{n-1}\left(\frac{q_j - q_{j-1}}{q_n - q_{n-1}}\right)\lg\left(\frac{t - t_{j-1}}{t_{n-1} - t_{j-1}}\right) \quad (4-2)$$

若用自然对数表示，式（4-1）表示为

$$\frac{p(t_{n-1}) - p(t)}{q_n - q_{n-1}}$$

$$= \frac{0.9210B\mu}{Kh}\left[\ln(t - t_{n-1}) + \sum_{j=1}^{n-1}\left(\frac{q_j - q_{j-1}}{q_n - q_{n-1}}\right)\ln\left(\frac{t - t_{j-1}}{t_{n-1} - t_{j-1}}\right) + \ln\left(\frac{K}{\phi\mu C_t r_w^2}\right) - 4.8178 + 2S\right]$$

$$(4-3)$$

其中，叠加函数定义为

$$X_e = \ln(t - t_{n-1}) + \sum_{j=1}^{n-1}\left(\frac{q_j - q_{j-1}}{q_n - q_{n-1}}\right)\ln\left(\frac{t - t_{j-1}}{t_{n-1} - t_{j-1}}\right) \quad (4-4)$$

上述径向流叠加时间函数称为 Bourdet 叠加时间函数，对于线性流、双线性流和球形流也有相应的叠加时间函数。叠加时间函数是针对某一特定流动形态数据推导的，基于叠加原理以及某一特定流动形态下相关压力的函数建立的一种绘制变产量/压力数据的方法，具有"遗传性"；若出现其他流动形态时，不宜乱用。

三、Agarwal 等效时间函数

等效时间函数是叠加函数的一个特例。变产量情况下压力响应的叠加方程与定产生产压降的压力响应方程在形式上相同，只需将定产压降方程中的流动时间用等效时间函数代替即可。Agarwal 径向流等效时间定义为

$$\Delta t_e = \frac{t_p \Delta t}{\Delta t + t_p} \quad (4-5)$$

式中　Δt——关井时间；

　　　t_p——关井前生产时间。

等效时间具有下列性质：总是小于关井时间；早期阶段等效时间与关井时间基本相等；等效时间总是小于生产时间；关井时间足够长，等效时间接近于生产时间（在无限大储层中，若关井时间无限长，那么压力恢复压力将接近于原始压力）。

将式（4-2）变形，有

$$10^{X_{10}} = 10^{\lg(t-t_{n-1}) + \sum_{j=1}^{n-1}\left(\frac{q_j-q_{j-1}}{q_n-q_{n-1}}\right)\lg\left(\frac{t-t_{j-1}}{t_{n-1}-t_{j-1}}\right)} = (t - t_{n-1})\prod_{j=1}^{n-1}\left(\frac{t - t_{j-1}}{t_{n-1} - t_{j-1}}\right)^{\left(\frac{q_j-q_{j-1}}{q_n-q_{n-1}}\right)} = \Delta t_e$$

$$(4-6)$$

因此，对于变产量情形，式（4-1）和式（4-3）可以表示为

$$\frac{p(t_{n-1}) - p(t)}{q_n - q_{n-1}} = \frac{2.1206B\mu}{Kh}\left[\lg\Delta t_e + \lg\left(\frac{K}{\phi\mu C_t r_w^2}\right) - 2.0923 + 0.8686S\right] \quad (4-7)$$

$$\frac{p(t_{n-1}) - p(t)}{q_n - q_{n-1}} = \frac{0.9210B\mu}{Kh}\left[\ln\Delta t_e + \ln\left(\frac{K}{\phi\mu C_t r_w^2}\right) - 4.8178 + 2S\right] \quad (4-8)$$

即引入等效时间函数后，变产量形式的表达式与定产情形完全相同，分析步骤也类似。

四、分析实例

为了便于读者掌握变产量分析方法，现用模拟实例进行分析验证。采用试井软件进行试井设计，基础参数如下，井筒半径为 0.1m，厚度为 10m，孔隙度为 0.1，体积系数为 1.0，黏度为 1.0mPa·s，总压缩系数为 0.002MPa^{-1}，关井前以 100m³/d、200m³/d、300m³/d 的产量各生产 10h，然后关井压力恢复 10h，井筒储存系数为 0.2m³/MPa，表皮系数为 0.5，地层系数为 300mD·m，原始压力为 34.47MPa，模拟图如图 4-1 所示。如图 4-1（d）所示，由于变产量的影响，无法用常规的单对数方法进行分析。下面尝试用变产量分析方法进行解释。

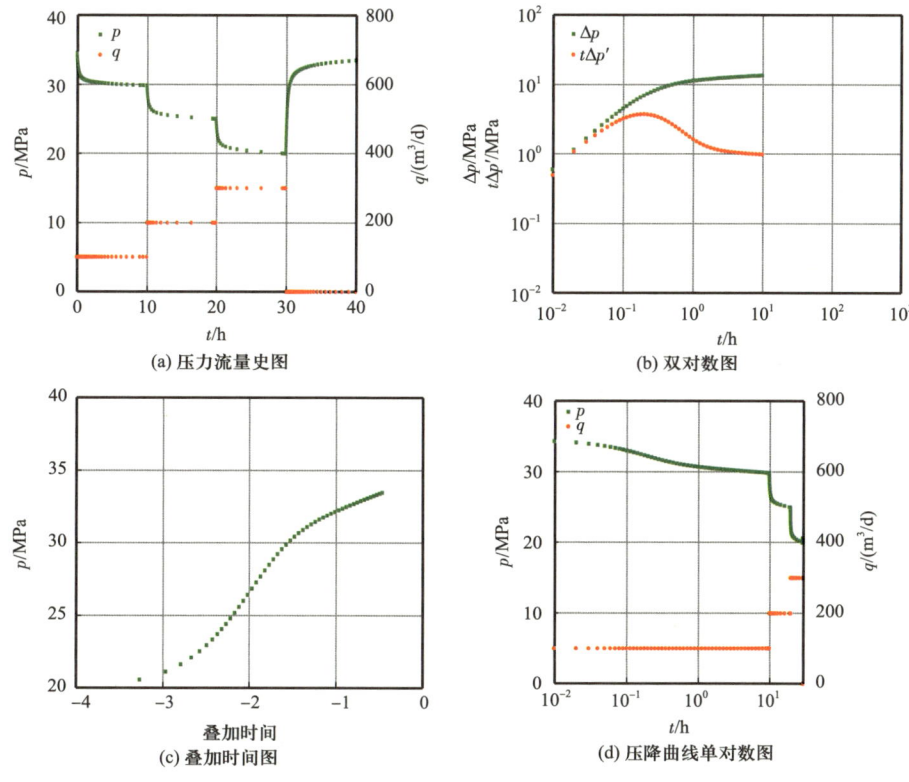

图 4-1 变产量生产压降压力恢复模拟曲线

在第 1 流动期，$n=1$，第 1 时间点 $t=0.01\text{h}$ 对应的 X_e 为

$$X_e = \ln(t - t_{n-1}) + \sum_{j=1}^{n-1}\left(\frac{q_j - q_{j-1}}{q_n - q_{n-1}}\right)\ln\left(\frac{t - t_{j-1}}{t_{n-1} - t_{j-1}}\right) = \ln(0.01 - 0) = -4.6052$$

对应的规整化压力为

$$\frac{p(t_{n-1}) - p(t)}{q_n - q_{n-1}} = \frac{p(t_0) - p(t)}{q_1} = \frac{34.474 - 34.276}{100} = 0.0020 \text{ MPa}/(\text{m}^3/\text{d})$$

其他时间点数据见表 4-1。

表 4-1 变产量生产压降压力恢复数据处理

阶段	时间 h	压力 MPa	产量 m³/d	Bourdet 时间函数 X_e	Agarwal 时间函数 ΔX_e h	规整化压力 MPa/(m³/d)
第 1 流动阶段	0.000	34.474	100			
	0.010	34.276	100	-4.6052	0.0100	0.0020
	0.020	34.093	100	-3.9120	0.0200	0.0038
	0.030	33.923	100	-3.5066	0.0300	0.0055
	0.040	33.764	100	-3.2189	0.0400	0.0071
	0.050	33.615	100	-2.9957	0.0500	0.0086
	0.060	33.476	100	-2.8134	0.0600	0.0100
	0.070	33.345	100	-2.6593	0.0700	0.0113
	0.080	33.222	100	-2.5257	0.0800	0.0125
	0.090	33.107	100	-2.4079	0.0900	0.0137
	0.101	32.987	100	-2.2928	0.1010	0.0149
	……					
	4.511	30.088	100	1.5064	4.5107	0.0439
	5.061	30.049	100	1.6216	5.0611	0.0442
	5.679	30.010	100	1.7367	5.6786	0.0446
	6.372	29.972	100	1.8518	6.3715	0.0450
	7.149	29.933	100	1.9670	7.1490	0.0454
	8.021	29.896	100	2.0821	8.0213	0.0458
	9.000	29.858	100	2.1972	9.0000	0.0462
	9.500	29.840	100	2.2513	9.5000	0.0463
	10.000	29.824	100	2.3026	10.0000	0.0465
第 2 流动阶段	10.010	29.625	200	-4.6042	0.0100	0.0020
	10.020	29.442	200	-3.9100	0.0200	0.0038
	10.030	29.271	200	-3.5036	0.0301	0.0055
	10.044	29.051	200	-3.1184	0.0442	0.0077

续表

阶段	时间 h	压力 MPa	产量 m³/d	Bourdet 时间函数 X_e	Agarwal 时间函数 ΔX_e h	规整化压力 MPa/(m³/d)
第2流动阶段	10.065	28.762	200	−2.7326	0.0651	0.0106
	10.095	28.399	200	−2.3458	0.0958	0.0142
	10.139	27.970	200	−1.9577	0.1412	0.0185
	10.204	27.501	200	−1.5675	0.2086	0.0232
	10.300	27.037	200	−1.1744	0.3090	0.0279
	10.440	26.626	200	−0.7771	0.4597	0.0320
	10.646	26.295	200	−0.3738	0.6881	0.0353
	10.949	26.040	200	0.0380	1.0387	0.0378
	11.392	25.838	200	0.4615	1.5864	0.0399
	12.044	25.662	200	0.9008	2.4616	0.0416
	13.000	25.495	200	1.3610	3.9000	0.0433
	14.403	25.328	200	1.8473	6.3424	0.0450
	16.463	25.156	200	2.3647	10.6407	0.0467
	19.487	24.976	200	2.9171	18.4868	0.0485
	19.743	24.963	200	2.9568	19.2368	0.0486
	20.000	24.951	200	2.9957	20.0000	0.0487
第3流动阶段	20.010	24.752	300	−4.6037	0.0100	0.0020
	20.020	24.569	300	−3.9090	0.0201	0.0038
	20.030	24.398	300	−3.5021	0.0301	0.0055
	20.044	24.178	300	−3.1162	0.0443	0.0077
	20.065	23.888	300	−2.7294	0.0653	0.0106
	20.095	23.525	300	−2.3411	0.0962	0.0143
	20.139	23.095	300	−1.9507	0.1422	0.0186
	20.204	22.625	300	−1.5573	0.2107	0.0233
	20.300	22.160	300	−1.1595	0.3136	0.0279
	20.440	21.746	300	−0.7553	0.4699	0.0320
	20.646	21.412	300	−0.3420	0.7103	0.0354
	20.949	21.153	300	0.0843	1.0880	0.0380
	21.392	20.944	300	0.5288	1.6968	0.0401
	22.044	20.758	300	0.9981	2.7132	0.0419
	23.000	20.578	300	1.5007	4.4850	0.0437
	24.403	20.392	300	2.0462	7.7388	0.0456
	26.463	20.194	300	2.6447	14.0794	0.0476

续表

阶段	时间 h	压力 MPa	产量 m³/d	Bourdet 时间函数 X_e	Agarwal 时间函数 ΔX_e h	规整化压力 MPa/(m³/d)
第3流动阶段	29.487	19.980	300	3.3053	27.2559	0.0497
	29.743	19.965	300	3.3537	28.6085	0.0499
	30.000	19.949	300	3.4012	30.0000	0.0500
关井阶段	30.010	20.544	0	−4.6058	0.0100	0.0020
	30.020	21.092	0	−3.9132	0.0200	0.0038
	30.030	21.601	0	−3.5084	0.0299	0.0055
	30.040	22.076	0	−3.2213	0.0399	0.0071
	30.050	22.521	0	−2.9988	0.0498	0.0086
	30.060	22.938	0	−2.8171	0.0598	0.0100
	30.070	23.330	0	−2.6635	0.0697	0.0113
	30.080	23.699	0	−2.5306	0.0796	0.0125
	30.090	24.045	0	−2.4134	0.0895	0.0137
	30.101	24.403	0	−2.2990	0.1004	0.0148
	……					
	34.020	32.781	0	1.1757	3.2404	0.0428
	34.511	32.878	0	1.2679	3.5533	0.0431
	35.061	32.971	0	1.3579	3.8881	0.0434
	35.679	33.061	0	1.4457	4.2449	0.0437
	36.372	33.148	0	1.5311	4.6234	0.0440
	37.149	33.232	0	1.6141	5.0232	0.0443
	38.021	33.313	0	1.6944	5.4433	0.0445
	39.000	33.390	0	1.7720	5.8824	0.0448
	40.000	33.458	0	1.8405	6.2996	0.0450

在第2流动期，$n=2$，第1时间点 $t=10.01\mathrm{h}$ 对应的 X_e 为

$$X_e = \ln(t-t_{n-1}) + \sum_{j=1}^{n-1}\left(\frac{q_j-q_{j-1}}{q_n-q_{n-1}}\right)\ln\left(\frac{t-t_{j-1}}{t_{n-1}-t_{j-1}}\right)$$

$$= \ln(t-t_1) + \left(\frac{q_1-q_0}{q_2-q_1}\right)\ln\left(\frac{t-t_0}{t_1-t_0}\right) = \ln(10.01-10) + \left(\frac{100-0}{200-100}\right)\ln\left(\frac{10.01-0}{10-0}\right)$$

$$= -4.6042$$

对应的规整化压力为

$$\frac{p(t_{n-1}) - p(t)}{q_n - q_{n-1}} = \frac{p(t_1) - p(t)}{q_2 - q_1} = \frac{29.824 - 29.625}{100} = 0.0020 \text{ MPa/(m}^3\text{/d)}$$

其他时间点数据见表 4-1。

在第 3 流动期，$n=3$，第 1 时间点 $t = 20.01\text{h}$ 对应的 X_e 为

$$X_e = \ln(t - t_{n-1}) + \sum_{j=1}^{n-1}\left(\frac{q_j - q_{j-1}}{q_n - q_{n-1}}\right)\ln\left(\frac{t - t_{j-1}}{t_{n-1} - t_{j-1}}\right)$$

$$= \ln(t - t_2) + \left(\frac{q_1 - q_0}{q_3 - q_2}\right)\ln\left(\frac{t - t_0}{t_2 - t_0}\right) + \left(\frac{q_2 - q_1}{q_3 - q_2}\right)\ln\left(\frac{t - t_1}{t_2 - t_1}\right)$$

$$= \ln(20.01 - 20) + \ln\left(\frac{20.01 - 0}{20 - 0}\right) + \ln\left(\frac{20.01 - 10}{20 - 10}\right)$$

$$= -4.6037$$

对应的规整化压力为

$$\frac{p(t_{n-1}) - p(t)}{q_n - q_{n-1}} = \frac{p(t_2) - p(t)}{q_3 - q_2} = \frac{24.951 - 24.752}{100} = 0.0020 \text{ MPa/(m}^3\text{/d)}$$

其他时间点数据见表 4-1。

在关井恢复段，$n=4$，第 1 时间点 $t = 30.01\text{h}$ 对应的 X_e 为

$$X_e = \ln(t - t_{n-1}) + \sum_{j=1}^{n-1}\left(\frac{q_j - q_{j-1}}{q_n - q_{n-1}}\right)\ln\left(\frac{t - t_{j-1}}{t_{n-1} - t_{j-1}}\right)$$

$$= \ln(t - t_3) + \left(\frac{q_1 - q_0}{q_4 - q_3}\right)\ln\left(\frac{t - t_0}{t_3 - t_0}\right) + \left(\frac{q_2 - q_1}{q_4 - q_3}\right)\ln\left(\frac{t - t_1}{t_3 - t_1}\right) + \left(\frac{q_3 - q_2}{q_4 - q_3}\right)\ln\left(\frac{t - t_2}{t_3 - t_2}\right)$$

$$= \ln(30.01 - 30) + \left(\frac{100}{-300}\right)\ln\left(\frac{30.01 - 0}{30 - 0}\right) + \left(\frac{100}{-300}\right)\ln\left(\frac{30.01 - 10}{30 - 10}\right) + \left(\frac{100}{-300}\right)\ln\left(\frac{30.01 - 20}{30 - 20}\right)$$

$$= -4.6058$$

对应的规整化压力为

$$\frac{p(t_{n-1}) - p(t)}{q_n - q_{n-1}} = \frac{p(t_3) - p(t)}{q_4 - q_3} = \frac{19.949 - 20.544}{-300} = 0.0020 \text{ MPa/(m}^3\text{/d)}$$

其他时间点数据见表 4-1。

变产量生产压降曲线如图 4-1（d）所示，无法进行分析；若绘制 Bourdet 叠加时间与规整化压力曲线，结果如图 4-2（a）所示。在直线段部分任取两点，计算斜率

$$m = \frac{0.0422 - 0.020}{1.05 + 6.0} = 0.0031$$

根据直线段斜率计算渗透率，有

$$K = \frac{0.9210B\mu}{mh} = \frac{0.9210 \times 1 \times 1}{0.0031 \times 10} = 29.7 \text{ mD}$$

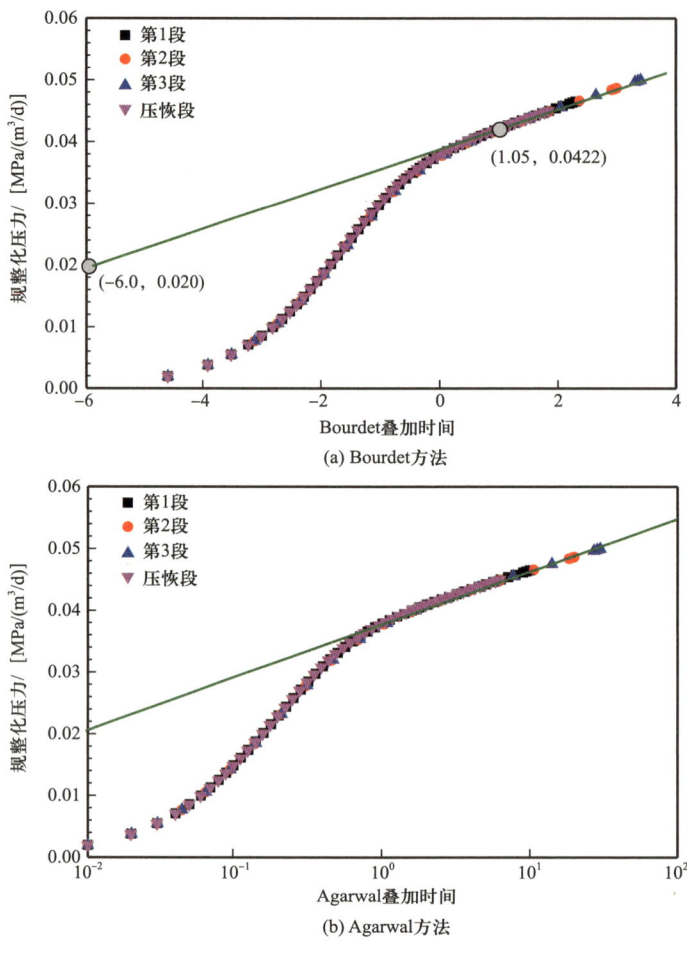

图 4-2　变产量分析实例

当然，也可绘制 Agarwal 时间函数曲线，如图 4-2（b）所示。首先线性回归确定直线段斜率和截距，然后确定渗透率和表皮系数。

第二节　双对数曲线绘制及展现

如第一节所述，引入叠加时间和等效时间，可以处理变产量问题。在图 4-1 关井压力恢复阶段，等效时间只有 6.2996h，但图 4-1（b）中却显示时间为 10h。试井双对数曲线都是根据压降曲线生成的,那么试井软件中的压力恢复双对数图是如何绘制的呢?横坐标是关井时间还是等效时间?压力导数是基于关井时间还是等效时间?压力曲线和压力导数曲线对应的横坐标时间是不是同一个呢?本节旨在揭秘软件"黑匣"中双对数曲线制作及展现问题。

一、无限大边界情形

假设无限大油藏中有一口生产井,基础参数如下:井筒半径为0.1m,厚度为10m,孔隙度为0.1,体积系数为1.0,黏度为1.0mPa·s,总压缩系数为0.00435MPa^{-1},关井前以100m^3/d产量生产100h,然后关井压力恢复10000h,井筒储存系数为0.2m^3/MPa,表皮系数为0,地层系数为300mD·m,原始压力为34.47MPa,试井设计模拟图件如图4-3所示,显然双对数图时间是关井时间,但导数是如何计算的呢?

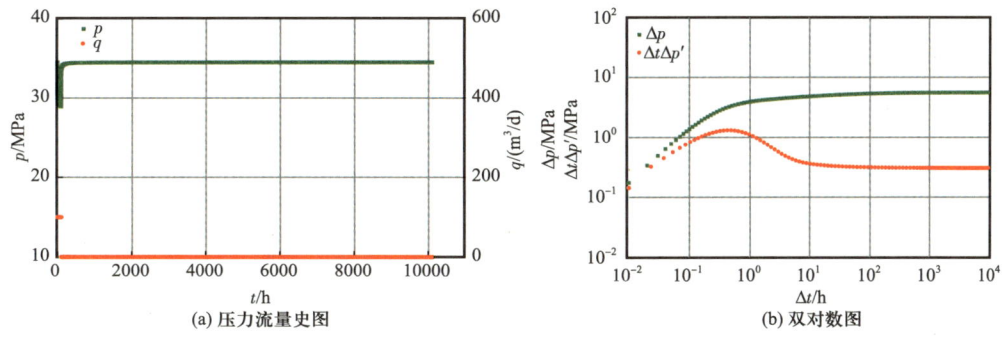

图4-3 无限大边界情形试井设计

若压降使用开井时间、压力恢复使用关井时间,压降和压力恢复的双对数图如图4-4所示,压降导数为一条水平线,显示径向流特征。基于关井时间Δt的压力恢复导数,当

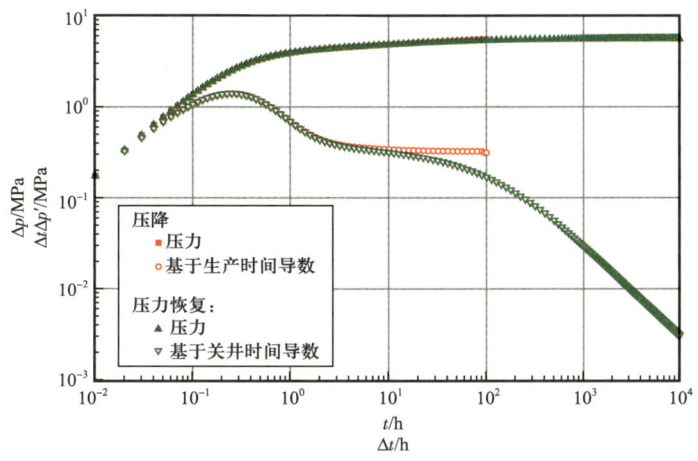

图4-4 无限大边界双对数图情形1(压降基于生产时间,压力恢复基于关井时间)

$\Delta t \ll t_p$ 为一条水平线；当 $\Delta t \gg t_p$ 时（本例 $t_p = 10^2\text{h}$；$\Delta t = 10^4\text{h}$），压力趋近于常数，导数是一条斜率为 -1 的直线。压力恢复响应与井位于一条定压边界附近情形的压降响应非常近似，但不完全相同。

若压降使用开井时间、压力恢复使用关井等效时间，压降和压力恢复的双对数图如图 4-5 所示。径向流等效时间式（4-5）使无限大储层中一口井的压力恢复压力响应看起来与压降压力响应一致。根据等效时间的性质，不管生产时间是多少，等效时间都不会比生产时间长（本例 $t_p = 10^2\text{h}$，$\Delta t = 10^4\text{h}$），等效时间 $\Delta t_e = 99\text{h}$，这使得压力恢复时间大大压缩。

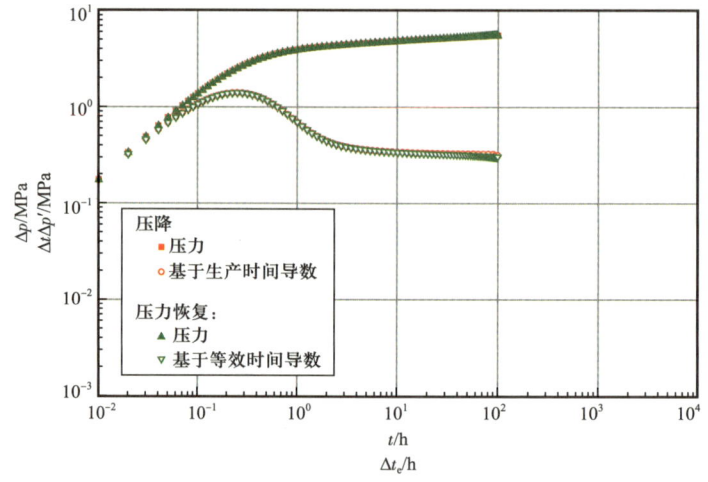

图 4-5 无限大边界双对数图情形 2（压降基于生产时间，压力恢复基于等效时间）

为了避免出现压缩时间范围，Bourdet 推荐基于 Δt_e 计算导数，但要展现基于有效时间的导数和关井时间的关系曲线，如图 4-6 所示。与图 4-4 一样压力恢复导数是条水平线，且与压降情形导数曲线重合，这就是试井软件见到的压力恢复双对数曲线。

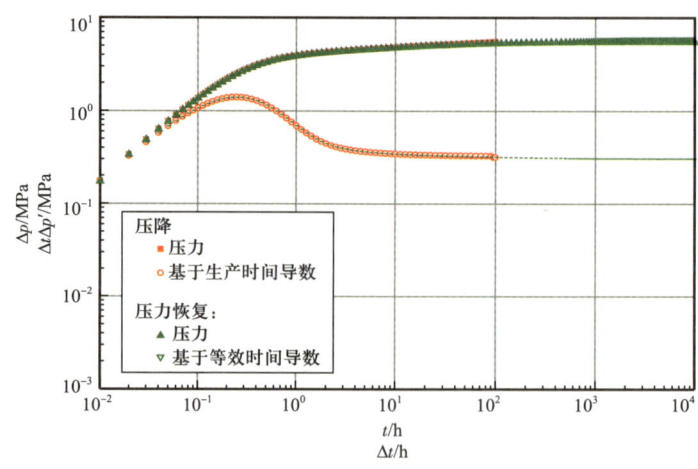

图 4-6 无限大边界双对数图情形 3（压降基于生产时间，压力恢复基于关井时间）

二、一条不渗透边界情形

假设井附近存在一条不渗透边界，井到边界的距离为450m，假设关井前生产时间分别为50h、200h、500h，然后关井压力恢复10000h，其他基础参数如前所示。

若压降使用开井时间、压力恢复使用关井时间，压降和压力恢复的双对数图如图4-7所示。对于50h的情形，流动在探测半径到达边界之前早就结束了；对于200h的情形，流动阶段几乎在探测半径到达边界时结束；对于500h的情况，流动阶段在探测半径到达边界后很长一段时间才结束。与井位于无限大情形一致，压力恢复导数曲线在后期趋近于一条斜率为-1的直线。

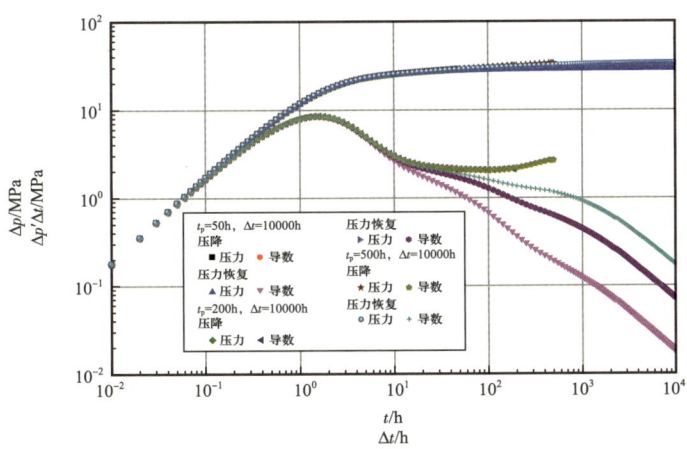

图4-7 一条不渗透边界双对数图情形1（压降绘图基于生产时间，压力恢复绘图基于关井时间）

若压降使用开井时间、压力恢复使用关井等效时间，压降和压力恢复的双对数图如图4-8所示。对于$t_p=500$h的情形，压力恢复导数与压降情形基本重合，当Δt与t_p一

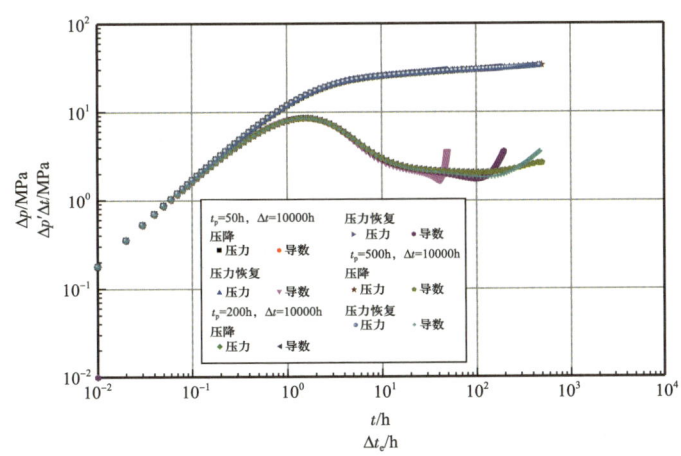

图4-8 一条不渗透边界双对数图情形2（压降绘图基于生产时间，压力恢复绘图基于关井等效时间）

致时，压降和压力恢复均为半径向流。对于 $t_p=50h$ 的情况，由于时间范围被压缩，当 Δt_e 与 t_p 接近时，造成压力导数突然上翘。同样的现象也发生在 $t_p=200h$ 的情况，尽管导数曲线并不像 50h 那样上翘严重。

按照 Bourdet 推荐的方法用相同数据绘制的曲线，如图 4-9 所示。尽管压力恢复导数曲线并没有完全覆盖在压降导数曲线上，但形状还是非常接近的，可用于模型的识别。

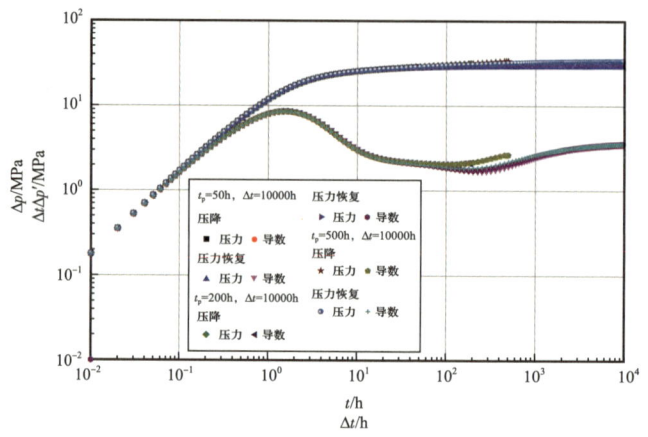

图 4-9　一条不渗透边界双对数图情形 3（压降绘图基于生产时间，压力恢复绘图基于关井时间）

三、河道边界情形

假设井位于河道型边界中心，关井前生产时间分别为 100h、1000h、10000h，然后关井压力恢复 10000h，其余参数如前所示。

若压降使用开井时间、压力恢复使用关井时间，压降和压力恢复的双对数图如图 4-10 所示。在晚期，压力恢复曲线均趋近于一条斜率为 -1 的直线。

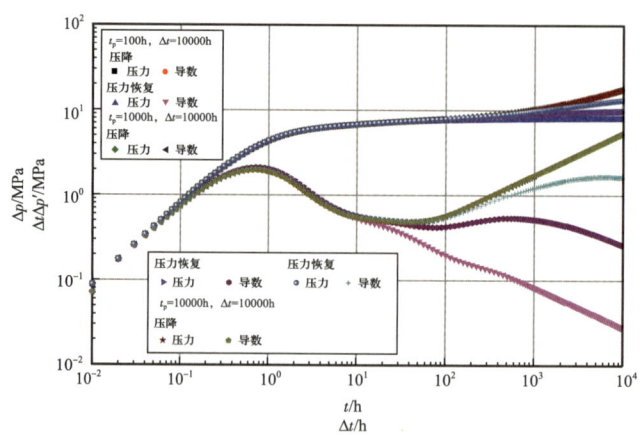

图 4-10　河道边界情形双对数图情形 1（压降绘图基于生产时间，压力恢复绘图基于关井时间）

若压降使用开井时间、压力恢复使用关井等效时间，压降和压力恢复的双对数图如图4-11所示。因为时间范围压缩的原因，较一条不渗透边界情形表现更为极端。

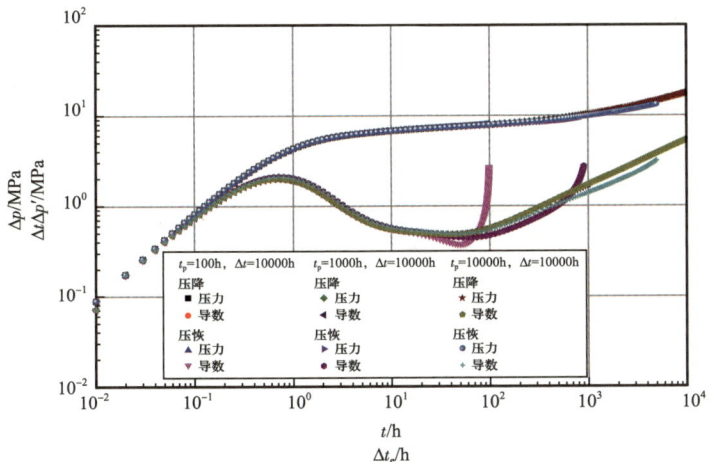

图4-11 河道边界情形双对数图情形2（压降绘图基于生产时间，压力恢复绘图基于关井等效时间）

按照Bourdet推荐的方法用相同数据绘制的曲线，如图4-12所示。压降绘图基于生产时间；压力恢复计算基于线性流等效时间，两者完全重合。

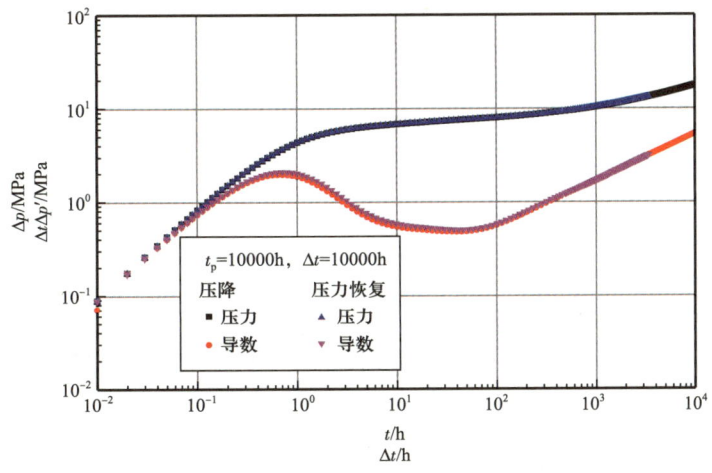

图4-12 河道边界情形双对数图情形3（压降绘图基于生产时间，压力恢复绘图基于关井时间）

四、圆形封闭边界情形

假设井位于圆形边界中心，假设关井前生产时间分别为100h、1000h、10000h，然后关井压力恢复10000h，其余参数如前所示。

若压降使用开井时间、压力恢复使用关井时间，压降和压力恢复的双对数图如

图 4-13 所示。当生产时间为 100h 时，在流动期结束时仍处于无限作用径向流阶段；当生产时间为 1000h 时，在流动期结束时刚好进入拟稳定阶段；生产时间为 10000h 时，流动期持续时间是达到拟稳定流时刻的 10 倍；后两种情形曲线几乎重合；一旦边界效应显现，压力恢复和压降曲线迥异。

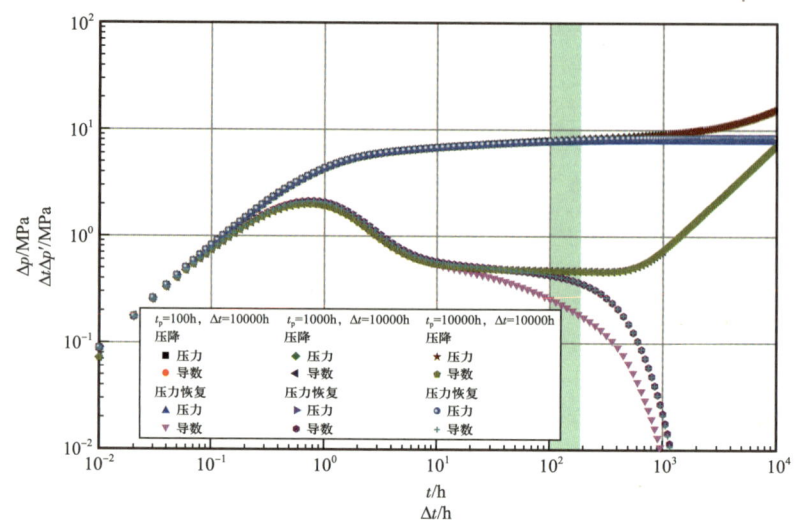

图 4-13　圆形封闭边界双对数图情形 1（压降基于生产时间，压力恢复基于关井时间）

若压降使用开井时间、压力恢复使用关井等效时间，压降和压力恢复的双对数图如图 4-14 所示。即使使用等效时间或 Bourdet 叠加时间，仍然无法让压力恢复再现压降响应。如果生产期结束时依旧处于无限作用径向流阶段，如 100h 所示的情况，压力恢复压力响应更接近于定压边界的情况。

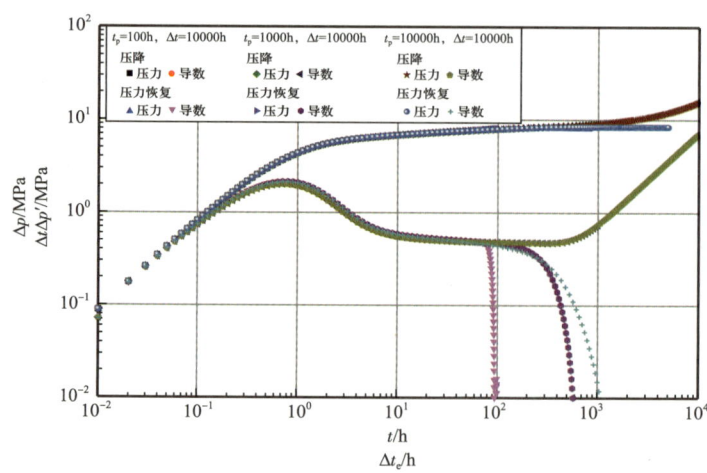

图 4-14　圆形封闭边界双对数图情形 2（压降绘图基于生产时间，压力恢复绘图基于关井等效时间）

按照 Bourdet 推荐的方法用相同数据绘制的曲线，如图 4-15 所示。压降绘图基于生产时间，压力恢复压差绘图基于等效时间，压力恢复导数绘图基于关井时间，即软件试井设计结果所见图件。

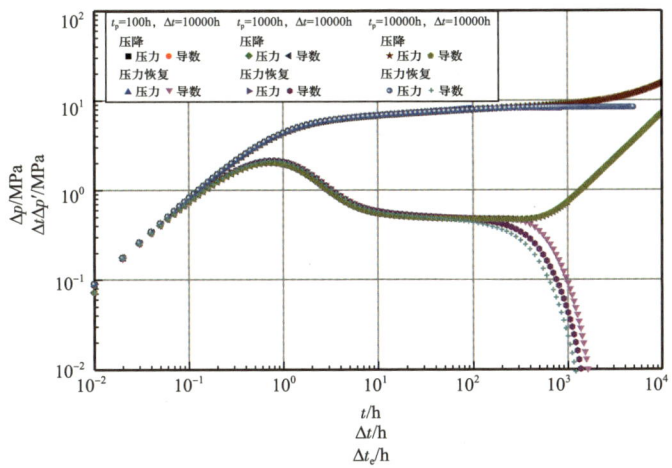

图 4-15　圆形封闭边界双对数图情形 3

五、圆形定压边界情形

假设井位于圆形边界中心，井筒半径为 0.1m，厚度为 10m，孔隙度为 0.1，体积系数为 1.0，黏度为 1.0mPa·s，总压缩系数为 0.00435MPa^{-1}，关井前产量为 100m^3/d，关井前生产时间分别为 100h、500h、1000h，关井压力恢复为 10000h，井筒储存系数为 0.2m^3/MPa，表皮系数为 0，地层系数为 300mD·m，原始压力为 34.47MPa，边界为 500m。

若压降使用开井时间、压力恢复使用关井时间，压降和压力恢复的双对数图如图 4-16 所示。压降曲线是个常数，导数符合指数递减；压力恢复与压降曲线形态类似。

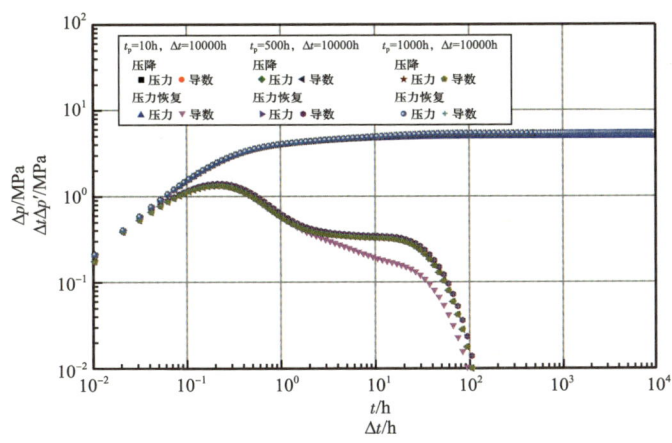

图 4-16　圆形定压边界双对数图情形 1

即使使用等效时间或 Bourdet 叠加时间，导数快速下降，如图 4-17 所示。软件设计展现图件为，压降绘图基于生产时间，压力恢复压差绘图基于等效时间，压力恢复导数绘图基于关井时间，如图 4-18 所示。

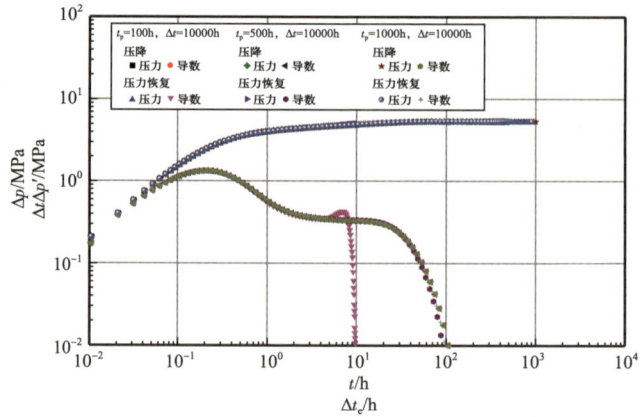

图 4-17　圆形定压边界双对数图情形 2

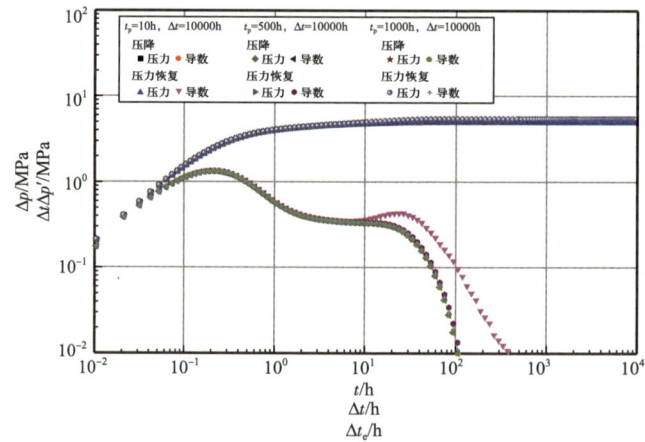

图 4-18　圆形定压边界双对数图情形 3

六、一条定压边界情形

假设井位于一条定压边界附近，井筒半径为 0.1m，厚度为 10m，孔隙度为 0.1，体积系数为 1.0，黏度为 1.0mPa·s，总压缩系数为 0.00435MPa^{-1}，关井前产量为 100m^3/d，关井前生产时间分别为 100h、500h、1000h，然后关井压力恢复 10000h，井筒储存系数为 0.2m^3/MPa，表皮系数为 0，地层系数为 300mD·m，原始压力为 34.47MPa，边界为 500m。

若压降使用开井时间、压力恢复使用关井时间，压降和压力恢复的双对数图如图 4-19 所示，压降曲线导斜数率为 -1；压力恢复与压降曲线形态基本一样。即使使用等效时间或 Bourdet 叠加时间，仍然无法让压力恢复再现压降响应，但斜率要陡一些，如图 4-20 所示。软件设计所见图件压降绘图基于生产时间，压力恢复压差绘图基于等效时间，压力恢复压力导数绘图基于关井时间，如图 4-21 所示。

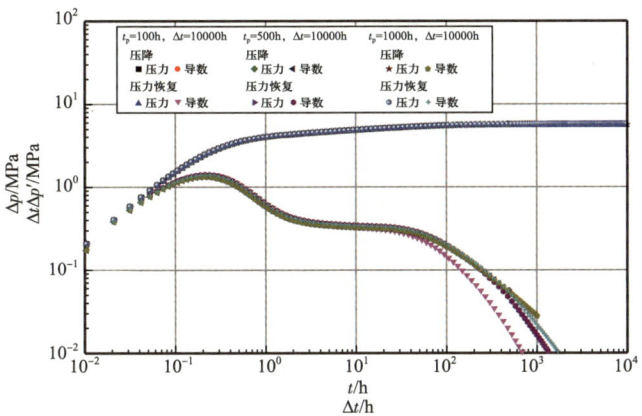

图 4-19　一条定压边界双对数图情形 1

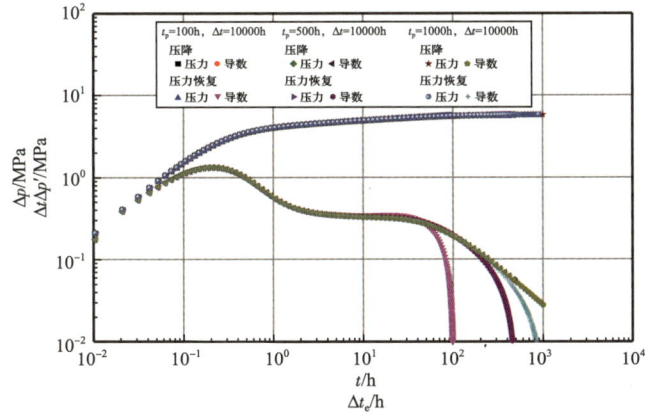

图 4-20　一条定压边界双对数图情形 2

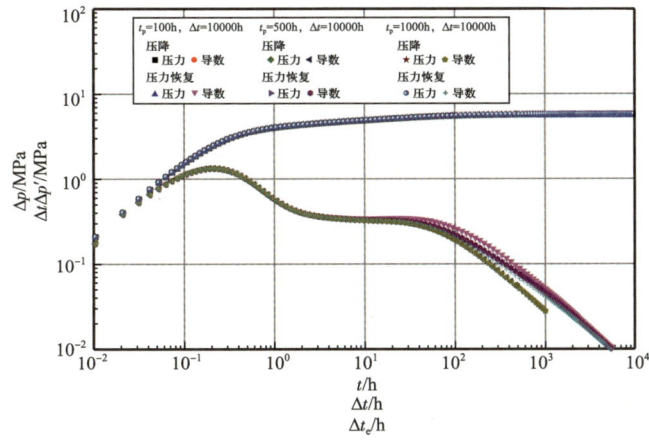

图 4-21　一条定压边界双对数图情形 3

七、楔形边界情形

假设井位于楔形边界中心，边界距离为457m，角度为90°，井筒半径为0.1m，厚度为10m，孔隙度为0.1，体积系数为1.0，黏度为1.0mPa·s，总压缩系数为0.00435MPa^{-1}，关井前产量为100m³/d，关井前生产时间分别为100h、500h、1000h，然后关井压力恢复10000h，井筒储存系数为0.2m³/MPa，表皮系数为0，地层系数为300mD·m，原始压力为34.47MPa。

若压降使用开井时间、压力恢复使用关井时间，压降和压力恢复的双对数图如图4-22所示，压力恢复与压降曲线形态基本一样。使用等效时间或Bourdet叠加时间，仍然无法让压力恢复再现压降响应，如图4-23所示。压降绘图基于生产时间，压力恢复压差绘图基于等效时间，压力恢复压力导数绘图基于关井时间，如图4-24所示。

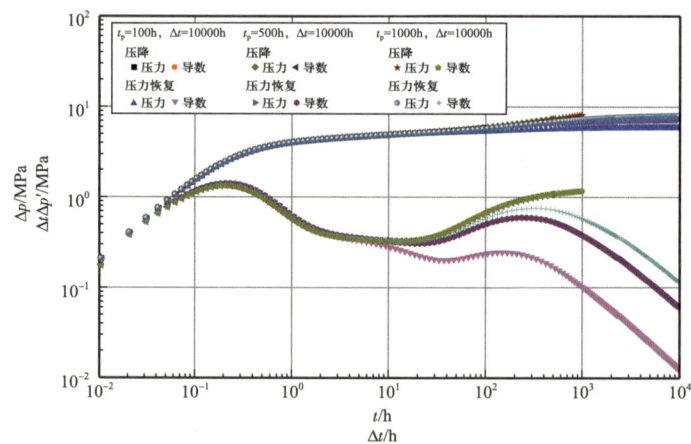

图4-22 楔形边界双对数图情形1（压降绘图基于生产时间，压力恢复绘图基于关井时间）

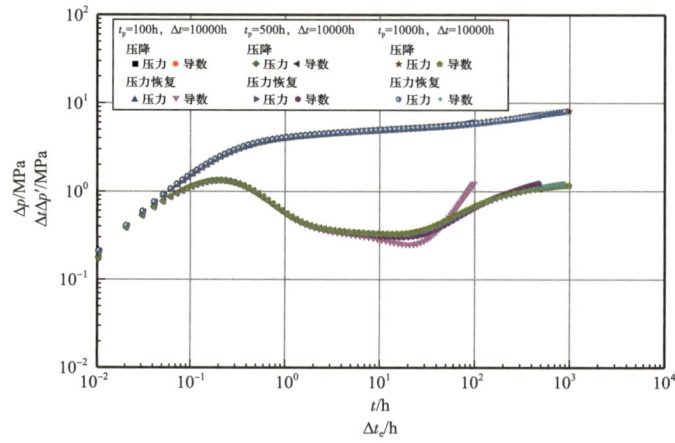

图4-23 楔形边界双对数图情形2（压降绘图基于生产时间，压力恢复绘图基于等效时间）

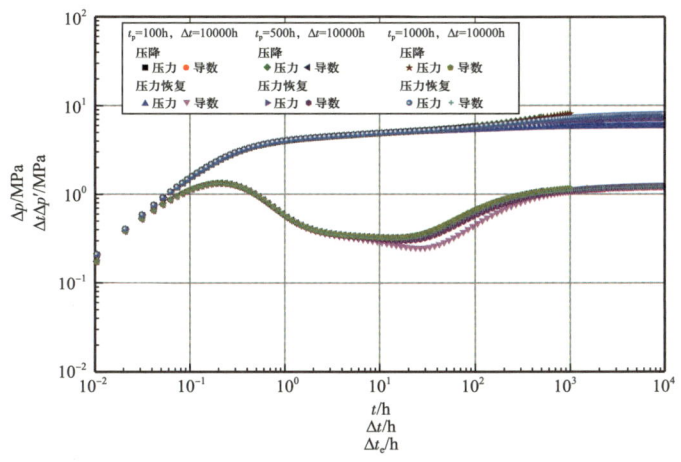

图 4-24　楔形边界情形双对数图情形 3

八、矩形封闭边界情形

在相同的泄流面积条件下，井位于正方形中心的压降曲线与井位于圆形封闭储层中心的压降曲线几乎是一样的，首先出现无限作用径向流，经过短暂的过渡后出现拟稳定流。矩形边界中心一口情形，如果长宽比差异比较大，那么压力导数形态与圆形封闭气藏有着显著的区别，随着压力波逐步传播到各个边界，导数曲线有个逐步抬升的过程，随后才是下跌。

假设边界距离分别为 100m/100m/5000m/5000m，井筒半径为 0.1m，厚度为 10m，孔隙度为 0.1，体积系数为 1.0，黏度为 1.0mPa·s，总压缩系数为 0.00435MPa^{-1}，关井前产量为 5m^3/d，关井前生产时间为 60000h，然后关井压力恢复 10000h，井筒储存系数为 0.2m^3/MPa，表皮系数为 0，地层系数为 300mD·m，原始压力为 34.47MPa。压降绘图基于生产时间，压力恢复压差绘图基于等效时间，压力恢复压力导数基于关井时间，如图 4-25 所示。在解释过程中应注意，需结合地质情况做出合理的解释。

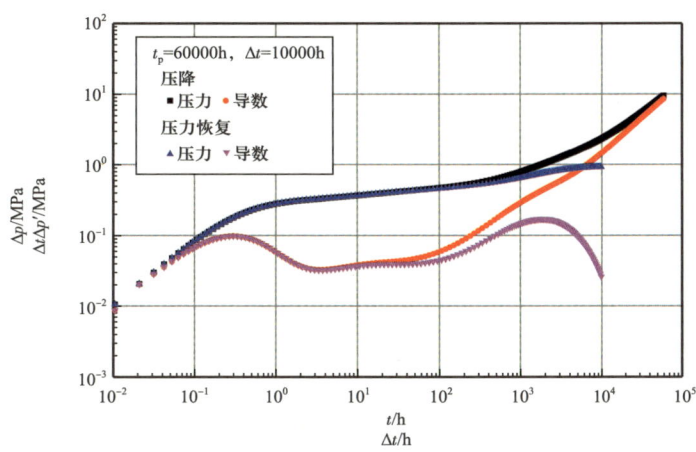

图 4-25　矩形封闭边界双对数图

九、压力导数计算方法

上述情形制图过程中,其实就是一个如何将压力恢复数据转换为压降数据的过程,目前时间处理方法还不能完全解决任意模型的压力恢复与压降转换问题。若需要手工计算压力导数曲线,还有一个问题需要了解,那就是如何根据时间和压力数据点计算压力导数的数值?

(一) 两点法

根据导数的定义式,邻近两点差分计算,有

$$\left(t \frac{dp}{dt} \right) = t_2 \left| \frac{p_2 - p_1}{t_2 - t_1} \right| \tag{4-9}$$

如果测试数据噪声较大,那么可设定一距离计算导数,而不采用相邻点计算。

(二) 三点法

现在试井软件上通用的方法是 Bourdet (1983) 三点法,在压力和时间线上两点 R 和 L,给定一个时间窗口 L,C 点为中心点,有

$$\left(t \frac{dp}{dt} \right)_C = \frac{(X_R - X_C)\left(t \frac{dp}{dt} \right)_L + (X_C - X_L)\left(t \frac{dp}{dt} \right)_R}{X_R - X_L} \tag{4-10}$$

L 值越大,导数越光滑,默认 L 值为 0.1;但 L 值偏大,容易造成导数曲线失真!

导数曲线具有放大功能,可看见压力曲线上隐藏的一些信息;但是,压力导数中不包含任何没有在压力数据中体现的额外信息!

第三节 流量变化的影响

假设在均质无限大储层中,一口井以变流量生产,压力波逐渐向外传播。压力传播的过程,其实就是"流量史"向地层深处运动的过程,初始流量已经远去,末端流量刚刚从井筒出发。

一、流量的传播

Spivey (2013) 给出了产量历史的空间解释,其实就是产量向地层的传播过程。下面结合模拟实例进行分析。

假设均质无限大油藏中一口直井,井筒半径为 0.1m,渗透率为 10mD,有效厚度为 10m,黏度为 1.0mPa·s,原始压力为 34MPa,总压缩系数为 0.002MPa^{-1},孔隙度为

0.1，产量为 16m³/d，生产时间为 10000h。那么根据 Ei 函数解，有

$$p(r,t) = p_i + \frac{0.9210qB\mu}{Kh}\text{Ei}\left(-\frac{\phi\mu C_t r^2}{0.0144Kt}\right) \quad (4-11)$$

到井距离为 r 处的流量，有

$$q(r) = \frac{Kh}{1.842qB\mu}\left(r\frac{dp}{dr}\right) \quad (4-12)$$

将油藏参数代入式（4-11），有

$$p(r,10^4) = 34 + \frac{0.9210 \times 16 \times 1.0 \times 1.0}{10 \times 10}\text{Ei}\left(-\frac{0.1 \times 1.0 \times 0.002}{0.0144 \times 10 \times 10^4}r^2\right)$$

即

$$p(r,10^4) = 34 + 0.14736\text{Ei}(-1.38889 \times 10^{-7}r^2)$$

将油藏参数代入式（4-12），有

$$q(r) = \frac{Kh}{1.842qB\mu}\left(r\frac{dp}{dr}\right) = \frac{10 \times 10}{1.842 \times 1.0 \times 1.0}\left(r\frac{dp}{dr}\right) = 54.2888\left(r\frac{dp}{dr}\right)$$

压力史的空间分布如图 4-26 所示。在近井地带，压力与距离呈线性关系，流量剖面如图 4-27 所示。探测半径为

$$r_i = 0.12\sqrt{\frac{Kt}{\phi\mu C_t}} = 0.12 \times \sqrt{\frac{10 \times 10^4}{0.1 \times 1.0 \times 2 \times 10^{-3}}} = 2683 \text{ m}$$

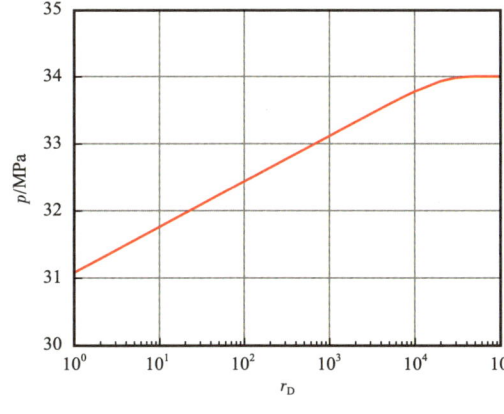

图 4-26　压力史空间分布 1

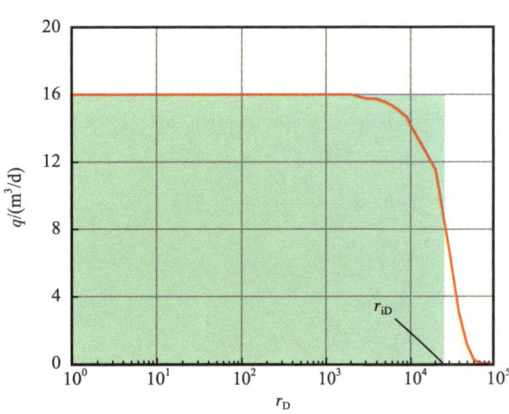

图 4-27　流量史空间分布 1

上述模拟实例为单流量压降生产情形，若生产 10000h 后，关井 10h，压力和产量剖面如何变化呢？根据叠加原理，压力恢复情形的 Ei 函数解可以表示为

$$p(r,t) = p_i + \frac{0.9210qB\mu}{Kh}\text{Ei}\left[-\frac{\phi\mu C_t r^2}{0.0144K(t_p+\Delta t)}\right] - \frac{0.9210qB\mu}{Kh}\text{Ei}\left(-\frac{\phi\mu C_t r^2}{0.0144K\Delta t}\right)$$

即

$$p(r,10) = 34 + 0.14736[\text{Ei}(-1.38889 \times 10^{-7} r^2) - \text{Ei}(-1.38889 \times 10^{-4} r^2)] \tag{4-13}$$

两流量情形下，关井10h之后的探测距离分别为

$$r_i = 0.12 \sqrt{\frac{K\Delta t}{\phi \mu C_t}} = 0.12 \times \sqrt{\frac{10 \times 10}{0.1 \times 1.0 \times 2 \times 10^{-3}}} = 84 \text{ m}$$

$$r_i = 0.12 \sqrt{\frac{K(\Delta t + t_p)}{\phi \mu C_t}} = 0.12 \times \sqrt{\frac{10 \times 10010}{0.1 \times 1.0 \times 2 \times 10^{-3}}} = 2683 \text{ m}$$

流量史和压力史的空间分布分别如图4－28和图4－29所示。

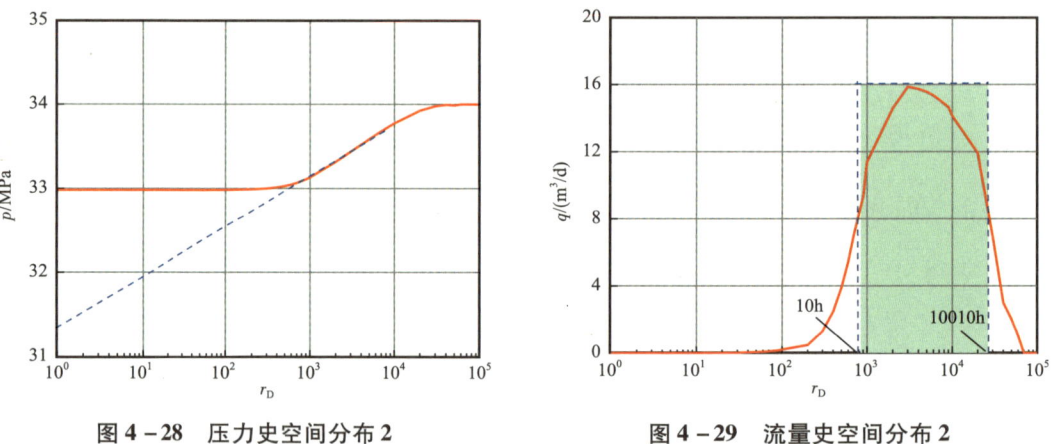

图4－28　压力史空间分布2　　　图4－29　流量史空间分布2

若生产10000h后产量减半生产3.16h，随后关井压力恢复。生产段内压力和产量剖面如何变化呢？根据叠加原理，压降情形的Ei函数解可以表示为

$$p(r,t) = p_i + \frac{0.9210 q_1 B\mu}{Kh}\text{Ei}\left[-\frac{\phi \mu C_t r^2}{0.0144 K(t_{p1}+t_{p2})}\right] + \frac{0.9210(q_2-q_1)B\mu}{Kh}\text{Ei}\left(-\frac{\phi \mu C_t r^2}{0.0144 K t_{p2}}\right)$$

即

$$p(r,t) = 34 + 0.14736[\text{Ei}(-1.38845 \times 10^{-7} r^2) - 0.5\text{Ei}(-4.39522 \times 10^{-4} r^2)] \tag{4-14}$$

两流量情形下，关井前的探测距离分别为

$$r_i = 0.12 \sqrt{\frac{Kt_{p2}}{\phi \mu C_t}} = 0.12 \times \sqrt{\frac{10 \times 3.16}{0.1 \times 1.0 \times 2 \times 10^{-3}}} = 48 \text{ m}$$

$$r_i = 0.12 \sqrt{\frac{K(t_{p2}+t_{p1})}{\phi \mu C_t}} = 0.12 \times \sqrt{\frac{10 \times 10003.16}{0.1 \times 1.0 \times 2 \times 10^{-3}}} = 2684 \text{ m}$$

流量史和压力史的空间分布分别如图4-30和图4-31所示。图4-30表明,近井地带压力梯度小,是关井之前井产量突然降低的反映;远井地带压力梯度较大,是此前初始流动期内产量相对较高的反映。图4-31表明,流量在空间的分布是光滑变化的。

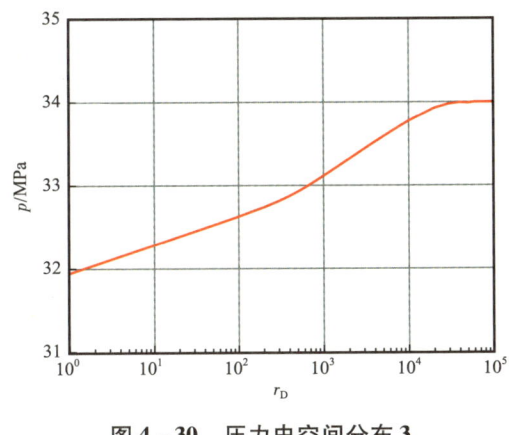

图4-30 压力史空间分布3

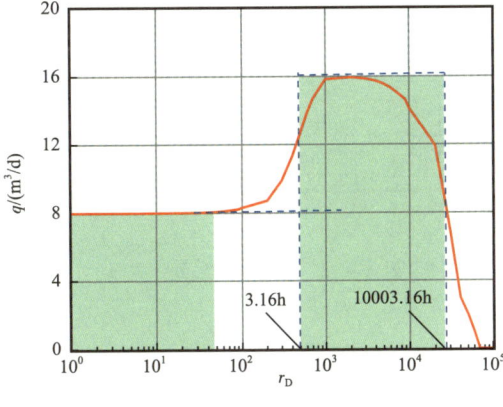

图4-31 流量史空间分布3

若生产10000h后产量减半生产3.16h,随后关井压力恢复。压力恢复期间压力和产量剖面如何变化呢?根据叠加原理,压力恢复情形的Ei函数解可以表示为

$$p(r,t) = p_i + \frac{0.9210 q_1 B\mu}{Kh}\left\{\text{Ei}\left[-\frac{\phi\mu C_t r^2}{0.0144K(t_{p1}+t_{p2}+\Delta t)}\right] - \text{Ei}\left[-\frac{\phi\mu C_t r^2}{0.0144K\Delta t}\right]\right\}$$
$$+ \frac{0.9210(q_2-q_1)B\mu}{Kh}\left\{\text{Ei}\left[-\frac{\phi\mu C_t r^2}{0.0144K(t_{p2}+\Delta t)}\right] - \text{Ei}\left(-\frac{\phi\mu C_t r^2}{0.0144K\Delta t}\right)\right\}$$

(4-15)

当关井时刻$\Delta t_1 = 0.00316$h时,根据式(4-15),有

$$p(r,t) = 34 + 0.14736[\text{Ei}(-1.38845\times 10^{-7}r^2) - \text{Ei}(-4.395218r^2)]$$
$$- 0.5\times 0.14736[\text{Ei}(-4.39083\times 10^{-4}r^2) - \text{Ei}(-4.395218r^2)]$$

当关井时刻$\Delta t_2 = 31.6$h时,根据式(4-15),有

$$p(r,t) = 34 + 0.14736[\text{Ei}(-1.38845\times 10^{-7}r^2) - \text{Ei}(-4.395218r^2)]$$
$$- 0.5\times 0.14736[\text{Ei}(-3.99565\times 10^{-5}r^2) - \text{Ei}(-4.395218\times 10^{-5}r^2)]$$

流量史和压力史的空间分布分别如图4-32和图4-33所示。在Δt_1时刻,压力恢复曲线仅能"看见"由终产量引起的近井压力梯度;Δt_1时刻时压力响应"看见"了由初始产量引起的压力梯度。井筒中产量的每一次改变,都将形成一个压力波并远离井筒而去。压力传播的过程,也是流量"远行"的过程。

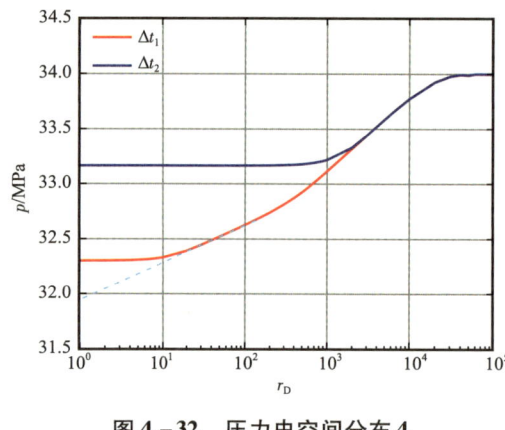

图 4-32 压力史空间分布 4

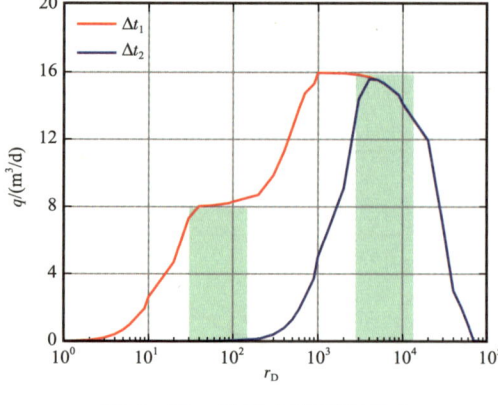

图 4-33 流量史空间分布 4

二、变流量的影响

（一）压力恢复前稳定生产时间很长情形

如本章第一节所述，压力恢复之前要有一段长时间的定产生产数据，径向流要求关井前稳定生产时间至少是关井时间的 10 倍；如果出现线性流或双线性流，压力恢复之前稳定生产时间将分别为关井时间的 100 倍和 20 倍，可采用 MDH 方法分析压力恢复数据。

假设均质无限大油藏中一口直井，定产生产 1024h、关井 120h。根据关井时间计算导数，如图 4-34 所示，压力恢复与压降压力响应几乎相同。也就是说，此时流量的影响可忽略不计。

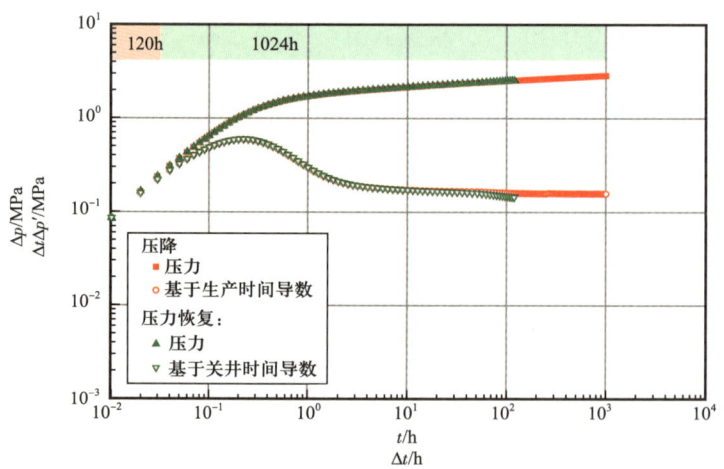

图 4-34 关井前稳定流量史较长情形

（二）压力恢复前稳定生产时间较短情形

若将 1024h 段分为两段，前 1016h 产量为 50m³/d，后 8h 产量减半，然后关井 120h。根据关井时间计算压力恢复导数（即忽略流量史的变化），结果如图 4-35 所示，压力响应很容易被误认为是由一条不渗透边界或外围变差的复合模型引起的。

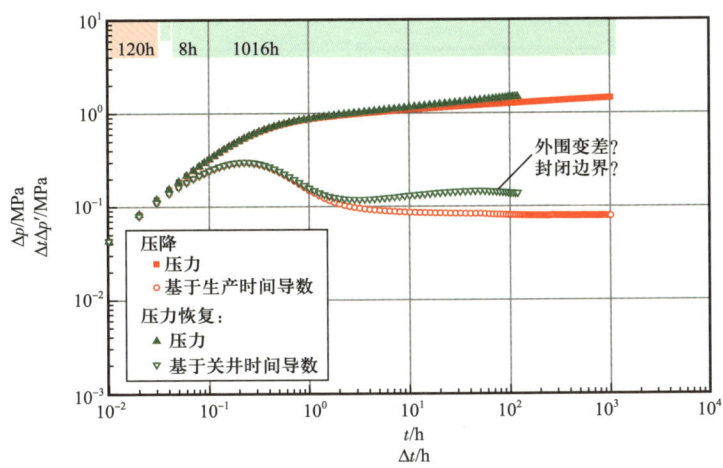

图 4-35　关井前稳定流量史较短情形

（三）压力恢复时间远大于开井时间情形

如第二节所述，如果关井时间大于开井时间，曲线形态是什么样子呢？8h（产量 50m³/d）、关井 120h。根据关井时间计算导数，压力、压力导数与关井时间的双对数曲线如下所示。若忽略产量史，无限大储层中一口井短期生产时，压力恢复响应与定压边界附近一口井情形类似，如图 4-36 所示。

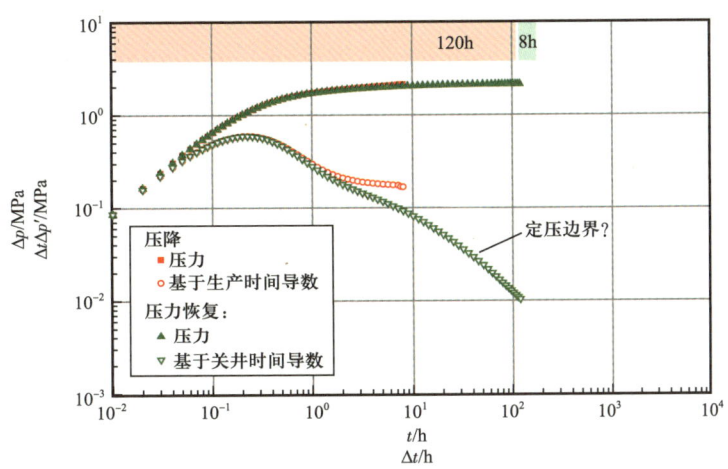

图 4-36　开井时间较短压力恢复时间大于开井时间情形

(四)压力恢复前多流量关井情形

对于高产油气井,经常采用多级流量关井。若忽略最后一阶段产量,分析结果得到了正确的渗透率;但表皮系数非常高、井筒储存系数很低。定产生产1024h(产量50m³/d)、关井120h,关井前0.012h产量减半。根据等效时间计算导数,压力、压力导数与关井时间的双对数曲线如图4-37所示。

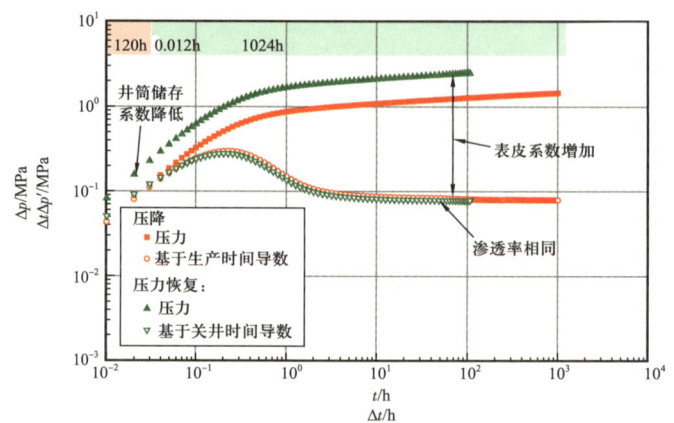

图4-37 压力恢复前多流量关井情形

(五)多长流量史合适

Daungkaew(2000)基于无限作用径向流,并假设关井时间为生产时间的2.5倍(关井时间短),提出了一种做法:累计生产时间的后40%部分采用真实流量史,前面的60%部分用Horner拟生产时间。

压力恢复分析应包含关井前一段详细的产量史,Spivey(2013)建议时间点的选取应满足以下三者的最小值:(1)封闭储层中达到拟稳定流动或定压边界达到稳定流动的时间,储层处于拟稳定流动时,压力剖面与早期产量史无关;(2)对于径向流,是压力恢复测试时间的10倍(线性流为100倍、双线性流为20倍);(3)如果前面两个标准都不满足,则需考虑整个产量史。

如图4-38所示,前者未充分考虑生产史,造成双对数曲线异常,压力导数曲线与压力曲线出现了交叉;而将前期生产史考虑进去以后,双对数曲线恢复正常,该井表现出典型的有限导流垂直裂缝井特征。

(六)关井点的选择

关井点流压和时间点的选择对双对数的早期形态也有着重要的影响,关井前局部放大图如图4-39(a)所示,若关井点选在A点,关井压力偏高;若选在B点,时间偏晚,压力线偏移单位斜率线,影响表皮系数结果;若选在C点,适中;若选在D点,时间偏早,导数曲线偏离单位斜率线。

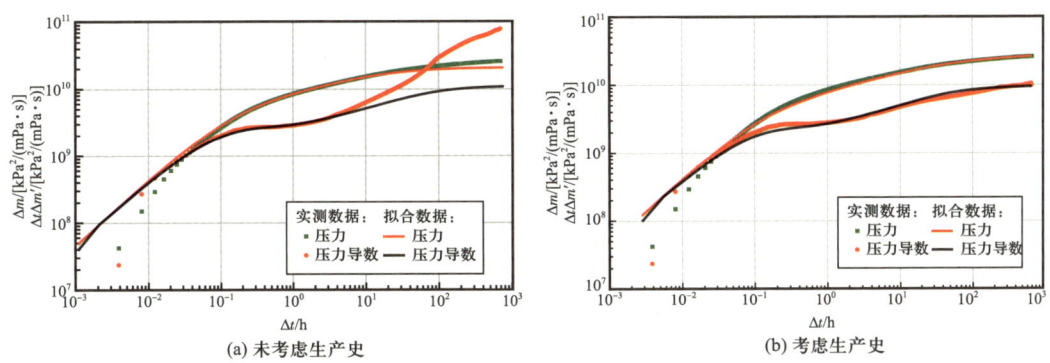

(a) 未考虑生产史　　(b) 考虑生产史

图 4-38　全程流量史对压力导数的影响

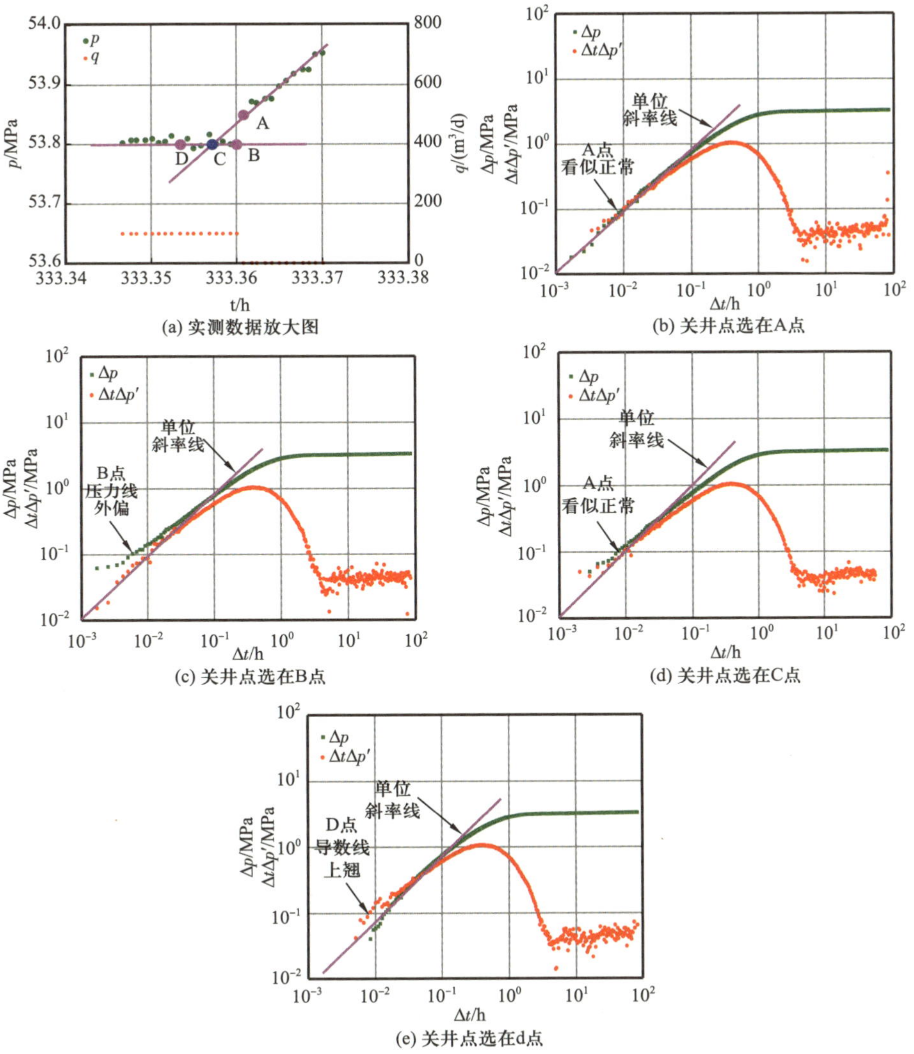

(a) 实测数据放大图　　(b) 关井点选在A点

(c) 关井点选在B点　　(d) 关井点选在C点

(e) 关井点选在d点

图 4-39　关井时间点选择对压力导数的影响

第四节 变井筒储存效应及 PPD 导数

井筒储存效应或变井筒储存效应会对试井曲线形态产生明显的影响，通常用井筒储存系数或变井筒储存系数来表示，压力关于时间的一阶导数（PPD）可用来识别井筒现象和地层特征。由井筒中相重新分布引起的变井筒储存效应可以分为 3 种类型，结合压力关于时间的一阶、二阶导数可以进行定量分析。

一、变井筒储存效应

井筒储存效应或变井筒储存效应会对试井曲线形态产生明显的影响，通常用 Fair 变井筒储存模型（指数形式）或 Hegeman 变井筒储存模型（误差函数形式）来表示。Spivey 和 Lee（1999）提出了两种双体积井筒储存模型，虽然两种模型均没有表现出相态分离引起的压力驼峰现象，但其压力响应与 Fair（1981）和 Hegeman（1993）变井筒储存模型相似，对复杂碳酸盐岩有借鉴意义，如图 4-40 所示。

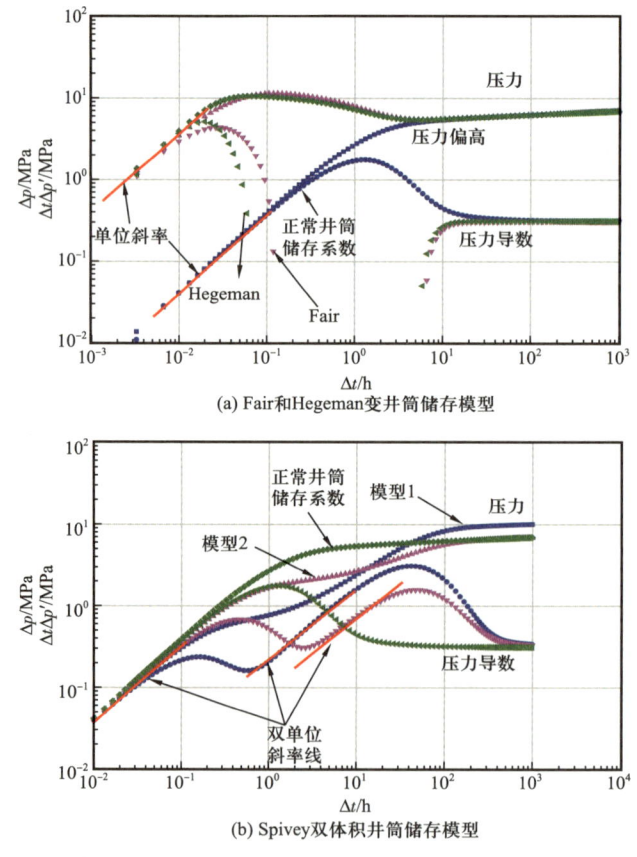

图 4-40　变井筒储存模型示意图

二、辨别井筒现象与储层特征

对于常规碎屑岩储层，关井压力关于时间的一阶导数 dp/dt（又称 PPD 导数），可用来判断井筒与储层特征（Mattar，1992）。正常情况下，不管是均质储层还是双重孔隙介质储层，关井压力随关井时间延长逐渐达到平均地层压力，压力恢复速度逐渐变慢，因此 dp/dt 导数是个减函数，如图 4-41 所示。

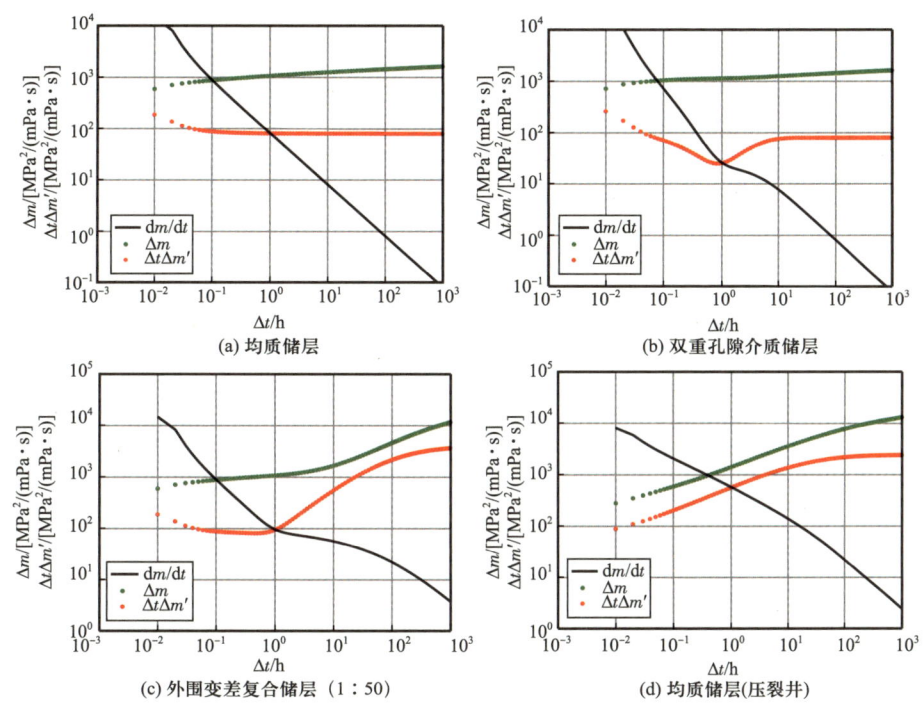

图 4-41 不同储层类型 PPD 导数特征（黑线）

现以均质油藏为例进行说明，在无限作用径向流阶段，有

$$p_D = \frac{1}{2}(\ln t_D + 0.80907 + 2S)$$

$$\frac{dp_D}{dt_D} = \frac{1}{2t_D}$$

(4-16)

在拟稳定流动阶段，有

$$p_D = \frac{2t_D}{r_{eD}^2} + (\ln r_{eD} - 0.75 + S)$$

$$\frac{\partial p_D}{\partial t_D} = \frac{2}{r_{eD}^2}$$

$$t_D \frac{dp_D}{dt_D} = \frac{2t_D}{r_{eD}^2}$$

(4-17)

式（4-16）和式（4-17）表明，压力关于时间的一阶导数不可能是个增函数，对数导数斜率的最大值是1.0。因此，在试井解释过程中，要充分运用PPD导数进行井筒现象与储层特征的识别。如果在关井初期很短的时间内，导数曲线"上窜下掉"，多数是由于井筒中气液重力分异或气液界面流经压力计下深等原因所引起的，如图4-42所示。

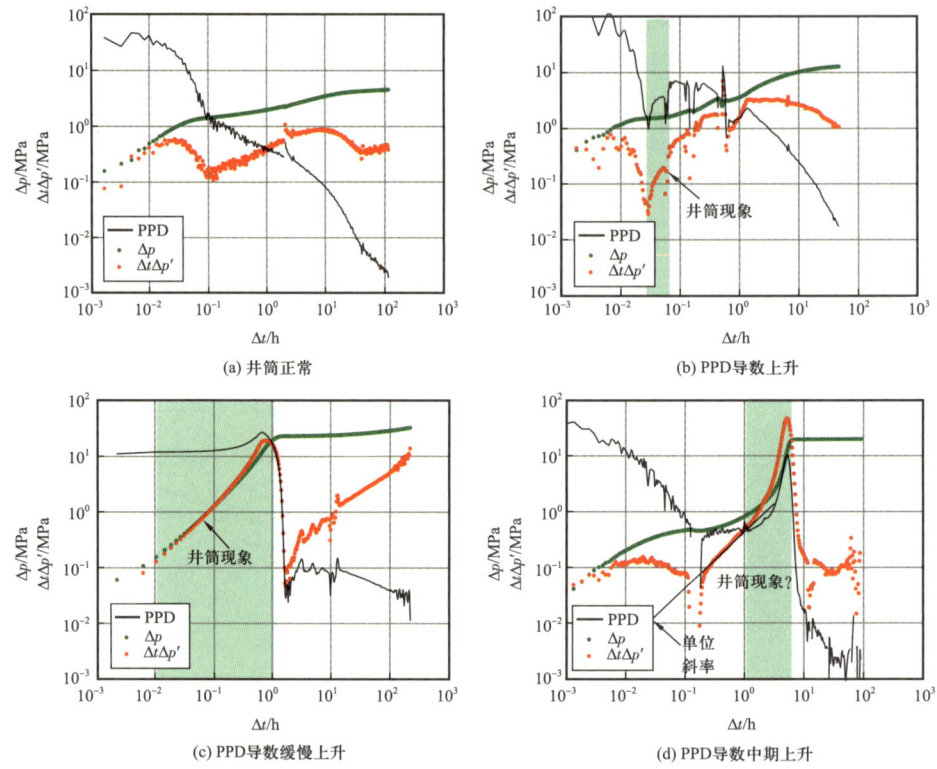

图4-42 运用PPD识别井筒现象与储层特征（黑线）

但是，当关井时间较长时，如超过20~30min，导数曲线也可能出现PPD导数突然上升或对数导数斜率大于1.0的情况，显然这是由于远井地带能量补给造成的，如图4-42（d）所示。对于复杂碳酸盐岩储层或裂缝性储层，可能经常会出现类似导数斜率大于1.0的情况；由于总压缩系数的变化，可能也会出现压力导数斜率大于1.0的情况。

井筒现象对生产动态的影响几乎可以忽略不计，但在试井分析中必须进行识别和考虑。测试中流体重力分异及温度变化等因素将产生变井筒储存效应，分析过程中可用Fair、Hegeman、Spivey等模型进行分析。储层现象对应的压力响应相对平滑，可用PPD导数方法进行辨别。对于导数斜率大于1.0的情况，在综合考虑压缩系数变化、井筒现象、远井区供给等因素的基础上，做出合理的判断。

第五节 邻井干扰对试井曲线的影响

储层渗透性高、井间连通性较好的油气藏，其本质是一个多井系统，投产后测试井的压力恢复资料容易受邻井的影响，导数曲线在中晚期会出现"下掉"或"上翘"特征。单井试井分析方法往往将此特征解释为受边界影响，不当的解释结果可能会对生产决策产生误导。

一、多井同时生产压降情形

假设无限大均质储层中有 N 口井分别以恒定的产量进行生产，邻井对测试井井底压力的影响主要取决于邻井的产量和该井与测试井的距离。

图 4-43 为均质无限大储层中 4 口井同时生产时的压降曲线，图中两种情形的压力导数曲线都出现 4 个径向流水平线，邻井与测试井距离越近，对曲线产生的影响越早。如情形（a）所示：第一径向流段（0.5 线）之前部分，为测试井自身特征的反映；第二径向流段（1.0 线）为测试井与最近邻井生产特征的反映，这与测试井位于一条封闭断层附近时的特征类似；第三径向流段（2.5 线）为测试井与最近 2 口邻井生产特征的反映；第四径向流段（5.0 线）为测试井与 3 口邻井生产特征的反映。第二、三、四径向流水平线的高度与第一径向流水平线的高度之比为测试井与产生影响的邻井无量纲产量的代数和，即 $\left(1+\sum_{j=2}^{X} q_{jD}\right)$，$X$ 为对测试井产生影响的邻井数量。如：情形（a）第四径向流水平线的高度与第一径向流水平线的高度之比为 $5.0/0.5=10.0$，这与 4 口井的无量纲产量代数和相等，即 $\left(1+\sum_{j=2}^{4} q_{jD}\right)=1.0+1.0+3.0+5.0=10.0$。情形（b）亦是如此，此时 $\left(1+\sum_{j=2}^{4} q_{jD}\right)=1.0+5.0+3.0+1.0=10.0$。

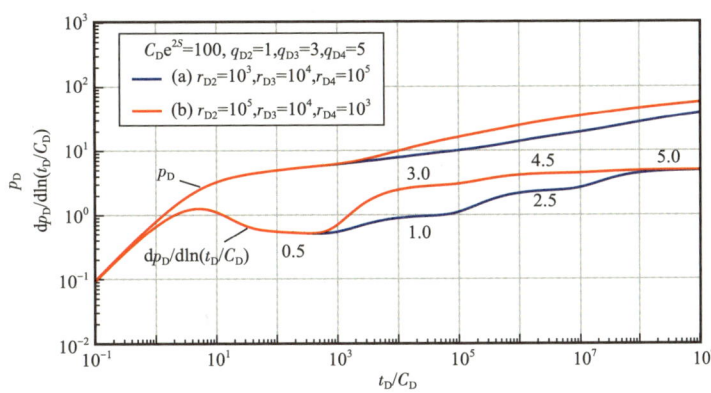

图 4-43 多井同时生产时的压降典型曲线——邻井不同产量、不同井距情形（4 口井）

若邻井产量相同，与测试井井距不同，此时亦出现四条径向流水平线，如图 4-44 所示。压力导数曲线特征与图 4-43 所示特征相同，第一径向流段为测试井自身特征的反映（0.5 线）；第二、三、四径向流水平线的高度与第一径向流水平线的高度之比为测试井与产生影响的邻井无量纲产量的代数和。

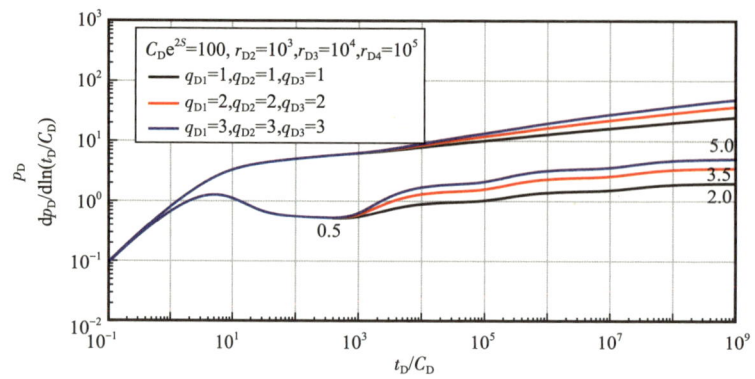

图 4-44　多井同时生产时的压降典型曲线——邻井产量相同、不同井距情形（4 口井）

若邻井与测试井井距大致相同，此时只出现两条径向流水平线，如图 4-45 所示。第一径向流水平线为测试井自身特征的反映（0.5 线）；第二径向流水平线为整个系统生产特征的反映（2.0 线，4.0 线，5.0 线）。

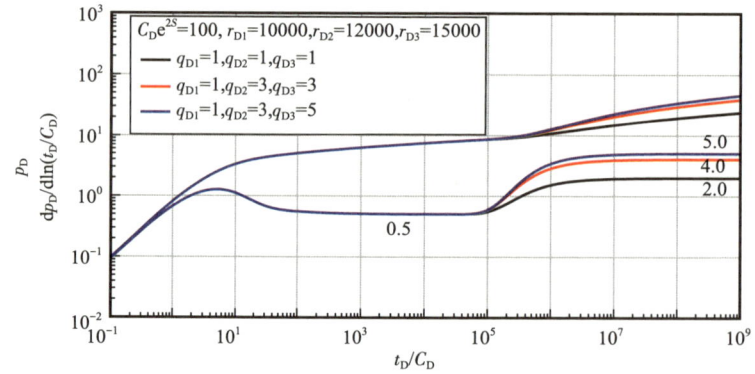

图 4-45　多井同时生产时的压降典型曲线——邻井不同产量、井距接近情形（4 口井）

多井同时生产压降情形，晚期渐近解可以表示为

$$\frac{\mathrm{d}p_{wD}}{\mathrm{dln}(t_D/C_D)} = \frac{1}{2}(1 + \sum_{j=2}^{N} q_{jD}) \tag{4-18}$$

由此可知，在晚期时间段内，多井同时生产情形的压降导数曲线径向流水平线数值与单井筒半径向流水平线数值之比为测试井与连通井无量纲产量的代数和，即

$(1 + \sum_{j=2}^{N} q_{jD})$。因此,当压力导数曲线呈现"台阶上升"特征时,可能是不渗透边界或外围变差的径向复合模型特征的反映,也可能是由井间干扰造成的。

二、多井同时关井压力恢复情形

当测试井与邻井同时关井时,多井系统的压力恢复典型曲线如图 4-46 所示。当 $t_{pD} \gg \Delta t_D$ 时,压降曲线与压力恢复曲线基本重合。当满足单对数近似条件时,无量纲关井恢复压力 $p_{BUD}\left(\dfrac{\Delta t_D}{C_D}\right)$ 关于 $\dfrac{\Delta t_D}{C_D}$ 的导数为

$$\frac{\mathrm{d}p_{BUD}(\Delta t_D/C_D)}{\mathrm{d}(\Delta t_D/C_D)}\left(\frac{\Delta t_D}{C_D}\right)\left(\frac{t_{pD}+\Delta t_D}{t_{pD}}\right) = \frac{1}{2}\left(1+\sum_{j=2}^{N}q_{jD}\right) \qquad (4-19)$$

因此,当邻井同时关井且对测试井产生干扰时,测试井压力恢复导数曲线在中后期会逐渐"上翘"。

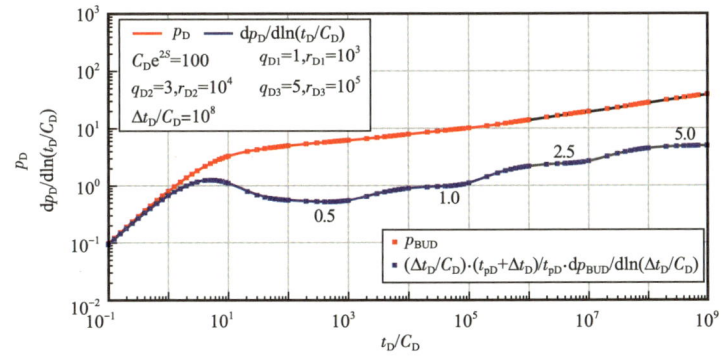

图 4-46 均质无限大储层多井系统中压降与压力恢复典型曲线对比图

(4 口井,压降——多井同时生产;压力恢复——多井同时关井)

三、受邻井生产影响的压力恢复特征

当测试井关井、邻井生产时,测试井压力恢复渐近解的导数为

$$\frac{\mathrm{d}p_{BUD}(\Delta t_D/C_D)}{\mathrm{d}(\Delta t_D/C_D)}\left(\frac{\Delta t_D}{C_D}\right)\left(\frac{t_{pD}+\Delta t_D}{t_{pD}}\right) = \frac{1}{2}\left[1 - \sum_{j=2}^{N} q_{jD} \times \left(\frac{\Delta t_D}{t_{pD}}\right)\right] \qquad (4-20)$$

因此,当邻井一直生产且对测试井产生干扰时,测试井压力恢复导数曲线在中后期会逐渐"下掉","下掉"速度取决于产生干扰的邻井无量纲产量 $\sum_{j=2}^{X} q_{jD}$ 以及关井时间与关井前生产时间的比值 $\Delta t_D/t_{pD}$,如图 4-47 所示。

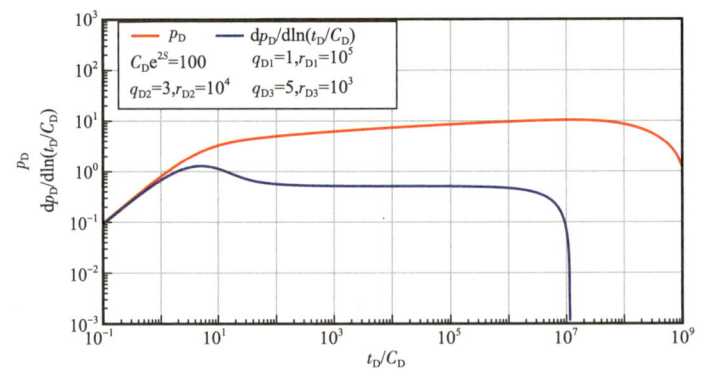

图4-47 邻井生产情形双对数对比图

四、分析实例

（一）模拟分析实例

假设气藏中两口气井同时长期生产，用永久式井下压力计进行动态监测。气藏基础参数见表4-2。测试井以 $40 \times 10^4 \mathrm{m}^3/\mathrm{d}$ 的平均产量生产10000h后进行第1次压力恢复测试，关井时间1000h；随后再次以 $40 \times 10^4 \mathrm{m}^3/\mathrm{d}$ 的平均产量生产了5000h进行第2次压力恢复测试，关井时间2000h。邻井以 $120 \times 10^4 \mathrm{m}^3/\mathrm{d}$ 的产量持续生产了16000h后，在测试井第2次压力恢复测试时同时关井。

表4-2 实例基础参数数据表

井距/m	原始压力/MPa	地层温度/℃	有效厚度/m	孔隙度	天然气相对密度	拟临界温度/K	拟临界压力/MPa
3880	35.0	100	100	0.1	0.6	195.697	4.66875

两次压力恢复测试双对数图如图4-48所示，导数曲线形态后期完全相反。第1次压力恢复测试，导数曲线后期下降，原因可能为：储层外围变好或邻井生产干扰。第2次压力恢复测试导数曲线"上翘"，原因可能如下：（1）储层外围变差；（2）边水特征，由于水相黏度比气相黏度高很多，边水驱气藏也会表现出类似储层外围变差的特征；（3）一条或多条不渗透边界；（4）邻井同时关井干扰。

若采用外围变差的复合模型进行解释，第2次测试双对数拟合结果如图4-49所示，双对数结果拟合较好，但是历史拟合图拟合不好（图4-51），加之两次压力恢复测试结果对储层的认识背道而驰，因此不宜选用复合模型进行解释。

该气藏平面展布很好，没有大的断层或裂缝存在，测试井远离气藏边界；第1次压力恢复测试后期压力导数"下掉"可能是邻井生产造成的，第2次压力恢复测试后期压力导数"上翘"可能是邻井同时关井造成的。因此，排除其他可能性，选用多井模型进行分析，双对数拟合结果如图4-50所示。

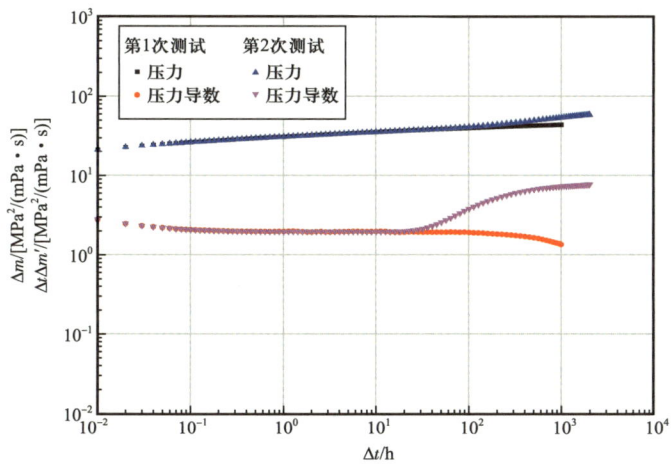

图 4-48　两次压力恢复测试双对数对比图

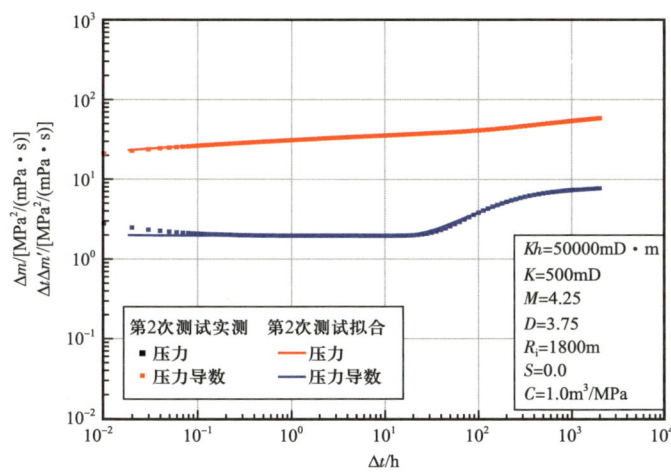

图 4-49　第 2 次压力恢复测试双对数拟合图——外围变差复合模型

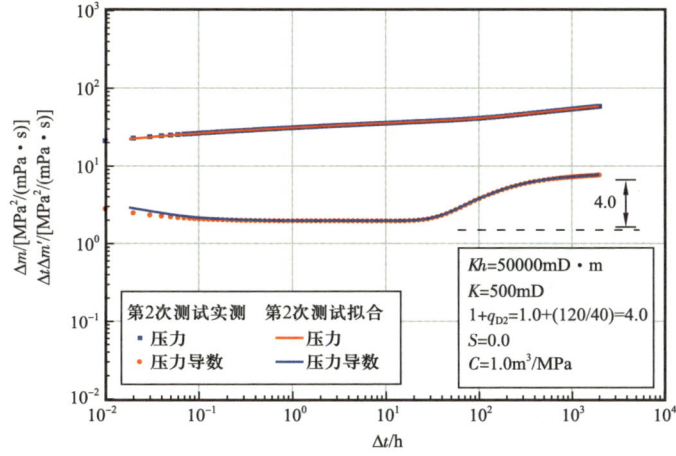

图 4-50　第 2 次压力恢复测试双对数拟合图——多井模型

解释结果与复合模型情形相同；压力导数曲线两个水平段高程之比为 8.0/2.0 = 4.0，正好是测试井与邻井产量之和与测试井产量的比值，即（40 + 120）/40 = 4.0；历史拟合图拟合良好，如图 4 – 51 所示。

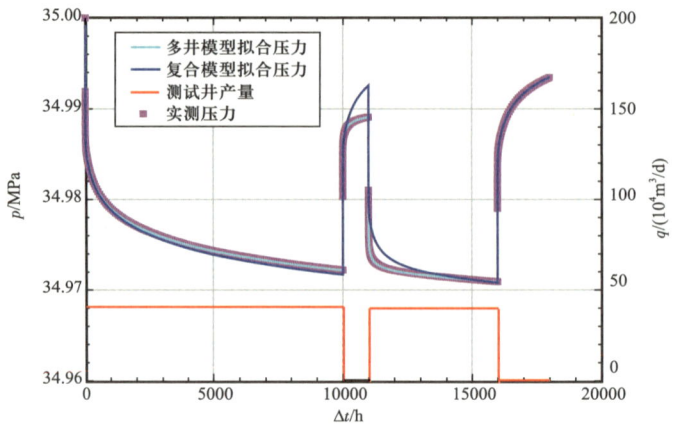

图 4 – 51　压力历史拟合图——两种模型结果对比

上述结果表明，多井解释结果是一个比较合理的解释：储层表现出无限大均质特征，渗透率为 500mD，井间连通性好，生产已经发生干扰。

（二）现场分析实例

中国石油塔里木油田 A 气藏孔隙度主要分布在 5.5%~8.0%，基质渗透率主要分布在 0.01 ~ 1.0mD，高角度裂缝发育。原始地层压力为 89.09MPa，地层温度为 128℃，天然气相对密度为 0.58。目前完钻开发井 6 口，如图 4 – 52 所示。

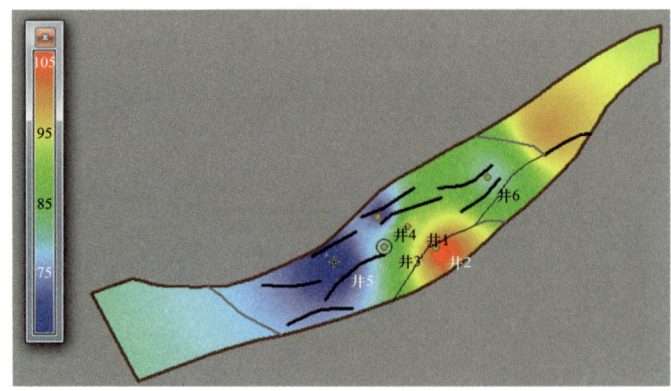

图 4 – 52　A 气藏井位及有效厚度示意图

该气藏先后投产 6 口井，平均日产气 $170 \times 10^4 m^3$，累计产气 $15 \times 10^8 m^3$，单井日产气在 $(15 \sim 45) \times 10^4 m^3$。生产过程中，井 2 井筒出砂，流压波动较大；井 3 井区裂缝不发育，产量低，流压低；2016 年 5 月全气藏关井，除了井 3，其余井的井口静压均恢复到同一数值,如图4-53所示;而且,后期投产的井地层静压逐渐降低,见表4-3。因此,整个气藏存在连通的可能性。

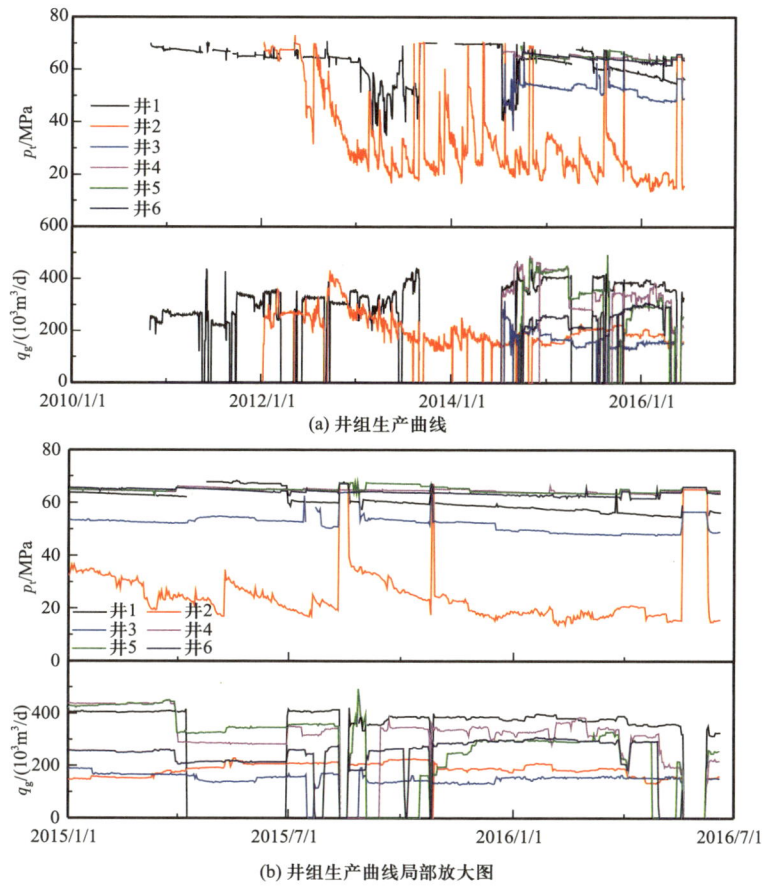

图4-53 A气藏6口井生产曲线

表4-3 A气藏生产井投产静压统计表

井号	投产时间	投产静压/MPa	有效厚度/m	孔隙度/%	产气量/(10^4m^3/d)
井3	2014/7/16	79.74	87	5.6	16.5
井6	2014/9/29	86.06	79	6.2	25.3
井5	2014/9/27	84.72	65	7.1	33.0
井1	2010/10/30	89.09	82	6.8	33.4
井4	2014/7/17	85.83	69	6.9	35.3
井2	2012/1/11	86.74	105	7.9	20.7

2015年8月,井5生产320天后关井进行压力恢复测试。首先关井进行第一次压力恢复测试,其余5口生产井同时关井;然后进行修正等时试井,修正等时试井期间井1,2,6井开井生产;最后进行延长压力恢复测试,测试期间井3,井4陆续开井,如图4-54所示。

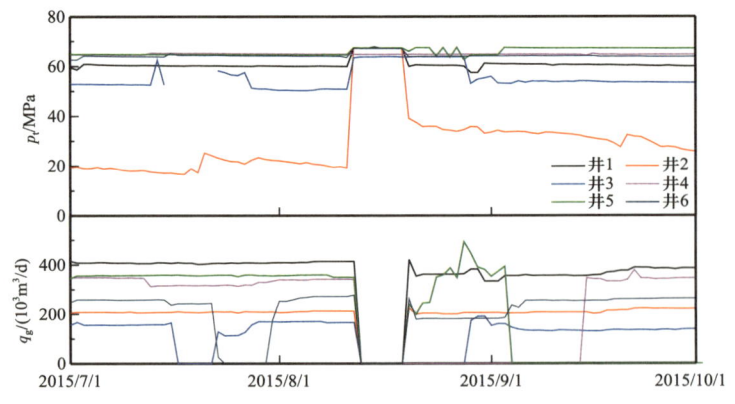

图 4-54 A 气藏 2015 年 7 月—2016 年 10 月生产曲线

该井测试数据双对数图如图 4-55 所示，第一次压力恢复与最后压力恢复压力导数存在明显的差异，导数形态走向相反；修正等时试井期间的四次压力恢复压力导数亦有上升的趋势。

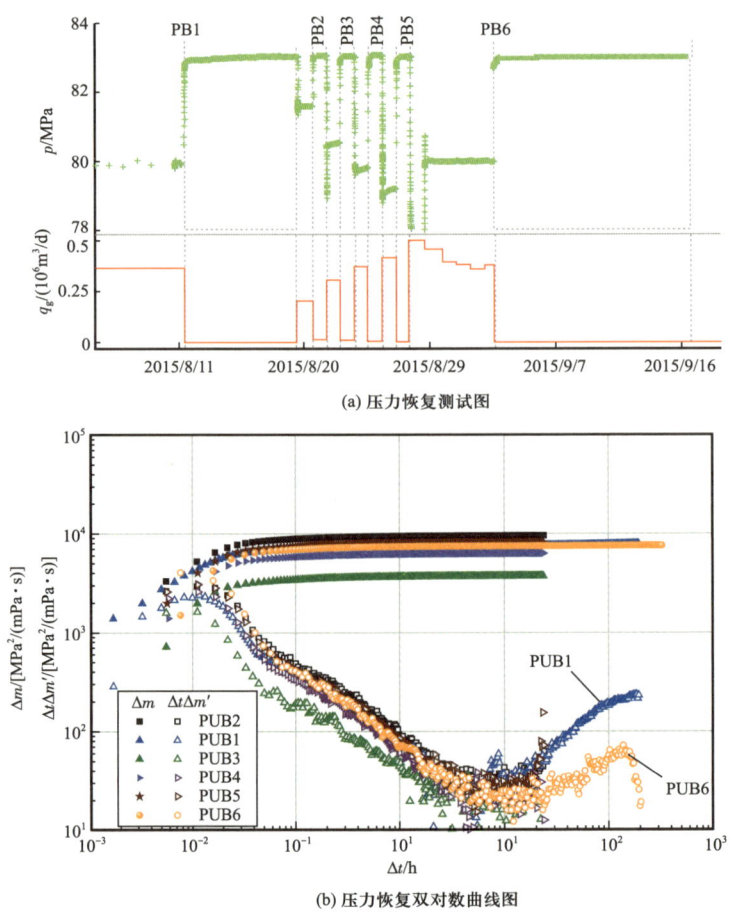

(a) 压力恢复测试图

(b) 压力恢复双对数曲线图

图 4-55 井 5 历次测试数据双对数曲线

该气藏裂缝发育，首先想到的是选用双重孔隙模型进行解释，解释结果如图 4-56 所示。但一套参数难以拟合两次压力恢复结果，且难以解释两次压力导数形态的不同。

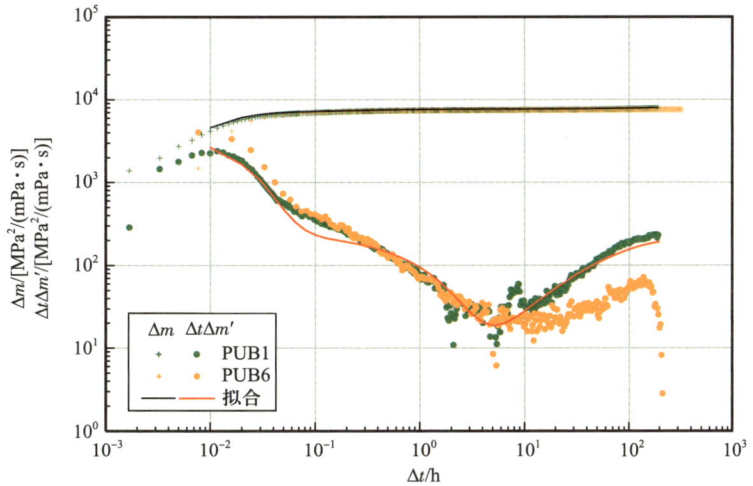

图 4-56　井 5 测试数据双重孔隙介质模型试井分析拟合曲线

结合生产动态特征，现选用多井模型进行分析。结合生产动态特征，A 气藏内的生产井存在连通的可能性，区块平均产量与测试井的产量比为 $(16.5+25.3+33+33.4+35.3+20.7)/33=5.0$；第一次压力恢复双对数水平线数值约为 3.85×10^7，台阶水平线为 20×10^7，两者之比正好为 5.0，导数曲线出现了径向流水平线，大约持续 3/4 对数周期以上，因此可选用均质储层多井模型进行分析，解释结果如图 4-57 所示。该井投产时，原始地层压力已经由 89MPa 降到了 85MPa，目前地层压力为 81.6MPa。

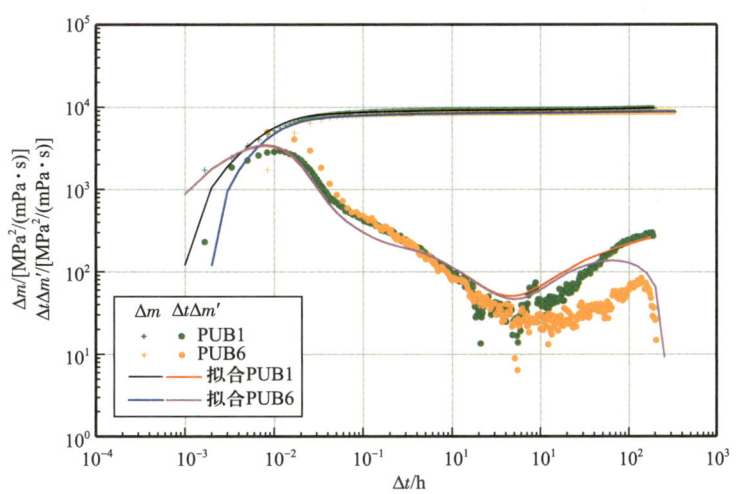

图 4-57　井 5 测试数据均质储层多井模型试井分析拟合曲线

该井 2016 年 8 月与 2017 年 7 月又进行了两次测试，测试结果与 2015 年测试结果一致，径向流对数周期持续在 2 个对数周期以上，均表现为均质 + 多井储层特征，如图 4-58 所示，但 2017 年测试导数水平线抬升，已有水侵迹象，半年后该井出水，进一步说明导数线抬升是底部水淹的反应。

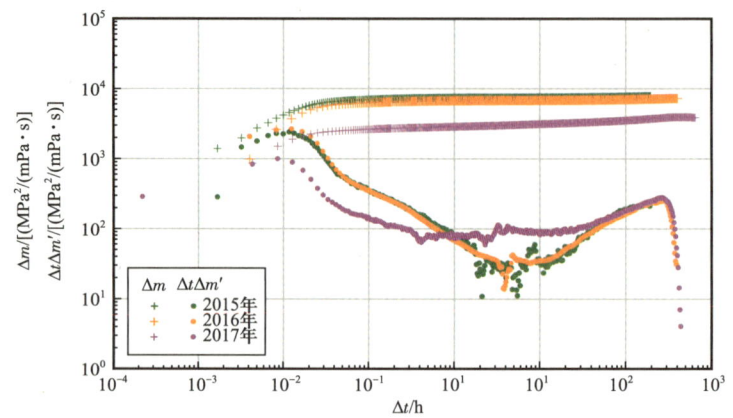

图 4-58　井 5 测试数据双对数对比曲线

第六节　如何计算井间干扰渗透率

干扰试井在现场施工时，可以采用两口井或两口以上的多口井，但其基本单元仍然是两口井组成的"井对"。在这个井对中，一口井称为"激动井"，在测试中改变工作制度，从开井生产改变为关井，或从关井状态以产量 q 开井生产，从而对地层压力造成"激动"；另一口井称为"观测井"，在测试中关井进入静止状态，并下入高精度、高分辨率的井下压力计，记录从激动井传播过来的干扰压力变化，如图 4-59 所示。在现场实施时，常常有多口井同时参与测试施工，不论有多少口井参与测试过程，但有一条基本原则必须遵守：在同一个时段中，可以有多个观测井同时进行观测，但只能有唯一的一口激动井改变工作制度产生激动信号！

下面用一个最简单的两井干扰实例，来说明用图解法计算井间渗透率的过程。假设无限大油藏中有两口井，一口生产，一口观测。具体参数如下：井筒半径为 0.1m，层厚 10m，井距为 1000m，体积系数为 1.5，黏度为 0.5mPa·s，总压缩系数为 $4.35 \times 10^{-4}\text{MPa}^{-1}$，井筒储存系数为 0.2m³/MPa，原始地层压力为 30MPa，地层系数为 300mD·m，孔隙度为 0.1，生产时间为 1000h，产量为 100m³/d，试井设计如图 4-60 所示，200h 时压力为 29.765MPa。试用 Ei 函数计算井间渗透率。

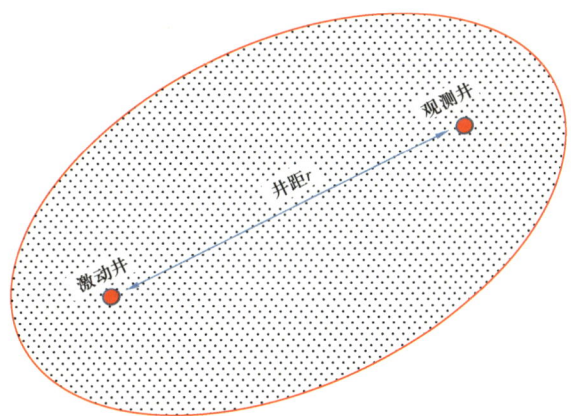

图 4-59 干扰试井"井对"示意图

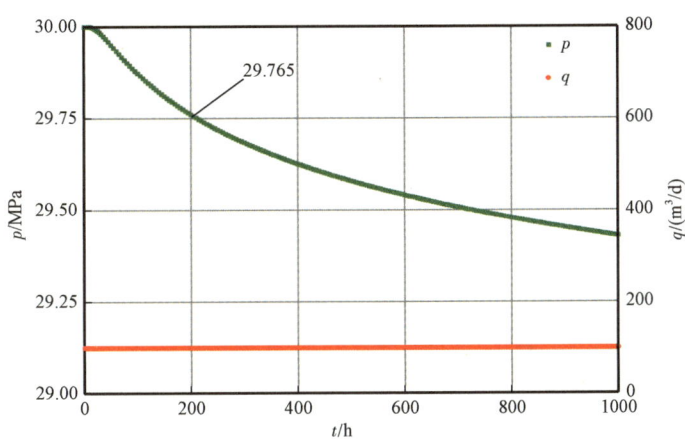

图 4-60 干扰试井示意图

根据 Ei 函数解，有

$$p(r,t) = p_i + \frac{0.9210qB\mu}{Kh}\text{Ei}\left(-\frac{\phi\mu C_t r^2}{0.0144Kt}\right)$$

变形，有

$$\frac{p_i - p(r,t)}{\frac{0.9210qB\mu}{Kh}} = -\text{Ei}\left(-\frac{\phi\mu C_t r^2}{14.4\times10^{-3}Kt}\right) \qquad (4-21)$$

因此，可以假定

$$y_1 = \frac{p_i - p(r,t)}{\frac{0.9210qB\mu}{Kh}} \qquad (4-22)$$

$$y_2 = -\text{Ei}\left(-\frac{\phi\mu C_t r^2}{14.4\times 10^{-3} Kt}\right)$$

将已知参数代入，K 是变量，可用图解法计算两条曲线的交点 K。将本例数据代入有

$$y_1 = \frac{p_i - p(r,t)}{\dfrac{0.9210q\mu B}{Kh}} = \frac{(30-29.765)K}{\dfrac{0.9210\times 100\times 0.5\times 1.5}{10}} = 0.033297K$$

$$y_2 = -\text{Ei}\left(-\frac{\phi\mu C_t r^2}{14.4\times 10^{-3} Kt}\right)$$

$$= -\text{Ei}\left(-\frac{0.1\times 0.5\times 4.35\times 10^{-4}\times 10^6}{14.4\times 10^{-3}\times 200K}\right)$$

$$= -\text{Ei}\left(-\frac{7.552083}{K}\right)$$

交会图如图 4-61 所示。

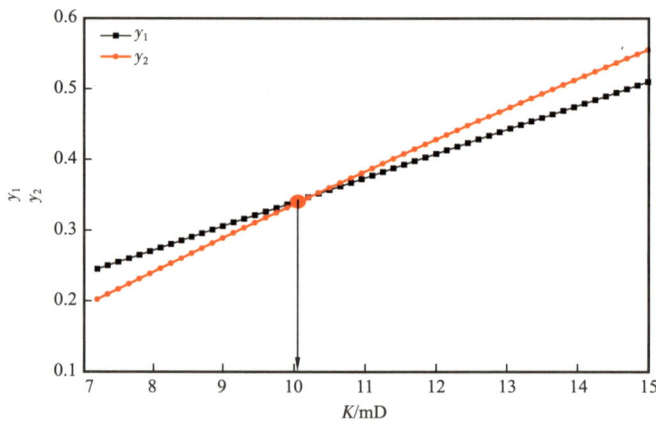

图 4-61 干扰试井交会图计算渗透率

根据两直线交点，可快速确定渗透率值 10.1mD。实际测试数据可根据此方法手工计算，关键是在确定好背景压力后，确定给定时间条件下的干扰压降。当然也可根据图版通过曲线拟合分析计算，详见《气藏动态描述和试井》等相关书籍。

第七节 应力敏感对试井曲线的影响

对于裂缝性储层，通常认为随着开采的进行，孔隙压力逐步降低，应力发生变化，储层渗透性会逐渐降低，但是大量的测试实践表明，地层系数并未发生明显的降低。图 4-62 为中国石油塔里木油田迪那 2 裂缝性气田典型井历年双对数图对比图，从中发现两口井的地层系数并未发生变化。

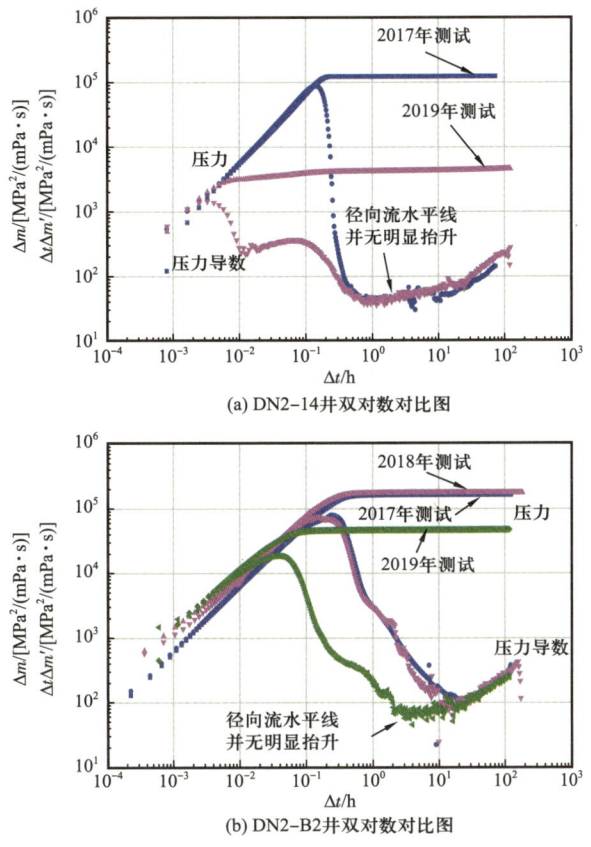

图 4-62　迪那 2 气田单井试井分析对比图

第八节　边水对气藏试井曲线的影响

气藏中气、水分布关系主要分为两大类,即边水气藏和底水气藏。边水侵入气藏主要表现为两种形式:一是边水沿产层均匀推进,二是边水沿裂缝窜入。第一种情况主要发生在高渗透视均质气藏,水侵一般对气藏开采影响小,储层中微细网状缝发育,分布较均匀,与孔隙组成视均质储层。第二种情形储层中存在中缝或大的裂缝,形成裂缝性高渗带;气井无水采气期一般很短;初期产水量上升迅猛,产水量大、稳定快;产水难以控制。经常在气井试井报告中见到定压边界,对于气藏来说,定压边界是否合适呢?

一、曲线特征分析

假设边水区气藏存在两个渗流区域,如图 4-63 所示。井底附近为气区,其半径为 r,物性参数用下角 1 表示;外区为水区,物性参数用下角 2 表示。

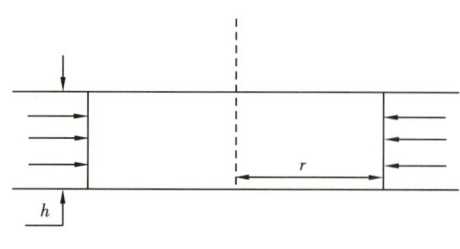

图 4-63 边水驱示意图

由于气水物性的差异，边水驱气藏类似外围变差的复合气藏，如前所述，试井曲线特征主要取决于三个参数，复合半径 r_M，流度比 M 以及储能比 D。

为了说明流体物性的影响，特假设气、水两区内分别为单相渗流，两区内渗透率相同，孔隙度一致。流度比 M 式（3-85）以及储能比 D 式（3-86）可以简化为

$$M = \frac{\left(\dfrac{K}{\mu}\right)_1}{\left(\dfrac{K}{\mu}\right)_2} = \frac{\mu_2}{\mu_1} \qquad (4-23)$$

$$D = \frac{\left(\dfrac{K}{\phi\mu C_t}\right)_1}{\left(\dfrac{K}{\phi\mu C_t}\right)_2} = \frac{(\mu C_t)_2}{(\mu C_t)_1} \qquad (4-24)$$

对于低压情形。假设储层埋藏深度为 3000m，渗透率为 10mD，井筒半径为 0.1m，地层厚度为 10m，孔隙度为 0.1，含盐度为 10000mg/L，岩石压缩系数为 $4.35113 \times 10^{-4} \mathrm{MPa}^{-1}$。根据气水高压物性计算结果，$M$、$D$ 的变化规律如图 4-64 所示。

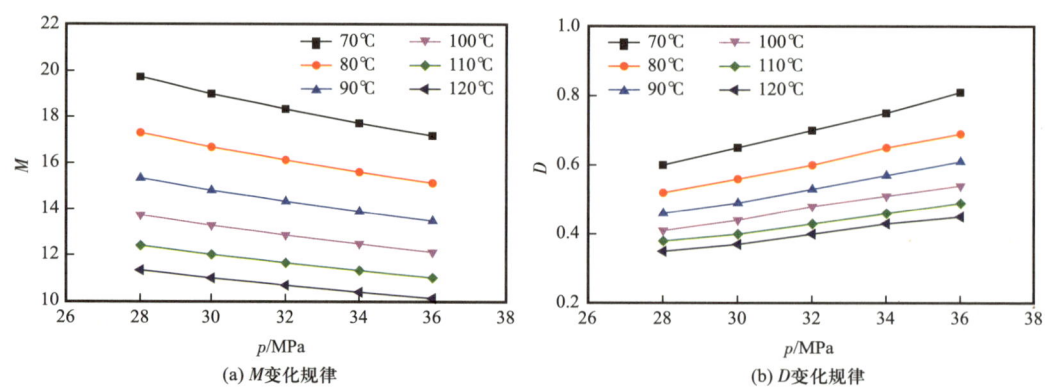

图 4-64 低压情形 M 和 D 的变化规律

流度比随着压力、温度的升高而逐渐降低。水的黏度对压力不敏感，对温度敏感，随温度的升高显著降低。气相的黏度随着压力增加而逐渐增大，随温度的升高逐渐减小。但是，水相的黏度远大于气相的黏度，因此变化规律如图 4-63（a）所示。流度比变化区间为 10~20。储能比随压力的增加略有增加，随温度的增加显著降低，但变

化区间较小，介于 0.35~0.8。

总体来说，低压情况下气水两区径向复合模型表现出 $M>10$、$D<1$ 的特征，典型曲线如图 4-65 所示。随着水的均匀推进，气区半径逐渐缩小，径向流水平段也逐渐缩短，据此可定性地断定水的侵入情况及气水边界。

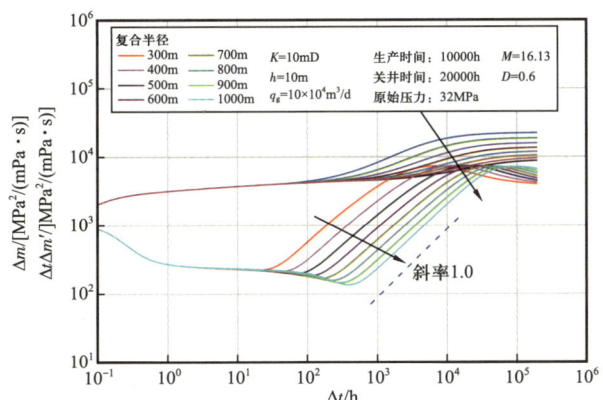

图 4-65 低压情形气水两相等效试井典型曲线

对于高压气藏情形，假设储层埋藏深度为 5000m，渗透率为 10mD，井筒半径为 0.1m，地层厚度为 10m，孔隙度为 0.1，含盐度为 10000mg/L，岩石有效压缩系数为 $4.148\times10^{-3}\mathrm{MPa}^{-1}$。$M$、$D$ 的变化规律如图 4-66 所示。

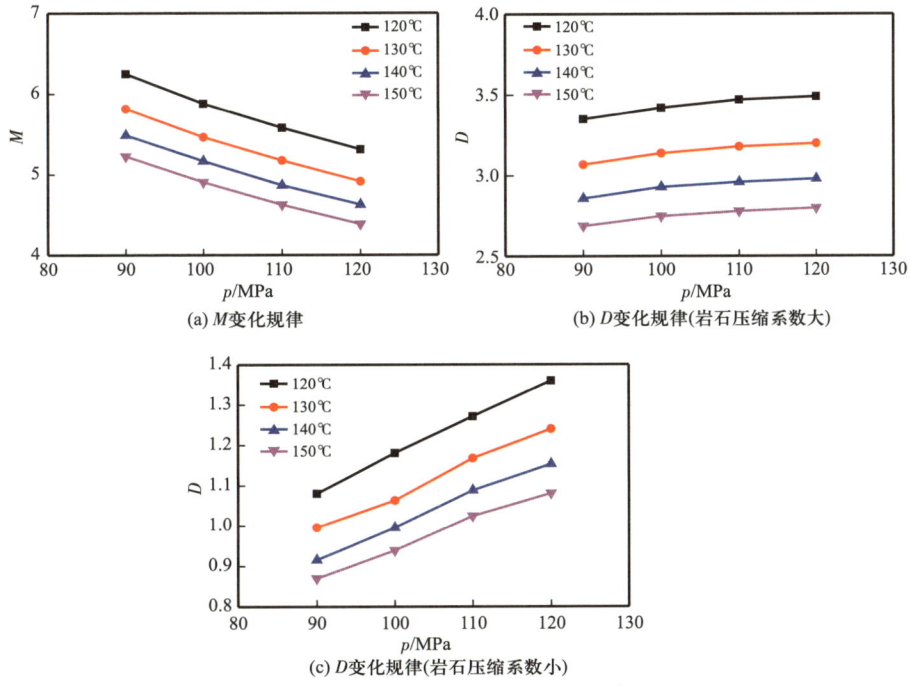

图 4-66 高压情形 M 和 D 的变化规律

与低压情形一样，流度比 M 随着压力、温度的升高而逐渐降低。高压情况下，气相的黏度显著增加，因此 M 值区间显著缩小，90～120MPa 范围内 M 介于 4.5～6.5。D 随压力的增加略有增加，随温度的增加而降低，D 变化区间为 2.75～3.50。总体来说，高压情况下气水两区复合模型表现出 $M>1$，$D>1$ 的特征（压缩系数较大 10^{-3}MPa^{-1} 数量级），典型曲线如图 4-67 所示。

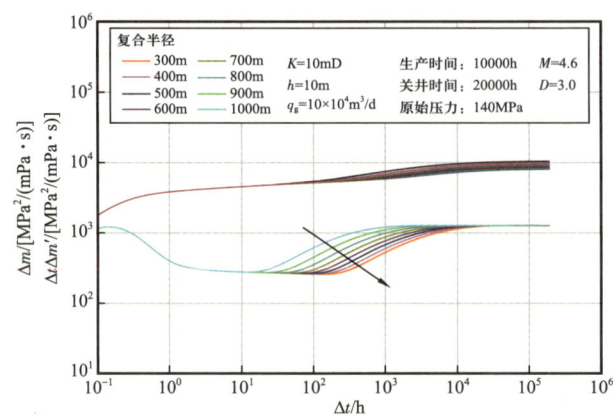

图 4-67　高压情形试井典型曲线

Chen（1987）用一个二维多层模型进行边水气藏的数值模拟研究，压降曲线如图 4-68 所示，流动形态依次为无限作用径向流、气区拟稳态、过渡区和系统拟稳态。由于气水流度比差异大，水区流度低，展现出径向复合模型特征。

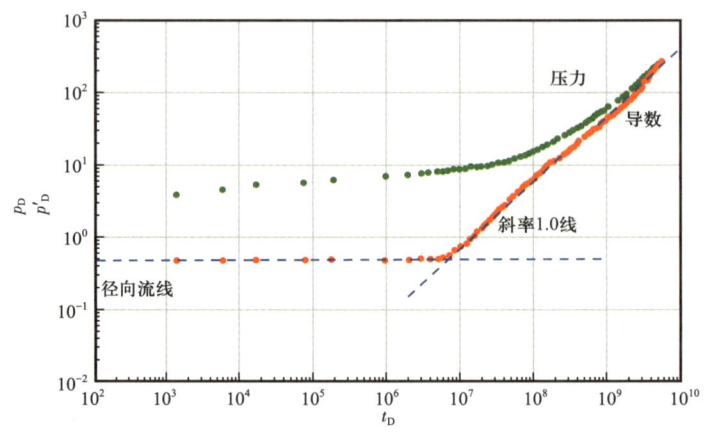

图 4-68　模拟的二区径向复合模型

综上所述，对于边水气藏，不管是低压还是高压情形，其压力导数特征与外围变差径向复合模型类似。气井不能用定压边界进行解释！若出现压力导数下降，应从流量史选择、储层物性变化、封闭边界、部分射开等多方面并结合实际气藏特征综合研判。

二、分析实例

图 4-69 来自文献 SPE28381，是三开三关测试的终关井压力恢复曲线。径向流结束后，逐渐过渡到斜率为 1.0 的直线，说明有能量补给，这与该文数值模拟结果一样，可用来判定是否有水侵发生。

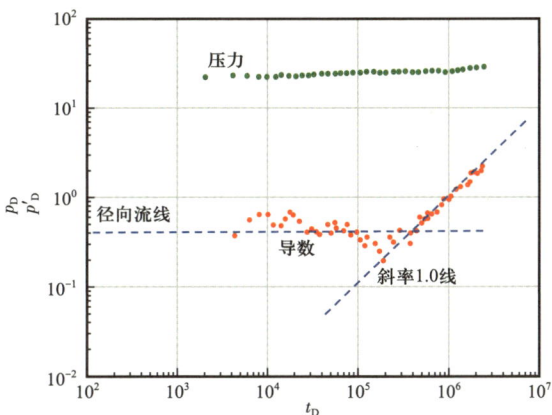

图 4-69　边水侵入双对数曲线特征（Chen，1987）

图 4-70 同样来自文献 SPE28381，一个气藏中有两口井，如图 4-70（a）所示；边部测试井双对数曲线如图 4-70（b）所示；远离边水井如图 4-70（c）所示。显然边部井显示出水驱的影响，后期斜率为 1.0；另外一口井，显示径向流特征。

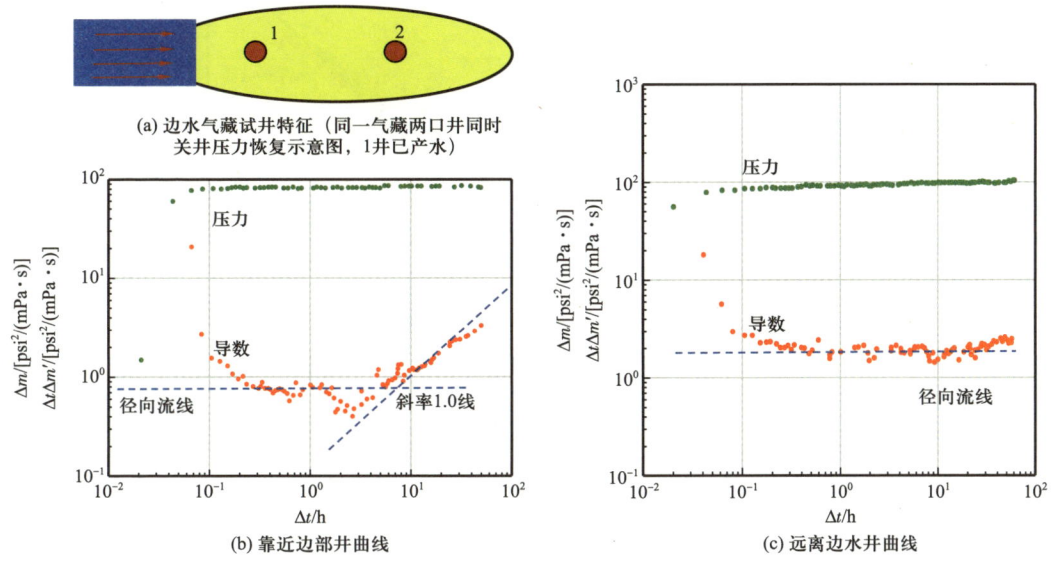

图 4-70　边水气藏两口井测试双对数曲线特征（Chen，1987）

DN2-28井是迪那2气田边部的一口生产井,生产历史如图4-71(a)所示,该井2015—2017年进行了3次压力恢复试井,双对数图如图4-71(b)所示。3次压力恢复曲线后期斜率均为-1.0,已经表现出明显的水侵特征,该井2017年底开始带水生产,一年后完全产水。

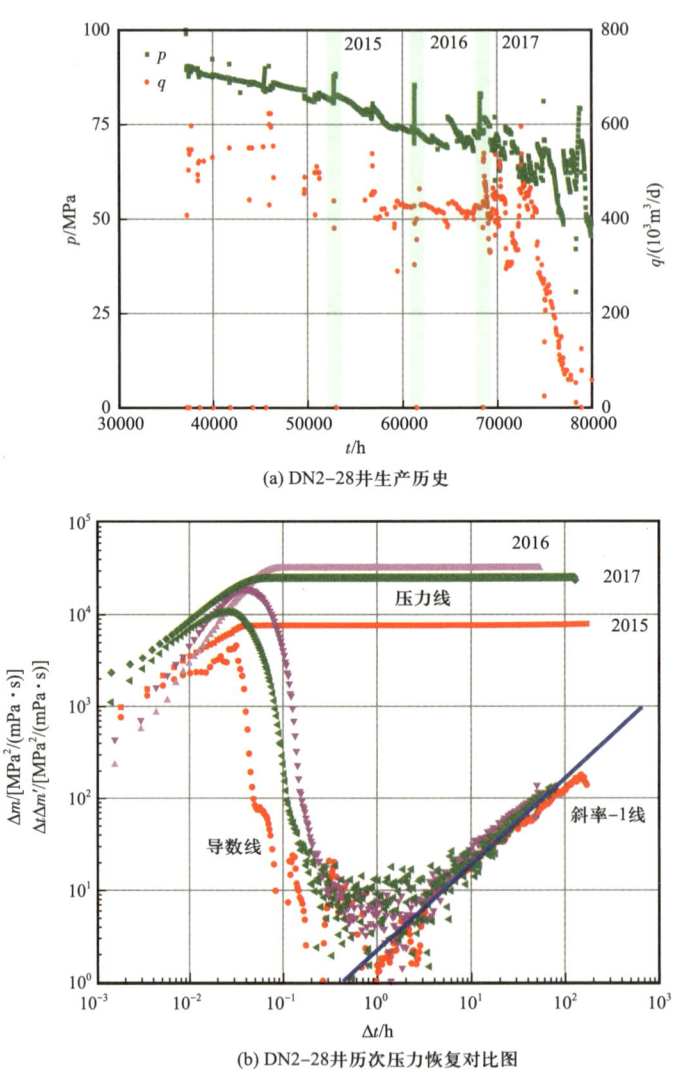

(a) DN2-28井生产历史

(b) DN2-28井历次压力恢复对比图

图4-71 DN2-28井历次测试双对数曲线特征

以上这些实例均表明,边水气藏不可能出现压力导数下掉的特征;而是表现出外围变差的径向复合模型特征,后期导数斜率抬升;完全水淹后测试,导数曲线抬升现象可能随之消失,如图4-72所示。

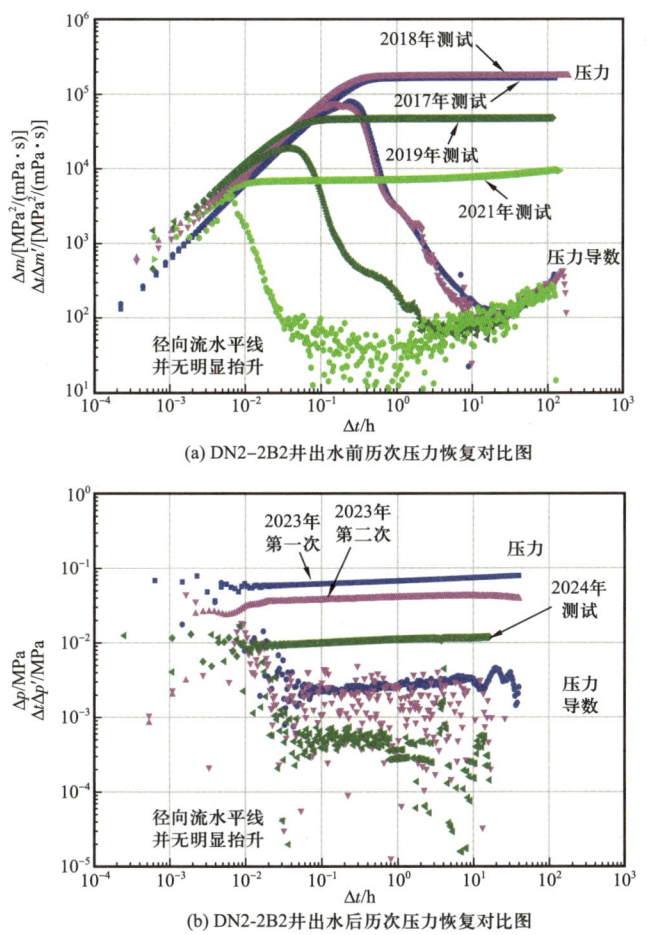

图 4-72　DN2-B2 井出水前后历次测试双对数曲线特征

第九节　反褶积方法及其应用

Gringarten 不仅是典型曲线试井分析的开拓者，也是反褶积试井分析方法的开拓者。严格来说，反褶积不是一种试井分析方法，而是一种数据处理方法。本节从褶积、反褶积的基本概念入手，简单介绍反褶积数据处理方法及其应用。

一、褶积

褶积是处理变产量问题的常用方法，它利用时间上的叠加原理可处理任意产量史。褶积是在已知定产压力响应的情况下，根据给定的产量史求解变产量压力响应的过程。褶积是个正问题，在数学上具有唯一解。

若两个函数 $f(t)$ 和 $g(t)$ 满足

$$f(t) = g(t) = 0 \quad (t < 0) \tag{4-25}$$

则积分

$$\int_0^t f(\tau) g(t - \tau) \mathrm{d}\tau \tag{4-26}$$

称为函数 $f(t)$ 和 $g(t)$ 的褶积（卷积），记作

$$f(t) \otimes g(t) \text{ 或 } f(t) * g(t) \tag{4-27}$$

众所周知的杜哈美（Duhamel）原理，其本质就是个褶积问题！对于变流量生产问题，将产量史划分为若干个台阶，在每个时间段内，产量是常数。在第 i 个时间段（τ_i，τ_{i+1}）中产量为 $q_i = q(\tau_{i,i+1})$（$i = 0, 1, 2, \cdots, n-1$）。

在第一时间段内（0，τ_1），井底流压表示为

$$p_{\mathrm{wf}}(t) = p_i + \frac{0.9210 q(\tau_{0,1}) B\mu}{Kh} \mathrm{Ei}\left(-\frac{\phi\mu C_t r_w^2}{0.0144 Kt}\right) \tag{4-28}$$

在第二时间段内（τ_1，τ_2），井底流压表示为

$$p_{\mathrm{wf}}(t) = p_i + \frac{0.9210 q(\tau_{0,1}) B\mu}{Kh} \mathrm{Ei}\left(-\frac{\phi\mu C_t r_w^2}{0.0144 Kt}\right) + \frac{0.9210 [q(\tau_{1,2}) - q(\tau_{0,1})] B\mu}{Kh}$$

$$\mathrm{Ei}\left[-\frac{\phi\mu C_t r_w^2}{0.0144 K(t - \tau_1)}\right] \tag{4-29}$$

在第三时间段内（τ_2，τ_3），井底流压表示为

$$p_{\mathrm{wf}}(t) = p_i + \frac{0.9210 q(\tau_{0,1}) B\mu}{Kh} \mathrm{Ei}\left(-\frac{\phi\mu C_t r_w^2}{0.0144 Kt}\right) + \frac{0.9210 [q(\tau_{1,2}) - q(\tau_{0,1})] B\mu}{Kh}$$

$$\mathrm{Ei}\left[-\frac{\phi\mu C_t r_w^2}{0.0144 K(t - \tau_1)}\right] + \frac{0.9210 [q(\tau_{2,3}) - q(\tau_{1,2})] B\mu}{Kh} \mathrm{Ei}\left[-\frac{\phi\mu C_t r_w^2}{0.0144 K(t - \tau_2)}\right]$$

$$\tag{4-30}$$

依此类推，在第 n 时间段内（τ_{n-1}，τ_n），井底流压表示为

$$p_{\mathrm{wf}}(t) = p_i + \frac{0.9210 q(\tau_{0,1}) B\mu}{Kh} \mathrm{Ei}\left(-\frac{\phi\mu C_t r_w^2}{0.0144 Kt}\right) + \frac{0.9210 [q(\tau_{1,2}) - q(\tau_{0,1})] B\mu}{Kh}$$

$$\mathrm{Ei}\left[-\frac{\phi\mu C_t r_w^2}{0.0144 K(t - \tau_1)}\right] + \cdots + \frac{0.9210 [q(\tau_{n-1,n}) - q(\tau_{n-2,n-1})] B\mu}{Kh}$$

$$\mathrm{Ei}\left[-\frac{\phi\mu C_t r_w^2}{0.0144 K(t - \tau_{n-1})}\right] \tag{4-31}$$

进一步整理，有

$$p_{wf}(t) = p_i + \frac{0.9210B\mu}{Kh}\sum_{i=0}^{n-2}q(\tau_{i,i+1})\left\{\text{Ei}\left[-\frac{\phi\mu C_t r_w^2}{0.0144K(t-\tau_i)}\right] - \text{Ei}\left[-\frac{\phi\mu C_t r_w^2}{0.0144K(t-\tau_{i+1})}\right]\right\}$$

$$+ \frac{0.9210q(\tau_{n-1,n})B\mu}{Kh}\text{Ei}\left[-\frac{\phi\mu C_t r_w^2}{0.0144K(t-\tau_{n-1})}\right] \tag{4-32}$$

进一步表示为

$$p_{wf}(t) = p_i + \frac{0.9210B\mu}{Kh}\sum_{i=0}^{n-2}q(\tau_{i,i+1})\left\{-\frac{d}{d\tau}\text{Ei}\left[-\frac{\phi\mu C_t r_w^2}{0.0144K(t-\tau)}\right]\right\}\Delta\tau + \frac{0.9210q(\tau_{n-1,n})B\mu}{Kh}$$

$$\text{Ei}\left[-\frac{\phi\mu C_t r_w^2}{0.0144K(t-\tau_{n-1})}\right] \quad \Delta\tau = (\tau_{i+1}-\tau_i) \tag{4-33}$$

取极限，有

$$p_{wf}(t) = p_i + \frac{0.9210B\mu}{Kh}\int_0^t q(\tau)\left\{-\frac{d}{d\tau}\text{Ei}\left[-\frac{\phi\mu C_t r_w^2}{0.0144K(t-\tau)}\right]\right\}d\tau \quad t > \tau_{n-1}$$

$$\tag{4-34}$$

或表示为

$$p_{wf}(t) = p_i - \frac{0.9210B\mu}{Kh}\int_0^t q(\tau)\left[\frac{1}{t-\tau}e^{-\frac{\phi\mu C_t r_w^2}{0.0144K(t-\tau)}}\right]d\tau \quad (t > \tau_{n-1}) \tag{4-35}$$

式（4-35）形式上看就是两个函数的褶积形式。其中

$$f(t) = \begin{cases}q(t) & t > 0 \\ 0 & t \leq 0\end{cases} \quad g(t) = \begin{cases}\frac{1}{t}e^{-\frac{\phi\mu C_t r_w^2}{0.0144Kt}} & t > 0 \\ 0 & t \leq 0\end{cases} \tag{4-36}$$

对于定产生产问题，线源解表示为

$$p_{wf}(t) = p_i + \frac{0.9210qB\mu}{Kh}\text{Ei}\left(-\frac{\phi\mu C_t r_w^2}{0.0144Kt}\right) \tag{4-37}$$

式（4-37）变形，有

$$\frac{Kh[p_i - p_{wf}(t)]}{0.9210qB\mu} = \frac{Kh\Delta p}{0.9210qB\mu} = -\text{Ei}\left(-\frac{\phi\mu C_t r_w^2}{0.0144Kt}\right) \tag{4-38}$$

式（4-38）关于时间求导，有

$$\frac{d}{dt}\left(\frac{Kh\Delta p}{0.9210qB\mu}\right) = \frac{d\Delta p_u}{dt} = \frac{d}{dt}\left[-\text{Ei}\left(-\frac{\phi\mu C_t r_w^2}{0.0144Kt}\right)\right] = \frac{1}{t}e^{-\frac{\phi\mu C_t r_w^2}{0.0144Kt}} = g(t) \tag{4-39}$$

其中，Δp_u 表示表示以恒定的 1 单位产量生产所造成的压力变化，称为产量规整化压力

(Rate – normalized Pressure Response）或单位产量情形下的规整化压力（Pressure response for a Unit Rate），$g(t)$ 表示单位产量情形下的规整化压力关于时间的导数，即

$$\frac{\mathrm{d}\Delta p_\mathrm{u}}{\mathrm{d}t} = \Delta p'_\mathrm{u} = g(t) \tag{4-40}$$

因此，杜哈美原理可以进一步表示为

$$\Delta p(t) = \int_0^t q(\tau) \frac{\partial \Delta p_\mathrm{u}(t-\tau)}{\partial (t-\tau)} \mathrm{d}\tau = \int_0^t q(\tau) \Delta p'_\mathrm{u}(t-\tau) \mathrm{d}\tau \tag{4-41}$$

或

$$\Delta p(t) = \int_0^t q'(\tau) \Delta p_\mathrm{u}(t-\tau) \mathrm{d}\tau = \int_0^t q'(t-\tau) \Delta p_\mathrm{u}(\tau) \mathrm{d}\tau = \int_0^t q(t-\tau) \Delta p'_\mathrm{u}(\tau) \mathrm{d}\tau \tag{4-42}$$

褶积过程其实是将时间叠加原理扩展到任意变产量情形，褶积在数学上稳定并且具有唯一解。杜哈美（Duhamel）原理暗含的适用条件：流动方程是线性的；储层原始压力均衡分布；

不存在井间干扰；边界是线性的。

二、反褶积

反褶积是褶积的逆运算，已知褶积和构成此褶积的一个函数，求取另外一个函数的过程。反褶积是个反问题，在数学上不稳定且其解不唯一。在试井上反褶积是根据给定的产量史及相应的压力响应，求解定产压力响应的过程。定义：若已知两个函数 $f(t)$ 和 $g(t)$ 的褶积，记作

$$\int_0^t f(\tau) g(t-\tau) \mathrm{d}\tau \quad f(t) \otimes g(t) \quad f(t) * g(t)$$

以及其中的一个函数，假设是 $f(t)$，求取另外一个函数 $g(t)$ 的过程，称为反褶积（反卷积）。对于试井来说，反褶积就是已知压力和流量史，求取单位流量压力响应的过程，有

$$\Delta p(t) = \int_0^t q(\tau) \Delta p'_\mathrm{u}(t-\tau) \mathrm{d}\tau \tag{4-43}$$

反褶积是个反问题，具有多解性。如图 4-73 所示，身在深山，最低山谷究竟在哪里？

产量规整化压力是一种最简单、最常用的反褶积方法，应用过程中要求产量和压力变化得比较平缓。如前所述，对于压降生产情形处理产量平稳变化情形

图4-73 最低山谷在哪里

$$\frac{\Delta p}{q} = \frac{0.9210B\mu}{Kh}(\ln t_D + 0.80907 + 2S)$$

$$= \frac{0.9210B\mu}{Kh}\left[\ln\left(\frac{Kt}{\phi\mu C_t r_w^2}\right) - 4.8178 + 2S\right]$$

$$= \frac{2.1206B\mu}{Kh}\left[\lg\left(\frac{Kt}{\phi\mu C_t r_w^2}\right) - 2.0923 + 0.8686S\right] \quad (4-44)$$

压力恢复情形降低井筒储存效应问题

$$\Delta p = [p_{ws}(t) - p_{wf}]\frac{q}{(q - q_{af})} \quad (4-45)$$

式中，下角 af 表示续流。

以及在 RTA 分析中经常用的规整化压力

$$\text{油井}: \frac{\Delta p}{q} = \frac{p_i - p_{wf}(t)}{q(t)}$$

$$\text{气井}: \frac{\Delta p_p}{q_g} = \frac{p_{p_i} - p_{p_{wf}}(t)}{q_g(t)} \quad (4-46)$$

都是反褶积方法的具体应用。

三、反褶积分析方法

常规试井分析只能看到关井期间所达到的探测范围内或稍大些的储层特性，且有可能被掩盖，能否根据生产和压力恢复资料，通过最优化过程，构造出一条理想的、等效的、对应于相同时间段内以恒定产量生产条件时的压降曲线呢？由此得到测试全部过程的压力响应，进而得到更大的探测范围内的参数呢？如图4-74所示。这就是反褶积方法的初衷！因此，反褶积方法不是一种试井解释方法，而是一种数据处理方法！

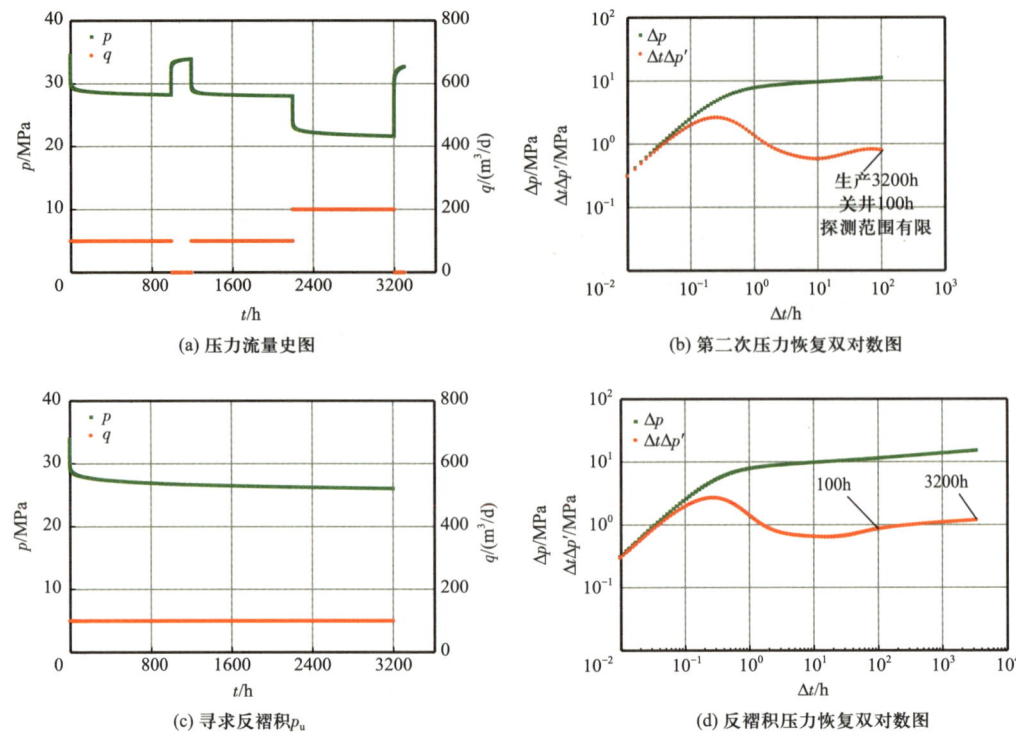

图4-74 反褶积分析理想图（改编自 DDA，Olivier，2024）

2001年，Schroeter（2001）课题组在单井反褶积试井分析方法上获得了突破，他们引入了两个新变量，基于褶积公式和最优化过程，将变流量史化为一条定产生产的曲线，实现了反褶积分析的初衷。随后，又发展了 Levitian（2005）、Houzé（2006—2010）等单井反褶积方法。反褶积的本质是一个最优化过程，但不是解释结束时对模型的参数进行优化，而是选取一组有代表性的离散的点，表征所要寻求的导数曲线，然后通过褶积进行选项和回归的过程！最后通过积分换成压力响应、绘制双对数曲线，拟合过程应用压降图版！

褶积原理可以扩展到多井情形，此时将变成所有井的全局优化问题，即多井反褶积（Gringarten，2014）。假设有 N 口井，则褶积方程可以表示为

$$p_i(t) = p_{0i} - \sum_{j=0}^{N} \int_0^t q_j(t-\tau) \frac{dp_u^{ij}(\tau)}{d\tau} d\tau \quad (4-47)$$

式中，下角 i 表示井号；下角 0 表示原始情况下。多井反褶积能够重建每口井定产压力响应，而且还能消除所有邻井的影响，以给出每个井单独位于储层中时的响应，还能给出连通井组面积的大小，并提供所有井间干扰对。这些附加信息可能会在井间连通性方面提供重要结果。然而，大量的变量和多个控制因素使其成为一个复杂的数学问题，其

结果可靠性需要多方面验证。换句话说，多井反褶积在一段时间内仍然是一个重要的研究课题（Olivier，2024）。

目前商业试井软件 Saphir 等已经包含单井反褶积、多井反褶积等试井解释方法，但应用情况似乎不如预期效果好！

四、分析实例

Olivier（2024）在 Saphir 软件说明书《Dynamic Data Analysis》中提供了一个反褶积分析的经典实例。一口永久式压力计数据，时间长达 4700h，包括了若干次开井和长期的生产，较长时间的关井有 3 次，如图 4-75 所示；各次双对数图形态基本一致：在变井筒储存效应之后，出现了很短的径向流动段，然后曲线上升了一个台阶，可能是不渗透边界或外围变差的复合模型的反映。从关井 2（红颜色）的导数曲线来看，似乎还有定压边界的迹象。

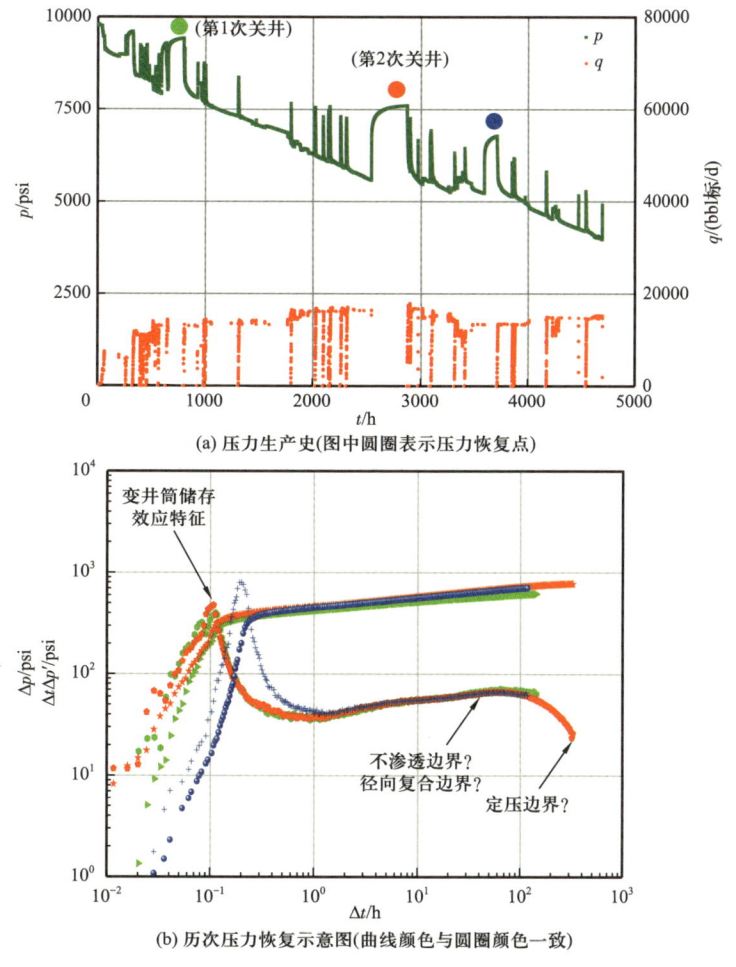

图 4-75　反褶积实例初步分析图（Olivier，2024）

运用反褶积可以又好又快地完成此项任务，选取矩形封闭油藏模型得到反褶积的结果，明显看到边界特征，如图 4-76（a）所示；与该模型在定产条件下的压降图版拟合，历史检验如图 4-76（b）所示。

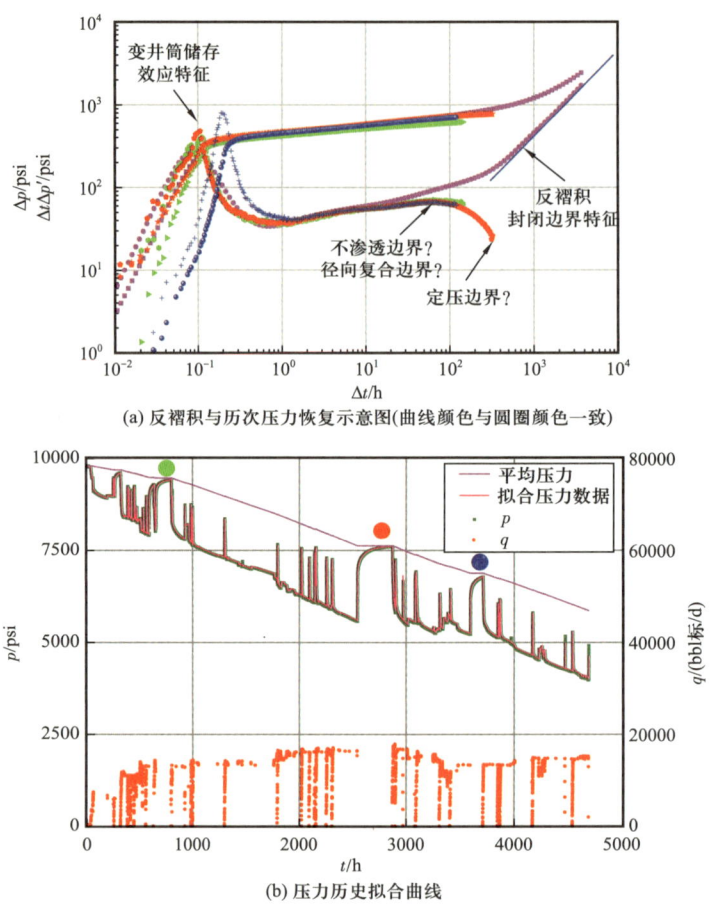

图 4-76 反褶积分析实例图（Olivier，2024）

运用反褶积分析试井数据，相当于延长测试时间，可以看见短期压力恢复不能发现的一些储层特征，对气井尤为重要，可以根据边界确定井控储量的大小。M 气田两口井反褶积试井分析双对数图如图 4-77 所示，图 4-77（a）井识别出边界，对于具有单位斜率特征的井，均可采用该方法计算原始地质储量（OGIP）；图 4-77（b）井识别出径向流特征，可解释地层系数。

反褶积方法的本质是一个最优化过程，但它不是对模型参数进行优化，而是对离散的代表性的导数线进行优化，以期得到一条单位压降响应；反褶积得到的导数曲线要与其他解析或数值模型方法具有相同的特征；一旦得到反褶积导数，积分获得压力响应并绘制对数图，其本质是一条定产压降曲线；拟合的是反褶积数据与压降（而不是叠加模

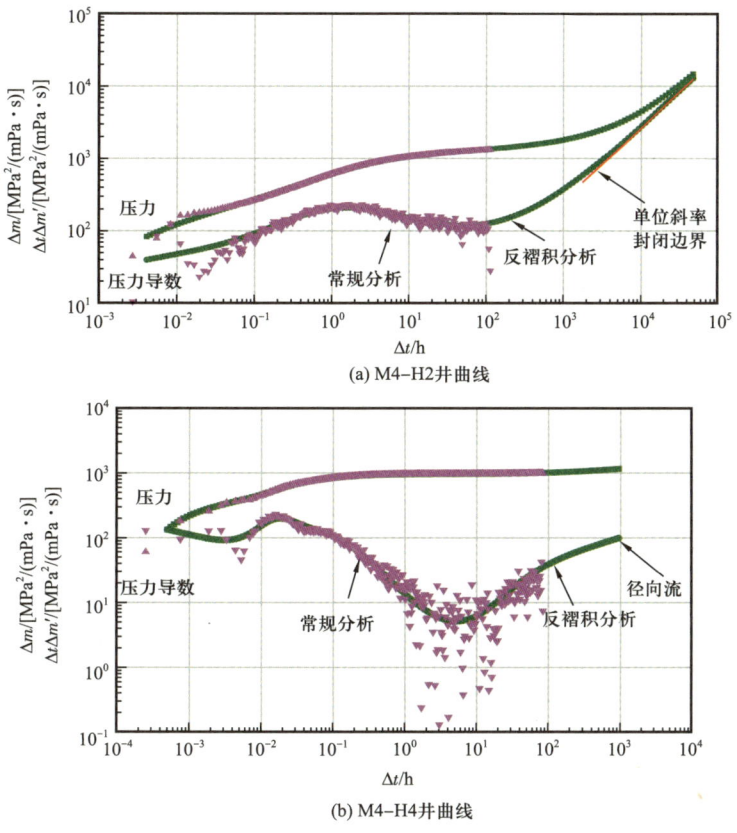

图4-77 M气田反褶积双对数图

型）曲线（Olivier，2024）。始终要牢记，反褶积毕竟只是一个非线性回归过程，主要的未知数是对数尺度上的这些导数点，其他未知因素是初始压力和产量历史上的一些改变，附加约束包括曲率最小和产量变化幅度最小。

在使用反褶积方法过程中，始终要牢记该方法的局限性：（1）如果褶积有效，则反褶积有效；（2）如果流动是非线性的（例如，衰竭、非达西、多相等），反褶积将会失败并且可能会产生误导；（3）反褶积仅适用于关井期，是现有压力恢复分析方法的补充，而不是替代；（4）反褶积不是一个将坏数据变成好数据的视频游戏……当连续的压力恢复特征不一致时，反褶积优化将会失败；（5）单井反褶积仅在叠加有效并且系统不发生改变的情况下才有效，反褶积分析永久式压力计多年内所有压力恢复数据的想法是完全荒谬的，因为系统会发生变化，单个模型在几年内的卷积是没有意义的；（6）若有邻井干扰，需考虑多井反褶积方法。

原始地层压力是反褶积分析中的一个重要参数！原始地层压力对反褶积曲线形态的影响如图4-78所示。当原始压力偏高会出现额外衰竭特征，导数曲线上翘；当原始压力偏低，后期导数下降，展现出能量补给特征。

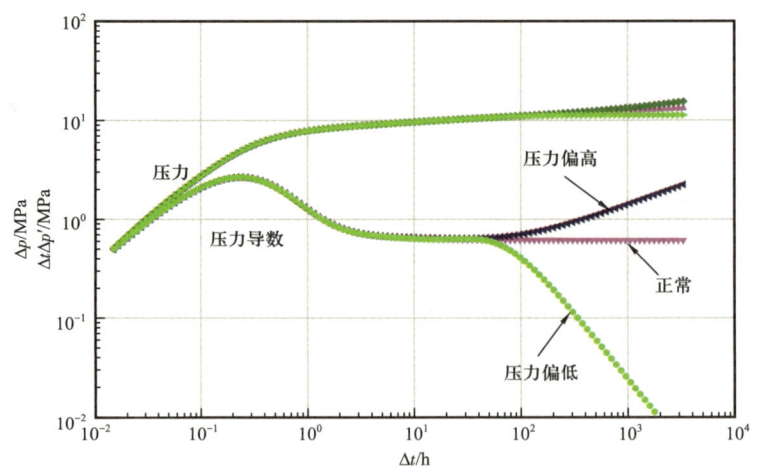

图 4-78　原始压力对均质无限大曲线形态的影响

由于反褶积具有不稳定和多解性的特点，应用时需多加小心。Levitan 给出了几条改善反褶积分析结果的建议：（1）利用压力恢复数据进行反褶积分析；（2）注意产量、压力数据同步；（3）去除非线性现象造成的失真数据；（4）利用全部产量史数据；（5）历次压力恢复分别开展反褶积；（6）历次压力恢复结果的一致性——调整原始压力。切记，反褶积并不是为您提供以前看不到储层信息的灵丹妙药。

第十节　气井弹性二相法及其应用

中华人民共和国石油天然气行业标准《天然气可采储量计算方法》（SY/T 6098—2022）将弹性二相法作为计算气驱（Ⅱ类）、低渗透（Ⅲa 类）气藏单井控制范围内地质储量、技术可采储量的方法，本节基于有界气藏拟稳定流动阶段的无量纲解析解，详细推导给出了压力法、压力平方法、拟压力法和规整化拟压力法的有量纲计算公式；结合气体压缩系数经验公式，给出了总压缩系数直接简化为 $1/p_i$ 的适用条件；并结合模拟及现场实例对如何使用该方法进行储量评价提出了若干建议。

一、气井弹性二相法原理

定容油气藏中的一口生产井，以稳定产量开井生产后流压随时间的变化可以划分为三个阶段：不稳定流动阶段（弹性一相阶段）、过渡阶段和拟稳定流动阶段（弹性二相阶段），利用拟稳定流动数据可以计算储量的大小。对于油藏情形，即为探边测试。对于气井，弹性二相法表达式可用压力、压力平方法、拟压力、规整化拟压力形式进行表述。拟压力、规整化拟压力分别定义为

$$\psi = 2\int_0^p \frac{p}{\mu Z}\mathrm{d}p \qquad (4-48)$$

$$p_\mathrm{p} = \frac{\mu_\mathrm{i} Z_\mathrm{i}}{p_\mathrm{i}}\int_0^p \frac{p}{\mu Z}\mathrm{d}p \qquad (4-49)$$

式中 Z——天然气偏差系数。

（一）压力形式

对于气井，标准条件下（293.15K，0.101325MPa），基于面积的无量纲时间和压力形式的无量纲表达式为

$$t_\mathrm{DA} = \frac{3.6\times 10^{-3}Kt}{\phi\overline{\mu}\,\overline{C}_\mathrm{t}A}$$

$$p_\mathrm{D} = \frac{0.5428Kh\Delta p}{q_\mathrm{g}T}\left(\frac{T_\mathrm{sc}}{p_\mathrm{sc}}\right)\left(\frac{\overline{p}}{\overline{\mu Z}}\right) = \frac{1570Kh\Delta p}{q_\mathrm{g}T}\left(\frac{\overline{p}}{\overline{\mu Z}}\right) \qquad (4-50)$$

将式（4-50）代入式（1-44），有

$$\frac{1570Kh\Delta p}{q_\mathrm{g}T}\left(\frac{\overline{p}}{\overline{\mu Z}}\right) = 2\pi\frac{3.6\times 10^{-3}Kt}{\phi\overline{\mu}\,\overline{C}_\mathrm{t}A} + \frac{1}{2}\ln\left(\frac{4A}{\mathrm{e}^\gamma C_\mathrm{A}r_\mathrm{w}^2}\right) \qquad (4-51\mathrm{a})$$

得

$$\Delta p = \frac{1.44\times 10^{-5}q_\mathrm{g}}{\phi hA\overline{C}_\mathrm{t}}\left(\frac{\overline{ZT}}{\overline{p}}\right)t + \left(\frac{q_\mathrm{g}T}{3140Kh}\right)\left(\frac{\overline{\mu Z}}{\overline{p}}\right)\ln\left(\frac{4A}{\mathrm{e}^\gamma C_\mathrm{A}r_\mathrm{w}^2}\right) \qquad (4-51\mathrm{b})$$

将原始条件下的天然气体积系数式（4-52）代入式（4-51b），有

$$B_\mathrm{gi} = 3.46\times 10^{-4}\left(\frac{\overline{Z}T}{\overline{p}}\right) \qquad (4-52)$$

$$\Delta p = \frac{q_\mathrm{g}t}{24\left(\frac{\phi hA}{B_\mathrm{gi}}\right)\overline{C}_\mathrm{t}} + \left(\frac{q_\mathrm{g}T}{3140Kh}\right)\left(\frac{\overline{\mu Z}}{\overline{p}}\right)\ln\left(\frac{4A}{\mathrm{e}^\gamma C_\mathrm{A}r_\mathrm{w}^2}\right) \qquad (4-53)$$

$$= \left(\frac{q_\mathrm{g}}{24G\overline{C}_\mathrm{t}}\right)t + \left(\frac{q_\mathrm{g}T}{3140Kh}\right)\left(\frac{\overline{\mu Z}}{\overline{p}}\right)\ln\left(\frac{4A}{\mathrm{e}^\gamma C_\mathrm{A}r_\mathrm{w}^2}\right)$$

若假设

$$\overline{C}_\mathrm{t} \approx C_\mathrm{gi} \approx \frac{1}{p_\mathrm{i}} \qquad (4-54)$$

则

$$\Delta p = \left(\frac{q_\mathrm{g}p_\mathrm{i}}{24G}\right)t + \left(\frac{q_\mathrm{g}T}{3140Kh}\right)\left(\frac{\overline{\mu Z}}{\overline{p}}\right)\ln\left(\frac{4A}{\mathrm{e}^\gamma C_\mathrm{A}r_\mathrm{w}^2}\right) \qquad (4-55)$$

$$G \approx \frac{q_g}{24|m|C_{gi}} \approx \frac{q_g p_i}{24|m|} \qquad (4-56)$$

其中，m 是 Δp—t 直线段的斜率。式（4-56）最后一个等式即为《天然气可采储量计算方法》（SY/T 6098—2022）中的式（47）。

（二）压力平方形式

对于气井，标准条件下（293.15K，0.101325MPa），基于面积的无量纲时间和压力平方形式的无量纲表达式为

$$t_{DA} = \frac{3.6 \times 10^{-3} Kt}{\phi \bar{\mu} \bar{C}_t A}$$

$$p_D = \frac{0.2714 Kh\Delta p^2}{q_g T}\left(\frac{T_{sc}}{p_{sc}}\right)\left(\frac{1}{\bar{\mu}\bar{Z}}\right) = \frac{785.3 Kh\Delta p^2}{q_g T}\left(\frac{1}{\bar{\mu}\bar{Z}}\right) \qquad (4-57)$$

将式（4-57）代入式（1-44），按照压力法相同的步骤，有

$$\frac{785.3 Kh\Delta p^2}{q_g T}\left(\frac{1}{\bar{\mu}\bar{Z}}\right) = 2\pi \frac{3.6 \times 10^{-3} Kt}{\phi \bar{\mu} \bar{C}_t A} + \frac{1}{2}\ln\left(\frac{4A}{e^\gamma C_A r_w^2}\right) \qquad (4-58a)$$

即

$$\Delta p^2 = \frac{2.88 \times 10^{-5} \bar{p} q_g}{\phi h A \bar{C}_t}\left(\frac{\bar{Z}}{\bar{p}}\right) t + \left(\frac{q_g T}{1570 Kh}\right)(\bar{\mu}\bar{Z})\ln\left(\frac{4A}{e^\gamma C_A r_w^2}\right)$$

$$= \left(\frac{q_g \bar{p}}{12 G \bar{C}_t}\right) t + \left(\frac{q_g T}{1570 Kh}\right)(\bar{\mu}\bar{Z})\ln\left(\frac{4A}{e^\gamma C_A r_w^2}\right) \qquad (4-58b)$$

$$= \left(\frac{q_g p_i^2}{12 G}\right) t + \left(\frac{q_g T}{1570 Kh}\right)(\bar{\mu}\bar{Z})\ln\left(\frac{4A}{e^\gamma C_A r_w^2}\right)$$

即

$$G \approx \frac{q_g p_i}{12 C_{gi}|m|} \approx \frac{q_g p_i^2}{12|m|} \qquad (4-59)$$

式（4-59）右侧等式即为《天然气可采储量计算方法》（SY/T 6098—2022）中的式（43）。

（三）拟压力形式

对于气井，基于面积的无量纲时间和拟压力形式的无量纲表达式为

$$t_{DA} = \frac{3.6 \times 10^{-3} Kt}{\phi \mu_i C_{ti} A}$$

$$\psi_D = \frac{Kh\Delta \psi}{3.6831 q_{sc} T}\left(\frac{T_{sc}}{p_{sc}}\right) = \frac{Kh\Delta \psi}{12.74 \times 10^{-4} q_{sc} T} \qquad (4-60)$$

将式（4-60）代入式（1-44），按照压力法相同的步骤，有

$$\frac{Kh\Delta\psi}{12.74\times10^{-4}q_{g}T} = 2\pi\frac{3.6\times10^{-3}Kt}{\phi\mu_{i}C_{ti}A} + \frac{1}{2}\ln\left(\frac{4A}{e^{\gamma}C_{A}r_{w}^{2}}\right)$$

即

$$\begin{aligned}\Delta\psi &= \frac{0.288\times10^{-4}}{\phi h A\mu_{i}C_{ti}} \times (q_{g}T)t + \left(\frac{6.37\times10^{-4}q_{g}T}{Kh}\right)\ln\left(\frac{4A}{e^{\gamma}C_{A}r_{w}^{2}}\right) \\ &= \frac{0.288\times10^{-4}q_{g}Tt}{3.51\times10^{-4}\left(\frac{Z_{i}T}{p_{i}}\right)\left(\frac{\phi h A}{B_{gi}}\right)\mu_{i}C_{ti}} + \left(\frac{6.37\times10^{-4}q_{g}T}{Kh}\right)\ln\left(\frac{4A}{e^{\gamma}C_{A}r_{w}^{2}}\right) \\ &= \left(\frac{q_{g}\frac{p_{i}}{Z_{i}}}{12G\mu_{i}C_{ti}}\right)t + \left(\frac{6.37\times10^{-4}q_{g}T}{Kh}\right)\ln\left(\frac{4A}{e^{\gamma}C_{A}r_{w}^{2}}\right) \\ &= \left(\frac{q_{g}p_{i}^{2}}{12\mu_{i}Z_{i}G}\right)t + \left(\frac{6.37\times10^{-4}q_{g}T}{Kh}\right)\ln\left(\frac{4A}{e^{\gamma}C_{A}r_{w}^{2}}\right)\end{aligned} \quad (4-61)$$

即

$$G \approx \frac{q_{g}p_{i}}{12C_{gi}\mu_{i}Z_{i}|m|} \approx \frac{q_{g}p_{i}^{2}}{12\mu_{i}Z_{i}|m|} \quad (4-62)$$

式（4-62）右侧即为《天然气可采储量计算方法》（SY/T 6098—2022）中的式（38）。

（四）规整化拟压力形式

标准中并未给出规整化拟压力形式的计算公式，鉴于该方法已在气藏工程计算中广泛应用，特推导了该形式的计算表达式。对于气井，基于面积的无量纲时间和规整化拟压力形式的无量纲表达式为

$$\begin{aligned} t_{DA} &= \frac{3.6\times10^{-3}Kt}{\phi\mu_{i}C_{ti}A} \\ p_{pD} &= \frac{0.5428Kh(p_{pi}-p_{p})}{q\mu_{gi}B_{gi}} = \frac{Kh(p_{pi}-p_{p})}{1.842q\mu_{gi}B_{gi}} \end{aligned} \quad (4-63)$$

将式（4-63）代入式（1-44），有

$$\frac{Kh(p_{pi}-p_{p})}{1.842q\mu_{gi}B_{gi}} = 2\pi\frac{3.6\times10^{-3}Kt}{\phi\mu_{i}C_{ti}A} + \frac{1}{2}\ln\left(\frac{4A}{e^{\gamma}C_{A}r_{w}^{2}}\right)$$

得

$$\Delta p_{\mathrm{p}} = \frac{1}{24\phi hAC_{\mathrm{ti}}} \times (q_{\mathrm{g}}B_{\mathrm{gi}})t + \left(\frac{0.9210q\mu_{\mathrm{gi}}B_{\mathrm{gi}}}{Kh}\right)\ln\left(\frac{4A}{\mathrm{e}^{\gamma}C_{A}r_{\mathrm{w}}^{2}}\right)$$

$$= \frac{q_{\mathrm{g}}t}{24\left(\frac{\phi hA}{B_{\mathrm{gi}}}\right)C_{\mathrm{ti}}} + \left(\frac{0.9210q\mu_{\mathrm{gi}}B_{\mathrm{gi}}}{Kh}\right)\ln\left(\frac{4A}{\mathrm{e}^{\gamma}C_{A}r_{\mathrm{w}}^{2}}\right)$$

$$= \left(\frac{q_{\mathrm{g}}}{24GC_{\mathrm{ti}}}\right)t + \left(\frac{0.9210q\mu_{\mathrm{gi}}B_{\mathrm{gi}}}{Kh}\right)\ln\left(\frac{4A}{\mathrm{e}^{\gamma}C_{A}r_{\mathrm{w}}^{2}}\right)$$

$$= \left(\frac{q_{\mathrm{g}}p_{\mathrm{i}}}{24G}\right)t + \left(\frac{0.9210q\mu_{\mathrm{gi}}B_{\mathrm{gi}}}{Kh}\right)\ln\left(\frac{4A}{\mathrm{e}^{\gamma}C_{A}r_{\mathrm{w}}^{2}}\right)$$

(4-64)

即

$$G \approx \frac{q_{\mathrm{g}}}{24C_{\mathrm{gi}}|m|} \approx \frac{q_{\mathrm{g}}p_{\mathrm{i}}}{24|m|} \quad (4-65)$$

式（4-65）与式（4-56）表达式相同，但压力值是规整化拟压力形式。《天然气可采储量计算方法》（SY/T 6098—2022）中尚未收录此方法。

（五）简化注意的问题

由第二部分推导过程可知，标准中有一处简化，即

$$C_{\mathrm{gi}} \approx \frac{1}{p_{\mathrm{i}}} \quad (4-66)$$

天然气压缩系数定义为

$$C_{\mathrm{g}} = \frac{1}{p} - \frac{1}{Z}\left(\frac{\partial Z}{\partial p}\right)_{\mathrm{T}} \quad (4-67)$$

式（4-66）可以方便地确定压缩系数的数量级，但将式（4-67）直接简化为式（4-66）是不妥的。式（4-66）有一定的适用条件，否则不能进行简化！

我国部分典型气藏地层压力介于 15.10~116.42MPa，温度介于 60.0~167.0℃，天然气相对密度介于 0.5576~0.6367，式（4-66）简化形式和式（4-67）形式计算结果比值如图 4-78 所示。图 4-79 表明：随着原始地层压力越来越高，式（4-67）中右侧第二项的影响越来越大，即式（4-66）简化结果偏高，此时用简化形式会造成储量计算结果严重偏低；当原始压力小于 20.1MPa 时，简化值造成的误差在 10% 以内（与气藏温度、天然气相对密度有关）；当原始压力大于 30MPa 时，简化值造成的误差在 20% 以上，即储量计算结果偏小 17% 以上。

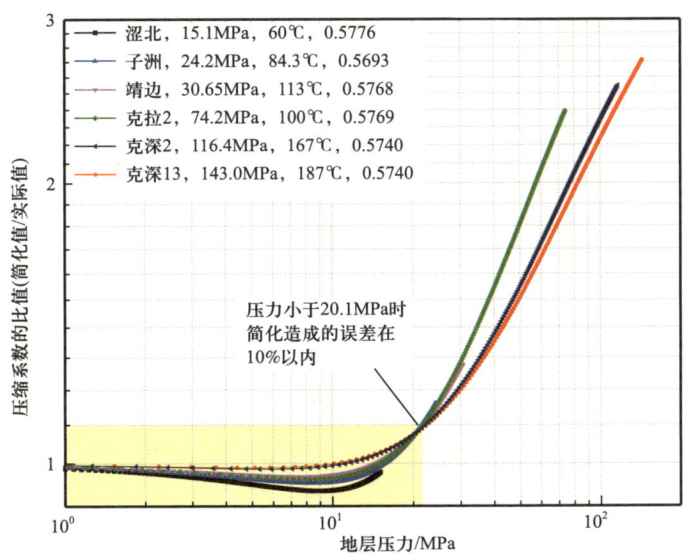

图4-79 不同压力情形压缩系数简化值与实际值的比较

综上所述，不宜直接将总压缩系数简化为原始压力的倒数；建议采用原始条件下的天然气压缩系数进行计算，见表4-4。

表4-4 建议的弹性二相法储量计算表达式

方法	标准（不采纳）	建议
压力法	$G \approx \dfrac{q_g p_i}{24|m|}$	$G \approx \dfrac{q_g}{24|m|C_{gi}}$
压力平方法	$G \approx \dfrac{q_g p_i^2}{12|m|}$	$G \approx \dfrac{q_g p_i}{12 C_{gi}|m|}$
拟压力法	$G \approx \dfrac{q_g p_i^2}{12\mu_i Z_i |m|}$	$G \approx \dfrac{q_g p_i}{12 C_{gi}\mu_i Z_i |m|}$
规整化拟压力法	$G \approx \dfrac{q_g p_i}{24|m|}$	$G \approx \dfrac{q_g}{24 C_{gi}|m|}$

二、实例分析

（一）模拟实例分析

假设在半径为500m的圆形封闭气藏中有一口生产井，孔隙度为0.1，有效厚度为10m，原始条件下的天然气体积系数为0.00431，容积法储量为$1.822 \times 10^8 m^3$，原始条件下的偏差系数为0.9875，黏度为0.02186mPa·s，原始条件下的压缩系数为0.02592，原始地层压力为30MPa，地层温度为100℃，天然气相对密度为0.58，地层系数为3000mD·m，气井产量为$10 \times 10^4 m^3/d$，压力史如图4-80（a）所示，试用压力、压力平方法、拟压力、规整化拟压力形式的弹性二相法计算动态储量。首先进行数据处理，计算不同形式下的斜率，分别如图4-80所示。根据容积法计算公式，该气藏井控储量为

$$G \approx \frac{Ah\phi}{B_{gi}} = \frac{3.14 \times 500^2 \times 10 \times 0.1}{0.00431} = 1.82 \times 10^8 \text{m}^3$$

根据表4-5所列公式进行计算，结果见表4-5。计算结果表明，用标准推荐的计算公式4种方法平均为$1.443 \times 10^8 \text{m}^3$，明显低于容积法结果，相对误差为20.7%；本书建议的方法平均值为$1.846 \times 10^8 \text{m}^3$，与容积法结果接近，相对误差为1.5%。

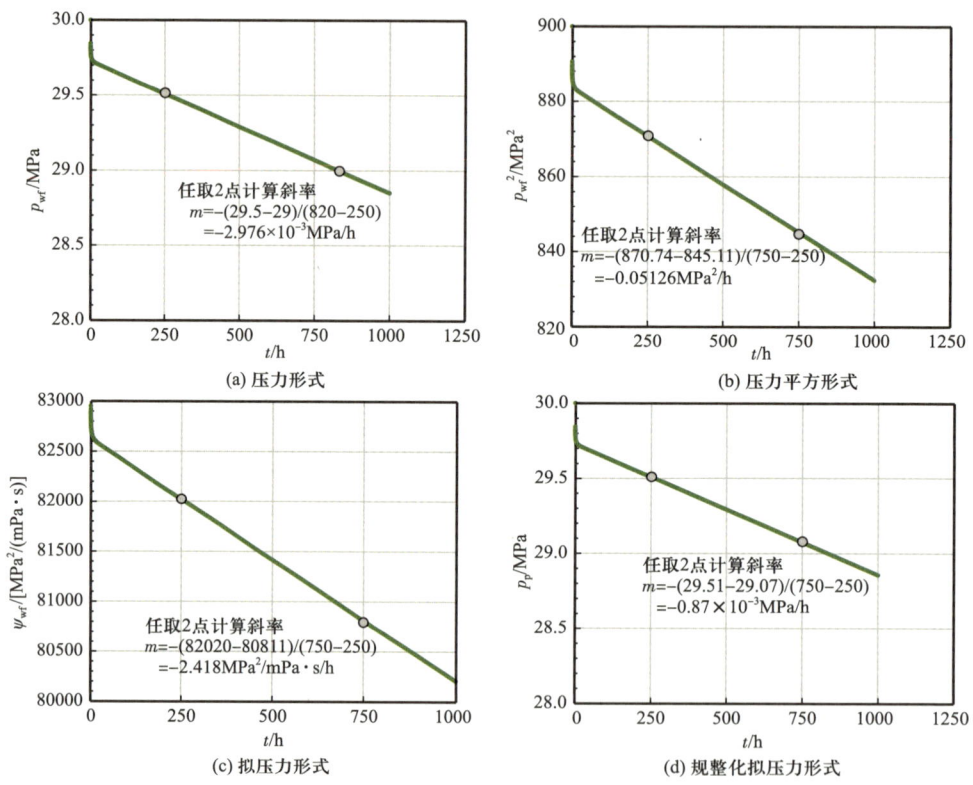

图4-80 不同压力情形压缩系数简化值与实际值的比较

表4-5 采用标准及本书建议方法储量结果对比表

方法	标准（简化方法）	建议（非简化形式）
压力法	$G \approx \dfrac{q_g p_i}{24|m|} = \dfrac{10 \times 10^4 \times 30}{24 \times 8.77 \times 10^{-4}}$ $= 1.43 \times 10^8 \text{m}^3$	$G \approx \dfrac{q_g}{24|m|C_{gi}} = \dfrac{10 \times 10^4}{24 \times 8.77 \times 10^{-4} \times 0.02592}$ $= 1.83 \times 10^8 \text{m}^3$
压力平方法	$G \approx \dfrac{q_g p_i^2}{12|m|} = \dfrac{10 \times 10^4 \times 30^2}{12 \times 0.05126}$ $= 1.46 \times 10^8 \text{m}^3$	$G \approx \dfrac{q_g p_i}{12 C_{gi}|m|} = \dfrac{10 \times 10^4 \times 30}{12 \times 0.05126 \times 0.02592}$ $= 1.88 \times 10^8 \text{m}^3$

续表

方法	标准（简化方法）	建议（非简化形式）
拟压力法	$G \approx \dfrac{q_g p_i^2}{12\mu_i Z_i \lvert m \rvert} = \dfrac{10\times 10^4 \times 30^2}{12\times 0.02186\times 0.9875\times 2.418}$ $= 1.44\times 10^8 \text{m}^3$	$G \approx \dfrac{q_g p_i}{12 C_{gi}\mu_i Z_i \lvert m \rvert}$ $= \dfrac{10\times 10^4\times 30}{12\times 0.02186\times 0.9875\times 2.418\times 0.02592}$ $= 1.84\times 10^8 \text{m}^3$
规整化拟压力法	$G \approx \dfrac{q_g p_i}{24\lvert m \rvert} = \dfrac{10\times 10^4\times 30}{24\times 0.87\times 10^{-3}}$ $= 1.44\times 10^8 \text{m}^3$	$G \approx \dfrac{q_g}{24 C_{gi} \lvert m \rvert} = \dfrac{10\times 10^4}{24\times 0.87\times 10^{-3}\times 0.02592}$ $= 1.84\times 10^8 \text{m}^3$
平均值	$1.443\times 10^8 \text{m}^3$	$1.846\times 10^8 \text{m}^3$

（二）文献实例分析

苏里格气田苏 5 井孔隙度为 0.1，有效厚度为 16.8m，原始条件下的天然气体积系数为 0.0043，原始条件下的偏差系数为 0.9620，黏度为 0.0224mPa·s，原始条件下的压缩系数为 0.0254，原始地层压力为 29.06MPa，地层温度为 105℃，天然气相对密度为 0.66，修正等时试井测试如图 4-81 所示，在延长测试阶段流压与时间呈线性关系。

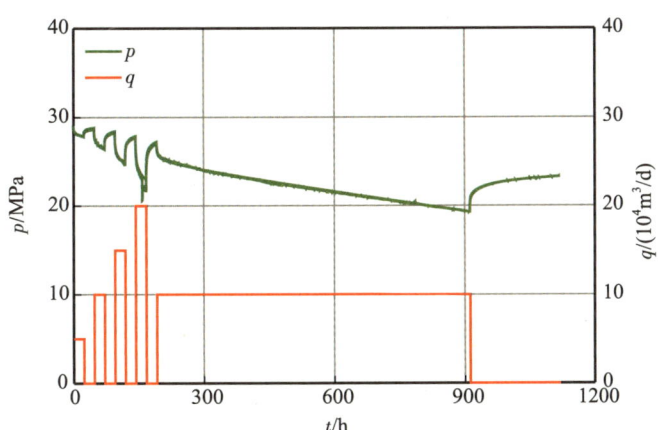

图 4-81　苏 5 井修正等时试井数据图

根据文献（陈元千，2024）中表 1 数据，计算结果见表 4-6，用标准中公式平均值为 $1960\times 10^4 \text{m}^3$；推荐方法平均值为 $2654\times 10^4 \text{m}^3$，两者相差 26%。

表 4-6　苏 5 井筒储存量结果数据表

方法	斜率	标准	推荐
压力法	0.007MPa/h	$G \approx \dfrac{q_g p_i}{24 \lvert m \rvert}$ $= \dfrac{10\times 10^4\times 29.07}{24\times 7\times 10^{-3}}$ $= 1730\times 10^4 \text{m}^3$	$G \approx \dfrac{q_g}{24 \lvert m \rvert C_{gi}}$ $= \dfrac{10\times 10^4}{24\times 7\times 10^{-3}\times 0.0254}$ $= 2343\times 10^4 \text{m}^3$

续表

方法	斜率	标准	推荐
压力平方法	0.299 MPa²/h	$G \approx \dfrac{q_g p_i^2}{12\|m\|}$ $= \dfrac{10 \times 10^4 \times 29.07^2}{12 \times 0.299}$ $= 2355 \times 10^4 \mathrm{m}^3$	$G \approx \dfrac{q_g p_i}{12 C_{gi}\|m\|}$ $= \dfrac{10 \times 10^4 \times 29.07}{12 \times 0.299 \times 0.0254}$ $= 3189 \times 10^4 \mathrm{m}^3$
拟压力法	18.206 MPa²/ mPa·s/h	$G \approx \dfrac{q_g p_i^2}{12\mu_i Z_i\|m\|}$ $= \dfrac{10 \times 10^4 \times 29.07^2}{12 \times 0.0224 \times 0.9620 \times 18.206}$ $= 1795 \times 10^4 \mathrm{m}^3$	$G \approx \dfrac{q_g p_i}{12 C_{gi}\mu_i Z_i\|m\|}$ $= \dfrac{10 \times 10^4 \times 29.07}{12 \times 0.0224 \times 0.9620 \times 18.206 \times 0.0254}$ $= 2431 \times 10^4 \mathrm{m}^3$
平均		$1960 \times 10^4 \mathrm{m}^3$	$2654 \times 10^4 \mathrm{m}^3$

对于低渗透致密气藏，经常会出现达到拟稳定流动的假象（流压与时间呈线性关系，但压降双对数图未达到拟稳定流动），本例延长测试段双对数曲线如图4-82所示，压降阶段500h后才出现拟稳定流动。

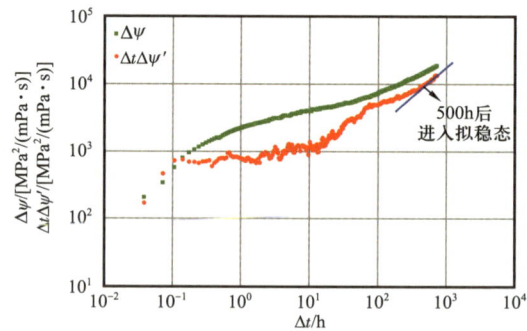

图4-82 苏5井修正等时试井延长测试双对数图

终关井压力恢复及反褶积分析如图4-83所示，地层系数为29.1mD·m，渗透率为1.73mD，根据反褶积分析该井处于一个102×850的矩形区域内，按容积法计算储量为$3295 \times 10^4 \mathrm{m}^3$。试井方法计算结果比弹性二相法结果要大。

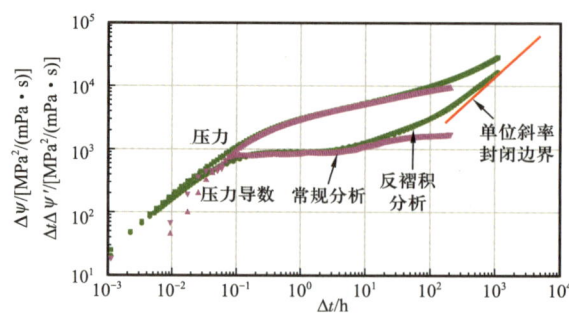

图4-83 苏5井修正等时试井终关井双对数图

(三) 讨论

对于河流相沉积的低渗透致密储层，压裂后才能达到经济产量，此类气井经常出现流压与时间呈线性关系但压降双对数图却显示一直处于不稳定流动阶段（未达到拟稳定流动）的现象，此时不能采用弹性二相法进行储量计算，如图4-84所示。

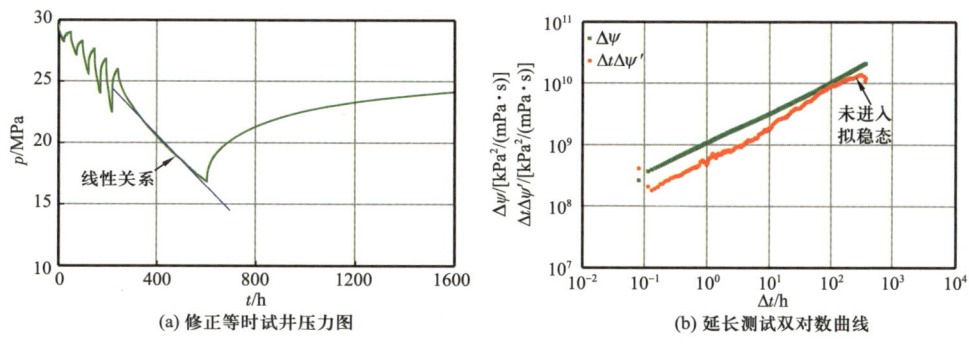

图 4-84 苏20井修正等时试井终关井双对数图

气井弹性二相法表达式可用压力、压力平方法、拟压力、规整化拟压力形式进行表述；规整化拟压力具有压力的量纲，更加直观。随着计算机技术的普及应用，建议采用拟压力或规整化拟压力方法进行计算。当压力大于20MPa时，总压缩系数不能简化为原始压力或最高计算压力的倒数，或直接采用原始压力或计算最高压力情形下的天然气压缩系数值。

对于低渗透致密气藏，尤其是河道型储层中的压裂井，不稳定流动持续时间长，且生产过程中探测范围逐渐扩大，经常出现流压与时间呈线性关系但未达到拟稳定流动的现象，此时应慎用弹性二相法。应用过程中应首先绘制压降双对数图或其他方法判断是否达到拟稳定流动，满足条件后再计算储量。若有压力恢复数据，建议将压降与压力恢复数据（反褶积分析）结合起来评价储量。

第十一节 试井解释工作流程

前面讨论了试井基础知识、分析方法、影响因素等内容，如果你接到一口井的试井数据，从哪入手开始试井解释呢？本节将介绍不稳定试井解释的系统分析流程。

一、工作流程

前面讨论了试井基础知识、分析方法、影响因素等内容，如果你接到一口井的试井数据，从哪入手开始试井解释呢？Spivey（2013）详细给出了不稳定试井解释的系统分析流程，共分 11 个步骤，收集试井解释必需的资料；复查、质量控制、数据准备；测试数据反褶积；识别；划分流动形态；选择合适的储层解释模型；估算模型参数；模拟或拟合压力史数据；如果可能的话，确定置信区间；解释模型参数；验证解释结果，如图 4 – 85 所示。

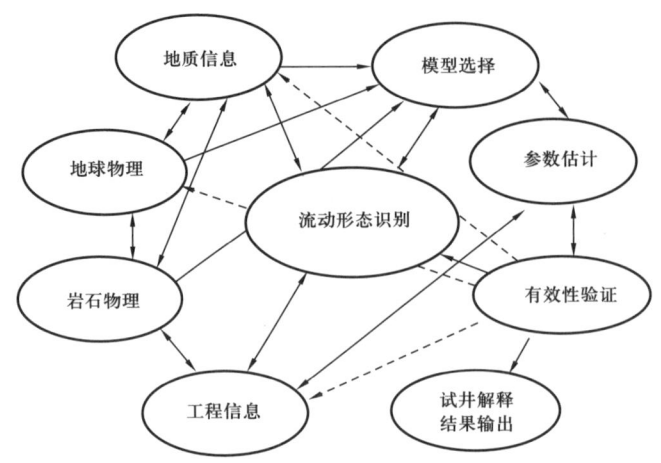

图 4 – 85　多学科试井解释工作流程示意图

解释过程中，时刻想到以下问题：测试的目的是什么？解释结果通过真实性检验了吗？储层岩石和流体性质数据合理吗？参数估值在相应储层和井型参数值预期范围内吗？任何超出参数值范围外的情形做记录并进行解释了吗？解释结果是否内部保持一致？解释是否考虑了地质、地球物理和岩石物理数据？每个测试阶段起止时刻井底压力和时间对吗？解释时，包含了多长产量史数据？流动形态是否识别正确？识别出的每个流动形态持续了至少 1/3 ~ 1/2 个对数周期吗？流动形态出现次序合乎逻辑吗？

一般情况而言，压力恢复测试持续时间比较短，好比是"一面之缘（今生）"；压力恢复前后生产时间可能比较长，只有将一口井的"前世""今生"和"未来"数据都串联起来进行解释，才能取得比较好的结果。因此，全程压力流量史的建立是试井解释中的一项重要工作。若井筒中是多相流动，必须用梯度测试数据辅助。收集完整详细的单井长期生产资料，如井口油压、套压数据，日产气、日产水、日产油数据及日生产操作记录等。若有永久式井下压力计录取的高精度数据则更好。还需了解井下管柱结构，如油管尺寸及下入深度，是否下有封隔器等。甄别生产数据的可靠性，并计算井底压力。将折算后的压力与实测的高精度压力或梯度数据对比，若存在较大的差别，则需对某一时间段进行微调。

TZ 622 井是塔中气田的一口生产井，井筒中油、水、气三相共存，该井从 2005 年起共进行了 20 次的流压梯度测试。首先计算出 20 次的流压梯度，将井底流压用常规计算方法折算到压力恢复试井时压力计下入深度 4800m 处，并以此梯度测试数据位约束，利用多相流理论和长期试采数据折算出4800m处的流压，如图4-86所示，然后将长期生产数据与短期试井联合起来进行试井分析。

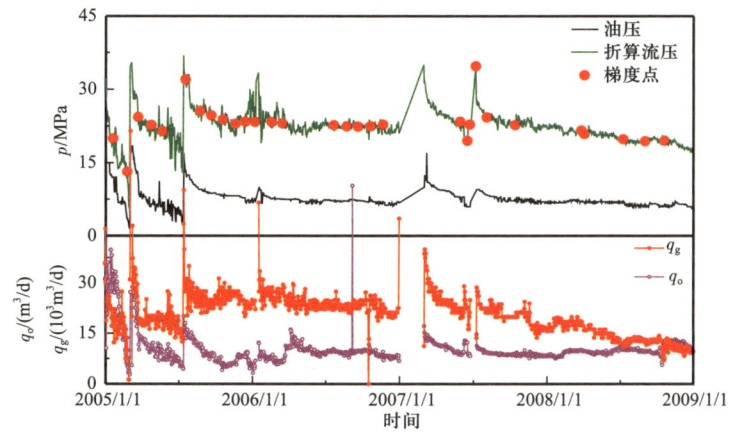

图4-86　TZ 622井井底流压折算（江同文，2019）

二、分析实例

收集、分析、总结研究目标区地质研究成果，建立概念性的地质模型，包括储层的空间展布形态和规模，储层的物性参数和非均质性变化等，并结合完井和增产措施工艺情况分析，确定可能的单井模型，如压裂规模与有效裂缝长度的关系，水平井的有效长度等。收集试气、生产过程中录取的不稳定试井资料，经过去伪存真识别处理后，对压力恢复数据进行分析，结合概念性地质模型，建立一个井附近储层初步的动态模型。

下面以中国石油长庆油田公司榆46-9井为例进行说明。首先利用长期生产数据和短期压力恢复数据资料建立全程压力和流量史，建立了该井初始动态模型，解释参数如下：井筒储存系数为3.48m³/MPa，地层系数为18.9mD·m，压裂裂缝半长为77.4m，裂缝表皮为0.1，拟合初始压力为26.89MPa，矩形边界距离分别为500m/1800m/500m/1800m，如图4-87所示。

试井分析的目的不仅仅是为了确定储层参数，其最重要的作用是单井/连通井组的动态预测，为下一步生产决策提供依据。依据压力恢复试井后续监测的压力历史，可以进一步验证动态模型的适用性。具体做法是，把随后生产过程录取到的产量史输入模型，进而可以推算出这一段时间理论模型压力变化，把它与随后监测到的压力相比较，如果仍然一致，则说明原创建的模型是正确的、可信的；如果出现偏离，则应进一步修改模型参数，以完善动态模型。如图4-88所示，对于延长到2007年的压力历史，模型压力偏低于实测压力，据此修改了榆46-9井动态模型的边界参数，变化后的边界距离参数为550m/2100m/600m/2100m。其余的井附近模型参数维持不变。

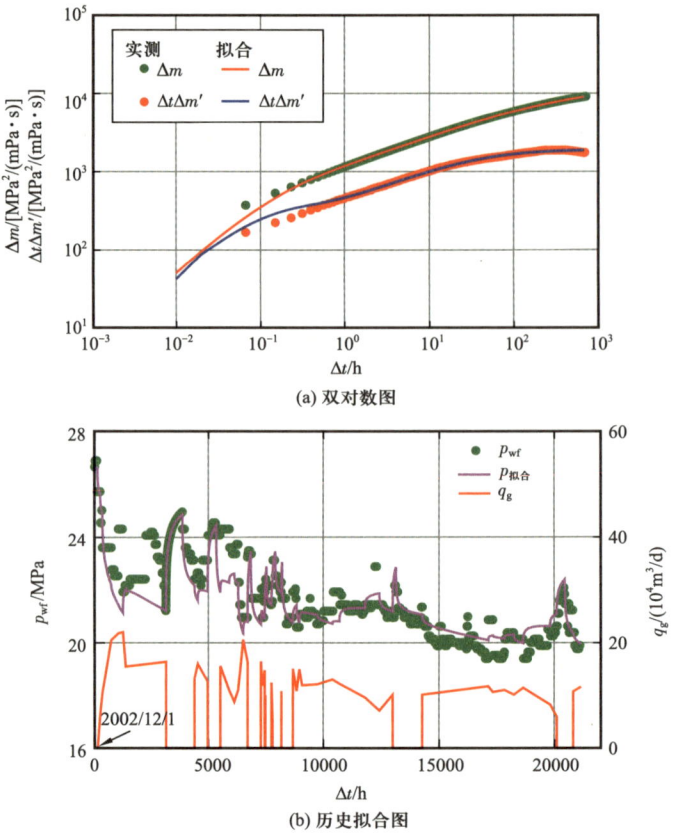

(a) 双对数图

(b) 历史拟合图

图 4-87　榆 46-9 井动态模型建立过程图

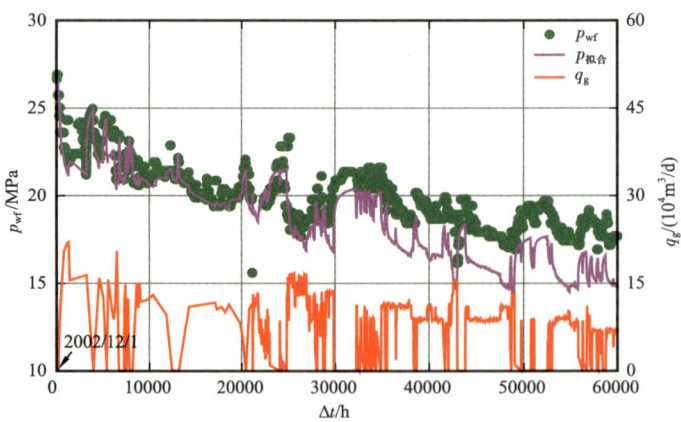

图 4-88　榆 46-9 井 2005—2007 年动态模型追踪检验图（庄惠农，2021）

模型改进后的压力走势如图 4-89 所示，理论模型压力与实测压力更趋于一致，说明它更真实地反映了目前条件下榆 46-9 井的井控范围，进而在此基础上可以进行生产动态预测。

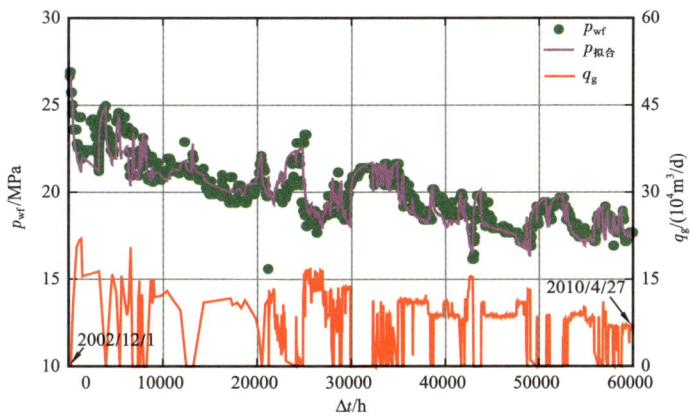

图 4-89　榆 46-9 井修改后的动态模型压力历史拟合验证图（庄惠农，2021）

综上所述，试井解释工作流程简单来说就是：数据资料收集、数据质量控制、流动形态识别、储层模型选择、模型参数估算和结果一致性验证以及经常被遗忘但最关键的一步——生产动态预测，这就是一个完整的试井分析及应用的全过程！

第十二节　试井设计工作流程

正如庄惠农教授（2021）所言，试井设计的重要性是不言而喻的，就如同盖一栋楼房，事先必须有一套精心设计的图纸一样。没有图纸的建筑物是不可想象的，没有经过精心设计的试井施工，特别是针对特殊的井的施工，不可能取得好的成果。

一、工作流程

通常来说，试井设计可分为地质设计和工程设计，主要包含以下 9 方面的内容：明确试井目的；考虑是否有常规试井的替代方法；收集试井设计需要的数据；确定期望从试井中获取的储层参数初值；估算达到试井目的所需的时间；估算试井产量，确定产量序列；估算预期的压力响应大小；选择合适的压力计；试井设计模拟。

试井设计的最重要目的之一就是确保试井目的都能实现。在可能的储层条件下，模拟各种预期的压力响应，以评价试井设计能否达到测试目的。如果不可能达到试井目的以及受时间、成本或技术限制，就不应开展试井。模拟试井包括 3 个方面：模拟储层压力响应；模拟井筒/管线系统；模拟压力计动态。

二、分析实例

中国石油塔里木油田克深气田是我国第一个成功开发的深度超过 8000m 的气藏，由于气藏地层压力高，开发机理研究和动态监测困难，早期仅有少量井在完井阶段进行了井下压力测试，但取得的数据并不理想，难以确定储层动态特征；2014年以来，形成的超深超高压气井动态监测技术为储层动态特征评价起到至关重要的作用。克深2气藏从2014年8月起进行井下温压数据测试，测试工艺均获成功，录取到了可靠的井下测试数据。下面以KeS2-2-4井为例，说明井下测试资料录取的经验和教训。

第一次测试。2014年8月，KeS2-2-4井生产426天后关井进行压力恢复测试。这是克深气田投产后的首次井下压力测试，压力恢复测试过程中邻井一直生产，如图4-90所示。双对数曲线观测到"双重介质"特征，如图4-91所示。

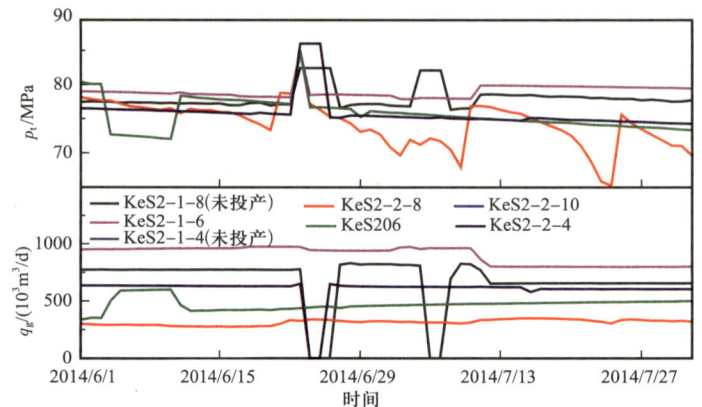

图4-90　KeS2-2-4井2014年8月测试时邻井生产情况

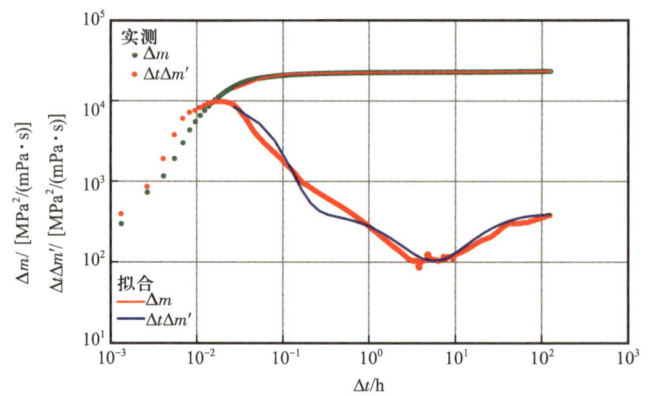

图4-91　KeS2-2-4井2014年8月测试时的双对数曲线（邻井生产）

第二次测试。2015年4月30日，KeS2-2-4井进行第2次压力恢复测试。此时，KeS2-1-8和KeS2-1-4都已投产，压力恢复过程中只有KeS206井处于关井状态，该井于5月9日开井进行干扰测试；其余邻井一直生产，如图4-92所示。

KeS206井开井后，KeS2-2-4井测试曲线反映明显，如图4-93所示，说明两口井井间连通性好，进一步证实气藏裂缝系统存在压力传播的高速通道。双对数曲线如图4-94所示，由于受到邻井干扰导数曲线"下掉"，不能进行解释。

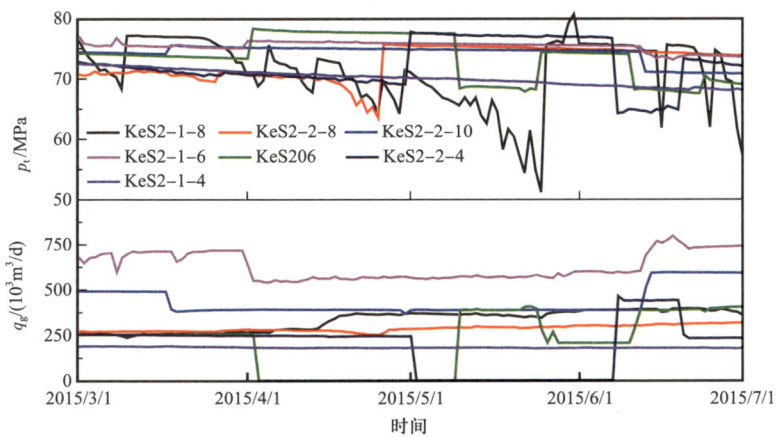

图 4-92　KeS2-2-4 井 2015 年 5 月测试时邻井生产情况

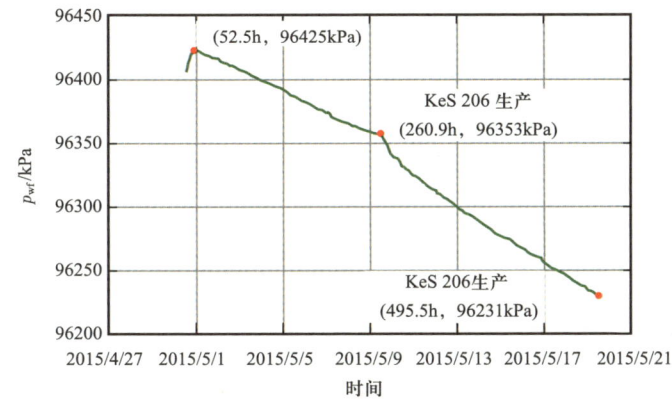

图 4-93　KeS206 井开井后对测试曲线的影响

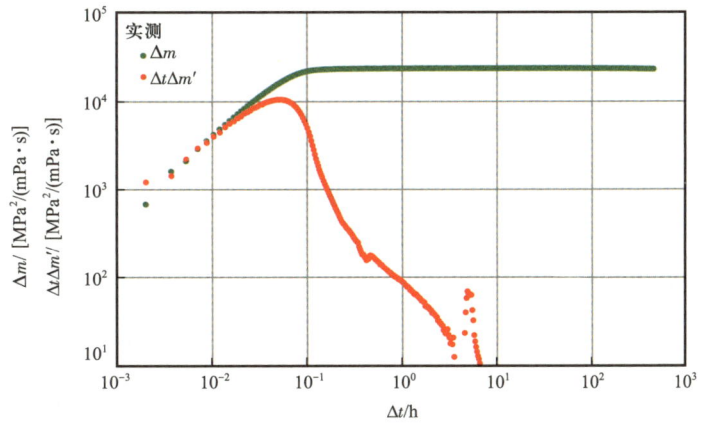

图 4-94　KeS2-2-4 井 2015 年 5 月测试双对数曲线

第三次测试。2015 年 8 月 22 日，KeS2-2-4 井进行第 3 次压力恢复测试。吸取了前两次测试的教训，邻井同时关井，如图 4-95 所示。

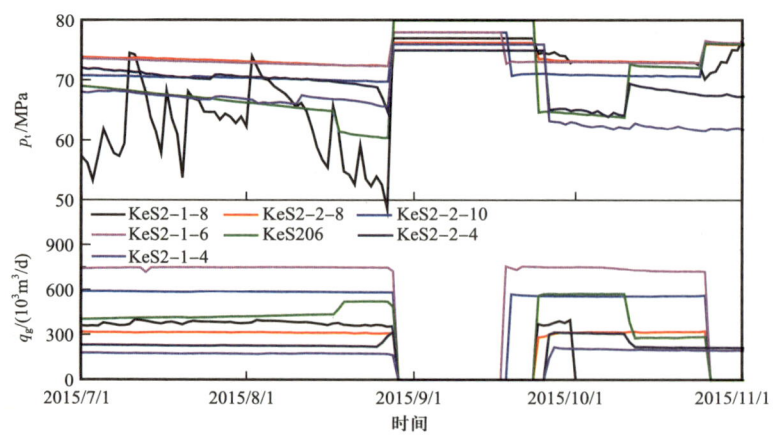

图 4-95　KeS2-2-4 井 2015 年 8 月测试时邻井生产情况

测试数据双对数曲线如图 4-96 所示，尽管关井时间长达 440h，是 2014 年 8 月关井时间的 4 倍，但是并未出现径向流特征，后期压力导数呈现 1/2 斜率，显示大裂缝系统特征。同时表明，2014 年 8 月测试出现的所谓"径向流"特征其实是由于邻井生产所形成的假象！

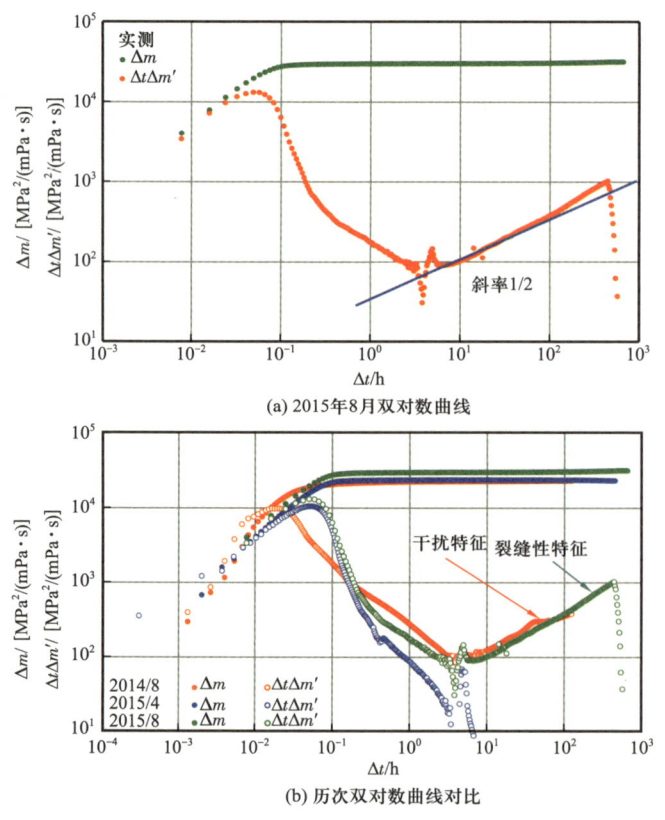

图 4-96　KeS2-2-4 井 2015 年 8 月测试双对数曲线

第四次测试。2016年5月1日，KeS2-2-4井进行第4次压力恢复测试。KeS2-1-6与KeS2-1-4关井，5月6日后KeS2-1-8、KeS206、KeS2-2-8、KeS2-1-6、KeS2-1-4相继开井，如图4-97所示。测试数据如图4-98所示，尽管关井时间长达360h，但由于邻井开井干扰影响，120h之后的压力恢复数据止升变平直到出现下降趋势。

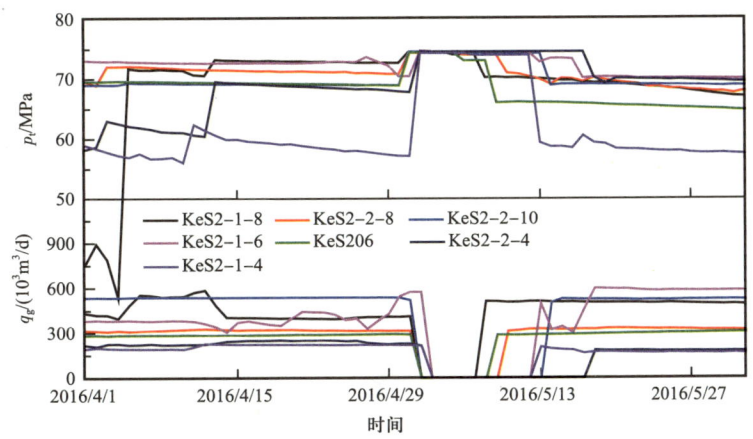

图4-97 KeS2-2-4井2016年5月测试时邻井生产情况

双对数曲线如图4-99（a）所示，导数曲线后期斜率为1/2，仍表现为裂缝特征。这次测试再次印证了2014年8月测试所谓"径向流"其实是由于邻井生产所造成的假象！因此，对于裂缝性储层或连通性好的井组，试井分析应立足全气藏或连通井组，若只分析单井数据，可能会对开发决策产生误导。

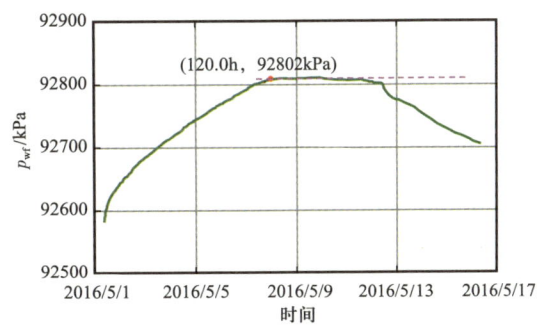

图4-98 KeS2-2-4井2016年5月测试时邻井干扰情况

经验与教训。KeS2-2-4井历次测试结果表明（表4-7）：对于裂缝性气藏，试井测试前，应基于全气藏生产动态分析初步判断井间连通性；在测试时间窗口内全气藏（连通井组）关井；为了降低井间干扰，选井时应优先两翼，兼顾中间；推荐采用关井压力恢复+回压试井（开井）+压力恢复试井+静梯测试的测试程序。

克深2气田群试井解释表现出非连续裂缝性储层特征，未出现径向流，基质渗透性低，克深气田压力导数后期"上翘"为裂缝特征。基于克深投捞式井下压力测试及分析的经验和教训，编制了中国石油塔里木油田标准《超深超高压裂缝性砂岩气藏投捞式试井工艺及试井技术规范》（Q/ST TZ 0541—2018），该规范规定了超高压裂缝性砂岩气藏天然气井动态分析、试井任务和作用、试井设计、试井资料录取技术要求、试井工艺技术、试井分析及报告编写要求。

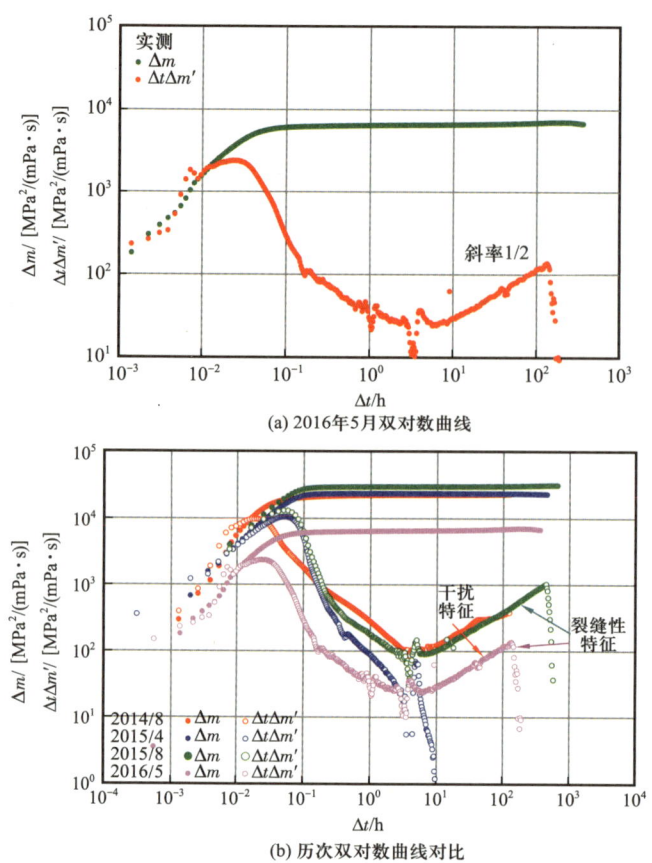

图 4-99 KeS2-2-4 井 2016 年 5 月测试双对数曲线

表 4-7 KeS2-2-4 井历次测试经验与教训

序号	测试时间	全气藏关井	成果	教训
1	2014 年 8 月	否	工艺成功	双重介质假象
2	2015 年 5 月	否	"高速公路"特征	井间干扰严重
3	2015 年 8 月	是	"裂缝性+多井"特征	400h 未见径向流
4	2016 年 5 月	是	裂缝性+基质致密	未见径向流

克深 2 气藏试井设计。根据时间窗口，选井顺序为先中间，后两翼，最后中间；KeS2-2-10 近期开井激动 12h，然后关井二次压力恢复 10d；KeS3-1 下井，开井激动 12h，关井压力恢复 10d；KeS201 下井，开井激动 12h，关井压力恢复 10d；KeS2-2-10 再激动一次，如图 4-100 所示。这样既保证了气藏平面压力的监测又降低了井间干扰的影响。2017 年 7 月测试的 KeS3-1、KeS2-2-10、KeS2-1-6、KeS201 井，均测得了基质径向流特征，如图 4-101 所示，为储层动态特征的认识以及后续开发技术政策的制定奠定了基础。

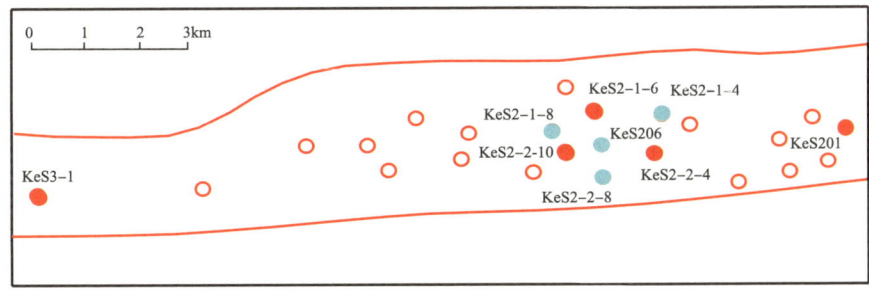

(a) 井位示意图

(b) 试井设计安排

图4-100 克深2区块2017年测试开关井顺序示意图

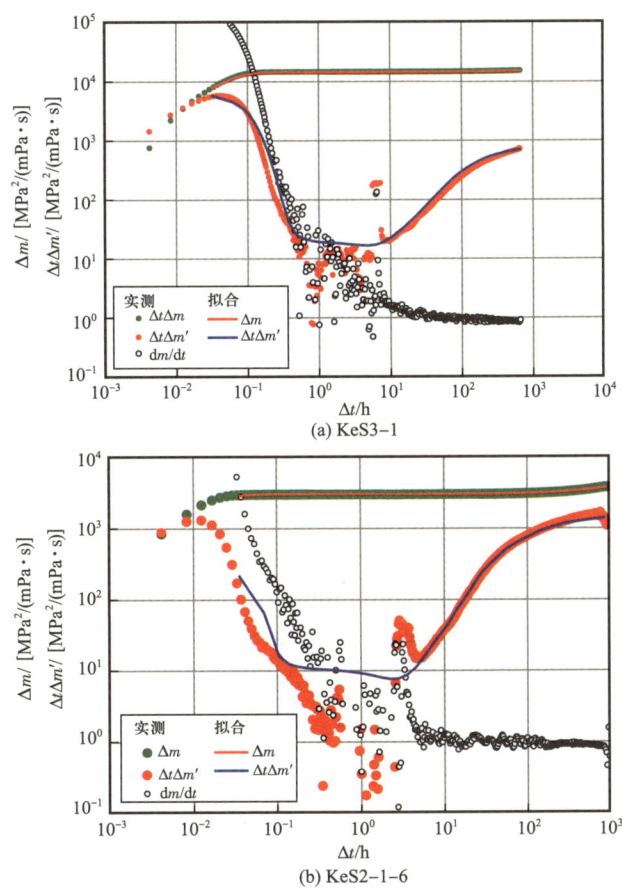

(a) KeS3-1

(b) KeS2-1-6

图4-101 克深2区块2017年测试PPD导数曲线（黑线）

参 考 文 献

编写组，1994. 中国油气井测试资料解释范例［M］. 北京：石油工业出版社.

C. S. 马修斯，D. G. 拉塞尔，1984. 油层压力恢复和油气井测试［M］. 北京：石油工业出版社.

陈元千，刘洋，2024. 气井拟压力弹性二相法的推导、简化及应用［J］. 油气藏评价与开发，14（3）：317－323.

国家能源局. 天然气可采储量计算方法：SY/T 6098—2022［S］. 北京：石油工业出版社.

韩永新，孙贺东，邓兴梁，等，2016. 实用试井解释方法（译）［M］. 北京：石油工业出版社.

江同文，孙贺东，邓兴梁，2018. 缝洞型碳酸盐岩气藏动态描述技术［M］. 北京：石油工业出版社.

李晓平，张烈辉，刘启国，2009. 试井分析方法［M］. 北京：石油工业出版社.

林加恩，1996. 实用试井分析方法［M］. 北京：石油工业出版社.

刘能强，2008. 实用现代试井解释方法：第 5 版［M］. 北京：石油工业出版社.

卢德唐，2009. 现代试井理论及应用［M］. 北京：石油工业出版社.

孙贺东，2016. 邻井干扰条件下的多井压力恢复试井分析方法［J］. 天然气工业，36（05）：62－68.

孙贺东，2024. 油气井现代产量递减分析方法及应用：第 2 版［M］. 北京：石油工业出版社.

孙贺东，崔永平，曹雯，等，2022. 非常规油气藏产量不稳定分析方法及应用（译）［M］. 北京：石油工业出版社.

孙贺东，孟广仁，曹雯，等，2020. 气井产能评价二项式压力法、压力平方法的适用条件［J］. 天然气工业，40（1）：69－75.

孙贺东，朱松柏，姚超，等，2025. 气井弹性二相法基本原理、简化应用中的注意问题及建议［J］. 天然气工业，45（5）：79－86.

童宪章，1977. 压力恢复曲线在油气田开发中的应用［M］. 北京：石油化学工业出版社.

王福林，1979. 实用油田压力恢复曲线分析方法［M］. 北京：石油工业出版社.

小罗伯特 C·厄洛赫，1985. 试井分析方法［M］. 北京：石油工业出版社.

杨景海，2022. 试井手册：第 2 版［M］. 北京：石油工业出版社.

张艳玉，姚军，2006. 现代试井解释原理与方法［M］. 东营：中国石油大学出版社.

庄惠农，韩永新，孙贺东，等，2021. 气藏动态描述和试井：第 3 版［M］. 北京：石油工业出版社.

Abel C, Abdelghani D, Tiab D, 2004. Determining the Average Reservoir Pressure from Vertical and Horizontal Well Test Analysis using the Tiab's Direct Synthesis Technique［C］. Paper presented at the SPE Asia Pacific Oil and Gas Conference and Exhibition, Perth, Australia. doi：https：//doi. org/10. 2118/88619 － MS.

Agarwal R G, Al－Hussainy R, Ramey H J, 1970. An Investigation of Wellbore Storage and Skin Effect in Unsteady Liquid Flow：I. Analytical Treatment［J］. SPE J. , 10：279－290. doi：https：//doi. org/10. 2118/2466 － PA.

Agarwal R G, Carter R D, Pollock C B, 1979. Evaluation and Performance Prediction of Low－Permeability Gas Wells Stimulated by Massive Hydraulic Fracturing［J］. J. Pet. Technol. , 31：362－372. doi：https：//doi. org/10. 2118/6838 － PA.

Agarwal R G, 1979. Real Gas Pseudo-Time - A New Function for Pressure Buildup Analysis of MHF Gas Wells [C]. Paper presented at the SPE Annual Technical Conference and Exhibition, Las Vegas, Nevada. doi: https://doi.org/10.2118/8279-MS.

Agarwal R G, 1980. A New Method to Account for Producing Time Effects when Drawdown Type Curves are Used to Analyze Pressure Buildup and Other Test Data [C]. Paper presented at the SPE Annual Technical Conference and Exhibition, Dallas, Texas. doi: https://doi.org/10.2118/9289-MS.

Agarwal R G, 2010. Direct Method of Estimating Average Reservoir Pressure for Flowing Oil and Gas Wells [C]. Paper presented at the SPE Annual Technical Conference and Exhibition, Florence, Italy. doi: https://doi.org/10.2118/135804-MS.

Aguilera R, 2004. A Simplified Approach to Well Test Analysis of Naturally Fractured Reservoirs [C]. Paper presented at the Canadian International Petroleum Conference, Calgary, Alberta. doi: https://doi.org/10.2118/2004-110.

Al-Haddad S, LeFlore M, Lacy T, 1997. Changing Wellbore Storage Effects in Gas Well Testing [C]. Paper presented at the SPE Annual Technical Conference and Exhibition, San Antonio, Texas. doi: https://doi.org/10.2118/38723-MS.

Al-Hussainy R, Ramey H J, Crawford P B, 1966. The Flow of Real Gases through Porous Media [J]. J. Pet. Technol., 18: 624-636. doi: https://doi.org/10.2118/1243-A-PA.

Alpheus I, Tiab D, 2010. New Method of Well Test Analysis in Naturally Fractured Reservoirs Based on Elliptical Flow [J]. J. Can. Pet. Technol., 49: 53-67. doi: https://doi.org/10.2118/138404-PA.

Alpheus O I, Tiab D, 2007. New Type Curves for the Analysis of Pressure Transient Data Dominated by Skin and Wellbore Storage—Non-Newtonian Fluid [C]. Paper presented at the Production and Operations Symposium, Oklahoma City, Oklahoma, U.S.A. doi: https://doi.org/10.2118/106997-MS.

Alpheus O I, Tiab D, 2007. Well Test Analysis in Naturally Fractured Reservoirs using Elliptical Flow [C]. Paper presented at the International Petroleum Technology Conference, Dubai, U.A.E., December 2007. doi: https://doi.org/10.2523/IPTC-11165-MS.

Aluko L, Cumming J, Alain G, 2020. Using Deconvolution to Estimate Unknown Well Production from Scarce Wellhead Pressure Data [C]. Paper presented at the SPE Annual Technical Conference and Exhibition, Virtual. doi: https://doi.org/10.2118/201667-MS.

Alvarado, Ramón W., 1994. The Role of Pressure Transient Analysis in Reservoir Characterization - An Integrated Approach [J]. SPE Advanced Technology Series, 2: 111-118. doi: https://doi.org/10.2118/23687-PA.

Anh V D, Tiab D, 2009. Transient-Pressure Analysis of a Well with an Inclined Hydraulic Fracture using Tiab's Direct Synthesis Technique [J]. Paper presented at the SPE Production and Operations Symposium, Oklahoma City, Oklahoma. doi: https://doi.org/10.2118/120545-MS.

Anh V D, Tiab D, 2010. Pressure-Transient Analysis of a Well with an Inclined Hydraulic Fracture. SPE Res. Eval. & Eng., 13: 845-860. doi: https://doi.org/10.2118/120540-PA.

Animashaun M B, Nwakaji N F, 2014. Well Testing: A Geological Interpretation Tool [C]. Paper presented at the SPE Nigeria Annual International Conference and Exhibition, Lagos, Nigeria. doi: https://doi.org/10.2118/172441-MS.

Aslanyan A, Asmadiyarov R, Kaeshkov I, et al., 2019. Multiwell Deconvolution as Important Guideline to Production Optimisation: Western Siberia Case Study [C]. Paper presented at the International Petroleum Technology Conference, Beijing, China. doi: https://doi.org/10.2523/IPTC-19566-MS.

Azari M, Wooden W O, Petak K R, et al., 1992. A Comprehensive Study of Reservoirs Exhibiting Dual-Storage Effects during Well Testing [C]. Paper presented at the SPE Annual Technical Conference and Exhibition, Washington, D.C., doi: https://doi.org/10.2118/24708-MS.

Baba A, Azzouguen A, Mazouzi A, et al., 2002. Determination of the Controlling Factors and Origins of the Bilinear Flow From Horizontal Well Transient Responses [C]. Paper presented at the Canadian International Petroleum Conference, Calgary, Alberta. doi: https://doi.org/10.2118/2002-018.

Barenblatt G E, Zheltov I P, Kochina I N, 1964. Basic Concepts in the Theory of Homogeneous Liquids in Fissured Rocks [J]. Journal of Applied Mathematics and Mechanics, 5: 852-864. doi: https://doi.org/10.1016/0021-8928(60)90107-6.

Bensadok A, Tiab D, 2004. Pressure Behaviour of a Well Between Two Intersecting Leaky Faults [C]. Paper presented at the Nigeria Annual International Conference and Exhibition, Abuja, Nigeria. doi: https://doi.org/10.2118/88873-MS.

BinAkresh S A, Rahman N M A, 2011. Challenges in Interpreting Well Testing Data from Fractured Water Injection Wells with a Dual Storage Phenomenon [C]. Paper presented at the SPE Middle East Oil and Gas Show and Conference, Manama, Bahrain. doi: https://doi.org/10.2118/139587-MS.

Bixel H C, Van Poollen H K, 1967. Pressure Drawdown and Buildup in the Presence of Radial Discontinuities [J]. SPE J., 7: 301-309. doi: https://doi.org/10.2118/1516-PA.

Blasingame T A, Lee W J, 1986. Variable-Rate Reservoir Limits Testing [C]. Paper presented at the Permian Basin Oil and Gas Recovery Conference, Midland, Texas. doi: https://doi.org/10.2118/15028-MS.

Blasingame T A, Lee W J, 1988. The Variable-Rate Reservoir Limits Testing of Gas Wells [C]. Paper presented at the SPE Gas Technology Symposium, Dallas, Texas. doi: https://doi.org/10.2118/17708-MS.

Bostic J N, Agarwal R G, Robert D C, 1980. Combined Analysis of Postfracturing Performance and Pressure Buildup Data for Evaluating an MHF Gas Well [J]. J. Pet. Technol., 32: 1711-1719. doi: https://doi.org/10.2118/8280-PA.

Bourdet D, Ayoub J A, Plrard Y M, 1989. Use of Pressure Derivative in Well-Test Interpretation [J]. SPE Form Eval., 4: 293-302. doi: https://doi.org/10.2118/12777-PA.

Bourdet D, Gringarten A C, 1980. Determination of Fissure Volume and Block Size in Fractured Reservoirs by Type-Curve Analysis [C]. Paper presented at the SPE Annual Technical Conference and Exhibition, Dallas, Texas. doi: https://doi.org/10.2118/9293-MS.

Bourdet D, Whittle T M, Douglas A A, et al., 1983. A New Set of Type-Curves Simplifies Well Test Analysis [J]. World Oil, 95 – 106.

Bourgeois M J, de laCombe, Jean – Luc Boutaud, et al. , 1996. Use of Second Pressure Derivative for Automatic Model Identification in Well Test Analysis [C]. Paper presented at the SPE Annual Technical Conference and Exhibition, Denver, Colorado. doi: https://doi.org/10.2118/36659 – MS.

Boussalem R, Tiab D, Freddy H E, 2002. Effect of Mobility Ratio on the Pressure and Pressure Derivative of Wells in Closed Composite Reservoirs [C]. Paper presented at the SPE Western Regional/AAPG Pacific Section Joint Meeting, Anchorage, Alaska. doi: https://doi.org/10.2118/76781 – MS.

Brons F, Marting V E, 1961. The Effect of Restricted Fluid Entry on Well Productivity [J]. J. Pet. Technol. , 13: 172 – 174. doi: https://doi.org/10.2118/1322 – G – PA.

Brons F, Miller W C, 1961. A Simple Method for Correcting Spot Pressure Readings [J]. J. Pet. Technol. , 13: 803 – 805. doi: https://doi.org/10.2118/1610 – G – PA.

Brown L P, Hawkes R V, 2005. Rules of Thumb in Well Testing: What Works and Doesn't Work – and Why [J]. J. Can. Pet. Technol. , 44: No Pagination Specified. doi: https://doi.org/10.2118/05 – 05 – 04.

Carpenter C, 2020. Field Applications of Constrained Multiwell Deconvolution [J]. J. Pet. Technol. , 72: 53 – 55. doi: https://doi.org/10.2118/0220 – 0053 – JPT.

Chen C C, Chu W C, Soleiman S, 1996. Pressure – Transient Testing of Gas Reservoirs with Edge – Waterdrive [J]. SPE Form Eval. , 11: 251 – 256. doi: https://doi.org/10.2118/28381 – PA.

Cinco H, Miller F G, Ramey H J, 1975. Unsteady – State Pressure Distribution Created by a Directionally Drilled Well [J]. J. Pet. Technol. , 27: 1392 – 1400. doi: https://doi.org/10.2118/5131 – PA.

Cinco L H, Samaniego V F, 1989. Use and Misuse of the Superposition Time Function in Well Test Analysis [C]. Paper presented at the SPE Annual Technical Conference and Exhibition, San Antonio, Texas. doi: https://doi.org/10.2118/19817 – MS.

Cinco L H, Samaniego V F, Dominguez A N, 1976. Unsteady – State Flow Behavior for a Well Near a Natural Fracture [C]. Paper presented at the SPE Annual Fall Technical Conference and Exhibition, New Orleans, Louisiana. doi: https://doi.org/10.2118/6019 – MS.

Cinco L H, Samaniego V F, 1981. Transient Pressure Analysis: Finite Conductivity Fracture Case Versus Damaged Fracture Case [C]. Paper presented at the SPE Annual Technical Conference and Exhibition, San Antonio, Texas. doi: https://doi.org/10.2118/10179 – MS.

Cinco L H, Samaniego V F, Dominguez A N, 1978. Transient Pressure Behavior for a Well with a Finite – Conductivity Vertical Fracture [J]. SPE J. , 18: 253 – 264. doi: https://doi.org/10.2118/6014 – PA.

Cinco – Ley H, Samaniego – V F, Viturat D, 1985. Pressure Transient Analysis for High – Permeability Reservoirs [C]. Paper presented at the SPE Annual Technical Conference and Exhibition, Las Vegas, Nevada. doi: https://doi.org/10.2118/14314 – MS.

Cobanoglu M, Ibrahim S, 2020. Challenges of Pressure Transient Analysis PTA: Uncertainty Assessment and Pitfalls in Well Test Analysis – How Much Confidence Does a PTA Interpretation Has? [C]. Paper presented at the International Petroleum Technology Conference, Dhahran, Kingdom of Saudi Arabia. doi: https://

doi. org/10. 2523/IPTC – 20075 – MS.

Crump J G, Hite R H, 2008. A New Method for Estimating Average Reservoir Pressure: The Muskat Plot Revisited [J]. SPE Res. Eval. & Eng., 11: 298 – 306. doi: https://doi. org/10. 2118/102730 – PA.

Cumming J A, Botsas T, Jermyn I H, et al., 2020. Assessing the Non – Uniqueness of a Well Test Interpretation Model Using a Bayesian Approach [C]. Paper presented at the SPE Europec, Virtual. doi: https://doi. org/10. 2118/200617 – MS.

Cumming J, Jaffrezic V, Whittle T, et al., 2019. Constrained Least – Squares Multiwell Deconvolution [C]. Paper presented at the SPE Western Regional Meeting, San Jose, California, USA. doi: https://doi. org/10. 2118/195271 – MS.

Cumming J, Wooff D, Whittle T, et al., 2014. Multiwell Deconvolution [J]. SPE Res. Eval. & Eng., 17: 457 – 465. doi: https://doi. org/10. 2118/166458 – PA.

Daungkaew S, Hollaender F, Gringarten A C, 2000. Frequently Asked Questions in Well Test Analysis [C]. Paper presented at the SPE Annual Technical Conference and Exhibition, Dallas, Texas. doi: https://doi. org/10. 2118/63077 – MS.

Denney D, 2011. Automated Pressure Transient Analysis – Use Smart Technology [J]. J. Pet. Technol., 63: 51 – 54. doi: https://doi. org/10. 2118/0911 – 0051 – JPT.

Deruyck B G, Bourdet D P, DaPrat G, et al., 1982. Interpretation of Interference Tests in Reservoirs with Double Porosity Behavior—Theory and Field Examples [C]. Paper presented at the SPE Annual Technical Conference and Exhibition, New Orleans, Louisiana. doi: https://doi. org/10. 2118/11025 – MS.

Dietz D N, 1965. Determination of Average Reservoir Pressure from Build – Up Surveys [J]. J. Pet. Technol., 17: 955 – 959. doi: https://doi. org/10. 2118/1156 – PA.

Dominique Bourdet, 2002. Well Test Analysis: The Use of Advanced Interpretation Models [M]. Elsevier.

Du, Kuifu, 2008. The Determination of Tested Drainage Area and Reservoir Characterisation from Entire Well – Test History By Deconvolution and Conventional Pressure – Transient Analysis Techniques [C]. Paper presented at the SPE Annual Technical Conference and Exhibition, Denver, Colorado, USA. doi: https://doi. org/10. 2118/115720 – MS.

Duong, Anh N., 1990. A Straight – Line Approach to Determine the Distance to Barriers [J]. SPE Prod. Eng, 5: 65 – 69. doi: https://doi. org/10. 2118/17917 – PA.

Earlougher R C, 1971. Estimating Drainage Shapes from Reservoir Limit Tests [J]. J. Pet. Technol., 23: 1266 – 1268. doi: https://doi. org/10. 2118/3357 – PA.

Earlougher R C, 1972. Variable Flow Rate Reservoir Limit Testing (includes associated paper 4262) [J]. J. Pet. Technol., 24: 1423 – 1430. doi: https://doi. org/10. 2118/3892 – PA.

Earlougher R C, 1973. Estimating Errors When Analyzing Two – Rate Flow Tests [J]. J. Pet. Technol., 25: 545 – 547. doi: https://doi. org/10. 2118/4367 – PA.

Earlougher R C, 1977. Advances in Well Test Analysis [M]. SPE.

Ehlig – Economides C A, Joseph J A, Ambrose R W, et al., 1990. A Modern Approach to Reservoir Testing (includes associated papers 22220 and 22327) [J]. J. Pet. Technol., 42: 1554 – 1563. doi: https://doi.org/10.2118/19814 – PA.

Ehlig – Economides C, Michael J E, 1985. Pressure Transient Analysis in an Elongated Linear Flow System [J]. SPE J., 25: 839 – 847. doi: https://doi.org/10.2118/12520 – PA.

Escobar F H, Saavedra N F, Hernández C M. et al., 2004. Pressure and Pressure Derivative Analysis for Linear Homogeneous Reservoirs without using Type – Curve Matching [C]. Paper presented at the Nigeria Annual International Conference and Exhibition, Abuja, Nigeria. doi: https://doi.org/10.21.

Escobar F H, Montelegre M M, 2007. Conventional Analysis for the Determination of the Horizontal Permeability from the Elliptical Flow of Horizontal Wells [C]. Paper presented at the Production and Operations Symposium, Oklahoma City, Oklahoma, U. S. A.. doi: https://doi.org/10.2118/105928 – MS.

Escobar F H, Tiab D, Jokhio S A, 2003. Characterization of Leaky Boundaries Using Transient Pressure Analysis [J]. Paper presented at the SPE Production and Operations Symposium, Oklahoma City, Oklahoma. doi: https://doi.org/10.2118/80908 – MS.

Escobar F H, Tiab D, Sergio B C, 2003. Well Pressure Behavior of a Finite – Conductivity Fracture Intersecting a Finite Sealing – Fault [C]. Paper presented at the SPE Asia Pacific Oil and Gas Conference and Exhibition, Jakarta, Indonesia. doi: https://doi.org/10.2118/80547 – MS.

Escobar F H, Tiab D, Sarfraz A J, 2001. Pressure Analysis for a Well Intersected by a Hydraulic Fracture with Multiple Segments [C]. Paper presented at the SPE Rocky Mountain Petroleum Technology Conference, Keystone, Colorado. doi: https://doi.org/10.2118/71035 – MS.

Fair W B, 1981. Pressure Buildup Analysis with Wellbore Phase Redistribution [J]. SPE J., 21: 259 – 270. doi: https://doi.org/10.2118/8206 – PA.

Fair W, 1996. Generalization of Wellbore Effects in Pressure – Transient Analysis [J]. SPE Form Eval., 11: 114 – 119. doi: https://doi.org/10.2118/24715 – PA.

Feng W C, Nurafza P, Al – Shamma B, et al., 2015. Bilinear Flow in Horizontal Wells in a Homogeneous Reservoir: Huntington Case Study [C]. Paper presented at the EUROPEC 2015, Madrid, Spain. doi: https://doi.org/10.2118/174325 – MS.

Fetkovich M J, Vienot M E, 1984. Rate Normalization of Buildup Pressure by using Afterflow Data [J]. J. Pet. Technol., 36: 2211 – 2224. doi: https://doi.org/10.2118/12179 – PA.

Foster G A, 2000. Insight into "Agarwal Equivalent Draw – down Time" [C]. Paper presented at the SPE/CERI Gas Technology Symposium, Calgary, Alberta, Canada. doi: https://doi.org/10.2118/59741 – MS.

Fraim M L, Wattenbarger R A, 1987. Gas Reservoir Decline – Curve Analysis using type Curves with Real Gas Pseudopressure and Normalized Time [J]. SPE Form Eval., 2: 671 – 682. doi: https://doi.org/10.2118/14238 – PA.

Franco F, Rincon A, Marcos U, 2018. Alternative Method for Pressure Transient Analysis [C]. Paper presented at the Abu Dhabi International Petroleum Exhibition & Conference, Abu Dhabi, UAE. doi: https://doi.org/10.2118/193261 – MS.

Gao Cheng Tai, Deans H A, 1988. Pressure Transients and Crossflow Caused by Diffusivities in Multilayer Reservoirs [J]. SPE Form Eval. , 3: 438 – 448. doi: https: //doi. org/10. 2118/11966 – PA.

Gardner D C, Hager C J, Agarwal R G, 2000. Incorporating Rate – Time Superposition in to Decline Type Curve Analysis [C]. Paper presented at the SPE Rocky Mountain Regional/Low – Permeability Reservoirs Symposium and Exhibition, Denver, Colorado. doi: https: //doi. org/10. 2118/62475 – MS.

George Stewart, 2011. Well Test Design and Analysis [M]. PennWell Corporation.

George Stewart, 2012. Wireline Formation Testing and Well Deliverability [M]. PennWell Corporation.

Gray K E, 1965. Approximating Well – to – Fault Distance from Pressure Build – Up Tests [J]. J. Pet. Technol. , 17: 761 – 767. doi: https: //doi. org/10. 2118/968 – PA.

Gringarten A C, 1986. Computer – Aided Well Test Analysis [C]. Paper presented at the International Meeting on Petroleum Engineering, Beijing, China, March 1986. doi: https: //doi. org/10. 2118/14099 – MS.

Gringarten A C, Bourdet D P, Landel P A, et al. , 1979. A Comparison Between Different Skin and Wellbore Storage Type – Curves For Early – Time Transient Analysis [C]. Paper presented at the SPE Annual Technical Conference and Exhibition, Las Vegas, Nevada. doi: https: //doi. org/10. 2118/8205 – MS.

Gringarten A C, Bozorgzadeh M, Daungkaew S, et al. , 2006. Well Test Analysis in Lean Gas Condensate Reservoirs: Theory and Practice [C]. Paper presented at the SPE Russian Oil and Gas Technical Conference and Exhibition, Moscow, Russia. doi: https: //doi. org/10. 2118/100993 – MS.

Gringarten A C, Burgess T M, Viturat D, et al. , 1981. Evaluating Fissured Formation Geometry from Well Test Data: a Field Example [C]. Paper presented at the SPE Annual Technical Conference and Exhibition, San Antonio, Texas. doi: https: //doi. org/10. 2118/10182 – MS.

Gringarten A C, Ramey H J, Raghavan R, 1972. Pressure Analysis for Fractured Wells [C]. Paper presented at the Fall Meeting of the Society of Petroleum Engineers of AIME, San Antonio, Texas. doi: https: //doi. org/10. 2118/4051 – MS.

Gringarten A C, Ramey H J, Raghavan R, 1974. Unsteady – State Pressure Distributions Created by a Well with a Single Infinite – Conductivity Vertical Fracture [J]. SPE J. , 14: 347 – 360. doi: https: //doi. org/10. 2118/4051 – PA.

Gringarten A C, Ramey H J, Raghavan R, 1975. Applied Pressure Analysis for Fractured Wells [J]. J. Pet. Technol. , 27: 887 – 892. doi: https: //doi. org/10. 2118/5496 – PA.

Gringarten A C, Ramey H J, 1973. The Use of Source and Green's Functions in Solving Unsteady – Flow Problems in Reservoirs [J]. SPE J. , 13: 285 – 296. doi: https: //doi. org/10. 2118/3818 – PA.

Gringarten A C, Ramey H J, 1974. Unsteady – State Pressure Distributions Created by a Well with a Single Horizontal Fracture, Partial Penetration, or Restricted Entry [J]. SPE J. , 14: 413 – 426. doi: https: //doi. org/10. 2118/3819 – PA.

Gringarten A C, 1978. Reservoir Limit Testing for Fractured Wells [C]. Paper presented at the SPE Annual Fall Technical Conference and Exhibition, Houston, Texas. doi: https: //doi. org/10. 2118/7452 – MS.

Gringarten A C, 1984. Interpretation of Tests in Fissured and Multilayered Reservoirs with Double – Porosity

Behavior: Theory and Practice [J]. J. Pet. Technol., 36: 549 – 564. doi: https://doi.org/10.2118/10044 – PA.

Gringarten A C, 1987. How To Recognize "Double – Porosity" Systems From Well Tests [J]. J. Pet. Technol., 39: 631 – 633. doi: https://doi.org/10.2118/16437 – PA.

Gringarten A C, 1987. Type – Curve Analysis: What It Can and Cannot Do [J]. J. Pet. Technol., 39: 11 – 13. doi: https://doi.org/10.2118/16388 – PA.

Gringarten A C, 2008. From Straight Lines to Deconvolution: The Evolution of the State of the Art in Well Test Analysis [J]. SPE Res. Eval. & Eng., 11: 41 – 62. doi: https://doi.org/10.2118/102079 – PA.

Gringarten A C, 2010. Practical Use of Well Test Deconvolution [C]. Paper presented at the SPE Annual Technical Conference and Exhibition, Florence, Italy. doi: https://doi.org/10.2118/134534 – MS.

Gringarten A C, 2012. Well Test Analysis in Practice [J]. The Way Ahead, 08: 10 – 14. doi: https://doi.org/10.2118/0212 – 010 – TWA.

Gringarten A C, 2022. A Brief Summary of Seventy Years of Well Test Analysis [C]. Paper presented at the SPE EuropEC – Europe Energy Conference featured at the 83rd EAGE Annual Conference & Exhibition, Madrid, Spain. doi: https://doi.org/10.2118/209629 – MS.

Gringarten, A C, Ramey H J, 1975. An Approximate Infinite Conductivity Solution for a Partially Penetrating Line – Source Well [J]. SPE J., 15: 140 – 148. doi: https://doi.org/10.2118/4733 – PA.

Hawkins M F, 1956. A Note on the Skin Effect [J]. J. Pet. Technol., 8: 65 – 66. doi: https://doi.org/10.2118/732 – G.

Hegeman P S, Hallford D L, Jeffrey A J, 1993. Well – Test Analysis with Changing Wellbore Storage [J]. SPE Form Eval., 8: 201 – 207. doi: https://doi.org/10.2118/21829 – PA.

Horne R N, 1990. Modern Well Test Analysis: A Computer – Aided Approach [M]. Petroway, Inc.

Horner D R, 1951. Pressure Build – Up in Wells [C]. Proc., Third World Petroleum Congress, Leiden, The Netherlands, Section II, Preprint7, 25 – 43.

Iraj E, Woodbury J J, 1985. Examples of Pitfalls in Well Test Analysis [J]. J. Pet. Technol., 37: 335 – 341. doi: https://doi.org/10.2118/12305 – PA.

Issaka M B, Ambastha A K, 1999. A Generalized Pressure Derivative Analysis for Composite Reservoirs [J]. J. Can. Pet. Technol., 38: No Pagination Specified. doi: https://doi.org/10.2118/99 – 13 – 57.

Jaffrezic V, Razminia K, Cumming J, et al., 2019. Application of Constrained Multiwell Deconvolution to Interfering Wells in Gas Reservoirs with Significant Pressure Depletion [C]. Paper presented at the SPE Annual Technical Conference and Exhibition, Calgary, Alberta, Canada. doi: https://doi.org/10.2118/195904 – MS.

Jaffrezic V, Razminia K, Cumming J, et al., 2019. Field Applications of Constrained Multiwell Deconvolution [C]. Paper presented at the SPE Europec featured at 81st EAGE Conference and Exhibition, London, England, UK. doi: https://doi.org/10.2118/195516 – MS.

Jokhio S A, Tiab D, Abdessalam H, et al., 2001. Pressure Fall – off Analysis in Water Injection Wells using the Tiab's Direct Synthesis Technique [C]. Paper presented at the SPE Permian Basin Oil and Gas Recovery Conference, Midland, Texas. doi: https://doi.org/10.2118/70035-MS.

Jones P J, 1956. Reservoir Limited Test [J]. Oil and Gas, 6: 184-196.

Jones P J, 1962. Formation Evaluation by The Reservoir Limit Test [C]. Paper presented at the Rocky Mountain Joint Regional Meeting, Billings, Montana. doi: https://doi.org/10.2118/385-MS.

Jones P, 1962. Reservoir Limit Test on Gas Wells [J]. J. Pet. Technol., 14: 613-619. doi: https://doi.org/10.2118/24-PA.

Kazemi H, 1974. Determining Average Reservoir Pressure from Pressure Buildup Tests [J]. SPE J., 14: 55-62. doi: https://doi.org/10.2118/4052-PA.

Kgogo T C, Gringarten A C, 2010. Comparative Well-Test Behaviours in Low-Permeability Lean, Medium-Rich, and Rich Gas-Condensate Reservoirs [C]. Paper presented at the SPE Annual Technical Conference and Exhibition, Florence, Italy. doi: https://doi.org/10.2118/134452-MS.

Kucuk F, Ayestaran L, 1985. Analysis of Simultaneously Measured Pressure and Sandface Flow Rate in Transient Well Testing (includes associated papers 13937 and 14693) [J]. J. Pet. Technol., 37: 323-334. doi: https://doi.org/10.2118/12177-PA.

Lane H S, Lee W J, Watson A T, 1991. An Algorithm for Determining Smooth, Continuous Pressure Derivatives From Well-Test Data [J]. SPE Form Eval., 6: 493-499. doi: https://doi.org/10.2118/20112-PA.

Larsen L, Knut K, 1990. Variable-Skin and Cleanup Effects in Well-Test Data [J]. SPE Form Eval., 5: 272-276. doi: https://doi.org/10.2118/15581-PA.

Larsen L, 1983. Limitations on the Use of Single- and Multiple-Rate Horner, Miller-Dyes-Hutchinson, and Matthews-Brons-Hazebroek Analysis [C]. Paper presented at the SPE Annual Technical Conference and Exhibition, San Francisco, California. doi: https://doi.org/10.2118/12135-MS.

Lee W J, 1982. Well Testing [M]. SPE.

Lee W J, Stephen A H, 1982. Application of Pseudotime to Buildup Test Analysis of Low-Permeability Gas Wells With Long-Duration Wellbore Storage Distortion [J]. J. Pet. Technol., 34: 2877-2887. doi: https://doi.org/10.2118/9888-PA.

Lee W J, 2003. Pressure Transient Testing [M]. SPE.

Levitan M M, Crawford G E, 2002. General Heterogeneous Radial and Linear Models for Well-Test Analysis [J]. SPE J., 7: 131-138. doi: https://doi.org/10.2118/78598-PA.

Levitan M M, 2003. Practical Application of Pressure-Rate Deconvolution to Analysis of Real Well Tests [C]. Paper presented at the SPE Annual Technical Conference and Exhibition, Denver, Colorado. doi: https://doi.org/10.2118/84290-MS.

Lu Jing, Zhu Tao, Tiab D, 2009. Pressure Behavior of Horizontal Wells in Dual-Porosity, Dual-Permeability Naturally Fractured Reservoirs [C]. Paper presented at the SPE Middle East Oil and Gas Show and Conference, Manama, Bahrain. doi: https://doi.org/10.2118/120103-MS.

Macualo F H H E, Alzate H D, Moreno – Collazos L, 2014. Effect of Extending the Radial Superposition Function to Other Flow Regimes [C]. Paper presented at the SPE Latin America and Caribbean Petroleum Engineering Conference, Maracaibo, Venezuela. doi: https://doi.org/10.2118/169473 – MS.

Madahar A, Stewart G, Gringarten A C, 2009. Effect of Material Balance on Well Test Analysis [C]. Paper presented at the SPE Annual Technical Conference and Exhibition, New Orleans, Louisiana. doi: https://doi.org/10.2118/124524 – MS.

Mattar L, Santo M, 1992. How Wellbore Dynamics Affect Pressure Transient Analysis [J]. J. Can. Pet. Technol., 31: No Pagination Specified. doi: https://doi.org/10.2118/92 – 02 – 03.

Mattar L, 1996. Critical Evaluation and Processing of Data Before Pressure – Transient Analysis [J]. SPE Form Eval., 11: 120 – 127. doi: https://doi.org/10.2118/24729 – PA.

Mattar L, Zaoral K, 1992. The Primary Pressure Derivative (PPD) A New Diagnostic Tool in Well Test Interpretation [J]. J. Can. Pet. Technol., 31: No Pagination Specified. doi: https://doi.org/10.2118/92 – 04 – 06.

Matthews C S, Brons F, Hazebroek P, 1954. A Method for Determination of Average Pressure in a Bounded Reservoir [J]. Trans., 201: 182 – 191. doi: https://doi.org/10.2118/296 – G.

Matthews C S, Donald G, Russell, 1967. Pressure Buildup and Flow Tests in Wells [M]. SPE.

Matthews C S, 1986. When Is a Reservoir Limit Test Applicable? [J]. J. Pet. Technol., 38: 1293 – 1294. doi: https://doi.org/10.2118/16319 – PA.

Matthies E P, 1964. Practical Application of Interference Tests [J]. J. Pet. Technol., 16: 249 – 252. doi: https://doi.org/10.2118/627 – PA.

McKinley R M, 1971. Wellbore Transmissibility from Afterflow – Dominated Pressure Buildup Data [J]. J. Pet. Technol., 23: 863 – 872. doi: https://doi.org/10.2118/2416 – PA.

McKinley R M, Vela S, Carlton L A, 1968. A Field Application of Pulse – Testing for Detailed Reservoir Description [J]. J. Pet. Technol., 20: 313 – 321. doi: https://doi.org/10.2118/1822 – PA.

Medhat M K, 2009. Transient Well Testing [M]. SPE.

Merrill L S, Kazemi H, Barney Gogarty W, 1974. Pressure Falloff Analysis in Reservoirs with Fluid Banks [J]. J. Pet. Technol., 26: 809 – 818. doi: https://doi.org/10.2118/4528 – PA.

Merzouk K, Tiab D, Freddy H E, 2002. Multirate Test in Horizontal Wells [C]. Paper presented at the SPE Asia Pacific Oil and Gas Conference and Exhibition, Melbourne, Australia. doi: https://doi.org/10.2118/77951 – MS.

Meunier D F, Kabir C S, Wittmann M J, 1984. Gas Well Test Analysis: Use of Normalized Pressure and Time Functions [C]. Paper presented at the SPE Annual Technical Conference and Exhibition, Houston, Texas. doi: https://doi.org/10.2118/13082 – MS.

Meyer B R, Jacot R H, 2005. Pseudosteady – State Analysis of Finite Conductivity Vertical Fractures [C]. Paper presented at the SPE Annual Technical Conference and Exhibition, Dallas, Texas. doi: https://doi.org/10.2118/95941 – MS.

Mijinyawa A, Gringarten A C, 2008. Influence of Geological Features on Well Test Behavior [C]. Paper presented at the Europec/EAGE Conference and Exhibition, Rome, Italy. doi: https://doi.org/10.2118/113877-MS.

Miller C C, Dyes A B, Hutchinson C A, 1950. The Estimation of Permeability and Reservoir Pressure from Bottom Hole Pressure Build-Up Characteristics [J]. J. Pet. Technol., 2: 91-104. doi: https://doi.org/10.2118/950091-G.

Mongi A, Tiab D, 2000. Application of Tiab's Direct Synthesis Technique to Multi-Rate Tests [C]. Paper presented at the SPE/AAPG Western Regional Meeting, Long Beach, California. doi: https://doi.org/10.2118/62607-MS.

Moran J H, Finklea E E, 1962. Theoretical Analysis of Pressure Phenomena Associated with the Wireline Formation Tester [J]. J. Pet. Technol., 14: 899-908. doi: https://doi.org/10.2118/177-PA.

Morris Muskat, 1934. The Flow of Compressible Fluids Through Porous Media and Some Problems in Heat Conduction [J]. Physics 1 March, 5: 71-94. https://doi.org/10.1063/1.1745233.

Moser H, 1985. Practical Considerations When Reservoir Boundaries Are Encountered during Well Testing [C]. Paper presented at the SPE Annual Technical Conference and Exhibition, Las Vegas, Nevada. doi: https://doi.org/10.2118/14313-MS.

Mukanov A, Kassenov D, Aimurat K, 2020. Pressure Transient Analysis: Insight from Industry [C]. Paper presented at the SPE Annual Caspian Technical Conference, Virtual. doi: https://doi.org/10.2118/202568-MS.

Muskat M, 1937. Use of Data Oil the Build-up of Bottom-hole Pressures [J]. Trans., 123: 44-48. doi: https://doi.org/10.2118/937044-G.

Muskat M, 1940. Principles of Well Spacing [J]. Trans., 136: 37-56. doi: https://doi.org/10.2118/940037-G.

Nashawi I S, 2003. Pressure Transient Analysis for Wells with Variable Sandface Flow Rate [J]. J. Can. Pet. Technol., 42: No Pagination Specified. doi: https://doi.org/10.2118/03-07-04.

Nunez W, Tiab D, Freddy H E, 2003. Transient Pressure Analysis for a Vertical Gas Well Intersected by a Finite-Conductivity Fracture [C]. Paper presented at the SPE Production and Operations Symposium, Oklahoma City, Oklahoma. doi: https://doi.org/10.2118/80915-MS.

Nyame M, Dankwa O K, 2013. Estimating Reservoir Parameters using Thermal Transient Testing (TDS Technique) [C]. Paper presented at the SPE Nigeria Annual International Conference and Exhibition, Lagos, Nigeria. doi: https://doi.org/10.2118/167574-MS.

Odeh A S, 1969. Flow Test Analysis for a Well with Radial Discontinuity [J]. J. Pet. Technol., 21: 207-210. doi: https://doi.org/10.2118/2157-PA.

Ogunrewo O, Gringarten A C, 2013. Deconvolution of Well Test Data in Lean and Rich Gas Condensate, and Volatile Oil Wells below Saturation Pressure [C]. Paper presented at the SPE Annual Technical Conference and Exhibition, New Orleans, Louisiana, USA. doi: https://doi.org/10.2118/166340-MS.

Olivier Houzé, 2024. Dynamic Data Analysis Pressure Derivative [M]. KAPPA.

Onur M, Yeh N, Reynolds A C, 1989. New Applications of the Pressure Derivative in Well-Test Analysis [J]. SPE Form. Eval., 4: 429-437. doi: https://doi.org/10.2118/16810-PA.

Osman Y, Retnanto A, Samir M, et al., 2017. Enhancing Pressure Transient Analysis through the Application of Deconvolution Methods, Case Study [C]. Paper presented at the SPE Middle East Oil & Gas Show and Conference, Manama, Kingdom of Bahrain. doi: https://doi.org/10.2118/184022-MS.

Pinson A E, 1972. Conveniences in Analyzing Two-Rate Flow Tests [J]. J. Pet. Technol., 24: 1139-1141. doi: https://doi.org/10.2118/4145-PA.

Raghavan R, 1980. The Effect of Producing Time on Type Curve Analysis [J]. J. Pet. Technol., 32: 1053-1064. doi: https://doi.org/10.2118/6997-PA.

Rajagopal Raghavan, 1993. Well Test Analysis [M]. Prentice Hall.

Ramey H J, Agarwal R G, 1972. Annulus Unloading Rates as Influenced by Wellbore Storage and Skin Effect [J]. SPE J., 12: 453-462. doi: https://doi.org/10.2118/3538-PA.

Ramey H J, 1992. Advances in Practical Well-Test Analysis (includes associated paper 26134) [J]. J. Pet. Technol., 44: 650-659. doi: https://doi.org/10.2118/20592-PA.

Rawlins E L. Schellhardt, 1935. Back Pressure Data on Natural Gas Wells and Their Application to Production Practices [M]. Bureau of Mines, Bartlesville, Okla. (USA).

Rbeawi S J H A, Tiab D, 2013. Partially Penetrating Hydraulic Fractures: Pressure Responses and Flow Dynamics [C]. Paper presented at the SPE Production and Operations Symposium, Oklahoma City, Oklahoma, USA. doi: https://doi.org/10.2118/164500-MS.

Rbeawi S J H A, Tiab D, 2012. The Impact of Sand and Asphaltic Production Problems on Pressure Behavior and Flow Regimes [C]. Paper presented at the SPE Kuwait International Petroleum Conference and Exhibition, Kuwait City, Kuwait. doi: https://doi.org/10.2118/163281-MS.

Russell D G, 1963. Determination of Formation Characteristics from Two-Rate Flow Tests [J]. J. Pet. Technol., 15: 1347-1355. doi: https://doi.org/10.2118/645-PA.

Russell D G, Truitt N E, 1964. Transient Pressure Behavior in Vertically Fractured Reservoirs [J]. J. Pet. Technol., 16: 1159-1170. doi: https://doi.org/10.2118/967-PA.

Sabet M A, 1991. Well Test Analysis [M]. Gulf Publishing Company.

Sanni M, Gringarten A C, 2008. Well Test Analysis in Volatile Oil Reservoirs [C]. Paper presented at the SPE Annual Technical Conference and Exhibition, Denver, Colorado, USA. doi: https://doi.org/10.2118/116239-MS.

Schroeter T v, Hollaender F, Gringarten A C, 2004. Deconvolution of Well-Test Data as a Nonlinear Total Least-Squares Problem [J]. SPE J., 9: 375-390. doi: https://doi.org/10.2118/77688-PA.

Schroeter T, Gringarten A C, 2009. Superposition Principle and Reciprocity for Pressure Transient Analysis of Data from Interfering Wells [J]. SPE J., 14: 488-495. doi: https://doi.org/10.2118/110465-PA.

Schroeter T, Hollaender F, Gringarten A C, 2001. Deconvolution of Well Test Data as a Nonlinear Total Least

Squares Problem [C]. Paper presented at the SPE Annual Technical Conference and Exhibition, New Orleans, Louisiana. doi: https://doi.org/10.2118/71574-MS.

Singh P, Agarwal R G, 1990. Two-Step Rate Test: New Procedure for Determining Formation Parting Pressure [J]. J. Pet. Technol., 42: 84-90. doi: https://doi.org/10.2118/18141-PA.

Slider H C, 1976. Worldwide Practical Petroleum Reservoir Engineering Methods [M]. Petroleum Publishing Co., Tulsa, OK.

Slimani K, Tiab D, 2008. Pressure Transient Analysis of Partially Penetrating Wells in a Naturally Fractured Reservoir [J]. J. Can. Pet. Technol., 47: No Pagination Specified. doi: https://doi.org/10.2118/08-05-63.

Sousa B R, Moreno R B, 2015. Transition Radial Flow in Slanted Well Test Analysis [C]. Paper presented at the SPE Latin American and Caribbean Petroleum Engineering Conference, Quito, Ecuador. doi: https://doi.org/10.2118/177034-MS.

Spivey J P, Lee W J, 2013. Applied Well Test Interpretation [M]. SPE.

Spivey J P, Lee W J, Hafiz M S, 2020. Transient Volume of Investigation: Definition, Theory, and Applications [C]. Paper presented at the SPE Annual Technical Conference and Exhibition, Virtual. doi: https://doi.org/10.2118/201414-MS.

Spivey J P, Lee W J, 1999. Variable Wellbore Storage Models for a Dual-Volume Wellbore [C]. Paper presented at the SPE Annual Technical Conference and Exhibition, Houston, Texas. doi: https://doi.org/10.2118/56615-MS.

Strobel C J, Gulati M S, Ramey H J, 1976. Reservoir Limit Tests in a Naturally Fractured Reservoir - A Field Case Study using Type Curves [J]. J. Pet. Technol., 28: 1097-1106. doi: https://doi.org/10.2118/5596-PA.

Sulaimon A A, Omole O, 2004. Analysis of Multi-Rate Test Data Distorted by Wellbore Storage [C]. Paper presented at the Nigeria Annual International Conference and Exhibition, Abuja, Nigeria. doi: https://doi.org/10.2118/88875-MS.

Suzuki I, Masahiko N, 2010. Pressure Transient Analysis with a Dual Changing Wellbore Storage Model [C]. Paper presented at the International Oil and Gas Conference and Exhibition in China, Beijing, China. doi: https://doi.org/10.2118/130977-MS.

Swift S C, 1988. Application of Equivalent Drawdown Time in Well Testing [C]. Paper presented at the SPE Rocky Mountain Regional Meeting, Casper, Wyoming. doi: https://doi.org/10.2118/17547-MS.

Tauqeer M, Arshad S, Ahmed Z, et al., 2017. A Review Paper on the Application of Deconvolution Technique in Well Test Analysis: Tal Block Pakistan Case Study [C]. Paper presented at the SPE/PAPG Pakistan Section Annual Technical Conference and Exhibition, Islamabad, Pakistan. doi: https://doi.org/10.2118/191279-MS.

Theis C V, 1935. The Relation Between the Lowering of the Piezometric Surface and the Rate and Duration of Discharge of a Well Using Ground Water Storage [J]. Trans. Am. Geophys. Union Part 2, (16): 519-

524. doi: https://doi.org/10.1029/TR016i002p00519.

Thomas W E, Tiab D, 1996. Interpretation of Pressure Tests in Naturally Fractured Reservoirs without Type Curve Matching [C]. Paper presented at the Permian Basin Oil and Gas Recovery Conference, Midland, Texas. doi: https://doi.org/10.2118/35163-MS.

Thomas W, 2018. Influence of Discrete Fracture Network Geometry on Well Test Behavior [C]. Paper presented at the 2nd International Discrete Fracture Network Engineering Conference, Seattle, Washington, USA.

Thornton E J, Mazloom J, CNOOC, et al., 2015. Application of Multiple Well Deconvolution Method in a North Sea Field [C]. Paper presented at the EUROPEC 2015, Madrid, Spain. doi: https://doi.org/10.2118/174353-MS.

Tiab D, 2024. Pressure Transient Analysis [M]. Elsevier.

Tiab D, Anil K, 1980. Application of the p'D Function to Interference Analysis [J]. J. Pet. Technol., 32: 1465-1470. doi: https://doi.org/10.2118/6053-PA.

Tiab D, Anil K, 1980. Detection and Location of Two Parallel Sealing Faults Around a Well [J]. J. Pet. Technol., 32: 1701-1708. doi: https://doi.org/10.2118/6056-PA.

Tiab D, Azzougen A, Escobar F H, et al., 1999. Analysis of Pressure Derivative Data of Finite-Conductivity Fractures by the "Direct Synthesis" Technique [J]. Paper presented at the SPE Mid-Continent Operations Symposium, Oklahoma City, Oklahoma. doi: https://doi.org/10.2118/52201-MS.

Tiab D, Crichlow H B, 1979. Pressure Analysis of Multiple-Sealing-Fault Systems and Bounded Reservoirs by Type-Curve Matching [J]. SPE J., 19: 378-392. doi: https://doi.org/10.2118/6755-PA.

Tiab D, Djilali B, 2004. Multi-Rate Testing for Vertical Wells in Naturally Fractured Reservoirs [C]. Paper presented at the SPE Asia Pacific Oil and Gas Conference and Exhibition, Perth, Australia. doi: https://doi.org/10.2118/88558-MS.

Tiab D, Puthigai S K, 1988. Pressure-Derivative Type Curves, for Vertically Fractured Wells [J]. SPE Form Eval., 3: 156-158. doi: https://doi.org/10.2118/11028-PA.

Tiab D, Youcef B, 2007. Practical Interpretation of Pressure Tests of Hydraulically Fractured Wells in a Naturally Fractured Reservoir [C]. Paper presented at the Latin American & Caribbean Petroleum Engineering Conference, Buenos Aires, Argentina. doi: https://doi.org/10.2118/107013-MS.

Tiab D, 1993. Analysis of Pressure and Pressure Derivative without Type-Curve Matching - III. Vertically Fractured Wells in Closed Systems [C]. Paper presented at the SPE Western Regional Meeting, Anchorage, Alaska. doi: https://doi.org/10.2118/26138-MS.

Tiab D, 1993. Analysis of Pressure and Pressure Derivatives without Type-Curve Matching: I—Skin and Wellbore Storage [C]. Paper presented at the SPE Production Operations Symposium, Oklahoma City, Oklahoma. doi: https://doi.org/10.2118/25426-MS.

Uraiet A A, Raghavan Rajagopal, 1980. Pressure Buildup Analysis for a Well Produced at Constant Bottomhole Pressure [J]. J. Pet. Technol., 32: 1813-1824. doi: https://doi.org/10.2118/7984-PA.

Valentin I, Tiab D, 1999. New Method of Analyzing the Pressure behavior of a Well Near Multiple Boundary

Systems [C]. Paper presented at the Latin American and Caribbean Petroleum Engineering Conference, Caracas, Venezuela. doi: https://doi.org/10.2118/53933-MS.

Van Everdingen A F, Hurst W, 1949. The Application of the Laplace Transformation to Flow Problems in Reservoirs [J]. J. Pet. Technol., 1: 305-324. doi: https://doi.org/10.2118/949305-G.

Van Everdingen A F, 1953. The Skin Effect and Its Influence on the Productive Capacity of a Well [J]. J. Pet. Technol., 5: 171-176. doi: https://doi.org/10.2118/203-G.

Walsh J L, Gringarten A C, 2016. Catalogue of Well Test Responses in a Fluvial Reservoir System [C]. Paper presented at the SPE Europec featured at 78th EAGE Conference and Exhibition, Vienna, Austria. doi: https://doi.org/10.2118/180181-MS.

Wattenbarger R A, Ramey H J, 1968. Gas Well Testing with Turbulence, Damage and Wellbore Storage [J]. J. Pet. Technol., 20: 877-887. doi: https://doi.org/10.2118/1835-PA.

Whittle T, Jiang H, Young S, et al., 2009. Well Production Forecasting by Extrapolation of the Deconvolution of Well Test Pressure Transients [C]. Paper presented at the EUROPEC/EAGE Conference and Exhibition, Amsterdam, The Netherlands. doi: https://doi.org/10.2118/122299-MS.

Whittle T, Gringarten A, 2008. The Determination of Minimum Tested Volume from the Deconvolution of Well Test Pressure Transients [C]. Paper presented at the SPE Annual Technical Conference and Exhibition, Denver, Colorado, USA. doi: https://doi.org/10.2118/116575-MS.

Winestock A G, Colpitts G P, 1965. Advances in Estimating Gas Well Deliverability [J]. J. Can. Pet. Technol., 4: 111-119. doi: https://doi.org/10.2118/65-03-01.

Wong D W, Harrington A G, Cinco-Ley H, 1986. Application of the Pressure-Derivative Function in the Pressure-Transient Testing of Fractured Wells [J]. SPE Form Eval., 1: 470-480. doi: https://doi.org/10.2118/13056-PA.

Wong D W, Mothersele C D, Harrington A G, et al, 1986. Pressure Transient Analysis in Finite Linear Reservoirs Using Derivative and Conventional Techniques: Field Examples [C]. Paper presented at the SPE Annual Technical Conference and Exhibition, New Orleans, Louisiana. doi: https://doi.org/10.2118/15421-MS.

Yeh N S, Agarwal R G, 1989. Pressure Transient Analysis of Injection Wells in Reservoirs with Multiple Fluid Banks [C]. Paper presented at the SPE Annual Technical Conference and Exhibition, San Antonio, Texas. doi: https://doi.org/10.2118/19775-MS.

Zerzar A, Tiab D, Bettam Y, 2004. Interpretation of Multiple Hydraulically Fractured Horizontal Wells [C]. Paper presented at the Abu Dhabi International Conference and Exhibition, Abu Dhabi, United Arab Emirates. doi: https://doi.org/10.2118/88707-MS.

Zheng S Y, Wang F, 2009. Multi-Well Deconvolution Algorithm for the Diagnostic, Analysis of Transient Pressure with Interference from Permanent Down-hole Gauges (PDG) [C]. Paper presented at the EUROPEC/EAGE Conference and Exhibition, Amsterdam, The Netherlands. doi: https://doi.org/10.2118/121949-MS.

Zhuang Huinong, 1984. Interference Testing and Pulse Testing in the Kenli Carbonate Oil Pool − − A Case History [J]. J. Pet. Technol. , 36: 1009 − 1017. doi: https: //doi. org/10. 2118/10581 − PA.

Zhuang Huinong, Liu Nengqiang, 1995. Application of Pressure Transient Test Normalized Graph Analysis in China's Oilfields [C]. Paper presented at the International Meeting on Petroleum Engineering, Beijing, China. doi: https: //doi. org/10. 2118/30003 − MS.

附录1　SI 单位与其他单位的换算

（一）长度

项目	km	m	cm	mile	ft	in
1km	1	10^3	10^5	0.6214	3280.84	39370.08
1m	10^{-3}	1	10^2	6.214×10^{-4}	3.28084	39.37008
1cm	10^{-5}	10^{-2}	1	6.214×10^{-6}	0.0328084	0.393701
1mile	1.60934	1609.34	1.60934×10^5	1	5280	63360
1ft	3.48×10^{-4}	0.3048	30.48	1.839×10^{-4}	1	12
1in	2.54×10^{-5}	0.0254	2.54	1.5783×10^{-5}	0.08333	1

（二）面积

项目	m^2	cm^2	ft^2	in^2
$1m^2$	1	10^4	10.7639	1550
$1cm^2$	10^{-4}	1	1.07639×10^{-3}	0.155
$1ft^2$	0.092903	929.03	1	144
$1in^2$	6.4516×10^{-4}	6.4516	6.9444×10^{-3}	1

（三）体积

项目	m^3	cm^3	ft^3	bbl	L
$1m^3$	1	10^6	35.3147	6.28978	10^3
$1cm^3$	10^{-6}	1	3.53147×10^{-5}	6.28978×10^{-6}	10^{-3}
$1ft^3$	0.0283168	2.83168×10^4	1	0.17811	28.3168
1bbl	0.158988	1.58988×10^5	5.6146	1	158.99
1L	10^{-3}	10^3	3.53147×10^{-2}	6.28978×10^{-3}	1

（四）压力

项目	MPa	kPa	atm	bar	kg/cm^2	psi
1MPa	1	10^3	9.86923	10	10.1972	145.038
1kPa	10^{-3}	1	9.86923×10^{-3}	10^{-2}	0.0101972	0.145038
1atm	0.101325	101.325	1	1.01325	1.03323	14.6959

续表

项目	MPa	kPa	atm	bar	kg/cm²	psi
1bar	10^{-1}	10^2	0.986923	1	1.01972	14.5038
1kg/cm²	0.0980665	98.0665	0.967841	0.980665	1	14.2233
1psi	0.00689476	6.89476	0.068406	0.0689476	0.070307	1

（五）温度

项目	℃	K	°F	°R
1℃	t	$t+273.15$	$1.8t+32$	$1.8t+491.67$
1K	$T-273.15$	T	$1.8T-459.67$	$1.8T$
1°F	$5(f-32)/9$	$5(f+459.67)/9$	f	$f+459.67$
1°R	$5r/9-273.15$	$5r/9$	$r-459.67$	r

（六）油产量

项目	m³/d	cm³/s	bbl/d
1m³/d	1	$10^4/864$	6.28978
1cm³/s	0.0864	1	0.543437
1bbl/d	0.158988	1.84014	1

（七）气产量

项目	10^4m³/d	cm³/s	10^3ft³/d	10^6ft³/d
10^4m³/d	1	$10^8/864$	353.147	0.353147
1cm³/s	864×10^{-8}	1	3.05119×10^{-3}	3.05119×10^{-6}
10^3ft³/d	2.83168×10^{-3}	327.741	1	10^{-3}
10^6ft³/d	2.83168	327741	10^3	1

（八）压缩系数

项目	1/MPa	1/atm	1/(kg/cm²)	1/psi
1/MPa	1	0.101325	0.0980665	0.00689476
1/atm	9.86923	1	0.967841	0.068406
1/(kg/cm²)	10.1972	1.03323	1	0.070307
1/psi	145.038	14.6959	14.2233	1

（九）渗透率

$1\mu m^2 = 10^{-12} m^2 = 10^{-8} cm^2 = 1.01325 D = 1.01325 \times 10^3 mD$

$1mD = 10^{-3} D = 0.98692 \times 10^{-3} \mu m^2 = 9.8692 \times 10^{-16} m^2$

（十）动力黏度

$1\text{mPa} \cdot \text{s} = 10^{-3}\text{Pa} \cdot \text{s} = 10^3 \mu\text{Pa} \cdot \text{s} = 1\text{mPa} \cdot \text{s}$

（十一）地面原油相对密度（γ_o）和°API

$°\text{API} = \dfrac{141.5}{\gamma_o} - 131.5$

$\gamma_o = 141.5/(131.5 + °\text{API})$

（十二）气油比

$1\text{m}^3/\text{m}^3 = 5.615\text{ft}^3/\text{bbl}$

$1\text{ft}^3/\text{bbl} = 0.1781\text{m}^3/\text{m}^3$

附录2 不同单位制下的试井解释常用公式

在第一章第二节已经简单介绍了油藏工程常用物理量量纲和单位,分别见表1-4、表1-5和如图1-20所示,本附录旨在介绍不同单位制下的试井解释常用公式系数。

(一) 无量纲压力

名称	单位制	表达式
无量纲压力	达西单位制	$p_D = \dfrac{2\pi Kh(p_i - p)}{q\mu B} = \dfrac{Kh(p_i - p)}{0.1592q\mu B}$ $p_D = \dfrac{2\pi Kh\Delta p}{q_g T}\left(\dfrac{T_{sc}}{p_{sc}}\right)\left(\dfrac{\bar{p}}{\bar{\mu}Z}\right)$ (气) $p_D = \dfrac{\pi Kh\Delta p^2}{q_g T}\left(\dfrac{T_{sc}}{p_{sc}}\right)\left(\dfrac{1}{\bar{\mu}Z}\right)$ (气) $m_D = \dfrac{\pi Kh\Delta m}{q_{sc}T}\left(\dfrac{T_{sc}}{p_{sc}}\right)$ $p_{pD} = \dfrac{2\pi Kh(p_{pi} - p_p)}{q\mu_{gi}B_{gi}} = \dfrac{Kh(p_{pi} - p_p)}{0.1592q\mu_{gi}B_{gi}}$
	英制	$p_D = \dfrac{Kh(p_i - p)}{141.2q\mu B} = \dfrac{0.00708Kh(p_i - p)}{q\mu B}$ $p_D = \dfrac{Kh\Delta p}{25156q_g T}\left(\dfrac{T_{sc}}{p_{sc}}\right)\left(\dfrac{\bar{p}}{\bar{\mu}Z}\right) = \dfrac{Kh\Delta p}{711q_g T}\left(\dfrac{\bar{p}}{\bar{\mu}Z}\right)$ (气) $p_D = \dfrac{Kh\Delta p^2}{50312q_g T}\left(\dfrac{T_{sc}}{p_{sc}}\right)\left(\dfrac{1}{\bar{\mu}Z}\right) = \dfrac{Kh\Delta p^2}{1422q_g T}\left(\dfrac{1}{\bar{\mu}Z}\right)$ (气) $m_D = \dfrac{Kh\Delta m}{50312q_{sc}T}\left(\dfrac{T_{sc}}{p_{sc}}\right) = \dfrac{Kh\Delta m}{1422q_{sc}T}$ $p_{pD} = \dfrac{Kh(p_{pi} - p_p)}{141.2q\mu_{gi}B_{gi}} = \dfrac{0.00708Kh(p_{pi} - p_p)}{q\mu_{gi}B_{gi}}$
	SI 单位制	$p_D = \dfrac{0.5428Kh(p_i - p)}{q\mu B} = \dfrac{Kh(p_i - p)}{1.842q\mu B}$ $p_D = \dfrac{0.5428Kh\Delta p}{q_g T}\left(\dfrac{T_{sc}}{p_{sc}}\right)\left(\dfrac{\bar{p}}{\bar{\mu}Z}\right) = \dfrac{1570Kh\Delta p}{q_g T}\left(\dfrac{\bar{p}}{\bar{\mu}Z}\right)$ (气) $p_D = \dfrac{0.2714Kh\Delta p^2}{q_g T}\left(\dfrac{T_{sc}}{p_{sc}}\right)\left(\dfrac{1}{\bar{\mu}Z}\right) = \dfrac{785.3Kh\Delta p^2}{q_g T}\left(\dfrac{1}{\bar{\mu}Z}\right)$ (气) $m_D = \dfrac{Kh\Delta m}{36831q_{sc}T}\left(\dfrac{T_{sc}}{p_{sc}}\right) = \dfrac{Kh\Delta m}{12.74q_{sc}T}$ $p_{pD} = \dfrac{0.5428Kh(p_{pi} - p_p)}{q\mu_{gi}B_{gi}} = \dfrac{Kh(p_{pi} - p_p)}{1.842q\mu_{gi}B_{gi}}$

（二）无量纲时间

名称	单位制	表达式
无量纲时间	达西单位制	$t_D = \dfrac{Kt}{\phi \mu C_t r_w^2}$
	英制	$t_D = \dfrac{2.637 \times 10^{-4} Kt}{\phi \mu C_t r_w^2}$
	SI 单位制	$t_D = \dfrac{3.6 \times 10^{-3} Kt}{\phi \mu C_t r_w^2}$

（三）无量纲井筒储存系数

名称	单位制	表达式
无量纲井筒储存系数	达西单位制	$C_D = \dfrac{C}{2\pi \phi C_t h r_w^2}$
	英制	$C_D = \dfrac{0.8936 C}{\phi C_t h r_w^2}$
	SI 单位制	$C_D = \dfrac{C}{2\pi \phi C_t h r_w^2}$

（四）油气井产量公式

名称	单位制	表达式
产量公式	达西单位制	$q = \dfrac{2\pi Kh(p_i - p)}{\mu B \left[\ln\left(\dfrac{r_e}{r_w}\right) - 0.5 + S \right]}$ $q_{sc} = \dfrac{\pi Kh \Delta m}{T \left[\ln\left(\dfrac{r_e}{r_w}\right) - 0.5 + S \right]} \left(\dfrac{T_{sc}}{p_{sc}}\right)$ $q = \dfrac{2\pi Kh(p_{pi} - p_p)}{\mu_{gi} B_{gi} \left[\ln\left(\dfrac{r_e}{r_w}\right) - 0.5 + S \right]}$
	英制	$q = \dfrac{Kh(p_i - p)}{141.2 \mu B \left[\ln\left(\dfrac{r_e}{r_w}\right) - 0.5 + S \right]} = \dfrac{0.00708 Kh(p_i - p)}{\mu B \left[\ln\left(\dfrac{r_e}{r_w}\right) - 0.5 + S \right]}$ $q_{sc} = \dfrac{Kh \Delta m}{50312 \left[\ln\left(\dfrac{r_e}{r_w}\right) - 0.5 + S \right] T} \left(\dfrac{T_{sc}}{p_{sc}}\right)$ $q = \dfrac{Kh(p_{pi} - p_p)}{141.2 \mu_{gi} B_{gi} \left[\ln\left(\dfrac{r_e}{r_w}\right) - 0.5 + S \right]} = \dfrac{0.00708 Kh(p_{pi} - p_p)}{\mu_{gi} B_{gi} \left[\ln\left(\dfrac{r_e}{r_w}\right) - 0.5 + S \right]}$

续表

名称	单位制	表达式
产量公式	SI 单位制	$q = \dfrac{0.5428Kh(p_i - p)}{\mu B\left[\ln\left(\dfrac{r_e}{r_w}\right) - 0.5 + S\right]} = \dfrac{Kh(p_i - p)}{1.842\mu B\left[\ln\left(\dfrac{r_e}{r_w}\right) - 0.5 + S\right]}$ $q_{sc} = \dfrac{Kh\Delta m}{36831\left[\ln\left(\dfrac{r_e}{r_w}\right) - 0.5 + S\right]T}\left(\dfrac{T_{sc}}{p_{sc}}\right) = \dfrac{0.07853Kh\Delta m}{\left[\ln\left(\dfrac{r_e}{r_w}\right) - 0.5 + S\right]T}$ $q = \dfrac{0.5428Kh(p_{pi} - p_p)}{\mu_{gi}B_{gi}\left[\ln\left(\dfrac{r_e}{r_w}\right) - 0.5 + S\right]} = \dfrac{Kh(p_{pi} - p_p)}{1.842\mu_{gi}B_{gi}\left[\ln\left(\dfrac{r_e}{r_w}\right) - 0.5 + S\right]}$

(五) Ei 函数解

名称		表达式
无量纲		$p_D(r_D, t_D) = -\dfrac{1}{2}\text{Ei}\left(-\dfrac{r_D^2}{4t_D}\right)$
有量纲	达西单位制	$p(r,t) = p_i - \dfrac{qB\mu}{4\pi Kh}\left[-\text{Ei}\left(-\dfrac{\phi\mu C_t r^2}{4Kt}\right)\right]$
	英制	$p(r,t) = p_i - \dfrac{70.6qB\mu}{Kh}\left[-\text{Ei}\left(-\dfrac{948\phi\mu C_t r^2}{Kt}\right)\right]$
	SI 单位制	$p(r,t) = p_i - \dfrac{0.9210qB\mu}{Kh}\left[-\text{Ei}\left(-\dfrac{\phi\mu C_t r^2}{0.0144Kt}\right)\right]$

(六) 探测半径

名称		表达式
无量纲		$r_D = 2\sqrt{t_D}$
有量纲	达西单位制	$r = 2\sqrt{\dfrac{Kt}{\phi\mu C_t}}$
	英制	$r = \sqrt{\dfrac{Kt}{948\phi\mu C_t}}$
	SI 单位制	$r = 0.12\sqrt{\dfrac{Kt}{\phi\mu C_t}}$

(七) 径向流压降近似解

名称		表达式
无量纲		$p_D = 0.5(\ln t_D + 0.80907 + 2S)$
有量纲	达西单位制	$p = p_i - \dfrac{q\mu B}{4\pi Kh}\left[\ln\left(\dfrac{Kt}{\phi\mu C_t r_w^2}\right) + 0.80907 + 2S\right]$ $p = p_i - \dfrac{q\mu B}{0.4343 \times 4\pi Kh}\left[\lg\left(\dfrac{Kt}{\phi\mu C_t r_w^2}\right) + 0.3514 + 0.8686S\right]$

续表

名称		表达式
有量纲	英制	$p = p_i - \dfrac{70.6q\mu B}{Kh}\left[\ln\left(\dfrac{Kt}{\phi\mu C_t r_w^2}\right) - 7.4316 + 2S\right]$ $p = p_i - \dfrac{162.6q\mu B}{Kh}\left[\lg t + \lg\left(\dfrac{K}{\phi\mu C_t r_w^2}\right) - 3.2276 + 0.8686S\right]$
	SI 单位制	$p = p_i - \dfrac{0.9210q\mu B}{Kh}\left[\ln\left(\dfrac{Kt}{\phi\mu C_t r_w^2}\right) - 4.8178 + 2S\right]$ $p = p_i - \dfrac{2.1206q\mu B}{Kh}\left[\lg t + \lg\left(\dfrac{K}{\phi\mu C_t r_w^2}\right) - 2.0923 + 0.8686S\right]$

（八）圆形边界拟稳定流动近似解

名称		表达式
无量纲		$p_D = \dfrac{2t_D}{r_{eD}^2} + \left[\ln\left(\dfrac{r_e}{r_w}\right) - 0.75 + S\right]$
有量纲	达西单位制	$p = p_i - \dfrac{qBt}{Ah\phi C_t} - \dfrac{q\mu B}{2\pi Kh}\left[\ln\left(\dfrac{r_e}{r_w}\right) - \dfrac{3}{4} + S\right]$ （A 圆形面积）
	英制	$p = p_i - \dfrac{0.234qBt}{Ah\phi C_t} - \dfrac{141.2q\mu B}{Kh}\left[\ln\left(\dfrac{r_e}{r_w}\right) - \dfrac{3}{4} + S\right]$ （A 圆形面积）
	SI 单位制	$p = p_i - \dfrac{qBt}{24A\phi C_t h} - \dfrac{1.842q\mu B}{Kh}\left[\ln\left(\dfrac{r_e}{r_w}\right) - \dfrac{3}{4} + S\right]$ （A 圆形面积）

（九）压降单对数试井分析

名称		表达式
无量纲		$p_D = 0.5(\ln t_D + 0.80907 + 2S)$
有量纲	达西单位制	$p = p_i - \dfrac{q\mu B}{4\pi Kh}\left[\ln\left(\dfrac{Kt}{\phi\mu C_t r_w^2}\right) + 0.80907 + 2S\right]$ $m = -\dfrac{q\mu B}{4\pi Kh} \Rightarrow K = \dfrac{q\mu B}{4\pi h\lvert m\rvert}$ $S = 0.5\left[\dfrac{p_i - p_{1h}}{\lvert m\rvert} - \ln\left(\dfrac{K}{\phi\mu C_t r_w^2}\right) - 0.80907\right]$ $p = p_i - \dfrac{q\mu B}{0.4343 \times 4\pi Kh}\left[\lg\left(\dfrac{Kt}{\phi\mu C_t r_w^2}\right) + 0.3514 + 0.8686S\right]$ $m = -\dfrac{0.1832q\mu B}{Kh} \Rightarrow K = \dfrac{0.1832q\mu B}{\lvert m\rvert h}$ $S = 1.1513\left[\dfrac{p_i - p_{1h}}{\lvert m\rvert} - \lg\left(\dfrac{K}{\phi\mu C_t r_w^2}\right) - 0.3514\right]$

续表

	名称	表达式
有量纲	英制	$p = p_i - \dfrac{70.6q\mu B}{Kh}\left[\ln\left(\dfrac{Kt}{\phi\mu C_t r_w^2}\right) - 7.4316 + 2S\right]$ $m = -\dfrac{70.6q\mu B}{Kh} \Rightarrow K = \dfrac{70.6q\mu B}{|m|h}$ $S = 0.5\left[\dfrac{p_i - p_{1h}}{|m|} - \ln\left(\dfrac{K}{\phi\mu C_t r_w^2}\right) + 7.4316\right]$ $p = p_i - \dfrac{162.6q\mu B}{Kh}\left[\lg t + \lg\left(\dfrac{K}{\phi\mu C_t r_w^2}\right) - 3.2276 + 0.8686S\right]$ $m = -\dfrac{162.6q\mu B}{Kh} \Rightarrow K = \dfrac{162.6q\mu B}{|m|h}$ $S = 1.1513\left[\dfrac{p_i - p_{1h}}{|m|} - \lg\left(\dfrac{K}{\phi\mu C_t r_w^2}\right) + 3.2276\right]$
	SI 单位制	$p = p_i - \dfrac{0.9210q\mu B}{Kh}\left[\ln\left(\dfrac{Kt}{\phi\mu C_t r_w^2}\right) - 4.8178 + 2S\right]$ $m = -\dfrac{0.9210q\mu B}{Kh} \Rightarrow K = \dfrac{0.9210q\mu B}{|m|h}$ $S = 0.5\left[\dfrac{p_i - p_{1h}}{|m|} - \ln\left(\dfrac{K}{\phi\mu C_t r_w^2}\right) + 4.8178\right]$ $p = p_i - \dfrac{2.1206q\mu B}{Kh}\left[\lg t + \lg\left(\dfrac{K}{\phi\mu C_t r_w^2}\right) - 2.0923 + 0.8686S\right]$ $m = -\dfrac{2.1206q\mu B}{Kh} \Rightarrow K = \dfrac{2.1206q\mu B}{|m|h}$ $S = 1.1513\left[\dfrac{p_i - p_{1h}}{|m|} - \lg\left(\dfrac{K}{\phi\mu C_t r_w^2}\right) + 2.0923\right]$

（十）产量平稳变化压降单对数试井分析

	名称	表达式
有量纲	达西单位制	$\dfrac{p_i - p_{wf}}{q} = \dfrac{\mu B}{4\pi Kh}\left[\ln\left(\dfrac{Kt}{\phi\mu C_t r_w^2}\right) + 0.80907 + 2S\right]$ $m' = \dfrac{\mu B}{4\pi Kh} \Rightarrow K = \dfrac{\mu B}{4\pi h m'}$ $S = 0.5\left[\dfrac{(\Delta p/q)_{1h}}{m'} - \ln\left(\dfrac{K}{\phi\mu C_t r_w^2}\right) - 0.80907\right]$ $\dfrac{p_i - p}{q} = \dfrac{\mu B}{0.4343 \times 4\pi Kh}\left[\lg\left(\dfrac{Kt}{\phi\mu C_t r_w^2}\right) + 0.3514 + 0.8686S\right]$ $m' = \dfrac{0.1832\mu B}{Kh} \Rightarrow K = \dfrac{0.1832\mu B}{m'h}$ $S = 1.1513\left[\dfrac{(\Delta p/q)_{1h}}{|m|} - \lg\left(\dfrac{K}{\phi\mu C_t r_w^2}\right) - 0.3514\right]$

续表

	名称	表达式
有量纲	英制	$p = p_i - \dfrac{70.6q\mu B}{Kh}\left[\ln\left(\dfrac{Kt}{\phi\mu C_t r_w^2}\right) - 7.4316 + 2S\right]$ $m' = \dfrac{70.6\mu B}{Kh} \Rightarrow K = \dfrac{70.6\mu B}{m'h}$ $S = 0.5\left[\dfrac{(\Delta p/q)_{1h}}{m'} - \ln\left(\dfrac{K}{\phi\mu C_t r_w^2}\right) + 7.4316\right]$ $p = p_i - \dfrac{162.6q\mu B}{Kh}\left[\lg t + \lg\left(\dfrac{K}{\phi\mu C_t r_w^2}\right) - 3.2276 + 0.8686S\right]$ $m' = \dfrac{162.6\mu B}{Kh} \Rightarrow K = \dfrac{162.6\mu B}{m'h}$ $S = 1.1513\left[\dfrac{(\Delta p/q)_{1h}}{|m|} - \lg\left(\dfrac{K}{\phi\mu C_t r_w^2}\right) + 3.2276\right]$
	SI 单位制	$p = p_i - \dfrac{0.9210q\mu B}{Kh}\left[\ln\left(\dfrac{Kt}{\phi\mu C_t r_w^2}\right) - 4.8178 + 2S\right]$ $m' = \dfrac{0.9210\mu B}{Kh} \Rightarrow K = \dfrac{0.9210\mu B}{m'h}$ $S = 0.5\left[\dfrac{(\Delta p/q)_{1h}}{m'} - \ln\left(\dfrac{K}{\phi\mu C_t r_w^2}\right) + 4.8178\right]$ $p = p_i - \dfrac{2.1206q\mu B}{Kh}\left[\lg t + \lg\left(\dfrac{K}{\phi\mu C_t r_w^2}\right) - 2.0923 + 0.8686S\right]$ $m' = \dfrac{2.1206\mu B}{Kh} \Rightarrow K = \dfrac{2.1206\mu B}{m'h}$ $S = 1.1513\left[\dfrac{(\Delta p/q)_{1h}}{|m|} - \lg\left(\dfrac{K}{\phi\mu C_t r_w^2}\right) + 2.0923\right]$

（十一）MDH 试井分析方法

	名称	表达式
有量纲	达西单位制	$p_{ws}(\Delta t) = p_{wf} + \dfrac{\mu q B}{4\pi Kh}\left[\ln\left(\dfrac{K\Delta t}{\phi\mu C_t r_w^2}\right) + 0.80907 + 2S\right]$ ❶ $m = \dfrac{qB\mu}{4\pi Kh} \Rightarrow K = \dfrac{q\mu B}{4\pi hm}$ $S = 0.5\left[\dfrac{p_{1h} - p_{wf}}{m} - \ln\left(\dfrac{K}{\phi\mu C_t r_w^2}\right) - 0.80907\right]$ $p_{ws}(\Delta t) = p_{wf} + \dfrac{qB\mu}{0.4343 \times 4\pi Kh}\left[\lg\left(\dfrac{K\Delta t}{\phi\mu C_t r_w^2}\right) + 0.3514 + 0.8686S\right]$ $m = \dfrac{0.1832q\mu B}{Kh} \Rightarrow K = \dfrac{0.1832q\mu B}{mh}$ $S = 1.1513\left[\dfrac{p_{1h} - p_{wf}}{m} - \lg\left(\dfrac{K}{\phi\mu C_t r_w^2}\right) - 0.3514\right]$

---

❶ $p_{wf} = p_{wf}(\Delta t = 0)$，下同。

续表

	名称	表达式
有量纲	英制	$p_{ws}(\Delta t) = p_{wf} + \dfrac{70.6q\mu B}{Kh}\left[\ln\left(\dfrac{K\Delta t}{\phi\mu C_t r_w^2}\right) - 7.4316 + 2S\right]$ $m = \dfrac{70.6q\mu B}{Kh} \Rightarrow K = \dfrac{70.6q\mu B}{mh}$ $S = 0.5\left[\dfrac{p_{1h} - p_{wf}}{m} - \ln\left(\dfrac{K}{\phi\mu C_t r_w^2}\right) + 7.4316\right]$ $p_{ws}(\Delta t) = p_{wf} + \dfrac{162.6q\mu B}{Kh}\left[\lg\Delta t + \lg\left(\dfrac{K}{\phi\mu C_t r_w^2}\right) - 3.2276 + 0.8686S\right]$ $m = \dfrac{162.6q\mu B}{Kh} \Rightarrow K = \dfrac{162.6q\mu B}{mh}$ $S = 1.1513\left[\dfrac{p_{1h} - p_{wf}}{m} - \lg\left(\dfrac{K}{\phi\mu C_t r_w^2}\right) + 3.2276\right]$
	SI 单位制	$p_{ws}(\Delta t) = p_{wf} + \dfrac{0.9210q\mu B}{Kh}\left[\ln\left(\dfrac{K\Delta t}{\phi\mu C_t r_w^2}\right) - 4.8178 + 2S\right]$ $m = \dfrac{0.9210q\mu B}{Kh} \Rightarrow K = \dfrac{0.9210q\mu B}{mh}$ $S = 0.5\left[\dfrac{p_{1h} - p_{wf}}{m} - \ln\left(\dfrac{K}{\phi\mu C_t r_w^2}\right) + 4.8178\right]$ $p_{ws}(\Delta t) = p_{wf} + \dfrac{2.1206q\mu B}{Kh}\left[\lg\Delta t + \lg\left(\dfrac{K}{\phi\mu C_t r_w^2}\right) - 2.0923 + 0.8686S\right]$ $m = \dfrac{2.1206q\mu B}{Kh} \Rightarrow K = \dfrac{2.1206q\mu B}{mh}$ $S = 1.1513\left[\dfrac{p_{1h} - p_{wf}}{m} - \lg\left(\dfrac{K}{\phi\mu C_t r_w^2}\right) + 2.0923\right]$

(十二) Horner 试井分析方法

	名称	表达式
有量纲	达西单位制	$p_{ws}(\Delta t) = p_i - \dfrac{\mu q B}{4\pi Kh}\ln\left(\dfrac{t_p + \Delta t}{\Delta t}\right)$ $m = -\dfrac{q\mu B}{4\pi Kh} \Rightarrow K = \dfrac{q\mu B}{4\pi h\,|m|}$ $S = 0.5\left[\dfrac{p_{1h} - p_{wf}}{|m|} - \ln\left(\dfrac{K}{\phi\mu C_t r_w^2}\right) - 0.80907\right]$ $p_{ws}(\Delta t) = p_i - \dfrac{q\mu B}{0.4343 \times 4\pi Kh}\lg\left(\dfrac{t_p + \Delta t}{\Delta t}\right)$ $m = -\dfrac{0.1832q\mu B}{Kh} \Rightarrow K = \dfrac{0.1832q\mu B}{|m|h}$ $S = 1.1513\left[\dfrac{p_{1h} - p_{wf}}{|m|} - \lg\left(\dfrac{K}{\phi\mu C_t r_w^2}\right) - 0.3514\right]$

续表

名称		表达式
有量纲	英制	$p_{ws}(\Delta t) = p_i - \dfrac{70.6q\mu B}{Kh}\ln\left(\dfrac{t_p + \Delta t}{\Delta t}\right)$ $m = -\dfrac{70.6q\mu B}{Kh} \Rightarrow K = \dfrac{70.6q\mu B}{\lvert m \rvert h}$ $S = 0.5\left[\dfrac{p_{1h} - p_{wf}}{\lvert m \rvert} - \ln\left(\dfrac{K}{\phi\mu C_t r_w^2}\right) + 7.4316\right]$ $p_{ws}(\Delta t) = p_i - \dfrac{162.6q\mu B}{Kh}\lg\left(\dfrac{t_p + \Delta t}{\Delta t}\right)$ $m = -\dfrac{162.6q\mu B}{Kh} \Rightarrow K = \dfrac{162.6q\mu B}{\lvert m \rvert h}$ $S = 1.1513\left[\dfrac{p_{1h} - p_{wf}}{\lvert m \rvert} - \lg\left(\dfrac{K}{\phi\mu C_t r_w^2}\right) + 3.2276\right]$
	SI 单位制	$p_{ws}(\Delta t) = p_{wf} - \dfrac{0.9210q\mu B}{Kh}\ln\left(\dfrac{t_p + \Delta t}{\Delta t}\right)$ $m = -\dfrac{0.9210q\mu B}{Kh} \Rightarrow K = \dfrac{0.9210q\mu B}{\lvert m \rvert h}$ $S = 0.5\left[\dfrac{p_{1h} - p_{wf}}{\lvert m \rvert} - \ln\left(\dfrac{K}{\phi\mu C_t r_w^2}\right) + 4.8178\right]$ $p_{ws}(\Delta t) = p_{wf} - \dfrac{2.1206q\mu B}{Kh}\lg\left(\dfrac{t_p + \Delta t}{\Delta t}\right)$ $m = -\dfrac{2.1206q\mu B}{Kh} \Rightarrow K = \dfrac{2.1206q\mu B}{\lvert m \rvert h}$ $S = 1.1513\left[\dfrac{p_{1h} - p_{wf}}{\lvert m \rvert} - \lg\left(\dfrac{K}{\phi\mu C_t r_w^2}\right) + 2.0923\right]$

（十三）Agarwal 等效时间试井分析方法

名称		表达式
有量纲	达西单位制	$p_{ws}(\Delta t) = p_{wf} + \dfrac{\mu q B}{4\pi Kh}\left[\ln\left(\dfrac{K\Delta t_e}{\phi\mu C_t r_w^2}\right) + 0.80907 + 2S\right]$ $\Delta t_e = \dfrac{t_p \Delta t}{t_p + \Delta t}$ $m = \dfrac{q\mu B}{4\pi Kh} \Rightarrow K = \dfrac{q\mu B}{4\pi hm}$ $S = 0.5\left[\dfrac{p_{1h} - p_{wf}}{m} - \ln\left(\dfrac{K}{\phi\mu C_t r_w^2}\right) - 0.80907\right]$ $p_{ws}(\Delta t) = p_{wf} + \dfrac{0.1832q\mu B}{Kh}\left[\lg\left(\dfrac{K\Delta t_e}{\phi\mu C_t r_w^2}\right) + 0.3514 + 0.8686S\right]$ $\Delta t_e = \dfrac{t_p \Delta t}{t_p + \Delta t}$ $m = \dfrac{0.1832q\mu B}{Kh} \Rightarrow K = \dfrac{0.1832q\mu B}{mh}$ $S = 1.1513\left[\dfrac{p_{1h} - p_{wf}}{m} - \lg\left(\dfrac{K}{\phi\mu C_t r_w^2}\right) - 0.3514\right]$

续表

名称		表达式
有量纲	英制	$p_{ws}(\Delta t) = p_{wf} + \dfrac{70.6q\mu B}{Kh}\left[\ln\left(\dfrac{K\Delta t_e}{\phi\mu C_t r_w^2}\right) - 7.4316 + 2S\right]$ $\Delta t_e = \dfrac{t_p \Delta t}{t_p + \Delta t}$ $m = \dfrac{70.6q\mu B}{Kh} \Rightarrow K = \dfrac{70.6q\mu B}{mh}$ $S = 0.5\left[\dfrac{p_{1h} - p_{wf}}{m} - \ln\left(\dfrac{K}{\phi\mu C_t r_w^2}\right) + 7.4316\right]$ $p_{ws}(\Delta t) = p_{wf} + \dfrac{162.6q\mu B}{Kh}\left[\lg\left(\dfrac{K\Delta t_e}{\phi\mu C_t r_w^2}\right) - 3.2276 + 0.8686S\right]$ $\Delta t_e = \dfrac{t_p \Delta t}{t_p + \Delta t}$ $m = \dfrac{162.6q\mu B}{Kh} \Rightarrow K = \dfrac{162.6q\mu B}{mh}$ $S = 1.1513\left[\dfrac{p_{1h} - p_{wf}}{m} - \lg\left(\dfrac{K}{\phi\mu C_t r_w^2}\right) + 3.2276\right]$
	SI 单位制	$p_{ws}(\Delta t) = p_{wf} + \dfrac{0.9210q\mu B}{Kh}\left[\ln\left(\dfrac{K\Delta t_e}{\phi\mu C_t r_w^2}\right) - 4.8178 + 2S\right]$ $\Delta t_e = \dfrac{t_p \Delta t}{t_p + \Delta t}$ $m = \dfrac{0.9210q\mu B}{Kh} \Rightarrow K = \dfrac{0.9210q\mu B}{mh}$ $S = 0.5\left[\dfrac{p_{1h} - p_{wf}}{m} - \ln\left(\dfrac{K}{\phi\mu C_t r_w^2}\right) + 4.8178\right]$ $p_{ws}(\Delta t) = p_{wf} + \dfrac{2.1206q\mu B}{Kh}\left[\lg\left(\dfrac{K\Delta t_e}{\phi\mu C_t r_w^2}\right) - 2.0923 + 0.8686S\right]$ $\Delta t_e = \dfrac{t_p \Delta t}{t_p + \Delta t}$ $m = \dfrac{2.1206q\mu B}{Kh} \Rightarrow K = \dfrac{2.1206q\mu B}{mh}$ $S = 1.1513\left[\dfrac{p_{1h} - p_{wf}}{m} - \lg\left(\dfrac{K}{\phi\mu C_t r_w^2}\right) + 2.0923\right]$

（十四）由压力拟合值计算渗透率

名称	单位制	表达式
由压力拟合值计算渗透率	达西单位制	$K = \dfrac{q\mu B}{2\pi h}\left(\dfrac{p_D}{\Delta p}\right)_M = \dfrac{0.1592q\mu B}{h}\left(\dfrac{p_D}{\Delta p}\right)_M$ $K = \dfrac{q_{sc}T}{\pi h\left(\dfrac{T_{sc}}{p_{sc}}\right)}\left(\dfrac{m_D}{\Delta m}\right)_M = \dfrac{0.3183q_{sc}T}{\left(\dfrac{T_{sc}}{p_{sc}}\right)h}\left(\dfrac{m_D}{\Delta m}\right)_M$ $K = \dfrac{q\mu_{gi}B_{gi}}{2\pi h}\left(\dfrac{p_{pD}}{\Delta p_p}\right)_M = \dfrac{0.1592q\mu_{gi}B_{gi}}{h}\left(\dfrac{p_{pD}}{\Delta p_p}\right)_M$

续表

名称	单位制	表达式
由压力拟合值计算渗透率	英制	$K = \dfrac{141.2q\mu B}{h}\left(\dfrac{p_D}{\Delta p}\right)_M = \dfrac{q\mu B}{0.00708h}\left(\dfrac{p_D}{\Delta p}\right)_M$ $K = \dfrac{50312q_{sc}T}{\left(\dfrac{T_{sc}}{p_{sc}}\right)h}\left(\dfrac{m_D}{\Delta m}\right)_M$ $K = \dfrac{141.2q\mu_{gi}B_{gi}}{h}\left(\dfrac{p_{pD}}{\Delta p_p}\right)_M = \dfrac{q\mu_{gi}B_{gi}}{0.00708h}\left(\dfrac{p_{pD}}{\Delta p_p}\right)_M$
	SI 单位制	$K = \dfrac{q\mu B}{0.5428h}\left(\dfrac{p_D}{\Delta p}\right)_M = \dfrac{1.842q\mu B}{h}\left(\dfrac{p_D}{\Delta p}\right)_M$ $K = \dfrac{36831q_{sc}T}{h\left(\dfrac{T_{sc}}{p_{sc}}\right)}\left(\dfrac{m_D}{\Delta m}\right)_M = \dfrac{12.73q_{sc}T}{h}\left(\dfrac{m_D}{\Delta m}\right)_M$ $K = \dfrac{q\mu_{gi}B_{gi}}{0.5428h}\left(\dfrac{p_{pD}}{\Delta p_p}\right)_M = \dfrac{1.842q\mu_{gi}B_{gi}}{h}\left(\dfrac{p_{pD}}{\Delta p_p}\right)_M$

(十五) 由时间拟合值计算无量纲井筒储存系数

名称	单位制	表达式
由时间拟合值计算无量纲井筒储存系数	达西单位制	$C_D = \dfrac{K}{\phi\mu C_t r_w^2}\left(\dfrac{t}{t_D/C_D}\right)_M$
	英制	$C_D = \dfrac{2.637\times 10^{-4}K}{\phi\mu C_t r_w^2}\left(\dfrac{t}{t_D/C_D}\right)_M$
	SI 单位制	$C_D = \dfrac{3.6\times 10^{-3}K}{\phi\mu C_t r_w^2}\left(\dfrac{t}{t_D/C_D}\right)_M$

(十六) 计算井筒储存系数

名称	单位制	表达式
有量纲	达西单位制	$C = 2\pi\phi C_t h r_w^2 C_D$
	英制	$C = \dfrac{\phi C_t h r_w^2 C_D}{0.8936} = 1.1191\phi C_t h r_w^2 C_D$
	SI 单位制	$C = 2\pi\phi C_t h r_w^2 C_D$

(十七) 根据压力导数值计算渗透率

名称	表达式
无量纲	$t_D \dfrac{dp_D}{dt_D} = 0.5$

续表

	名称	表达式
有量纲	达西单位制	$K = \dfrac{q\mu B}{4\pi h\Delta t\left(\dfrac{\mathrm{d}\Delta p}{\mathrm{d}\Delta t}\right)} = \dfrac{q\mu B}{4\pi h(\Delta t\Delta p')}$ $\quad \Delta p' = \dfrac{\mathrm{d}\Delta p}{\mathrm{d}\Delta t}$ $K = \dfrac{q_{\mathrm{sc}}T}{2\pi h\left(\dfrac{T_{\mathrm{sc}}}{p_{\mathrm{sc}}}\right)(\Delta t\Delta m')}$ $\quad \Delta m' = \dfrac{\mathrm{d}\Delta m}{\mathrm{d}\Delta t}$ $K = \dfrac{q\mu_{\mathrm{gi}}B_{\mathrm{gi}}}{4\pi h\Delta t\left(\dfrac{\mathrm{d}\Delta p_{\mathrm{p}}}{\mathrm{d}\Delta t}\right)} = \dfrac{q\mu_{\mathrm{gi}}B_{\mathrm{gi}}}{4\pi h(\Delta t\Delta p'_{\mathrm{p}})}$ $\quad \Delta p'_{\mathrm{p}} = \dfrac{\mathrm{d}\Delta p_{\mathrm{p}}}{\mathrm{d}\Delta t}$
	英制	$K = \dfrac{70.6q\mu B}{h(\Delta t\Delta p')}$ $\quad \Delta p' = \dfrac{\mathrm{d}\Delta p}{\mathrm{d}\Delta t}$ $K = \dfrac{25156q_{\mathrm{sc}}T}{h\left(\dfrac{T_{\mathrm{sc}}}{p_{\mathrm{sc}}}\right)(\Delta t\Delta m')}$ $\quad \Delta m' = \dfrac{\mathrm{d}\Delta m}{\mathrm{d}\Delta t}$ $K = \dfrac{70.6q\mu B}{h(\Delta t\Delta p'_{\mathrm{p}})}$ $\quad \Delta p'_{\mathrm{p}} = \dfrac{\mathrm{d}\Delta p_{\mathrm{p}}}{\mathrm{d}\Delta t}$
	SI 单位制	$K = \dfrac{0.9210q\mu B}{h(\Delta t\Delta p')}$ $\quad \Delta p' = \dfrac{\mathrm{d}\Delta p}{\mathrm{d}\Delta t}$ $K = \dfrac{18416q_{\mathrm{sc}}T}{h(\Delta t\Delta m')\left(\dfrac{T_{\mathrm{sc}}}{p_{\mathrm{sc}}}\right)} = \dfrac{18416q_{\mathrm{sc}}T}{h(\Delta t\Delta m')\left(\dfrac{T_{\mathrm{sc}}}{p_{\mathrm{sc}}}\right)} = \dfrac{6.37q_{\mathrm{sc}}T}{h(\Delta t\Delta m')}$ $\quad \Delta m' = \dfrac{\mathrm{d}\Delta m}{\mathrm{d}\Delta t}$ $K = \dfrac{0.9210q\mu_{\mathrm{gi}}B_{\mathrm{gi}}}{h(\Delta t\Delta p'_{\mathrm{p}})}$ $\quad \Delta p'_{\mathrm{p}} = \dfrac{\mathrm{d}\Delta p_{\mathrm{p}}}{\mathrm{d}\Delta t}$

（十八）根据压力导数计算表皮系数

	名称	表达式
无量纲		$\dfrac{p_{\mathrm{D}}}{\left(t_{\mathrm{D}}\dfrac{\mathrm{d}p_{\mathrm{D}}}{\mathrm{d}t_{\mathrm{D}}}\right)} = \ln t_{\mathrm{D}} + 0.80907 + 2S$
有量纲	达西单位制	$S = 0.5\left[\dfrac{\Delta p}{(\Delta t\Delta p')} - \ln\left(\dfrac{K\Delta t}{\phi\mu C_{\mathrm{t}}r_{\mathrm{w}}^2}\right) - 0.80907\right]$ $S = 0.5\left[\dfrac{\Delta m}{(\Delta t\Delta m')} - \ln\left(\dfrac{K\Delta t}{\phi\mu C_{\mathrm{t}}r_{\mathrm{w}}^2}\right) - 0.80907\right]$ $S = 0.5\left[\dfrac{\Delta p_{\mathrm{p}}}{(\Delta t\Delta p'_{\mathrm{p}})} - \ln\left(\dfrac{K\Delta t}{\phi\mu C_{\mathrm{t}}r_{\mathrm{w}}^2}\right) - 0.80907\right]$
	英制	$S = 0.5\left[\dfrac{\Delta p}{(\Delta t\Delta p')} - \ln\left(\dfrac{2.637\times 10^{-4}K\Delta t}{\phi\mu C_{\mathrm{t}}r_{\mathrm{w}}^2}\right) - 0.80907\right]$ $S = 0.5\left[\dfrac{\Delta m}{(\Delta t\Delta m')} - \ln\left(\dfrac{2.637\times 10^{-4}K\Delta t}{\phi\mu C_{\mathrm{t}}r_{\mathrm{w}}^2}\right) - 0.80907\right]$ $S = 0.5\left[\dfrac{\Delta p_{\mathrm{p}}}{(\Delta t\Delta p'_{\mathrm{p}})} - \ln\left(\dfrac{2.637\times 10^{-4}K\Delta t}{\phi\mu C_{\mathrm{t}}r_{\mathrm{w}}^2}\right) - 0.80907\right]$

续表

名称		表达式
有量纲	SI 单位制	$S = 0.5\left[\dfrac{\Delta p}{(\Delta t \Delta p')} - \ln\left(\dfrac{3.6 \times 10^{-3} K \Delta t}{\phi \mu C_t r_w^2}\right) - 0.80907\right]$ $S = 0.5\left[\dfrac{\Delta m}{(\Delta t \Delta m')} - \ln\left(\dfrac{3.6 \times 10^{-3} K \Delta t}{\phi \mu C_t r_w^2}\right) - 0.80907\right]$ $S = 0.5\left[\dfrac{\Delta p_p}{(\Delta t \Delta p_p')} - \ln\left(\dfrac{3.6 \times 10^{-3} K \Delta t}{\phi \mu C_t r_w^2}\right) - 0.80907\right]$

（十九）根据压力导数值计算无限导流垂直裂缝井裂缝半长

名称		表达式
无量纲		$p_D = (\pi t_{Dx_f})^{1/2}$
有量纲	达西单位制	$x_f = \dfrac{qB}{2\sqrt{\pi h}}\sqrt{\dfrac{\mu}{\phi C_t K}}\dfrac{\sqrt{\Delta t}}{\Delta p} = \dfrac{qB}{2\sqrt{\pi h}}\sqrt{\dfrac{\mu}{\phi C_t K}}\dfrac{\sqrt{\Delta t}}{\Delta p}$ $x_f = \dfrac{q_{sc}T}{\sqrt{\pi h}\left(\dfrac{T_{sc}}{p_{sc}}\right)}\sqrt{\dfrac{1}{K\phi \mu_{gi} C_t}}\dfrac{\sqrt{\Delta t}}{\Delta m}$ $x_f = \dfrac{qB_{gi}}{2\sqrt{\pi h}}\sqrt{\dfrac{\mu_{gi}}{\phi C_t K}}\dfrac{\sqrt{\Delta t}}{\Delta p_p} = \dfrac{qB_{gi}}{2\sqrt{\pi h}}\sqrt{\dfrac{\mu_{gi}}{\phi C_t K}}\dfrac{\sqrt{\Delta t}}{\Delta p_p}$
有量纲	英制	$x_f = \dfrac{141.2qB}{h}\sqrt{\pi\dfrac{2.637\times10^{-4}\mu}{K\phi C_t}\dfrac{\Delta t}{\Delta p}} = \dfrac{4.064qB}{h}\sqrt{\dfrac{\mu}{K\phi C_t}\dfrac{\Delta t}{\Delta p}}$ $x_f = \dfrac{50312q_{sc}T}{h\left(\dfrac{T_{sc}}{p_{sc}}\right)}\sqrt{\pi\dfrac{2.637\times10^{-4}}{K\phi \mu_{gi} C_t}\dfrac{\sqrt{\Delta t}}{\Delta m}} = \dfrac{1448.1q_{sc}T}{h\left(\dfrac{T_{sc}}{p_{sc}}\right)}\sqrt{\dfrac{1}{K\phi \mu_{gi} C_t}\dfrac{\sqrt{\Delta t}}{\Delta m}}$ $x_f = \dfrac{4.064qB_{gi}}{h}\sqrt{\dfrac{\mu_{gi}}{K\phi C_t}\dfrac{\Delta t}{\Delta p}}$
有量纲	SI 单位制	$x_f = \dfrac{1.842qB}{h}\sqrt{\pi\dfrac{3.6\times10^{-3}\mu}{K\phi C_t}\dfrac{\sqrt{\Delta t}}{\Delta p}} = \dfrac{0.1959qB}{h}\sqrt{\dfrac{\mu}{K\phi C_t}\dfrac{\sqrt{\Delta t}}{\Delta p}}$ $x_f = \dfrac{3916.88q_{sc}T}{h\left(\dfrac{T_{sc}}{p_{sc}}\right)}\sqrt{\dfrac{1}{K\phi \mu C_t}\dfrac{\sqrt{\Delta t}}{\Delta m}} = \dfrac{1.3547q_{sc}T}{h}\sqrt{\dfrac{1}{K\phi \mu C_t}\dfrac{\sqrt{\Delta t}}{\Delta m}}$ $x_f = \dfrac{1.842qB_{gi}}{h}\sqrt{\pi\dfrac{3.6\times10^{-3}\mu_{gi}}{K\phi C_t}\dfrac{\sqrt{\Delta t}}{\Delta p_p}} = \dfrac{0.1959qB_{gi}}{h}\sqrt{\dfrac{\mu_{gi}}{K\phi C_t}\dfrac{\sqrt{\Delta t}}{\Delta p_p}}$

（二十）根据压力值计算有限导流垂直裂缝井裂缝导流能力

名称		表达式
无量纲		$p_D(t_{Dx_f}) = \dfrac{2.45}{\sqrt{F_{CD}}} \sqrt[4]{t_{Dx_f}}$
有量纲	达西单位制	$\sqrt{K_f w} = \dfrac{0.3899 q\mu B}{h \sqrt[4]{K\phi\mu C_t}} \dfrac{\sqrt[4]{\Delta t}}{\Delta p}$ $\sqrt{K_f w} = \dfrac{0.7799 q_{sc} T}{h\left(\dfrac{T_{sc}}{p_{sc}}\right)\sqrt[4]{K\phi\mu C_t}} \dfrac{\sqrt[4]{\Delta t}}{\Delta m}$ $\sqrt{K_f w} = \dfrac{0.3899 q\mu_{gi} B_{gi}}{h \sqrt[4]{K\phi\mu_{gi} C_t}} \dfrac{\sqrt[4]{\Delta t}}{\Delta p_p}$
有量纲	英制	$\sqrt{K_f w} = 44.084 \left(\dfrac{q\mu B}{h \sqrt[4]{K\phi\mu C_t}}\right) \dfrac{\sqrt[4]{\Delta t}}{\Delta p}$ $\sqrt{K_f w} = 15707.8 \left[\dfrac{q_{sc} T}{h\left(\dfrac{T_{sc}}{p_{sc}}\right)\sqrt[4]{K\phi\mu C_t}}\right] \dfrac{\sqrt[4]{\Delta t}}{\Delta m}$ $\sqrt{K_f w} = 44.084 \left(\dfrac{q\mu_{gi} B_{gi}}{h \sqrt[4]{K\phi\mu_{gi} C_t}}\right) \dfrac{\sqrt[4]{\Delta t}}{\Delta p_p}$
有量纲	SI 单位制	$\sqrt{K_f w} = 1.1056 \left(\dfrac{q\mu B}{h \sqrt[4]{K\phi\mu C_t}}\right) \dfrac{\sqrt[4]{\Delta t}}{\Delta p}$ $\sqrt{K_f w} = \dfrac{22103.2 q_{sc} T}{h\left(\dfrac{T_{sc}}{p_{sc}}\right)\sqrt[4]{K\phi\mu C_t}} \dfrac{\sqrt[4]{\Delta t}}{\Delta m} = \dfrac{7.645 q_{sc} T}{h \sqrt[4]{K\phi\mu C_t}} \dfrac{\sqrt[4]{\Delta t}}{\Delta m}$ $\sqrt{K_f w} = 1.1056 \left(\dfrac{q\mu_{gi} B_{gi}}{h \sqrt[4]{K\phi\mu_{gi} C_t}}\right) \dfrac{\sqrt[4]{\Delta t}}{\Delta p_p}$

（二十一）根据压力导数计算有限导流垂直裂缝井裂缝导流能力

名称		表达式
无量纲		$t_{Dx_f} \dfrac{\mathrm{d}p_D(t_{Dx_f})}{\mathrm{d}t_{Dx_f}} = \dfrac{0.6125}{\sqrt{F_{CD}}} \sqrt[4]{t_{Dx_f}}$
有量纲	达西单位制	$\sqrt{K_f w} = 0.0975 \left(\dfrac{q\mu B}{h \sqrt[4]{K\phi\mu C_t}}\right) \dfrac{\sqrt[4]{\Delta t}}{(\Delta t \Delta p')}$ $\sqrt{K_f w} = \dfrac{0.1950 q_{sc} T}{h\left(\dfrac{T_{sc}}{p_{sc}}\right)\sqrt[4]{K\phi\mu C_t}} \dfrac{\sqrt[4]{\Delta t}}{(\Delta t \Delta m')}$ $\sqrt{K_f w} = 0.0975 \left(\dfrac{q\mu_{gi} B_{gi}}{h \sqrt[4]{K\phi\mu_{gi} C_t}}\right) \dfrac{\sqrt[4]{\Delta t}}{(\Delta t \Delta p'_p)}$

续表

名称		表达式
有量纲	英制	$\sqrt{K_f w} = 11.0209 \left(\dfrac{q\mu B}{h \sqrt[4]{K\phi\mu C_t}} \right) \dfrac{\sqrt[4]{\Delta t}}{(\Delta t \Delta p')}$ $\sqrt{K_f w} = 3927.0 \left[\dfrac{q_{sc} T}{h \left(\dfrac{T_{sc}}{p_{sc}}\right) \sqrt[4]{K\phi\mu C_t}} \right] \dfrac{\sqrt[4]{\Delta t}}{(\Delta t \Delta m')}$ $\sqrt{K_f w} = 11.0209 \left(\dfrac{q\mu B}{h \sqrt[4]{K\phi\mu C_t}} \right) \dfrac{\sqrt[4]{\Delta t}}{(\Delta t \Delta p'_p)}$
有量纲	SI 单位制	$\sqrt{K_f w} = 0.2764 \left(\dfrac{q\mu B}{h \sqrt[4]{K\phi\mu C_t}} \right) \dfrac{\sqrt[4]{\Delta t}}{(\Delta t \Delta p')}$ $\sqrt{K_f w} = \dfrac{1.9112 q_{sc} T}{h \sqrt[4]{K\phi\mu C_t}} \dfrac{\sqrt[4]{\Delta t}}{(\Delta t \Delta m')}$ $\sqrt{K_f w} = 0.2764 \left(\dfrac{q\mu B}{h \sqrt[4]{K\phi\mu C_t}} \right) \dfrac{\sqrt[4]{\Delta t}}{(\Delta t \Delta p'_p)}$

（二十二）根据压力导数计算球形流渗透率

名称		表达式
无量纲		$t_D \dfrac{\partial p_D}{\partial t_D} = 0.141 \sqrt{\dfrac{1}{t_D}}$
有量纲	达西单位制	$K^{1.5} = 0.02245 \dfrac{q\mu B}{(\Delta t \Delta p')_s} \dfrac{\sqrt{\phi\mu C_t}}{\sqrt{(\Delta t)_s}}$ $K^{1.5} = 0.04488 \dfrac{q_{sc} T}{\left(\dfrac{T_{sc}}{p_{sc}}\right)(\Delta t \Delta m')} \dfrac{\sqrt{\phi\mu C_t}}{\sqrt{\Delta t}}$ $K^{1.5} = 0.02245 \dfrac{q\mu_{gi} B_{gi}}{(\Delta t \Delta p'_p)_s} \dfrac{\sqrt{\phi\mu_{gi} C_t}}{\sqrt{(\Delta t)_s}}$
有量纲	英制	$K^{1.5} = 1226 \dfrac{q\mu B}{(\Delta t \Delta p')} \dfrac{\sqrt{\phi\mu C_t}}{\sqrt{\Delta t}}$ $K^{1.5} = 436853 \dfrac{q_{sc} T}{\left(\dfrac{T_{sc}}{p_{sc}}\right)(\Delta t \Delta m')} \dfrac{\sqrt{\phi\mu C_t}}{\sqrt{\Delta t}}$ $K^{1.5} = 1226 \dfrac{q\mu_{gi} B_{gi}}{(\Delta t \Delta p'_p)} \dfrac{\sqrt{\phi\mu_{gi} C_t}}{\sqrt{\Delta t}}$
有量纲	SI 单位制	$K^{1.5} = 4.33 \dfrac{q\mu B}{(\Delta t \Delta p')} \dfrac{\sqrt{\phi\mu C_t}}{\sqrt{\Delta t}}$ $K^{1.5} = 86552 \dfrac{q_{sc} T}{\left(\dfrac{T_{sc}}{p_{sc}}\right)(\Delta t \Delta m')} \dfrac{\sqrt{\phi\mu C_t}}{\sqrt{\Delta t}} = 29.95 \dfrac{q_{sc} T}{(\Delta t \Delta m')} \dfrac{\sqrt{\phi\mu C_t}}{\sqrt{\Delta t}}$ $K^{1.5} = 4.33 \dfrac{q\mu_{gi} B_{gi}}{(\Delta t \Delta p'_p)} \dfrac{\sqrt{\phi\mu_{gi} C_t}}{\sqrt{\Delta t}}$

（二十三）根据压力导数计算顶部部分钻穿球形流渗透率

名称		表达式
无量纲		$t_D \dfrac{\partial p_D}{\partial t_D} = 0.282 \sqrt{\dfrac{1}{t_D}}$
有量纲	达西单位制	$K^{1.5} = 0.04488 \dfrac{q\mu B}{(\Delta t \Delta p')_s} \dfrac{\sqrt{\phi\mu C_t}}{\sqrt{(\Delta t)_s}}$ $K^{1.5} = 0.08976 \dfrac{q_{sc}T}{\left(\dfrac{T_{sc}}{p_{sc}}\right)(\Delta t \Delta m')} \dfrac{\sqrt{\phi\mu C_t}}{\sqrt{\Delta t}}$ $K^{1.5} = 0.04488 \dfrac{q\mu_{gi} B_{gi}}{(\Delta t \Delta p'_p)_s} \dfrac{\sqrt{\phi\mu_{gi} C_t}}{\sqrt{(\Delta t)_s}}$
有量纲	英制	$K^{1.5} = 2453 \dfrac{q\mu B}{(\Delta t \Delta p')} \dfrac{\sqrt{\phi\mu C_t}}{\sqrt{\Delta t}}$ $K^{1.5} = 873706 \dfrac{q_{sc}T}{\left(\dfrac{T_{sc}}{p_{sc}}\right)(\Delta t \Delta m')} \dfrac{\sqrt{\phi\mu C_t}}{\sqrt{\Delta t}}$ $K^{1.5} = 2453 \dfrac{q\mu_{gi} B_{gi}}{(\Delta t \Delta p'_p)} \dfrac{\sqrt{\phi\mu_{gi} C_t}}{\sqrt{\Delta t}}$
有量纲	SI 单位制	$K^{1.5} = 8.66 \dfrac{q\mu B}{(\Delta t \Delta p')} \dfrac{\sqrt{\phi\mu C_t}}{\sqrt{\Delta t}}$ $K^{1.5} = 173104 \dfrac{q_{sc}T}{\left(\dfrac{T_{sc}}{p_{sc}}\right)(\Delta t \Delta m')} \dfrac{\sqrt{\phi\mu C_t}}{\sqrt{\Delta t}} = 59.90 \dfrac{q_{sc}T}{(\Delta t \Delta m')} \dfrac{\sqrt{\phi\mu C_t}}{\sqrt{\Delta t}}$ $K^{1.5} = 8.66 \dfrac{q\mu_{gi} B_{gi}}{(\Delta t \Delta p'_p)} \dfrac{\sqrt{\phi\mu_{gi} C_t}}{\sqrt{\Delta t}}$

（二十四）根据压力导数计算水平井垂向渗透率

名称		表达式
无量纲		$t_D \dfrac{dp_D}{dt_D} = \dfrac{1}{4L_D} \quad L_D = \dfrac{L}{2h}\sqrt{\dfrac{K_v}{K_h}}$
有量纲	达西单位制	$\sqrt{K_h K_v} = \dfrac{qB\mu}{4\pi L(\Delta t \Delta p')}$ $\sqrt{K_h K_v} = \dfrac{q_{sc}T}{2\pi L\left(\dfrac{T_{sc}}{p_{sc}}\right)(\Delta t \Delta m')}$ $\sqrt{K_h K_v} = \dfrac{qB_{gi}\mu_{gi}}{4\pi L(\Delta t \Delta p'_p)}$
有量纲	英制	$\sqrt{K_h K_v} = \dfrac{70.6 q\mu B}{L(\Delta t \Delta p')}$ $\sqrt{K_h K_v} = \dfrac{25156 q_{sc}T}{L\left(\dfrac{T_{sc}}{p_{sc}}\right)(\Delta t \Delta m')}$ $\sqrt{K_h K_v} = \dfrac{70.6 q\mu_{gi} B_{gi}}{L(\Delta t \Delta p'_p)}$

续表

名称		表达式
有量纲	SI 单位制	$\sqrt{K_h K_v} = \dfrac{0.9210 q\mu B}{L(\Delta t \Delta p')}$ $\sqrt{K_h K_v} = \dfrac{18416 q_{sc} T}{L\left(\dfrac{T_{sc}}{p_{sc}}\right)(\Delta t \Delta m')} = \dfrac{6.37 q_{sc} T}{L(\Delta t \Delta m')}$ $\sqrt{K_h K_v} = \dfrac{0.9210 q \mu_{gi} B_{gi}}{L(\Delta t \Delta p'_p)}$

（二十五）根据压力导数计算水平井线性流段渗透率

名称		表达式
无量纲		$t_D \dfrac{dp_D}{dt_D} \quad r_{wD}\sqrt{\pi t_D} \quad r_{wD} = \dfrac{r_w}{L}$
有量纲	达西单位制	$\sqrt{K_h} = \dfrac{qB\mu}{2\sqrt{\pi}Lh}\dfrac{\sqrt{\Delta t}}{\sqrt{\phi\mu C_t}(\Delta t \Delta p')}$ $\sqrt{K_h} = \dfrac{q_{sc} T}{\sqrt{\pi}\left(\dfrac{T_{sc}}{p_{sc}}\right)Lh}\dfrac{\sqrt{\Delta t}}{\sqrt{\phi\mu C_t}(\Delta t \Delta m')}$ $\sqrt{K_h} = \dfrac{qB_{gi}\mu_{gi}}{2\sqrt{\pi}Lh}\dfrac{\sqrt{\Delta t}}{\sqrt{\phi\mu_{gi} C_t}(\Delta t \Delta p'_p)}$
	英制	$\sqrt{K_h} = \dfrac{4.064 q\mu B}{Lh}\dfrac{\sqrt{\Delta t}}{\sqrt{\phi\mu C_t}(\Delta t \Delta p')}$ $\sqrt{K_h} = \dfrac{1448.11 q_{sc} T}{\left(\dfrac{T_{sc}}{p_{sc}}\right)Lh}\dfrac{\sqrt{\Delta t}}{\sqrt{\phi\mu C_t}(\Delta t \Delta m')}$ $\sqrt{K_h} = \dfrac{4.064 q \mu_{gi} B_{gi}}{Lh}\dfrac{\sqrt{\Delta t}}{\sqrt{\phi\mu_{gi} C_t}(\Delta t \Delta p'_p)}$
	SI 单位制	$\sqrt{K_h} = \dfrac{0.196 q\mu B}{Lh}\dfrac{\sqrt{\Delta t}}{\sqrt{\phi\mu C_t}(\Delta t \Delta p')}$ $\sqrt{K_h} = \dfrac{1.3543 q_{sc} T}{Lh}\dfrac{\sqrt{\Delta t}}{\sqrt{\phi\mu C_t}(\Delta t \Delta m')}$ $\sqrt{K_h} = \dfrac{0.196 q \mu_{gi} B_{gi}}{Lh}\dfrac{\sqrt{\Delta t}}{\sqrt{\phi\mu_{gi} C_t}(\Delta t \Delta p'_p)}$

（二十六）气体渗流常用公式

对于气井试井分析来说，必须考虑两个因素：一是气体物性是压力的函数；二是与产量或非达西流动相关的表皮系数。当压降较小时，可用液相的扩散方程来描述气相的扩散方程，其解为压力形式；当压降较大时，可引入压力平方、拟压力、规整化拟压力并将扩散方程线性化，其解为压力平方形式、拟压力形式、规整化拟压力形式。

计量单位具有达西单位、英制单位、石油行业 SI 标准单位及各种 SI 实用单位等多种形式。由于压力、渗透率、产量计量单位不同，共有 13 种计量格式，仅 SI 单位制就可衍生出 9 套计量单位，见附表 2-1。

附表 2-1　不同单位制下物理量计量单位

物理量	符号	达西单位	英制单位	SI 实用单位									行业标准
				（1）	（2）	（3）	（4）	（5）	（6）	（7）	（8）	（9）	
长度	L	cm	ft	m									m
面积	A	cm^2	ft^2	m^2									m^2
时间	t	s	h	h									h
产量	q	cm^3/s	10^3ft^3/d	m^3/d				10^4m^3/d			10^3m^3/d		10^4m^3/d
渗透率	K	D	mD	μm^2	10^{-3}μm^2	mD	D	μm^2	10^{-3}μm^2	D	mD	mD	mD
压力	p	atm	psi	MPa							KPa		MPa
黏度	μ	mPa·s	mPa·s	mPa·s									mPa·s
压缩系数	C_g	atm^{-1}	psi^{-1}	MPa^{-1}									MPa^{-1}
密度	ρ	g/cm^3	lbm/ft^3	kg/m^3									kg/m^3
温度	T	K	°F	K									K

气井压降公式、不稳定产能公式、拟稳定产能公式、拟稳定产量公式分别具有压力、压力平方、拟压力、规整化拟压力等 4 种形式（附表 2-2）。除拟稳定产量公式外，不稳定压降公式、不稳定产能公式、拟稳定产能公式的每种形式都有 ln 和 lg 两种常用表达方式，气体渗流常用公式系数组合多达 364 个。

附表 2-2　气体渗流常用公式（ln 形式）

公式名称	序号	公式形式	公式
不稳定压降公式	1	压力	$\Delta p = \dfrac{C_1}{(T_{sc}/p_{sc})}\left(\dfrac{\bar{\mu}\bar{Z}}{\bar{p}}\right)\left(\dfrac{T}{Kh}\right)\left[\ln t + \ln\left(\dfrac{K}{\phi\bar{\mu}\bar{C}_t r_w^2}\right) + C_2 + C_3 S\right]q_g$
	2	压力平方	$\Delta p^2 = \dfrac{C_1}{(T_{sc}/p_{sc})}(\bar{\mu}\bar{Z})\left(\dfrac{T}{Kh}\right)\left[\ln t + \ln\left(\dfrac{K}{\phi\bar{\mu}\bar{C}_t r_w^2}\right) + C_2 + C_3 S\right]q_g$
	3	拟压力	$\Delta m = \dfrac{C_1}{(T_{sc}/p_{sc})}\left(\dfrac{T}{Kh}\right)\left[\ln t + \ln\left(\dfrac{K}{\phi\mu_i C_{ti} r_w^2}\right) + C_2 + C_3 S\right]q_g$
	4	规整化拟压力	$\Delta p_p = \dfrac{C_1}{(T_{sc}/p_{sc})}\left(\dfrac{\mu Z}{p}\right)_i\left(\dfrac{T}{Kh}\right)\left[\ln t + \ln\left(\dfrac{K}{\phi\mu_i C_{ti} r_w^2}\right) + C_2 + C_3 S\right]q_g$

续表

公式名称	序号	公式形式	公式
不稳定产能公式	5	压力	$\Delta p = \dfrac{C_1}{(T_{sc}/p_{sc})}\left(\dfrac{\overline{\mu Z}}{\overline{p}}\right)\left(\dfrac{T}{Kh}\right)\left[\ln t + \ln\left(\dfrac{K}{\phi\overline{\mu C_t}r_w^2}\right) + C_2 + C_3 S\right]q_g + \dfrac{C_4}{(T_{sc}/p_{sc})}\left(\dfrac{\overline{\mu Z}}{\overline{p}}\right)\left(\dfrac{T}{Kh}\right)Dq_g^2$
	6	压力平方	$\Delta p^2 = \dfrac{C_1}{(T_{sc}/p_{sc})}(\overline{\mu Z})\left(\dfrac{T}{Kh}\right)\left[\ln t + \ln\left(\dfrac{K}{\phi\overline{\mu C_t}r_w^2}\right) + C_2 + C_3 S\right]q_g + \dfrac{C_4}{(T_{sc}/p_{sc})}(\overline{\mu Z})\left(\dfrac{T}{Kh}\right)Dq_g^2$
	7	拟压力	$\Delta m = \dfrac{C_1}{(T_{sc}/p_{sc})}\left(\dfrac{T}{Kh}\right)\left[\ln t + \ln\left(\dfrac{K}{\phi\mu_i C_{ti}r_w^2}\right) + C_2 + C_3 S\right]q_g + \dfrac{C_4}{(T_{sc}/p_{sc})}\left(\dfrac{T}{Kh}\right)Dq_g^2$
	8	规整化拟压力	$\Delta p_p = \dfrac{C_1}{(T_{sc}/p_{sc})}\left(\dfrac{\mu Z}{p}\right)_i\left(\dfrac{T}{Kh}\right)\left[\ln t + \ln\left(\dfrac{K}{\phi\mu_i C_{ti}r_w^2}\right) + C_2 + C_3 S\right]q_g + \dfrac{C_4}{(T_{sc}/p_{sc})}\left(\dfrac{\mu Z}{p}\right)_i\left(\dfrac{T}{Kh}\right)Dq_g^2$
拟稳定产能公式	9	压力	$\Delta p = \dfrac{C_1}{(T_{sc}/p_{sc})}\left(\dfrac{\overline{\mu Z}}{\overline{p}}\right)\left(\dfrac{T}{Kh}\right)\left[\ln\left(\dfrac{r_e}{r_w}\right) + C_2 + C_3 S\right]q_g + \dfrac{C_4}{(T_{sc}/p_{sc})}\left(\dfrac{\overline{\mu Z}}{\overline{p}}\right)\left(\dfrac{T}{Kh}\right)Dq_g^2$
	10	压力平方	$\Delta p^2 = \dfrac{C_1}{(T_{sc}/p_{sc})}(\overline{\mu Z})\left(\dfrac{T}{Kh}\right)\left[\ln\left(\dfrac{r_e}{r_w}\right) + C_2 + C_3 S\right]q_g + \dfrac{C_4}{(T_{sc}/p_{sc})}(\overline{\mu Z})\left(\dfrac{T}{Kh}\right)Dq_g^2$
	11	拟压力	$\Delta m = \dfrac{C_1}{(T_{sc}/p_{sc})}\left(\dfrac{T}{Kh}\right)\left[\ln\left(\dfrac{r_e}{r_w}\right) + C_2 + C_3 S\right]q_g + \dfrac{C_4}{(T_{sc}/p_{sc})}\left(\dfrac{T}{Kh}\right)Dq_g^2$
	12	规整化拟压力	$\Delta p_p = \dfrac{C_1}{(T_{sc}/p_{sc})}\left(\dfrac{\mu Z}{p}\right)_i\left(\dfrac{T}{Kh}\right)\left[\ln\left(\dfrac{r_e}{r_w}\right) + C_2 + C_3 S\right]q_g + \dfrac{C_4}{(T_{sc}/p_{sc})}\left(\dfrac{\mu Z}{p}\right)_i\left(\dfrac{T}{Kh}\right)Dq_g^2$

续表

公式名称	序号	公式形式	公式
拟稳定产量公式	13	压力	$q_{\mathrm{g}} = \dfrac{D_1(T_{\mathrm{sc}}/p_{\mathrm{sc}})\Delta p}{\left[\ln\left(\dfrac{r_{\mathrm{e}}}{r_{\mathrm{w}}}\right) + D_2 + D_3 S\right]\left(\dfrac{\overline{\mu Z}}{\overline{p}}\right)\left(\dfrac{T}{Kh}\right)}$
	14	压力平方	$q_{\mathrm{g}} = \dfrac{D_1(T_{\mathrm{sc}}/p_{\mathrm{sc}})\Delta p^2}{(\overline{\mu Z})\left(\dfrac{T}{Kh}\right)\left[\ln\left(\dfrac{r_{\mathrm{e}}}{r_{\mathrm{w}}}\right) + D_2 + D_3 S\right]}$
	15	拟压力	$q_{\mathrm{g}} = \dfrac{D_1(T_{\mathrm{sc}}/p_{\mathrm{sc}})\Delta m}{\left(\dfrac{T}{Kh}\right)\left[\ln\left(\dfrac{r_{\mathrm{e}}}{r_{\mathrm{w}}}\right) + D_2 + D_3 S\right]}$
	16	规整化拟压力	$q_{\mathrm{g}} = \dfrac{D_1(T_{\mathrm{sc}}/p_{\mathrm{sc}})\Delta p_{\mathrm{p}}}{\left(\dfrac{\mu Z}{p}\right)_i\left(\dfrac{T}{Kh}\right)\left[\ln\left(\dfrac{r_{\mathrm{e}}}{r_{\mathrm{w}}}\right) + D_2 + D_3 S\right]}$

按照本书介绍的单位转换方法,对附表 2-2 所列公式的系数进行了计算,不同物理量单位系数见附表 2-3 和附表 2-4,应注意中国规定以温度 20℃(293.15K),压力 0.101 325MPa 作为计量气体体积流量的标准状态;但欧美的标准状态为 60℉(约 15.556℃,288.706K),压力为 1atm(约 14.696psi)。气体渗流常用公式具有 ln 和 lg 两种表达式,不同单位组合下 ln 形式的公式系数见附表 2-3。

附表 2-3 气体渗流常用公式系数表(ln 形式)
(a)不稳定压降公式、不稳定产能公式系数表 -1

不稳定压降公式($C_1 \sim C_3$) 不稳定产能公式($C_1 \sim C_4$) (ln 形式)		压力形式、规整化拟压力形式($C_3 = 2$)				
		C_1	$C_1/(T_{\mathrm{sc}}/p_{\mathrm{sc}})$	C_2	C_4	$C_4/(T_{\mathrm{sc}}/p_{\mathrm{sc}})$
达西单位	60℉	$1/(4\pi)$	2.7564×10^{-4}	0.8091	$1/(2\pi)$	5.5127×10^{-4}
	20℃	$1/(4\pi)$	2.7146×10^{-4}	0.8091	$1/(2\pi)$	5.4291×10^{-4}
英制单位		1.2575×10^4	3.5561×10^2	-7.4317	2.5150×10^4	7.1122×10^2
SI 实用单位	1	9.2104×10^{-4}	3.1835×10^{-7}	2.0900	1.8421×10^{-3}	6.3670×10^{-7}
	2	9.2104×10^{-1}	3.1835×10^{-4}	-4.8177	1.8421×10^{0}	6.3670×10^{-4}
	3	9.3324×10^{-1}	3.2257×10^{-4}	-4.8309	1.8665×10^{0}	6.4513×10^{-4}
	4	9.3324×10^{-4}	3.2257×10^{-7}	2.0768	1.8665×10^{-3}	6.4513×10^{-7}
	5	9.2104×10^{0}	3.1835×10^{-3}	2.0900	1.8421×10^{1}	6.3670×10^{-3}
	6	9.2104×10^{3}	3.1835×10^{0}	-4.8177	1.8421×10^{4}	6.3670×10^{0}
	7	9.3324×10^{0}	3.2257×10^{-3}	2.0768	1.8665×10^{1}	6.4513×10^{-3}
	8	9.3324×10^{2}	3.2257×10^{-1}	-4.8309	1.8665×10^{3}	6.4513×10^{-1}
	9	9.3324×10^{5}	3.2257×10^{2}	-4.8309	1.8665×10^{6}	6.4513×10^{2}
行业标准		9.3324×10^{3}	3.2257×10^{0}	-4.8309	1.8665×10^{4}	6.4513×10^{0}

（b）不稳定压降公式、不稳定产能公式系数表 – 2

不稳定压降公式（$C_1 \sim C_3$） 不稳定产能公式（$C_1 \sim C_4$） （ln 形式）		压力平方形式、拟压力形式（$C_3 = 2$）				
		C_1	$C_1/(T_{sc}/p_{sc})$	C_2	C_4	$C_4/(T_{sc}/p_{sc})$
达西单位	60°F	$1/(2\pi)$	5.5127×10^{-4}	0.8091	$1/\pi$	1.1025×10^{-3}
	20℃	$1/(2\pi)$	5.4291×10^{-4}	0.8091	$1/\pi$	1.0858×10^{-3}
英制单位		2.5150×10^4	7.1122×10^2	-7.4317	5.0300×10^4	1.4224×10^3
SI 实用单位	1	1.8421×10^{-3}	6.3670×10^{-7}	2.0900	3.6841×10^{-3}	1.2734×10^{-6}
	2	1.8421×10^0	6.3670×10^{-4}	-4.8177	3.6841×10^0	1.2734×10^{-3}
	3	1.8665×10^0	6.4513×10^{-4}	-4.8309	3.7330×10^0	1.2903×10^{-3}
	4	1.8665×10^{-3}	6.4513×10^{-7}	2.0768	3.7330×10^{-3}	1.2903×10^{-6}
	5	1.8421×10^1	6.3670×10^{-3}	2.0900	3.6841×10^1	1.2734×10^{-2}
	6	1.8421×10^4	6.3670×10^0	-4.8177	3.6841×10^4	1.2734×10^1
	7	1.8665×10^1	6.4513×10^{-3}	2.0768	3.7330×10^1	1.2903×10^{-2}
	8	1.8665×10^3	6.4513×10^{-1}	-4.8309	3.7330×10^3	1.2903×10^0
	9	1.8665×10^6	6.4513×10^2	-4.8309	3.7330×10^6	1.2903×10^3
行业标准		1.8665×10^4	6.4513×10^0	-4.8309	3.7330×10^4	1.2903×10^1

（c）拟稳定产量公式、拟稳定产能公式系数表 – 1

拟稳定产能公式（$C_1 \sim C_4$） 拟稳定产量公式（$D_1 \sim D_3$） （ln 形式）		压力形式、规整化拟压力形式（$C_2 = D_2 = -0.75$，$C_3 = D_3 = 1$）			
		$C_1 = C_4$	$C_1/(T_{sc}/p_{sc})$ $= C_4/(T_{sc}/p_{sc})$	D_1	$D_1 * (T_{sc}/p_{sc})$
达西单位	60°F	$1/(2\pi)$	5.5127×10^{-4}	2π	1.8140×10^3
	20℃	$1/(2\pi)$	5.4291×10^{-4}	2π	1.8419×10^3
英制单位		2.5150×10^4	7.1122×10^2	3.9762×10^{-5}	1.4060×10^{-3}
SI 实用单位	1	1.8421×10^{-3}	6.3670×10^{-7}	5.4287×10^2	1.5706×10^6
	2	1.8421×10^0	6.3670×10^{-4}	5.4287×10^{-1}	1.5706×10^3
	3	1.8665×10^0	6.4513×10^{-4}	5.3577×10^{-1}	1.5501×10^3
	4	1.8665×10^{-3}	6.4513×10^{-7}	5.3577×10^2	1.5501×10^6
	5	1.8421×10^1	6.3670×10^{-3}	5.4287×10^{-2}	1.5706×10^2
	6	1.8421×10^4	6.3670×10^0	5.4287×10^{-5}	1.5706×10^{-1}
	7	1.8665×10^1	6.4513×10^{-3}	5.3577×10^{-2}	1.5501×10^2
	8	1.8665×10^3	6.4513×10^{-1}	5.3577×10^{-4}	1.5501×10^0
	9	1.8665×10^6	6.4513×10^2	5.3577×10^{-7}	1.5501×10^{-3}
行业标准		1.8665×10^4	6.4513×10^0	5.3577×10^{-5}	1.5501×10^{-1}

(d) 拟稳定产量公式、拟稳定产能公式系数表 –2

拟稳定产能公式（$C_1 \sim C_4$） 拟稳定产量公式（$D_1 \sim D_3$） （ln 形式）		压力平方形式、拟压力形式（$C_2 = D_2 = -0.75$，$C_3 = D_3 = 1$）			
		$C_1 = C_4$	$C_1/(T_{sc}/p_{sc})$ $= C_4/(T_{sc}/p_{sc})$	D_1	$D_1 * (T_{sc}/p_{sc})$
达西单位	60°F	$1/\pi$	1.1025×10^{-3}	π	9.0700×10^2
	20℃	$1/\pi$	1.0858×10^{-3}	π	9.2096×10^2
英制单位		5.0300×10^4	1.4224×10^3	1.9881×10^{-5}	7.0301×10^{-4}
SI 实用单位	1	3.6841×10^{-3}	1.2734×10^{-6}	2.7143×10^2	7.8530×10^5
	2	3.6841×10^0	1.2734×10^{-3}	2.7143×10^{-1}	7.8530×10^2
	3	3.7330×10^0	1.2903×10^{-3}	2.6788×10^{-1}	7.7503×10^2
	4	3.7330×10^{-3}	1.2903×10^{-6}	2.6788×10^2	7.7503×10^5
	5	3.6841×10^1	1.2734×10^{-2}	2.7143×10^{-2}	7.8530×10^1
	6	3.6841×10^4	1.2734×10^1	2.7143×10^{-5}	7.8530×10^{-2}
	7	3.7330×10^1	1.2903×10^{-2}	2.6788×10^{-2}	7.7503×10^1
	8	3.7330×10^3	1.2903×10^0	2.6788×10^{-4}	7.7503×10^{-1}
	9	3.7330×10^6	1.2903×10^3	2.6788×10^{-7}	7.7503×10^{-4}
行业标准		3.7330×10^4	1.2903×10^1	2.6788×10^{-5}	7.7503×10^{-2}

在实际应用中，不稳定压降公式、不稳定产能公式、拟稳定产能公式常常用 lg 形式表示，系数见附表 2–4。

附表 2–4 气体渗流常用公式系数表（lg 形式）

(a) 不稳定压降公式、不稳定产能公式系数表 –1

不稳定压降公式（$C_1 \sim C_3$） 不稳定产能公式（$C_1 \sim C_4$） （lg 形式）		压力形式、规整化拟压力形式（$C_3 = 0.8686$）				
		C_1	$C_1/(T_{sc}/p_{sc})$	C_2	C_4	$C_4/(T_{sc}/p_{sc})$
达西单位	60°F	1.8323×10^{-1}	6.3467×10^{-4}	0.3514	$1/(2\pi)$	5.5127×10^{-4}
	20℃	1.8323×10^{-1}	6.2505×10^{-4}	0.3514	$1/(2\pi)$	5.4291×10^{-4}
英制单位		2.8955×10^4	8.1883×10^2	-3.2275	2.5150×10^4	7.1122×10^2
SI 实用单位	1	2.1208×10^{-3}	7.3303×10^{-7}	0.9077	1.8421×10^{-3}	6.3670×10^{-7}
	2	2.1208×10^0	7.3303×10^{-4}	-2.0923	1.8421×10^0	6.3670×10^{-4}
	3	2.1489×10^0	7.4274×10^{-4}	-2.0980	1.8665×10^0	6.4513×10^{-4}
	4	2.1489×10^{-3}	7.4274×10^{-7}	0.9020	1.8665×10^{-3}	6.4513×10^{-7}
	5	2.1208×10^1	7.3303×10^{-3}	0.9077	1.8421×10^1	6.3670×10^{-3}
	6	2.1208×10^4	7.3303×10^0	-2.0923	1.8421×10^4	6.3670×10^0
	7	2.1489×10^1	7.4274×10^{-3}	0.9020	1.8665×10^1	6.4513×10^{-3}
	8	2.1489×10^3	7.4274×10^{-1}	-2.0980	1.8665×10^3	6.4513×10^{-1}
	9	2.1489×10^6	7.4274×10^2	-2.0980	1.8665×10^6	6.4513×10^2
行业标准		2.1489×10^4	7.4274×10^0	-2.0980	1.8665×10^4	6.4513×10^0

(b) 不稳定压降公式、不稳定产能公式系数表 –2

不稳定压降公式（$C_1 \sim C_3$） 不稳定产能公式（$C_1 \sim C_4$） （lg 形式）		压力平方形式、拟压力形式（$C_3 = 0.8686$）				
		C_1	$C_1/(T_{sc}/p_{sc})$	C_2	C_4	$C_4/(T_{sc}/p_{sc})$
达西单位	60°F	3.6647×10^{-1}	1.2693×10^{-3}	0.3514	$1/\pi$	1.1025×10^{-3}
	20℃	3.6647×10^{-1}	1.2501×10^{-3}	0.3514	$1/\pi$	1.0858×10^{-3}
英制单位		5.7910×10^{4}	1.6377×10^{3}	-3.2275	5.0300×10^{4}	1.4224×10^{3}
SI 实用单位	1	4.2415×10^{-3}	1.4661×10^{-6}	0.9077	3.6841×10^{-3}	1.2734×10^{-6}
	2	4.2415×10^{0}	1.4661×10^{-3}	-2.0923	3.6841×10^{0}	1.2734×10^{-3}
	3	4.2977×10^{0}	1.4855×10^{-3}	-2.0980	3.7330×10^{0}	1.2903×10^{-3}
	4	4.2977×10^{-3}	1.4855×10^{-6}	0.9020	3.7330×10^{-3}	1.2903×10^{-6}
	5	4.2415×10^{1}	1.4661×10^{-2}	0.9077	3.6841×10^{1}	1.2734×10^{-2}
	6	4.2415×10^{4}	1.4661×10^{1}	-2.0923	3.6841×10^{4}	1.2734×10^{1}
	7	4.2977×10^{1}	1.4855×10^{-2}	0.9020	3.7330×10^{1}	1.2903×10^{-2}
	8	4.2977×10^{3}	1.4855×10^{0}	-2.0980	3.7330×10^{3}	1.2903×10^{0}
	9	4.2977×10^{6}	1.4855×10^{3}	-2.0980	3.7330×10^{6}	1.2903×10^{3}
行业标准		4.2977×10^{4}	1.4855×10^{1}	-2.0980	3.7330×10^{4}	1.2903×10^{1}

(c) 拟稳定产能公式系数表 –1

拟稳定产能公式 （lg 形式）		压力形式、规整化拟压力形式（$C_2 = -0.3257$, $C_3 = 0.4343$）			
		C_1	$C_1/(T_{sc}/p_{sc})$	C_4	$C_4/(T_{sc}/p_{sc})$
达西单位	60°F	3.6647×10^{-1}	1.2693×10^{-3}	$1/(2\pi)$	5.5127×10^{-4}
	20℃	3.6647×10^{-1}	1.2501×10^{-3}	$1/(2\pi)$	5.4291×10^{-4}
英制单位		5.7910×10^{4}	1.6377×10^{3}	2.5150×10^{4}	7.1122×10^{2}
SI 实用单位	1	4.2415×10^{-3}	1.4661×10^{-6}	1.8421×10^{-3}	6.3670×10^{-7}
	2	4.2415×10^{0}	1.4661×10^{-3}	1.8421×10^{0}	6.3670×10^{-4}
	3	4.2977×10^{0}	1.4855×10^{-3}	1.8665×10^{0}	6.4513×10^{-4}
	4	4.2977×10^{-3}	1.4855×10^{-6}	1.8665×10^{-3}	6.4513×10^{-7}
	5	4.2415×10^{1}	1.4661×10^{-2}	1.8421×10^{1}	6.3670×10^{-3}
	6	4.2415×10^{4}	1.4661×10^{1}	1.8421×10^{4}	6.3670×10^{0}
	7	4.2977×10^{1}	1.4855×10^{-2}	1.8665×10^{1}	6.4513×10^{-3}
	8	4.2977×10^{3}	1.4855×10^{0}	1.8665×10^{3}	6.4513×10^{-1}
	9	4.2977×10^{6}	1.4855×10^{3}	1.8665×10^{6}	6.4513×10^{2}
行业标准		4.2977×10^{4}	1.4855×10^{1}	1.8665×10^{4}	6.4513×10^{0}

(d) 拟稳定产能公式系数表 -2

拟稳定产能公式 (lg 形式)		压力平方形式、拟压力形式（$C_2 = -0.3257$，$C_3 = 0.4343$）			
		C_1	$C_1/(T_{sc}/p_{sc})$	C_4	$C_4/(T_{sc}/p_{sc})$
达西单位	60°F	7.3294×10^{-1}	2.5387×10^{-3}	$1/\pi$	1.1025×10^{-3}
	20℃	7.3294×10^{-1}	2.5002×10^{-3}	$1/\pi$	1.0858×10^{-3}
英制单位		1.1582×10^{5}	3.2753×10^{3}	5.0300×10^{4}	1.4224×10^{3}
SI 实用单位	1	8.4831×10^{-3}	2.9321×10^{-6}	3.6841×10^{-3}	1.2734×10^{-6}
	2	8.4831×10^{0}	2.9321×10^{-3}	3.6841×10^{0}	1.2734×10^{-3}
	3	8.5955×10^{0}	2.9710×10^{-3}	3.7330×10^{0}	1.2903×10^{-3}
	4	8.5955×10^{-3}	2.9710×10^{-6}	3.7330×10^{-3}	1.2903×10^{-6}
	5	8.4831×10^{1}	2.9321×10^{-2}	3.6841×10^{1}	1.2734×10^{-2}
	6	8.4831×10^{4}	2.9321×10^{1}	3.6841×10^{4}	1.2734×10^{1}
	7	8.5955×10^{1}	2.9710×10^{-2}	3.7330×10^{1}	1.2903×10^{-2}
	8	8.5955×10^{3}	2.9710×10^{0}	3.7330×10^{3}	1.2903×10^{0}
	9	8.5955×10^{6}	2.9710×10^{3}	3.7330×10^{6}	1.2903×10^{3}
行业标准		8.5955×10^{4}	2.9710×10^{1}	3.7330×10^{4}	1.2903×10^{1}

附录3　单对数/双对数曲线特征对比图

（一）均质无限大储层中一口直井

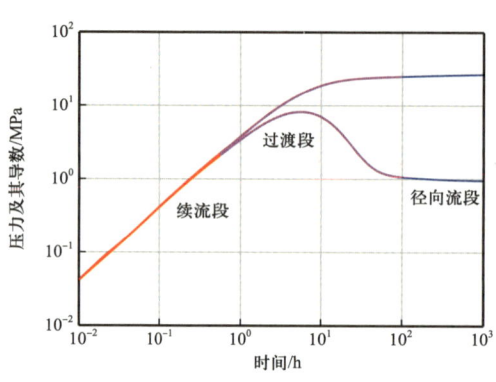
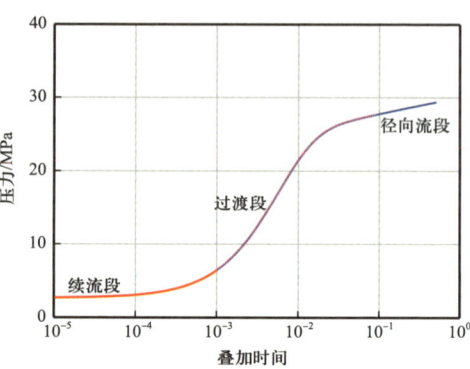

（二）均质无限大储层中一口无限导流垂直裂缝井（不考虑井筒储存和表皮效应）

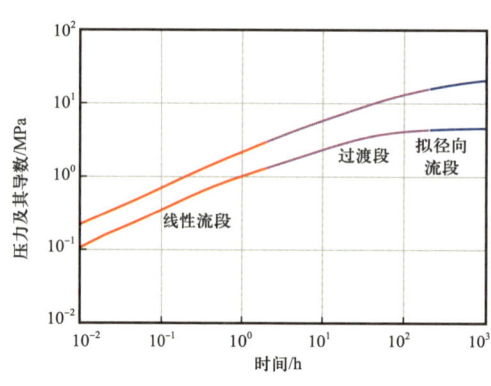
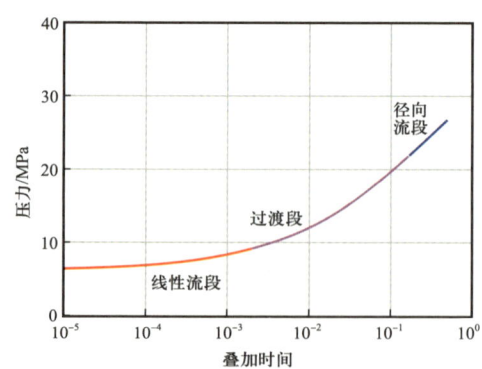

（三）均质无限大储层中一口有限导流垂直裂缝井（不考虑井筒储存和表皮效应）

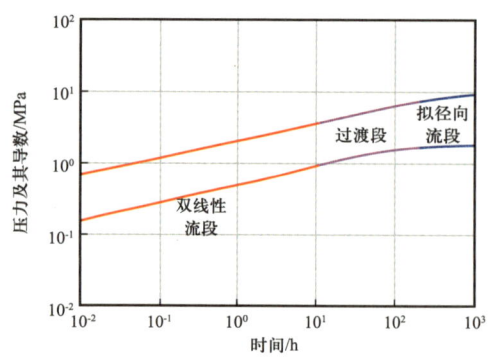
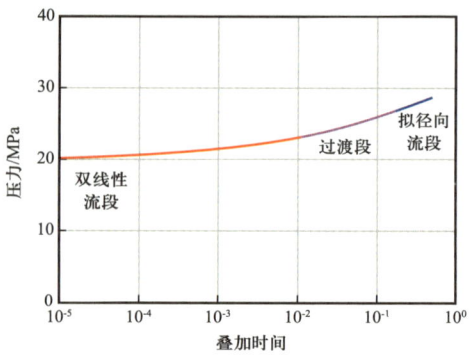

（四）均质无限大储层中一口部分射开直井

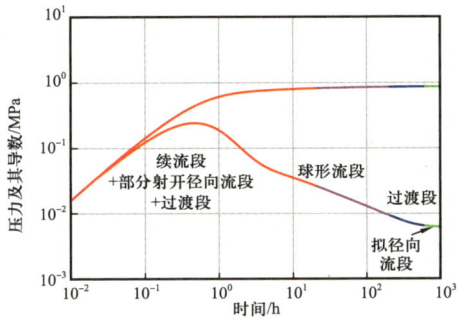
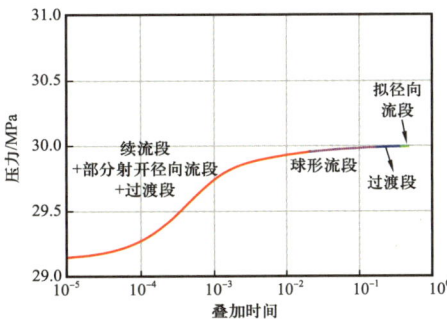

（五）均质无限大储层中心一口水平井

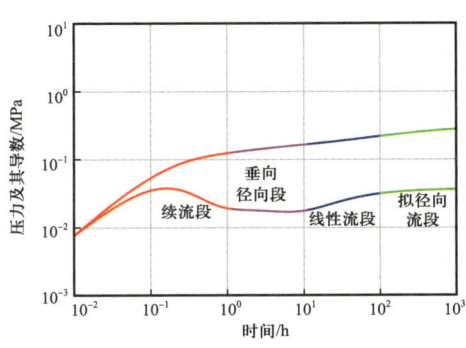
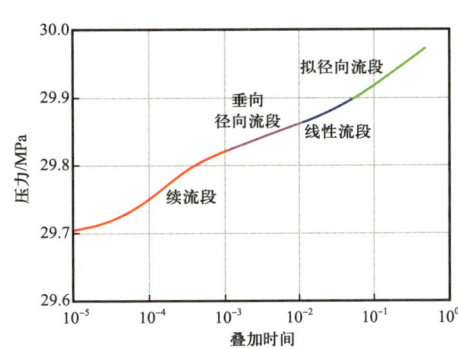

（六）双重孔隙介质无限大储层中的一口直井（不考虑井筒储存与表皮效应）

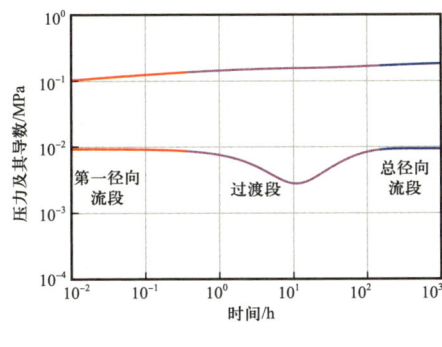
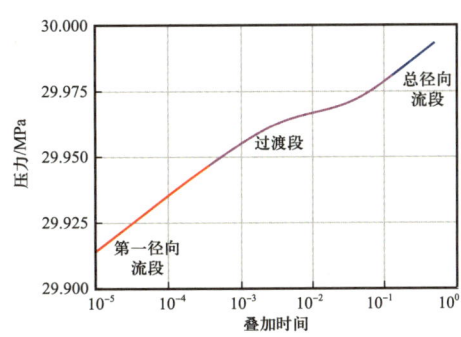

（七）外围变差复合模型中心一口直井（外围无限大）

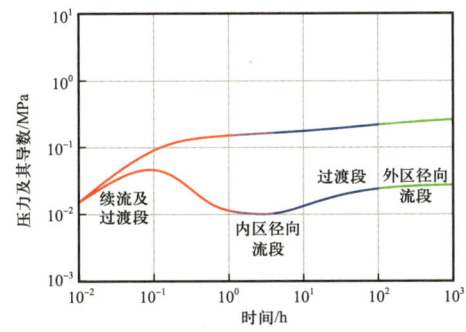
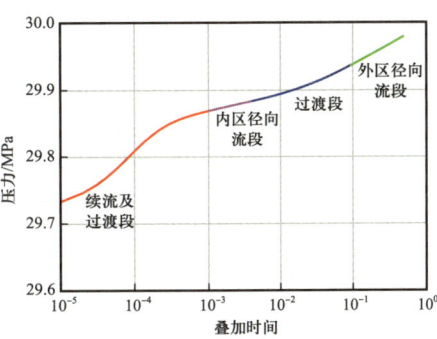

（八）外围变好复合模型中心一口直井（外围无限大）

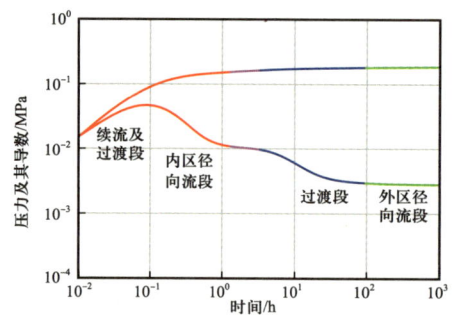
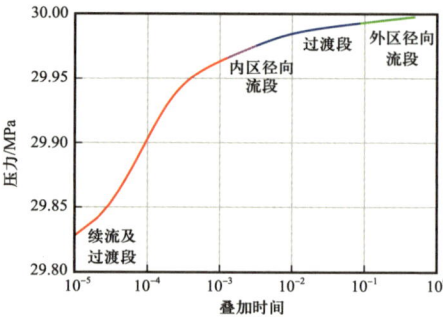

（九）一条封闭边界附近一口直井

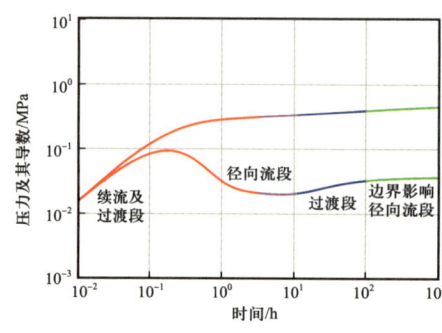
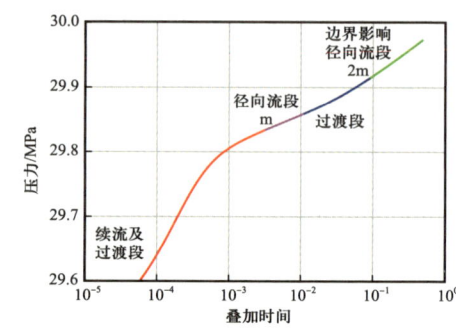

（十）无限大河道型边界中心一口直井

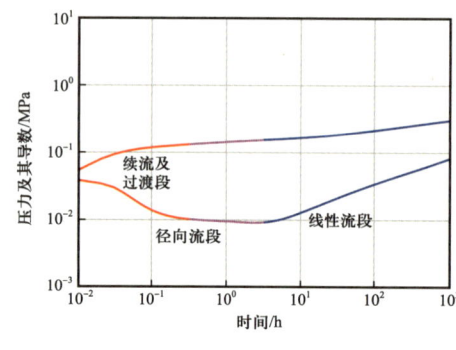
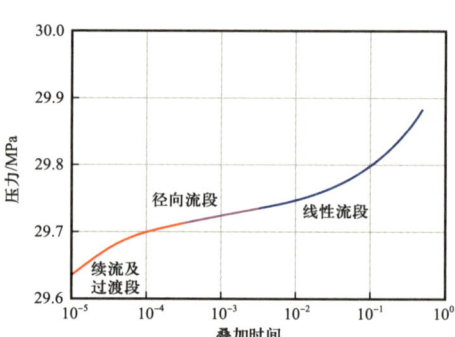

（十一）封闭矩形边界

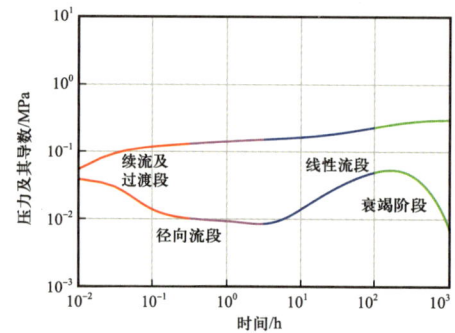
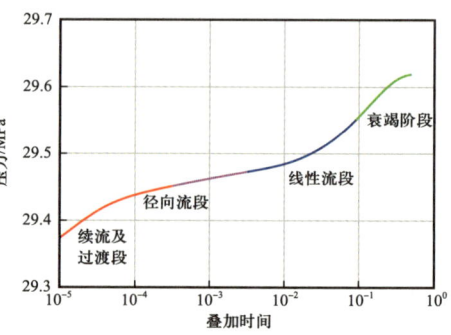

（十二）封闭圆形边界

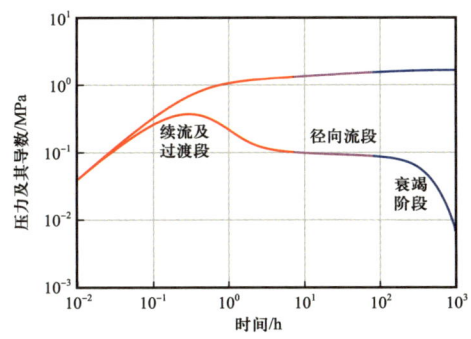
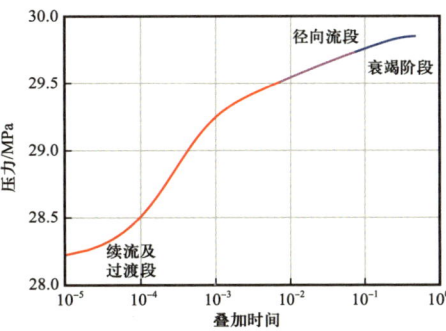

（十三）定压圆形边界

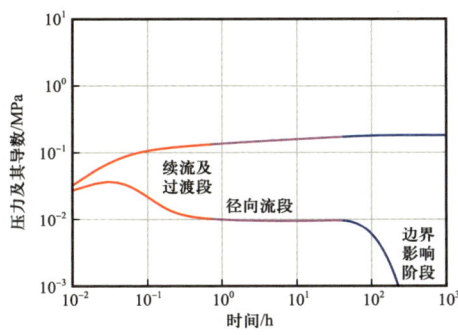
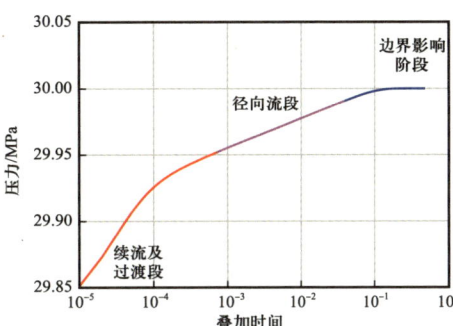